海洋和大气中的重要物理学效应

赵进平　编著

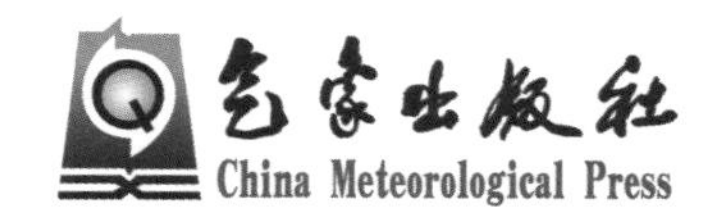

内容简介

本书系统地介绍了海洋和大气中的重要物理学效应，体现了关于各种效应的传统认识和一些全新的见解。书中采用浅显易懂的语言表述各个基本效应的内涵，有利于学科交叉和知识普及。本书适用于海洋与大气科学领域的学者使用，适用于地球科学各领域学科交叉的工作，也适用于各相邻学科参考。书中很多内容既可以满足中学物理和地理教育的需要，也可以作为高中学生的课外参考。本书的导论部分论述了效应名词的定义规则、效应术语的科学价值和效应概念的哲学意义，可为其他学科使用效应概念提供借鉴。

图书在版编目（CIP）数据

海洋和大气中的重要物理学效应 / 赵进平编著. -- 北京 : 气象出版社，2022.1
ISBN 978-7-5029-7624-8

Ⅰ. ①海… Ⅱ. ①赵… Ⅲ. ①海洋物理学②大气物理学 Ⅳ. ①P733②P401

中国版本图书馆CIP数据核字(2021)第250192号

Haiyang he Daqi Zhongde Zhongyao Wulixue Xiaoying
海洋和大气中的重要物理学效应

出版发行：气象出版社
地　　址：北京市海淀区中关村南大街46号　　邮政编码：100081
电　　话：010-68407112（总编室）010-68408042（发行部）
网　　址：http://www.qxcbs.com　　E-mail：qxcbs@cma.gov.cn
责任编辑：万峰　　终　　审：吴晓鹏
责任校对：张硕杰　　责任技编：赵相宁
封面设计：楠竹文化
印　　刷：三河市君旺印务有限公司
开　　本：787mm×1092mm　1/16　　印　　张：28.25
字　　数：530千字
版　　次：2022年1月第1版　　印　　次：2022年1月第1次印刷
定　　价：136.00元

序 言

在早期的科技著作中，“效应”一词的使用并不普遍。近年来，随着科学和技术的爆炸性增长和社会科学的快速发展，效应一词在各个科学技术领域中都得到了广泛的应用，在社会科学的各个学科中对效应的使用更加普遍和广泛，新的效应层出不穷。现今在各个科学领域都离不开效应一词的应用。效应概念的广泛应用正在成为现代科学的重要特点之一。

效应之所以会成为科学界广泛使用的术语，是因其用非常简短的词语表达了其蕴含的深刻内涵，大大方便了人之间的交流与沟通，将“效应”称为科学领域的成语毫不过分。如果不使用效应的概念，会使得本就艰涩的科学概念难以传播，发生听说不一的理解差异，以及冗长的表达导致无谓的精力消耗。尤其是随着科学的发展，学科交叉正在变得非常必要，而“隔行如隔山”的特点使得学科交叉非常困难。效应作为一种概念性的术语正在成为不同学科相互理解和学术沟通的重要桥梁，厚积薄发，应运而生，发光发热。如果有人对某效应缺乏理解，就会在沟通中成为障碍，甚至听不懂对方表达的内容。各个领域的科技工作者正在掌握越来越多的效应，也促进了众多效应概念在科学领域的广泛应用。

然而，效应与成语不同的是，成语有几千年的积累历史，人们对其内涵有广泛的共识；而效应的问世只有几十年的时间，许多效应都是近些年出现的，人们对很多效应的认识还没有形成广泛的共识。其中表现最多的是对效应理解的歧义，人们的理解和认识不同，沟通起来就会发生误解。效应概念的不统一现象不可低估，很多科学家和教师讲到同一个效应的时候表达的内容会很不相同，网络上关于效应的概念常发生不准确、不清晰的情形，使接受者感到迷惑不解。对效应的认识甚至在命名上也没有统一的标准，很多效应是作者按自己的理解随性表达，不符合效应的表达习惯。

至今国内外尚没有一本关于效应的专著，很大程度上是因为效应涉及的领域非常广泛，而涉及效应的内容需要特别严谨，有些效应若不是专门研究很难有深刻体会，难以把握能够准确体现效应的内涵和外延。因此，效应就成为自然科学和社会科学领域中既不能不用，又缺乏引导的概念性术语。

本书作者历经10余年时间的积累，写出了《海洋和大气中的重要物理学效应》一书。海洋和大气领域有很多相似之处，很多效应在概念上也是相通的，本书介绍的效应充分体现在这两个领域的内涵，有不同内涵的效应还分别介绍了其差别，对于海洋和大气科技工作者是一本难得的工具书，对地球科学的其他领域也有广泛的参考价值。从效应的排列来看很像一本百科全书，包含了作者对相关科学领域的深入理解、广泛采撷和精心筛选。本书的作者能够深入理解这本书的内涵并将其准确地撰写出来，得益于作者长期担任《海洋学报》负责海洋与大气领域的副主编，经常接触和了解科学前沿领域对效应的认识和应用，在效应有关的知识领域有不同寻常的积累。加之作者曾担任国家“863”计划的专家组组长和国家“973”计划首席科学家，长期工作在国际科学前沿，能够为本书的效应概念注入新鲜的科学活力。

毋庸讳言，效应产生于科学和技术的实践，效应的问世首先是拥有客观的意义和价值，很多科学家都有提出新效应的动力。借助本书的出版，我们鼓励广大科技工作者发展效应的概念体系，促进科技交流和效应概念的应用。然而，任何一个新的效应问世都需要经历一段历史时期磨合，才能体现其内涵明确、效果显著、应用广泛的特色。很多效应的提出因没有很多同行跟随，科学价值不高，自然而然地走向消亡而不会流传下去。

相信本书的问世将大大推动科学领域效应概念的推广和应用，起到促进科技交流与沟通，推动科技发展的重要作用，惠及海洋和大气领域科学工作者，并促进其他自然科学和社会科学领域关于效应的研究。

秦大河 中国科学院院士

2021年1月10日于北京

前 言

目前，“效应”一词已经是一个使用频率相当高的词汇，在自然科学和社会科学的各个领域都有非常广泛的应用。在科技领域，效应已经成为一种理解科学知识的语言，科技工作者可以用这种语言来相互沟通。而且由于科学知识的普及，使得更多的人都了解了一些重要的效应，增加了对自然现象的认识。

在本书的导论中，我们详细介绍了效应的定义及其内涵，从整体角度上介绍了效应存在的意义和价值。效应表达的是以因果关系为基础的原因与结果的联系，重点强调产生结果的原因与过程。由于效应概念的一个词可以表征一个复杂的因果关系，成为一个复杂过程的简洁表达形式，形成了同行们约定俗成的共识。效应已经成为科学语言的一种不可缺少的组成部分，成为人们交流的重要术语。可以想象，如果没有效应类词汇，人们的沟通将会遇到多大困难。

对效应的深刻理解对人们深入分析复杂的现象很有帮助。实际发生的各种过程都非常复杂，原因和结果并不总是一一对应，有时有一因多果、多因一果、多因多果等情况发生。效应的概念使我们能够在对各种效应充分理解的基础上，将复杂的过程抽象出一些因果对应的简单过程，以便于对实际发生现象的理解。基于效应的分析形成一种分析方法，增进人们对事物的理解。效应的整个知识框架用于对事物的定性认识，而不是定量计算，后者要阅读专业的书籍。对研究的现象进行定性分析本来就是人类思维能力认识世界、判断因果以及做出决策的主要方式，因此，效应分析方法对人类的科学研究有重要的作用。

海洋和大气是人类的重要生存环境，发生在海洋和大气中的各种效应都与我们的生存息息相关，很多效应都是人类关注的焦点。尤其是现在，我们正处于全球变化的过程之中，各种效应的发生改变着我们的生活，引起全社会对科学知识更广泛的关注。本书重在介绍海洋和大气中主要效应的概念及其基本物理意义，描述各效应对应的自然现象，使读者对这些重要效应在概念上有较全面的理解。基于这个目的，本书将尽量避免使用复杂的公式和枯涩难懂的专业词汇，更加注重使用深入浅出的语言和便于理解的图形，尤其注重概念的准确性。

作者参阅各种书籍文献，力求使效应的定义准确可靠。目录中各节的具体效应是这些重要效应的基本表达方法，有些扩展的表达方法不能全部体现在章节名称中，而是在内容中加以介绍，并在后面的索引中给出。有些效应还含有其他的效应，我们并不将各个层次的效应都罗列出来，而是将其载于母效应之下，以便于读者理解。有些效应中英文看起来都是不同的效应，但实际是同一个效应的不同表述，本书将这些效应统一起来。有些效应用完全相同的名字，实际表达的是不同的内容，我们在该效应的章节中将其分列开来，便于读者区分其不同的内涵。有些效应不同的学者给出不同的定义，难以用统一的提法来涵盖。在这种情况下，我们尽量介绍各种观点，请读者来判断。各种效应所有的中英文表达法都可以在书末的中文索引和英文索引中查到其页码。

有些效应本身就有非常丰富的内涵，仅仅该效应就可以写一本专著来介绍，例如，温室效应就有多本专门的著作加以论述。本书在篇幅的限制下不可能详尽地介绍各种效应，只能介绍各种效应的内涵和主要相关现象，以满足读者理解的需要为限度。还有些效应的影响十分广泛，在海洋和大气的范围内几乎无所不在，例如：厄尔尼诺效应。在这种情况下，书中只能介绍最基本的内容。

几乎所有的因果关系类现象都可以用效应来表述，因此，一些科学家有创造效应术语的习惯，以使人们的沟通更容易。应该说，许多效应的术语就是这样被创造出来的。效应的丰富程度还与学科的规模有关，大众的学科效应众多，而一些小的学科效应不多，因为效应毕竟是因知识传播的需要而生的。有些效应逐渐被人们普遍理解与接受，成为人们沟通语言的一部分，也是本书介绍的主体。但是，还有些效应并没有被人们广泛接受，使用的范围也很狭窄，我们尽量不采用这类效应，以避免误导读者。

然而，并不是一切现象都可以用因果关系来表征的，非因果关系的现象就不存在效应，但仍是自然界的重要现象。应该说，自然界的绝大多数现象是与效应无关的，因此，效应概念的应用有其局限性，我们不能期待效应的概念能够无所不能。此外，效应分析只是对事物认识的初级阶段，搞清事物发生时的各种效应只是认识事物的开始，而不是结束，不能指望对效应概念的简单认识就能取代严谨的科学。

本书不是学术专著，不去关注内容的系统性，而是专注于内容的代表性和准确性。本书也不是词典性质的书。词典只是介绍主要概念，而本书对效应概念所对应的主要理论及其应用范畴作了较详细的介绍，使读者即使不再阅读其他专著也能对这些效应有清晰的理解。作者很希望本书成为一本百科全书类型的著作，既全面，又突出重点，增进有关科学领域的学者对这些效应的认识。

由于迄今国内外还没有一本专门介绍效应的书，本书在体例方面也是一种探索，未必尽如人意。书中的每一章都是对效应的分类。实际上，效应如何分类也是没有先例的。我们还是借鉴海洋和大气物理学中的基本概念对效应进行分类，这些分类肯定会有不恰当的地方，也会有个别效应放置不合理之处，欢迎读者指出，以利于今后有机会时进一步完善。毋庸置疑的是，有些效应本来就有不同认识，本书的内容并不能让读者完全达成共识，会因为一些非共识的内容与读者产生不同意见。还有些效应虽然存在已久，但其内涵并未明确界定，在本书中明确其内涵还是很大的挑战，也会与读者产生不同的见解。不过，我们希望通过交流，甚至争辩，让共识的内容越来越多。也希望这些争议的内容推动相关的科学研究，使一些模糊的效应云开雾散。

在一些效应的表述方面，海洋与大气领域的表述有所不同，例如：大气称层结，海洋称层化；大气称洋流，海洋称海流；大气称涛动，海洋称振荡；大气称辐合，海洋称辐聚。作者尽量介绍这些差异，但在细节的表述中，基于作者的海洋背景，还是以海洋的术语为主体。

效应概念在揭示复杂现象的本质方面具有不可替代的作用，我们在这短短的前言中难以尽述。更重要的是，效应并不仅仅是一些孤立的概念，效应在科学方法论方面还有重要价值。因而，在本书导论中对认识论和方法论方面的作用进行了全面的介绍，供有兴趣的读者参考。

书中介绍的效应并不是一成不变的，在科学界新效应是层出不穷的；新效应出现得多，在一定程度上反映了该领域的学科活跃程度。这些效应也不是历久弥新的，很多新产生的科学认识会不断补充到原有的效应之中。效应作为一种科学语言，处于快速发展期，随着科学的进步，各种效应会越加成熟、越加完善，同时也瞻高衔远、永无止境。

希望本书将有助于海洋和大气界同行的交流，促进其他科学领域与海洋大气科学的交叉。海洋和大气科学中还存在许多非物理学的效应，其他自然科学和社会科学中的效应更是无法穷尽，作者只能望洋兴叹。希望这本在海洋和大气物理学范畴关于效应的著作能够带个头，促进其他领域关于效应的专著出版，以满足广大自然科学和社会科学工作者的需要，促进不同科学领域的交流与沟通。

本书尽量用浅显的语言表达效应的内涵，希望中学师生也可以理解。即使有些内容本身复杂难懂，相关内容也会用比拟的方式介绍，帮助非海洋和大气专业的读者理解。书中尽量不用公式，但有些内容不用公式确实难以表达的，则使用了微分或积分的表达内容。不过读者不必担心理解这些公式，因为对公式的每一项都有通俗的语言进行解释。

本书并非为出版而编纂，而是为学习而积累。无须隐讳的是，在撰写本书时作者经历了一个漫长的学习过程，在丰富自己的同时完成了这本拙著。鉴于本书涉及的科学内容相当广泛，作者不可能都能深刻领会，可能对某些效应的介绍不完整或不准确，也可能会漏掉一些重要效应，甚至可能出现错误，衷心希望读者给予批评或建议，以便今后有机会补充完善。欢迎读者把意见发送到jpzhao@ouc.edu.cn，也欢迎读者来函切磋。

本书经中国海洋大学黄菲教授全文审校，对书中的内容给出了宝贵的意见和建议，王鑫博士为全书图形的选择做了大量工作，在此致以深深的谢意。

赵进平
2021年4月于青岛

目录

导论：效应及其应用

Introduction：Effects and Their Application

迄今为止，“效应”这个词在自然科学和社会科学中都是使用得最频繁的词汇之一，如地球科学中的地转效应，物理学中的光电效应，化学中的增密效应，生物学中的蛋白质效应，地质学中的地形荷载效应，天文学中的星体内压差电效应，心理学中的成见效应，社会学中的轰动效应，经济学中的集团效应等等。在有些学科中，已经多达上千种效应。然而，我们接触到最多的还是个别的效应，甚至接触得越多，越觉得难以掌握，因为效应是难以穷尽的。在导论中，我们将从更一般的概念入手来讨论效应概念，介绍效应概念的定义、内涵和外延，延展至效应分析方法及其在方法论中的应用，以利于读者从更高的立点来看待“效应”这个“科学世界的奇葩”的价值。

1 效应概念的形成和定义

当代，科学研究几乎在所有可能的领域展开，科学的发展迫切地要求形成完备的概念体系，以体现物质运动的本质、特性以及事物之间的密切联系。“因而，每一个新的概念都应当被引进到该科学相应的概念体系中。形成这样的概念始终是科学研究的某种程度的重大成果，有时甚至是重大发现的结果”（Блауберла，1983）。

“效应”这一术语随着科学的飞速发展已成为日渐完备的概念，在认识过程和科学研究中得到越来越多的应用。“效应”一词高频度的出现和各种效应的明显增加，是由于它抽象出了各种形式的运动普遍具有的共同特征。因此，清楚地了解并掌握这一概念，弄清它的重要意义及其局限性，对我们的科学研究工作大有裨益，必须对效应概念有足够的重视。

为效应概念给出一个严格的定义并不容易，因为效应的内涵丰富、外延广泛，不同的效应差别很大。许多效应术语的使用是来源于人们的认知过程，难以用单一的定义来准确描述；即使使用一些词典上的定义，也未必能让人们对效应的意义有深刻的了解。因此，在本书中，我们不拘泥于对效应的严格定义，而是探讨效应的深刻含义。

一般而言，我们可以对效应给出这样的定义：**效应是指与某一种原因或某一种作用相联系的现象、结果或效果。**这个定义包含了以下内容：第一，效应是现象，是可以感知或观察到的现象，使用效应概念主要是用来描述某些现象。第二，效应不是描述一般意义下的现象，而是描述某一种原因或作用产生的现象，这些现象是这些原因或作用产生的结果。第三，效应概念的使用在因果关系的框架内，体现了原因与效果的一致性。

自然科学与社会科学的许多现象是相当复杂的，有许多复杂的作用因素，产生的结果自然也十分复杂。在很多情况下，原因很清楚，但对应的结果无法搞清楚，或者结果很清楚，但原因不明。这些复杂的现象在大多数情况下没有清晰的因果关系，可能一种原因对应一种结果，也可能多因一果或一因多果。在科学研究中，人们往往只能看到复杂的现象，其后面的原因是需要探索的对象，这就是所谓的机理研究。在研究工作中，人们用各种分析方法把复杂现象抽象为一个个因果关系相对独立的简单现象进行研究，以求发现现象的本质，然后通过假设检验等科学方法进行论证。当一个因果关系被揭示出来，人们需要用一个新的概念来描述这种因果关系，以达到相互沟通的目的，这时，一个新的效应就产生了。对一个效应理解的人越多，这个因果关系知道的人也越广。反之，如果一个复杂的因果关系还不能用一个简单的效应来描述，人们在沟通上将遇到很大的困难。在科学史上，很多效应都是科学家在取得新认识时创造出来的，用于这些效应相关知识的推广。我们不妨认为，效应就是科学中的成语，是约定俗成的认识，只需简单的一个词，就可以实现学者间相互沟通的目的。

2 效应的表达形式

在英文中，效应有两种表达方法：一种是xxx effect，这里我们将其称为具体效应；另一种是effect of xxx，我们称为分类效应。具体效应通常是一个有确定因果关系的效应，是本书的主体。分类效应通常不是因果关系的效应，而是表达了这种效应的性质。

（1）具体效应的正确表达方式

具体效应的种类繁多，各种效应的表达方式也不一样。正确的表达方式有三种：

● 原因表达法

原因表达法是最常见的效应表达方法，采用形式为：在效应一词的前面冠以产生的原因。例如，“浮力效应”，浮力是原因。这种表述在字面上没有体现效应的实际含义，实际含义蕴藏在这个效应名词的内涵之中。浮力效应并不涉及浮力自身的问题，而是描述浮力产生的特别结果。因此，靠望文生义难以理解原因表达法定义的效应。原因表达法也符合英文的含义，效应（effect）也可以译为作用，浮力效应，也可以表达为浮力作用。

因此，原因表达法是最基本的表达方法，甚至可以说是唯一严谨的表达法。效应的表达式中只有原因，没有结果，但效应的内涵体现的就是结果，体现了原因和结果的统一，这也是效应这种术语的魅力所在。

● 原因结果表达法

有些效应的表达把结果也加进去，人们可以从效应的名称中就可以基本明白效应的内涵。例如磁致伸缩效应，从字面上既表达了是磁力作用产生的效应，又体现出“伸缩”这样的结果。采用这种表达方式的效应也很多，是因为科研人员在表达的时候为了区别其他效应而把结果也加了进去。

实际上，所有的效应都可以用原因结果表达法来表达，只是这样就使名称变得复杂，也使效应的表达失去了其形式简洁、内涵丰富的特点。就像成语，虽然都可以用白话说清楚，但却失去了成语的魅力。因此，在本书中，如果一个效应既有简洁的名称，又有原因结果并存的名称，我们在标题中优先采用简洁的名称。

● 人名表达法

人们为了纪念某人对认识过程的贡献，常用人名来定义效应，例如多普勒效应、汤姆孙效应等。这种名称连让人望文生义的余地都没有，如果不知道这个效应的含义，几乎无法理解和使用。

除了原因结果表达法定义的效应之外，效应的名称字面上都没有表现出结果或现象，一般难以通过望文生义的方式来理解，人们需要了解各种效应的具体内容，以便达到对内容的深刻理解和相互沟通的目的。然而，由于效应是人们认识过程中逐渐形成和逐渐完善的概念，人们对不同效应的理解可能存在差异，这些差异会造成沟通的困难甚至误解。因此，本书针对科学研究中采用效应概念的必要性，对海洋和大气中的主要物理学效应给出准确解释，消除一些容易混淆的理解，以帮助读者深刻理解效应的价值。

（2）类别效应和性质效应

有些效应的名词不是在表达具体的效应，而是在表达某一类效应，例如：气候效应是指与气候有关的一类效应，环境效应是与环境有关的一类效应。类别表达法的重要特点只是表达了一类现象，而并没有具体的内涵，其内涵体现在该类别效应下面的各个具体效应之中。若问气候效应的内涵是什么，大概谁都难以清楚地给出，因为这种类别效应根本就没有具体的内涵。

在海洋和大气中，类别效应很多，主要有：大气效应、气候效应、云效应、声效应、光效应、电效应、磁效应、热效应、海洋效应、辐射效应、运动学效应、动力学效应、热力学效应、水效应、边界效应、摩擦效应、冰雪效应、环境效应、生态效应、生物效应、物理效应、化学效应、地质效应、地球物理效应、地球化学效应、航行器效应等，这些效应都可以代表很多效应成为特别的一类。在本书中，各章的名称都是类别效应，各章之内也有一些类别效应。类别效应的作用是可以用来描述其他的效应。

在本书的第1章中介绍了一系列性质效应，例如：宏观效应、延迟效应、外溢效应、竞争效应等。这类效应也没有具体内涵，而是表明了效应的性质，涵盖了很多具体效应，也可以用来描述具体效应的性质。

一定要将类别效应和性质效应单独对待，是因为效应的名称中没有原因，即使看起来像是原因，其实不是。例如：云效应不是指“云产生的效应”，而是指“与云有关的效应”，因而，所有的类别效应都不满足原因命名法。性质效应也是一样，我们并不知道“宏观效应”的内涵是什么，但可以将某些由微观作用产生的宏观现象归类为宏观效应。

有的效应既是类别效应，又是具体效应，例如：湍流效应、非线性效应等。这些效应都包含两种内涵，例如：作为一种类别效应，非线性效应表示与流体的非线性运动有关的效应，而具体的非线性效应则表征了非线性过程中能量的迁移现象。因此，对于很像类别效应的效应需要明确其内涵，以免造成交流障碍。

（3）关于“结果表达法”

请读者一定要注意的是，效应的表达必须正确，否则将构成对效应的错误理解，在使用中产生严重的危害。鉴于在科学界这些错误表达的效应太多了，以至于在科技文章中也出现用不严谨的方法表达效应，不仅使效应失去了其意义，而且对读者产生严重的误导。这些错误的原因大都是因为使用了“结果表达法”。

前面提到，标准的效应表达方式是原因表达法，结果体现在效应的内涵中。而结果表达法不是这样，是直接将结果作为表达法来表达效应。例如：增雨效应，如果表达的是增雨产生的气温降低、湿度增大等现象，则这个定义是正确的；但是，如果表达的是增雨本身，就是错误地理解了增雨效应。在有的报道中提到“人工降雨作业产生的增雨效应为当地带来了充沛的降水”，这种情况应该表达为“人工降雨作业的增雨作用为当地带来了充沛的降水”。

再比如，栅栏对风有减速的作用，这时，将栅栏对风的减速作用称为栅栏效应是正确的，但如果称为栅栏的“减速效应”就不对了，应该称为栅栏的“减速作用”。在这种情况下，减速效应另有定义，指栅栏导致风减速后，对农作物的影响，或对地面蒸发的影响等减速引起的现象。

火炉效应是一个典型的误用例子。按照正确的定义效应的方法，火炉效应应该是指从下面加热导致的蒸发现象或气团的垂向循环。在新闻报道中出现“武汉由于其严重的火炉效应成为四大火炉城市之一”显然是错误的。

谈到为什么空气污染严重时，有文章提到“污染物容易形成积聚效应”。这句话应该表达为“污染物容易积聚”，无关乎效应。如果提积聚效应，应该是指污染物积聚之后造成其他的影响。

结果表达法之所以不可接受，就是因为这种表达法没有指明效应的原因，如果不能在效应的名称中指明原因，就不是恰当的效应名称（人名表达法的效应除外）。这与效应存在的社会价值有关。效应实际上是原因和影响并存的概念，指的是因果关系，强调的是原因；如果不标明原因，就不是效应。而影响强调的是结果，可以是因果关系的结果，甚至可以是不知道原因的结果。结果表达法没有体现原因，不仅失去了效应概念的价值，而且与另外一些涉及影响的概念混淆，在科学上形成了概念不清的问题，产生严重的后果。我们需要把握效应概念的本质，纠正效应结果表达法。以下再举几个例子：

“由于气温效应樱花提前10天开放了”，这里的“气温效应”实际上是指气温升高得比较早，这不是“气温效应”，而应该是“大气增暖效应”，气温升高属于大气增暖效应的结果。这句话应该改为“由于大气增暖效应樱花提前10天开放了”或者“由于气温升高的影响樱花提前10天开放了”。

“地面效应”表达的是飞机在接近地面飞行时产生额外的升力，相当于在飞机与地面之间形成了一个气垫，地面效应是一个合理的定义。这时，如果用“气垫效应”来表示就是不恰当的，因为名称中没有原因。

（4）效应的歧义

在人们进行沟通时，关于效应常会出现不同的理解。比如：“大气效应”实际上是一种类别效应，是一系列具体效应的统称，是大气对各个方面影响的综合表述，人们习惯于将大气影响下产生的现象都归类于大气效应。由此也会产生歧义，有人将大气的温室效应称为大气效应，有人将大气对太阳辐射的影响称为大气效应，以致究竟什么是大气效应都成了问题。再如：海浪效应有众多内涵，如果在报告中提到海浪效应而没有上下文，有人会理解为海浪对船舶产生的摇摆作用，有人会想到海浪对微波散射的影响。

有些歧义并不是严重的问题，因为效应的定义来自科学家的研究工作，许多科学家在众多领域各自工作，提出的效应自然很难一致，会造成同一内涵有不同的名称，也会造成不同的内涵有相同的名称。由于很多效应问世时间不长，科学界还没有来得及形成共识，存在这些问题就不足为奇。而本书的使命之一就是尽量梳理这些存在歧义的效应，尽量使效应的内涵表述清楚，实在不能统一的，就将各个内涵列明，便于读者理解同一效应的不同内涵。对于有不同名称的效应，本书也将其各种名称列于同一名称之下，消除这方面的误解。希望这些工作有利于科学界对相关的效应达成共识。

（5）效应的其他表达方式

其实，很多效应并不用效应的术语来表达，而是用更有代表性的概念来表达。例如：温度的变化是分子混乱运动造成的宏观效果，因而温度完全可以称为“分子混乱运动效应”，只是由于温度定义得较早就没有引入效应的定义。但是，“温度”和“分子混乱运动效应”这两个概念并不完全等同，温度的概念仅仅指出了物体的冷热及其量值，而“分子混乱运动效应”不仅包括物体的冷热，而且包括了对物体分子运动过程的理解。这再次表明，效应包含了对因果关系的理解；如果不用效应的名称而用单独定义的名称，将失去这个优势。许多常识性的效应都不用效应一词。对那些不用效应表达的概念需要对其原因有正确的理解，才能有助于全面认识相应的物理过程。

有人会说，看了本书的内容之后会觉得，在他自己的学科内有很多类似效应的东西，但大家都没有将其称为效应。这种现象肯定是存在的，因为效应本身就是科学家提出来，并逐渐形成共识的。如果科学家没有努力去提出效应，或者用其他名词来介绍效应，该领域的效应就会很少。

3 效应概念的内涵和外延

前面提到，效应的名称中主要包含效应的原因，结果包含在效应的内涵之中。那么，效应概念的内涵是什么呢？“效应”一词起源于早期的科学研究中，用以描述某些作用因素所产生的特定效果。这时的效应概念只是一个个朴素的个别学科的概念，尚不具备一般的抽象特性。科学的发展使效应概念越来越成熟，成为内涵丰富、外延众多的科学概念。做到概念明确，最重要的就是要弄清概念的内涵和外延（华东师范大学政教系，1982）。我们先从内涵和外延两方面讨论效应概念的独到之处。也许我们可以轻而易举地说清个别效应的内涵，然而，面对众多的效应，介绍效应概念的一般性内涵需要用到“系统”概念。

我们所生活的物质世界，大至天体、宇宙，小至分子、原子、基本粒子，都是系统性客体。这些系统性客体相互作用、相互依赖，组合成具有特定功能的整体。社会科学同样具有系统特征，一定的社会形态是由经济基础、上层建筑和社会意识形态3个子系统的有机构成。我们面对的整个自然界就是由无数层次结构所组成的庞大系统。整个物质世界存在的一切事物，无论是天然的还是人工的，都自成系统或互为系统。系统乃是一切事物借以存在的一种方式（张卓民，1983）。所以，系统性是一切事物的共有属性。系统的一个重要特征就是系统功能非加和性，即系统的整体功能不等于各组成部分功能的代数和。这一特性标志着系统与系统之间，系统内各子系统之间都存在着相互作用，效应概念就是描述这些相互作用的结果，因而它和系统概念一样，可以概括和反映各个科学领域中现象的属性和特点。

借助系统的概念，效应概念的内涵主要包括以下内容：

（1）所研究的系统以外的因素作用于系统，在系统内引起的特殊效果。例如，城市人口密集，工业集中，建筑物的热容量较高，使得城市的气温高于周围的原野，形成一座“热岛”。热岛对其上的大气环流产生了明显影响，生成了诸如背风波动、云列、逆温层等特殊现象。这些现象被称为城市的热岛效应。在这个例子中，大气可以看作一个系统，热岛的特殊热力学作用是来自系统外部的作用因素，热岛效应就是热岛在大气系统中引起的特殊效果。这部分内容还应包括同一领域内不同系统间的相互影响和不同领域的相互作用。除了少数封闭系统以外，系统都要受外部作用因素的影响，这些影响体现了事物之间的普遍联系，不一定都会用到效应概念，效应指的是外部作用产生的“特殊”效果。效果的特殊性体现了外部作用的特殊性，与作用的一般性区别开来，这就是效应概念的精髓。

（2）系统内部物质间的相互作用或运动方式的相互影响产生的特殊结果。例如，当高频电流通过圆形截面的导线时，导线外表的电流密度最大，轴部最小，导线和其中的电流共存于同一系统，这一现象称为趋肤效应。但是，趋肤效应不是电流通过导线时必有的现象，而是在电流频率大于某一值时才会出现的特殊结果，因而也用效应概念表述，体现系统内部各部分的相互影响。

（3）系统的组织或结构发生变化时在系统内出现的特定现象。许多时候，在没有外部作用的情况下，系统也会发生变化，也会有变化的原因和结果。例如，从大尺度运动的角度看，海洋和大气属于同一个系统，在这个系统中，大气会影响海洋，海洋也会反作用于大气，体现为系统内部不同部分之间的响应与反馈。系统内部的反馈不属于因果关系，因而在应用效应概念时不是体现原因与结果，而是体现相互联系的主动性，这点要特别注意。

从上述内涵的内容可见，效应强调的是“特殊”，没有作用的特殊性和结果的特殊性就没有效应。但是，效应又是建立在普遍联系的基础上的，没有事物间的普遍联系，效应根本不会存在。

效应的外延体现了事物之间相互联系的普遍性，内容相当广泛，不能像内涵一样具体地描述，只能介绍其特点。效应概念的外延有两个明显的特点：

（1）效应概念几乎在所有学科内使用，是由于效应描述的是作用、运动、变化的结果、相互关联的效果，这些内容本来就包括在所有学科的研究对象之中，因而，许多学科都自然而然地引入效应概念，从而丰富了效应的外延。有些学科的效应与另一个学科无关，但另一个学科可以利用与效应概念的相似性，援引这些效应来丰富自己学科的认识。例如：“蝴蝶效应”本来是指大气扰动被大气系统放大的非线性现象，但在社会科学中也引入“蝴蝶效应”，表达一件小事经过社会系统的放大而产生强烈的后果。

（2）效应概念构成的简单语句方便地说明了一桩复杂的现象或一段冗长的描述，说明某一特定的效应作为效应概念的外延可以同该学科内部其他概念的外延有较好的相关性。这样，引入效应概念便于不同学科间的相互了解和交流。这一优点决定了效应概念在科学概念体系中将占据引人注目的地位。

这里，我们用“系统”概念来说明效应的内涵和外延，是因为系统概念是从不同侧面揭示客观世界普遍联系的特定形式，具有普遍的意义，几乎适用于一切科学技术领域。使用系统的概念，我们可以对效应概念给出更深入的定义：**“在以系统方式存在的一切事物中，不同系统之间相互作用的特殊结果或一系统内不同层次、不同部分之间**

相互作用的特殊结果称为效应”。这个定义与前面的定义相比，虽然没有使对效应的理解更容易，但却更深刻地体现了效应概念的本质，使我们有可能超脱个别效应的具体特性，从更高的立点上理解效应概念在科学研究中的应用价值。

4 效应概念的方法论意义

下面，我们简单叙述效应概念在方法论中的意义。内容可能抽象一些，没有兴趣的读者可以跳过这段内容。

人的认识在任何认识形式中都是外部世界在人的头脑中的反映（斯捷潘诺夫，1986）。效应概念为众多科学领域引入，增加了我们对各学科共性的认识，表明各学科必有一些共同之处作为效应概念的现实基础。物质运动的系统特性就是这种基础（赵进平和郑可圃，1991）。

（1）效应概念的观念化

观念是人们在实践当中形成的各种认识的集合体。人们会根据自身形成的观念进行各种活动，利用观念系统对事物进行判断与综合，从而不断提高应用知识的水平。观念具有主观性、实践性、历史性、发展性等特点。在认识论中，不仅要求我们把物质的东西用严格的概念加以认识和描述，有时还要求我们将一些成熟的认识作为观念的东西直接反映出来，尤其那些描述事物基本特征和基本规律的科学概念在我们的认识过程中无处不在，更要作为认识的结果将其观念化。

效应概念的特点不仅描述了作用的结果，而且也刻画了作用的原因。观念化的效应概念体现了作用产生的结果，与结果相关联的作用因素和作用过程都体现为已完成的认识过程。当某种效应已经形成了观念，在应用中就不必再思索和理解这种效应，而是直接将理解的结果作为自己的观念，在工作中指导自己的行动。正如前面的例子：热岛效应反映在我们头脑中不是热岛及其形成，而是大气中的背风波动和积云现象。但是，效应概念的观念化又不同于某些只描述事物表面现象的概念或观念，因为它不仅体现了结果和现象，而且包含了在认识过程中对现象原因和过程的清楚了解。

（2）效应概念的方法论功能

效应概念的内涵和外延决定了这一概念的科学意义，认识过程中的效应观念加深了我们对周边世界的理解，这一切决定了效应概念的方法论功能。

第一，效应概念描述了各种运动形式间的必然联系，涉足了包括科学方法论在内的各个科学技术领域，因而具有一般方法论的功能。一般的科学研究针对复杂的现象和过程往往通过建立抽象的、一般性的模型来研究，采用系统论、控制论和信息论从战略角度从事的研究则更侧重于事物的一般特性。所以，只有具一般性意义的概念才能具有方法论的功能。而效应概念就是一个满足这一要求的概念。

第二，效应描述的本来就是事物间相互作用的结果，凝聚着作用因素、作用过程的痕迹，有助于展示事物运动和变化的性质和规律。如前所述，在现象分析中用到的某些概念只能描述现象的表面特征和运动状态，不能描述现象的背景和机制。这些概念只有通过已知的定律或规律才能与运动机制和发展过程联系起来。而效应概念不仅起着联系原因—过程—结果的作用，而且可以描述那些作用原因复杂、运动规律不甚清楚的现象，对于分析过程是很有用的。

第三，效应是充分满足逻辑学要求的概念，适用于逻辑判断和推理，可以使用形式逻辑的基本规律，便于在科学研究中采用。应用形式逻辑分析问题可以使我们对错综复杂的事物理出头绪，正确把握分析过程，准确地表达，严密地论证，获取新的知识（张涛光，1983）。效应概念具有这一优越性。

（3）潜在的效应分析法

在科学方法论中，“分析方法”是最重要的科学方法之一，它以客观事物的整体与部分的关系为客观基础，着重分析事物空间分布的各部分，时间发展的各阶段，和复杂统一体的各方面，以实现对事物整体的了解。与分析方法同时使用的还可以有许多技巧性的方法，例如，通过分析微小单元和瞬时状态去揭示事物整体特性的元过程法（中国科技大学等，1984），通过排除次要因素，抓住事物主要矛盾对复杂事物进行研究的理想化法（陈衡，1982）等。分析方法同其他方法是同时并用的，他们互不干扰，各自发挥自己的作用。分析方法可以比拟为战略部署，而其他方法则是具体的战术运用（张涛光，1983）。

效应分析显然可以作为一种技巧性的分析方法而存在，它是通过分析现象的某一特征与某一作用因素的关系来揭示整个现象的机制。例如，大气运动是一个极为复杂的现象，影响大气运动的主要因素包括太阳辐射，地球旋转，纬度差别，地形起伏，大气层结等。这些因素共同决定了大气环流系统的运动、分布和变化，决定了各种尺度的天气现象。科学工作者经过多年的研究，对这些因素的作用结果有相当多的了解，可以用一批效应概念来描述这些结果，如地转效应、层结效应、摩擦效应、地势效应等。当研究某一新的大气现象时，我们就可以依据效应概念对现象进行分析，阐述现象和作用因素的联系，分清主要因素和次要因素，判断各种因素的作用强度，分析各因素在时间和空间上相对重要性的分布和变化，以便于建立合适的模型，最后完成对现象的完整认识。

效应分析方法不同于理想化方法，后者仅用于抽象和简化；也不同于一般的分析方法，因为它融分析与综合为一体，二者交替贯穿于整个分析过程。至今尚未发现哪一种方法可以取代效应分析，而效应分析方法却程度不同地包含了类比法、模型法、理想化方法等方法的内容。因此，效应分析以对客观事物性质的充分认识为基础，是一种可能独立出来的分析方法。

这里我们说，效应分析方法是一种潜在的科学方法，并不是说它还没有成为一种科学方法，而是说还没有正式列入科学方法论之中。效应分析在很多学科早已深入人心，得到广泛应用，已经成为科学研究中的重要方法。方法论属于哲学范畴的一个研究领域，需要一些既懂得自然科学，又懂得哲学的人来归纳和总结，使之上升为哲学层面的方法论，需要广泛的社会实践的归纳和总结，需要深入研究和探索的工作。我们希望本书的出版能够推动效应分析方法早日上升为科学研究方法。

（4）在系统科学中的潜在作用

20世纪40年代以来，系统论、控制论和信息论逐渐发展起来，各领域整体化的研究加强了，涌现出系统、结构、功能、反馈、控制、信息等崭新的科学概念，科学研究在方法论上也有了突破性的进展，涌现了系统方法、黑箱识别方法、功能模拟方法、反馈控制方法和信息方法等等。这些系统科学方法的主要特点是按照一系列进程和步骤，将各种方法组合起来，对事物进行整体分析研究。这对现代科学技术的进步有着不可低估的作用。在系统科学的研究中不可避免地要遇到效应问题，效应既取决于系统外部的作用，又产生于系统内部，上述新的概念都无法反映效应的内容。效应概念作为反映系统结构或功能的一个重要概念，效应方法作为一种独特的且行之有效的方法，已经不可避免地跨入系统科学领域，成为科学工作者的方便工具。

5 效应概念的局限性

虽然效应的概念有重要的科学价值，但效应的局限性也很明显，必须对其有足够的认识，才能正确地认识效应，掌握效应分析方法。

效应概念反映的是原因—过程—结果的关系，尤其重于结果的描述，这样在分析过程中容易陷入简单的因果律之中。必须注意的是，科学的研究方法是辩证的，效应提到的因果关系不是简单的一一对应的关系，而是复杂现象中抽象出来的简单关系。在现实中，一果多因和一因多果现象都不罕见，原因之间还会出现非线性相互作用，不同原因的作用可以相互增强或抵消等等。忽视了这些因素，忘记了原因和结果之间关系的复杂性，就会陷入形而上学的机械决定论，不能科学地说明事物的因果联系。

效应概念作为对众多学科内容的抽象反映了事物中的共同特征。然而，必须明确的是，效应分析主要用于定性分析，以增加对复杂事物的理解和认识。正如在前言中所指出，效应分析只是对事物认识的初级阶段，搞清事物发生时的各种效应只是认识事物的开始，而不是结束，不能指望对效应概念的简单认识就能取代严谨的科学。科学研究需要在效应分析的基础上深入研究，探索物质运动和变化的机理。

更为重要的是，世界上的很多现象和过程并不存在明确的因果关系，在研究这些领域时，并不适于采用效应的概念。当研究一个现象时总是希望找出一些效应来，将深陷研究方法的误区。我们希望前面提到的效应的认识论意义能够帮助大家掌握相应的应用范畴，以免引起误解。

给出定义是明确概念内涵的逻辑方法，我们尽可能严谨地叙述效应概念的定义和内涵，站在认识论和方法论的高度来理解效应概念。然而，效应毕竟不是具体的物质，而是物质之间相互作用的结果，这个结果是自然的，脱离人的意识而存在的；但是，一旦定义为效应，就不再是纯粹自然的过程，就不可避免地与人的认识过程相联系，我们对效应概念何以将主观意识与客观现实联系起来还不甚清楚，必须考察认识论的反映过程和效应概念在认识论中的价值。这些内容超出作者的知识范畴，需要相关领域的学者来进行更加深刻的研究。

第 1 章

性质效应

Property Effects

在介绍海洋和大气的各种效应之前，我们先用不大的篇幅介绍一些性质效应。这些效应不仅在海洋和大气中发生，而且在很多领域都存在。这些性质效应对于理解自然界的现象是不可缺少的，其内涵在海洋和大气中也得到广泛的应用。人们对性质效应的内涵有比较充分的共识，对其体现的现象有比较普遍的认识，效应的特点在不同领域相差不大。由于这些特点，大部分性质效应在一定程度上可以通过望文生义、顾名思义来理解。因此，本书简述这些效应，以备读者查找之需。

性质效应之所以得到各个领域的广泛共识，是因为其意义重大，往往涉及人类对各类事物的综合理解，体现为对世上万物的千变万化所拥有的最一般的认识，甚至体现人类思维逻辑和认知方式的共性特点，值得深入思索。

除了本章列举的这些性质效应之外，还有一些性质效应放在了其使用最有代表性的章节之中。比如：叠加效应、协同效应、累积效应等，请读者参阅相关章节。

类别效应一般体现为各个效应之间类别差异。

1.1 尺寸效应

在科学领域有两个内涵相近的效应，尺度效应（scale effect）和尺寸效应（size effect）。在海洋和大气领域，尺度效应是描述水体或气体运动的尺度不同导致的效应，而尺寸效应用于描述海水和大气中颗粒物的大小不同导致的效应。

在海水中有各种物质的颗粒，比如：河口区的泥沙，有各种不同的粒径。光在这些颗粒物上发生散射，让我们可以用肉眼通过观测颜色而“看到”泥沙。然而，散射光与颗粒的尺寸关系很大，当颗粒非常细小，甚至小于光的波长时，对光的散射特性将发生改变，散射光的颜色会发生变化，也就是发生频移。光学尺寸效应的发生都是在与波长相比的大小发生的，因此也称为小尺度效应（small size effect）。而同样的效应也发生在声学领域，声学的小尺度要远大于光学的小尺度。海水中的颗粒物尺寸的变化会显著地影响声信号的散射和透射，使声信号发生畸变。

大气中也有明显的尺寸效应。例如：同样质量的液态水，如果由粒径较大的液滴组成，会形成水滴的沉降；而如果这些液态水由粒径非常微小的液滴组成，则会形成饱和的浓雾。同样的现象也发生在污染物的输运方面，当烟尘中大颗粒的碳黑进入大气，会随风输运，影响周边一定的范围；而如果烟尘主要由细微的碳黑颗粒组成，将会被输送到很远的地方，对远处的环境产生影响。再如，到达北极的碳黑会落在积雪上，如果碳黑是细颗粒的，会对积雪表面很大的范围产生影响，通过吸收太阳辐射能加剧积雪的融化。但是如果碳黑的颗粒很大，其融雪的效果就会大大下降。

因此，颗粒不同大小带来的可能只是物理过程的量变，但是当颗粒的差异可以导致物理特性发生质变，就可以表达为尺寸效应。

1.2 尺度效应

自然界的运动都是有特定尺度的，尺度是对客观现象空间特征的度量。尤其在各种尺度运动叠加在一起的复杂运动中，尺度选择更是认识世界的一个必不可少的手段。尺度不同的现象往往代表着运动规律与产生原因的本质差异。尺度效应（scale effect）体现的是不同尺度运动的特点与差异，也反映了产生机制的差异。在不同的领域，尺度都是范畴的概念，体现不同尺度之间的差异。

尺度效应还可细分为微尺度效应（microscale effect）、行星尺度效应（planetary scale effect）、多尺度效应（multiscale effect）等。表1.1中给出了不同天气系统的空间和时间尺度，表现了各种天气过程的尺度差异。

尺度效应主要包含以下内涵：

表 1.1 天气系统的特征尺度

种类	水平尺度 / km	时间尺度	主要天气系统
行星尺度天气系统	3000～10000	3～10 d	超长波、长波、副热带高压等
天气尺度天气系统	1500～3000	1～3 d	锋面气旋、反气旋、台风等
中间尺度天气系统	200～300 至 1000～2000	10 h～1 d	梅雨锋上的西南涡等
中尺度天气系统	10 至 200～300	1～10 h	飑线、海陆风等
小尺度天气系统	0.5～40	10 min～3 h	局部强雷暴、龙卷风等

（1）空间尺度对物理过程的影响

在自然界中，很多现象的发生与现象存在的尺度密切相关，在一些大尺度空间产生的现象在一些小尺度空间则不会发生；同理，一些小尺度空间发生的现象也不会出现在大尺度空间中。因此，尺度效应实际上是指受空间尺度影响而发生的现象。

另外，空间尺度的大小对海洋和大气中的运动会产生不同的影响。例如，台风产生后，进入很大的海域和进入较小的海域，其移动的路径和强度变化都会完全不同。再如，海洋中的涡旋产生后，在大的海域中会长时间存在，而在小的海域会很快消亡。

（2）空间分辨率对观察的影响

自然现象具有尺度依赖性，若要正确认识某种现象，就必须首先了解其尺度，然后选择特定分辨率的数据，才能认识这种现象。在大气与海洋科学中，观测数据的空间分辨率往往决定了对自然现象认识的清晰程度。比如，如果取样的空间范围是1 km，则只能分辨大于等于1 km的现象，而无法辨识小于1 km尺度的现象。空间分辨率实际上是尺度的基础。一种现象的空间结构特征只能在一定采样尺度下才能表现出来，体现为与采样分辨率相联系的结构特征。在卫星遥感中，不同分辨率的影像可以识别不同尺度的现象。如果分辨率过低，在观测区域即使存在某种现象，也是无法识别的。这种尺度效应也称为分辨率效应（resolution effect）。

（3）热力学的尺度效应

热力学中也有尺度效应。最为典型的例子就是热寂说，按照热力学的熵增加原理，世界上的各种能量最终都会转化为热能，由此推广到整个宇宙最后都变成热能。

实际上，熵增加原理只是微观的效应，是不能推广到宇宙的尺度上的，各种现象都存在于特定的空间尺度范围内、或特定的时间尺度范围内，忽略了尺度效应，往往会得出错误的认识。

（4）时间尺度效应

类比于空间尺度，时间也有尺度的概念，体现为现象发生或存在的特征时间范围。在海洋和大气运动中，各种运动通常存在很好的时空一致性，即现象出现的空间尺度越大，时间尺度也越大。这种特点体现了时空尺度的对应性、协调性和规律性。时空尺度建立了尺度性与持续性之间的重要联系。

与空间尺度类似，时间尺度也体现为尺度和分辨率产生的影响。例如：如果研究海浪，空间尺度几百米，时间尺度几十秒，如果选择了1 h的取样间隔，则无法认识海浪过程，只能进行统计分析。再如，如果通过海洋沉积物取样研究长期变化过程，时间尺度百万年，时间分辨率也在千年尺度，只能给出长时间缓慢变化的现象。

（5）多尺度效应

多尺度现象同时发生的现象在自然界普遍存在。在海洋和大气中，很多不同尺度的现象共存于一个物理空间。多尺度现象不仅都是物理现象，还有化学的、生物的、甚至人类的现象也会并存。在这些并存的现象中，有些现象之间是互不相关的，只是物理场的简单叠加，这些互无关联的现象之间的关系是线性的。而有些不同尺度现象之间有相互联系、相互影响、相互作用，这些现象之间的关系为非线性的。相互影响的现象和过程则构成了多尺度效应（multiscale effect）。因此，多尺度效应是非线性效应的一种。

在自然界中，有许多多尺度效应现象，在这里，我们以湍流能量的级串过程为例介绍多尺度效应。在湍流过程中，大尺度的涡动向小尺度的涡动传送能量，成为能量的级串过程。最小尺度的涡动是克姆克洛夫微尺度，在这个尺度之下是分子尺度。各种尺度湍流的能量会向更小尺度的涡动传输，最后通过湍流耗散转化为热能。不同尺度湍流涡动之间的能量传递是海洋和大气中能量传输的基本过程。由于湍流涡动只有动能没有势能，能量的传递只能在动能与动能之间发生，通过不同尺度涡动之间的非线性相互作用而传递能量。由于大尺度涡动比小尺度涡动有更大的能量，传递的结果是小尺度涡动能量的增加和大尺度涡动能量的减小，能量的传递就此形成。在有层化的海洋中，还会发生反级串过程，即小尺度涡动向大尺度涡动传输能量。湍流在跃层附近发生时，需要克服重力做功，将能量向水平方向传输与扩展，使能量扩展到更大尺度。

（6）尺度效应与认识过程

上面谈到的是时空尺度与自然现象之间的联系。尺度效应还有另一方面的意义，即时空尺度对人类认识过程的影响。人类的认识过程受到运动尺度的强烈影响，会因观测到的尺度而限制了认识过程。只有认识到这种局限性，才能在科学研究中采用各种不同的方法，排除这种局限性，形成对自然过程的全面认识。20世纪40年代末期出现尺度分析方法，人们常常通过对运动方程进行尺度分析，按照各类运动的特征尺度对方程组进行简化，研究各类海洋和大气运动的规律。

其实，广义的尺度效应不仅包含时空尺度，还包括运动的尺度，例如：流动可以有不同的尺度。在广义尺度效应的框架下，产生了基于动力近似理论的物理模拟方法，通过对满足动力相似条件的小型模型进行试验，来模拟真实尺度的船舶和工程建筑，获取关键设计参数。现在，进入了数值模拟的时代，强大的计算机技术可以取代物理模拟而进行数值模拟，计算技术可以满足各种分辨率的需要。但是，数值模拟只是认识世界的工具，对尺度效应的认识不能松懈。

1.3 宏观效应和微观效应

在海洋和大气中，不同尺度的运动往往有很大的差异，有时观测手段不同，研究方法不同，认识方式不同，致使人们忽视了不同尺度事件之间的联系。而事实上，小尺度事件或过程往往与大尺度运动有密切关系，宏观效应和微观效应表达的是不同尺度运动的联系。

宏观效应（macroscopic effect）体现了微观事件对更大尺度运动的影响。例如：局地海气相互作用会影响大尺度环流，环流系统的变化就是局部海气相互作用的宏观效应。再如：温度就是分子混乱运动的宏观效应。

而微观效应（microscopic effect）体现了大尺度运动对微观过程的影响。例如：瀑布流量增大就是大范围强降雨的微观效应之一。冬季大范围的降温会导致局部结冰也属于微观效应。

其实，宏观效应与微观效应都可归纳为尺度效应，不同的是，这两个效应反映的不是几何的尺度，而是体现了运动的尺度，因此分别介绍。此外，宏观效应和微观效应体现的是效应的性质，而不是效应的内涵。即使某效应已经有明确的命名，也有清晰的内涵，仍然可以用宏观效应和微观效应表达其属性。各种性质效应都具有这样的特点。

1.4 区域效应和全球效应

这两种效应也属于尺度效应，但更关注于区域运动与全球运动之间的联系。区域效应（regional effect）体现的是运动过程对局部区域的影响。例如：北半球西风加强会导致欧洲南部降雪增加，是大气运动的变化对欧洲南部的区域效应。同理，全球效应（global effect）展现的是局部的运动对全球的影响，比如：撒哈拉沙漠的高反照率削弱了地球接收的总能量，对全球热平衡产生重要影响，是重要的全球效应。

1.5 正面效应和负面效应

这两种效应很容易理解，正面效应（positive effect）也称正效应，负面效应（negative effect）也称负效应。在海洋和大气中，有各种各样的正面效应和负面效应，也是体现性质的效应。

从力学的视角看，有助于运动加强的作用产生正效应，有利于运动减弱的作用属于负效应，例如：海面蒸发向台风输送潜热能量，致使台风不断加强，因而海面的蒸发是台风的正效应。再如：天文潮与风暴潮叠加产生的超高水位可以认为是天文潮对海面高度的正效应。

从系统的角度看，正反馈过程往往体现正效应，负反馈过程体现为负效应。例如：气温下降导致海面结冰，海冰阻隔了海洋的热量导致气温进一步下降，因此，海冰的出现是气温的正效应；但因其保护了海洋的热量，是海洋的负效应。

1.6 增强效应与减弱效应

增强效应（enhancement effects）是相当宽泛的效应，几乎涉及到所有学科的各个领域。增强效应是由各种非常具体的效应组成的，对应于不同的事物有不同的效应，这些效应很可能风马牛不相及。同时，增强效应又是一种具体效应，是指运动增强之后发生的附加变化。例如：风暴潮达到异常高水位归因于台风增强效应。与增强效应相对应的还有减弱效应（weakening effects）。在海洋和大气中，以下效应是值得关注的。

（1）背景光增强效应

在光学观测中，背景光的强度变化对结果有明显的影响。当背景光增强时，会形成噪声信号，影响对信号的识别，称为背景光增强效应（bias enhancement effect），参见“背景光效应”。

（2）后向散射增强效应

使用地波雷达技术测量海面动力学参量时，通过向海面发射无线电波，然后接受后向散射信号，以研究海面的变化。在平静的海面上，由于散射截面面积小，致使后向散射微弱，测量的范围小，测量效果不佳。但是，如果风浪较大，海面粗糙度提高，后向散射信号明显增强，可以收到丰富的散射信号。在海面粗糙度提高的情况下实现对海面更大范围、更高分辨率的测量效果称为后向散射增强效应（backscattering enhancement effect）。

（3）荧光增强效应

在海洋中，测量荧光强度是测量浮游植物含量的间接方法，通过荧光强度可以反演叶绿素浓度。但是，在海洋中会有一些能够导致荧光增强的物质，这些物质是透明的、微量的、不易觉察的，多是一些具有表面活性的物质，但会引起测量得到的荧光增强，称为荧光增强效应（fluorescence enhancement effect）。荧光增强效应的产生可归因于这些物质对荧光物质微环境的改变所形成的有效吸光截面积的改变。因此，在依靠荧光测量反演叶绿素浓度的计算中要充分考虑这个效应。

1.7 延迟效应

延迟效应（delayed effect）是一种性质效应。在心理学中，延迟效应表示让孩子学会通过耐心等待而学会自制和坚强。在社会管理中，延迟效应指文牍旅行带来的延迟对社会活动产生的消极影响。在海洋和大气中，延迟效应包含延迟效应、滞后效应和后效应。

● 延迟效应

延迟效应是指物理过程的延迟发生。比如：蒸发过程与降雨有密切关系，但降雨多在蒸发之后很久才发生，因而属于延迟效应。冬季大气降温会导致海面结冰，但二者不是同步发生的，而是降温过程使得海面温度达到结冰温度时才会发生。海面冻结是大气降温的延迟效应。

● 滞后效应

认知事物的变化需要对不同过程进行比较，这些过程有同步发生的，也有超前或滞后发生的。因此，滞后现象（hysteresis，lag）是非常普遍的现象。而滞后效应（carry-over effect, hysteresis effect）是指这些滞后发生时带来的特殊效果。例如：海洋对气候变化有重要贡献，但气候变化发生在海洋的作用长期积累之后，有些气候变化现象本身就是海洋过程的滞后效应。再如：大气云层之间放电时闪电先于雷声到达，而雷声则是放电的滞后效应。

● 后效应（after effect, later effect）

后效应与延迟效应，泛指一件事情发生一段时间之后才产生的效果。在医学领域，某种药品的副作用在服用一段时间之后才会显现出来。在社会学领域，一个政策在实施一段时间后才能体现出效果。在经济学领域，市场的调控作用会在一段时间之后才能改变经济状况。这些都属于后效应的范畴。

在海洋和大气中，后效应普遍存在。例如，将污水排放入海，一时并没有明显问题，但在一段时间之后，污染物质在生物体内富集，人类食用这些生物就会被伤害。因此，这种过程导致的食物中毒就是污染物排放的后效应。再如：台风对海洋叶绿素含量有一定的影响。台风过境时造成海面表层海水辐散，引起海洋的上升运动，将次表层的营养盐带到海洋上层。而后，营养盐促进浮游植物的繁殖，引起海洋叶绿素升高，体现为台风的后效应。

延迟效应、滞后效应与后效应很相似，有时可以混用，但三者之间有微妙的差别。延迟效应是指一件必然发生的事情推迟发生，含有本来应该早点发生但实际上延迟了的意味。滞后效应的含义是指这件事情本来就应该滞后发生，含有不会提前发生的意味。这两种效应将发生的事情都是意料之中的，而后效应是指一段时间后会发生意料之外的事情。这种差别虽然很清楚，但与人对事物的认知有关：如果理解事物的发生规律，就会认为是延迟效应；而如果对事物的变化规律不清楚，突发的事情就体现为后效应。

1.8 超前效应和先导效应

笼统地说，超前效应（leading effect）是相对于滞后效应而言的，是指一个现象发生之前发生的另一个与之相关的现象，该现象对后来发生的现象有明确的因果关系。正如滞后的现象就应该滞后一样，超前的现象也有超前的必然性。滞后效应更容易理解，而超前有时令人茫然：究竟是什么导致了超前？是因果关系吗？

从上面的例子来说，气候变化是大尺度海气交换的滞后效应，而海气交换则是气候变化的超前效应，起到为了气候变化而发生的前期铺垫和累积的作用。因此，超前效应和滞后效应是有密切联系的因果关系，差别在于观察的对象不同，对事物变化过程的观察视角不同。说到超前效应对现象的前期铺垫，实际上指出了超前效应的核心内涵，就是先导性的、累积性的、由量变到质变的过程。因此，有时也将超前效应称为先导效应（guide effect; precedent effect）。针对先导效应对后期发生现象的作用，又可分为正先导效应和负先导效应。

在海洋中，海底地震是海啸发生的先导性现象，正是通过对先导效应的理解才有了对海啸的准确预报。台风也是有些巨浪发生的先导效应，可以通过对台风强度与路径的分析预报台风浪的有效波高分布。

在大气中，闪电现象发生之前，出现了持续的击穿过程，成为闪电的先导效应。积云中的闪电通过持续击穿大气建立和形成放电的先导通道，在先导通道中电荷被定向输送，形成闪电的基础条件，从而引发大尺度放电的宏观效应（Yuan et al., 2019）。

其实，在海洋和大气领域早期的预报中，并没有依托数值模式的预测体系，有时是用先导性现象预报未来发生的现象。在大尺度过程中，有些卷积云、钩云就是预测大风的先导效应。

在很多时候，先导效应强调由量变到质变的累积过程，例如：海洋污染是生物毒性的先导效应，污染物质在生物体内不断累积富集，最终形成生物毒性。在这里，累积效应强调的是累积的过程，而先导效应强调的是累积的结果。

1.9 逆向效应和反向效应

逆向效应（backwash effects；converse effect）实际上体现了事物向相反的方向转化的效果，在不同学科中，有很多名称相异、内涵接近的效应。在此，我们重点关注逆向效应的内涵。逆向效应有以下两个特点：一是起源于某作用因素，又反作用于该作用因素；二是这种反作用并不是简单的返回，而是产生新的作用。

在海洋和大气中，各种负反馈过程实际上都属于逆向效应。比如：海温升高就会导致海洋感热和长波辐射增大，致使海洋失去更多的热量而变冷；然而，大气吸热后会产生更高的逆辐射，减缓了海温的变冷，因此，大气回辐射升高是海温降低的逆向效应。

与逆向效应相似的还有反向效应（boomerang effect），是指一个事物本应产生正向的作用，但实际上却起到相反的效应。例如：云量减少导致到达海面的太阳短波辐射增强，本来应该导致海面升温；但海洋升温后导致潜热增大，诱使海雾和低云的发生，导致云量增大，太阳辐射减少，地面发生降温。

逆向效应与反向效应其实是有差别的，逆向效应更多体现为我们希望得到的结果，而反向效应往往与我们的期望相反。

1.10 触发效应

触发效应（trigger effect）是指突然发生的作用因素导致的特殊现象。比如，在平静的海洋中没有海啸波，但当海底地震发生时，海啸波也突然发生，因而，海啸波可以看作是海底地震的触发效应产生的结果。再比如，寒冷的天气中海洋并没有结冰，但一次突然大风降温天气，导致海洋热量快速释放干净，海面很快就结冰了，突发的结冰现象可以看作是极端天气的触发效应。

触发效应是一种共性的性质效应，其内涵意指海洋和大气中存在发生这些突变现象的必要条件，只是由于时机未到而没有发生；一旦触发作用发生，就会发生相关的现象。因此，触发效应只是一个可能发生现象的促成因素，触发效应不会催生出不可能发生的现象。实际上，海洋和大气的很多过程都是触发效应的结果，触发因素往往是我们关注的焦点，有时，科学研究的目的就是寻找这些触发因素。

有时，触发效应与累积效应可以看作是相对的效应，累积效应强调长期积累导致的结果，而触发效应强调的是瞬时因素导致的现象。

在中文里，有一个与触发效应相似的效应：激发效应（priming effect）。激发效应首先在土壤学、生物学中使用，是指某件事情发生后产生的特殊效果，强调的是从无到有的过程。激发效应和触发效应有一定的相似之处，都表示一件事情的出现带来的特殊效果。但是，触发效应主要描述作用因素的突然出现产生的效果，强调像开启了一个开关一样产生的突发作用；而激发效应更关注作用因素的结果而不是过程。

虽然在海洋和大气中有一些与自然有关的激发效应，但还没有明确的提法。需要注意的是，区分激发效应与触发效应的差异，避免造成把触发效应说成激发效应的混用情形，在使用中要辨别各自的内涵。

1.11 外溢效应

外溢效应（spillover effect），也称溢出效应，是一个得到广泛应用的效应。外溢效应是指某个事物发生了变化之后引起了同类事物的变化。这些变化可以是进展、巨变、失败、回归等各种可能的变化。外溢效应的重要特点是，外溢的事物产生的效应一般仍然是同类事物；如果不是同类事物，不属于外溢效应。

在海洋和大气中，外溢效应有丰富的内涵。例如：近年来北极气候正在发生显著变化，北极气温升高，使得北极的海冰、海洋和大气都发生了巨大的变化。而北极的变化对中低纬度的区域气候也产生显著的影响，北极的冷空气会导致其他海域发生严寒、热浪、风暴加强、降雨增多等现象，这些与北极气候变化有关的现象被称为北极变化的外溢效应。在这个例子中，北极气候变化外溢的也是气候参数，属于同类事物。如果北极气候变化导致其他区域的其他事物发生变化，如渔业产量的变化，就不属于溢出效应，而是属于协同效应或其他类似效应。

广义地说，所有的效应都属于外溢效应，都是某种因素产生的影响。因此，外溢效应直接与因果关系相联系，是认识事物变化机制的重要渠道。

1.12 过渡效应

事物由一个阶段或一种状态逐渐转化为另一个阶段或另一种状态称为过渡。过渡效应（transition effect）是指这种状态转变所带来的影响。过渡效应是普遍存在的，在各个学科都有相应的内涵。在海洋和大气中，很多现象属于过渡效应，具有很强的共性特点。过渡效应的现象可以分为时间过渡效应和空间过渡效应两大类。

在南海春夏季风转换期，南海中部出现大量高温高盐水体从苏禄海进入南海，覆盖在冬季低温低盐水体之上；一旦夏季风暴发，这部分水体就会消失。因此，这种异常盐度逆转现象属于南海季风的过渡效应。

在空间上也有过渡效应。海洋温跃层是海洋温度急剧变化的水层。当下放温度计进行海洋观测时，如果温度计响应时间较长，对跃层的温度变化无法及时响应，就会出现滞后的尖峰信号，这种信号体现了温度计的过渡效应，不应该被认为是真实信号，需要通过经验进行质量控制予以消除，参见“热滞效应”。

1.13 竞争效应

竞争效应（competitive effect）原本是指社会中企业之间存在竞争，有利于技术改进、降低成本。在个体之间存在竞争也会提高个体的工作积极性，提高工作效率。竞争效应扩展到自然科学之中主要用来描述生物群体之间的生存竞争等。

在海洋和大气中，有时用竞争效应来类比不同作用之间此强彼弱，最终发生的运动和变化取决于“竞争”的结果。例如：在海洋中同时存在侧向混合与垂向混合，如果层化很弱，垂向混合占优势，混合的能量主要向海洋深处传递，侧向混合变得不重要；反之，如果层化很强，会抑制垂向混合，导致能量向侧向传递，侧向混合的作用加强。这个现象被称为侧向混合与垂向混合的竞争效应。

然而，在海洋和大气中，“竞争”只是一种拟人化的表达方式，竞争效应有浓厚的主观意味，在应用时要仔细斟酌，以免产生不恰当的比拟。

1.14 弛豫效应

在物理学中，“弛豫”是指原子核从受激状态回复到平衡状态的过程。弛豫过程包括两种形式:自旋-晶格弛豫和自旋-自旋弛豫，所需时间称为弛豫时间。借用弛豫的原始定义，弛豫泛指物质运动从某一非平衡状态逐渐恢复到平衡态的过程。弛豫效应（relaxation effect）是指物质运动恢复过程中产生的各种影响，有着宽泛的内涵。随着科学的发展，弛豫效应的内涵已经超出了物理学范畴，化学、生物学、天文学、甚至社会科学等众多领域都存在弛豫效应，泛指物质运动或社会运行从一个状态回复到稳定状态之间发生的特殊现象。

在海洋和大气中，很多处于恢复过程的运动都有弛豫效应。例如：台风过后海洋逐渐恢复平衡状态，海浪逐渐减弱、海平面逐渐恢复、风暴增水逐渐消退，由此产生的各种过渡性现象都体现为弛豫效应。需要注意的是，如果在恢复过程中发生不能回复原状的现象则不属于弛豫效应。例如：风暴过后海洋恢复平静的各种过程属于弛豫效应，但风暴过程导致岸滩被严重冲刷则不属于弛豫效应。

1.15 补偿效应

补偿效应（compensation effect）是一种应用相当广泛的性质效应。在很多领域都有补偿效应，实际上就是指发生补偿现象本身。此外，补偿效应还是一种具体效应，是指发生补偿后产生的特殊现象或效果。

在海洋和大气中，补偿过程往往与质量守恒有关。在海洋中，如果风引起海水离岸运动，而又不能从水平方向获得补偿，就只能从海洋下层进行补偿，形成近岸上升流，因此，近岸上升流可以称为风生输运的补偿效应。在大气中，热带气旋接受了海面的热通量后产生上升运动，导致气旋底部周边的空气向气旋辐聚，形成强大的上升气流，也是一种补偿效应。

有些补偿效应与质量守恒没有显著关系，比如，冬季极区的长波辐射导致地表热量的大量流失，产生低温严寒，如果没有热量补偿，地球上极区冬季的温度甚至会低于-100℃。实际上，来自中低纬度的气团会在冬季加强向极区的运动，来自海洋的暖平流也会进入极区，补偿了极区的热量损失，减缓温度的进一步降低。

第2章

地球运动效应

Effects of Earth Motion

地球作为一颗行星，处于永不停息的运动之中。我们熟知的地球运动主要有两种形式：围绕地转轴自转和围绕太阳公转。实际上，地球还存在更丰富的运动，例如：围绕地球-月球中心的公转，在引力矩作用下发生的回转等。从更长的时间历程来看，地球运动还因天文参数的变化而发生长期变化。

地球的运动对于海洋和大气的结构和运动产生重要影响。这些影响可以分为两大类，一类是可以通过推测得知的现象，例如：日夜交替、季节转换、潮汐现象等。还有一类是通过动力学过程而发生的现象，包括：大气与海洋环流、大尺度波动和多年变化现象等。

地球上的很多现象都直接或间接地与地球运动相联系。地球运动效应概括了一系列重要的效应，例如：地转效应、β效应、离心效应等，体现了行星运动的整体特性对海洋和大气运动的影响。地球运动效应更多的是大尺度、共性的效应，这些效应对于其他各种效应有不同程度的影响。地球运动效应也是容易引起误解和混淆的效应种类。本章拟从现象入手，阐述地球运动效应的实质，澄清易于混淆的概念，给出对地球运动效应的明确认识。

2.1 惯性效应

我们在这里先介绍惯性效应（inertia effect）。惯性效应这个术语日常使用得并不多，但是，惯性效应却是最基本的效应，我们都是在惯性效应的框架下来理解海洋和大气的运动。

● 绝对参照系

研究运动首先要确定绝对参照系（也可以理解为坐标系），没有绝对参照系的运动是不能被理解的。按照物理学的原理，参照系不能设立在空间的某一点，而是必须固定在一个物体上。如果能把一个绝对静止的物体做参照系，就可以理解世界万物的运动和变化。但在茫茫宇宙中，无法找到绝对静止的物体，因而无法确定一个静止的绝对参照系。退而求其次，人们试图在惯性参照系中理解运动。

惯性运动是指物体做匀速直线运动，其加速度为零。建立在做惯性运动物体上的参照系就是惯性参照系。在宇宙中，太阳的运动可以看成是近乎惯性的，人们就是以太阳为绝对参照系观测海洋和大气中的运动。毋庸置疑，太阳系在宇宙中快速移动，但由于使用惯性参照系作为绝对参照系，可以不去顾及太阳的移动速度。

● 相对参照系

在很多情况下，用绝对参照系来研究运动并不方便，因此，人们愿意在绝对参照系的框架下建立另外一个参照系来研究运动。例如，在绝对参照系中有一列火车在运行，如果在火车上建立一个参照系来研究火车内部发生的运动显然更加方便，这种建立在火车上的参照系被称为相对参照系。建立相对参照系的前提是预先要知道相对参照系与绝对参照系之间的关系，这样在相对参照系中获得的结果就可以换算到绝对参照系之中。

设相对于绝对参照系中的速度为绝对速度$\boldsymbol{u}_a$，相对于相对参照系的速度为相对速度$\boldsymbol{u}_r$，而相对参照系自身的运动速度为牵连速度$\boldsymbol{u}_t$。根据力学原理，物体的绝对速度等于相对速度和牵连运动速度之和，

$$\boldsymbol{u}_a = \boldsymbol{u}_r + \boldsymbol{u}_t \tag{2.1}$$

公式（2.1）表达的关系不会因相对参照系的特性而改变。考虑到不同相对参照系有不同的特性，绝对参照系与相对参照系的关系也可以用加速度来表达，即绝对加速度等于相对加速度与牵连加速度之和

$$\frac{\mathrm{d}\boldsymbol{u}_a}{\mathrm{d}t} = \frac{\mathrm{d}\boldsymbol{u}_r}{\mathrm{d}t} + \frac{\mathrm{d}\boldsymbol{u}_t}{\mathrm{d}t} \tag{2.2}$$

● 惯性相对参照系

相对参照系可以是惯性的，也可以是非惯性的。以下所说的惯性参照系或非惯性参照系都是指相对参照系。如果相对参照系是做惯性运动的，则牵连加速度为零，按照（2.2）式，物体运动的相对加速度与绝对加速度相等。基于此，惯性相对参照系中的观测结果可以用（2.1）式相互转换。

● 非惯性相对参照系

如果相对参照系不是做惯性运动的，则相对参照系就是非惯性参照系。例如：以太阳为绝对参照系来理解地球上的运动有诸多不方便之处。人们生活在地球上，将地球取为相对参照系显然更为合适。以前人们对海洋和大气的观测都是以地球为参照系，而且人们只关心物体相对于地球的相对运动，而对相对于太阳的绝对运动似乎并不重视。

然而，由于地球是旋转的，而不是作匀速直线运动，因此，固定在旋转地球上的相对参照系不是惯性参照系，而是非惯性参照系。非惯性参照系是指牵连加速度不为零，地球自转会使地球上的物体产生向心加速度。

● 惯性力

表达力与运动关系的基本定律是牛顿第二定律，但这个定律是建立在绝对参照系中的，如果相对参照系是惯性的，牛顿第二定律也可以用于相对参照系中。然而，在旋转地球上的参照系不是惯性参照系，因而牛顿第二定律并不直接适用于地球参照系。人们希望能在非惯性参照系中使用牛顿第二定律，就需要把其表达式变换到非惯性参照系中。

牛顿第二定律有三要素：力、质量和加速度。其中，力和质量不会随参照系不同而变化，发生变化的是加速度，即在非惯性参照系中牛顿第二定律的形式中将包含牵连加速度项。如果将牵连运动的加速度与质量的乘积称为惯性力，即非惯性的牵连运动在相对参照系中以力的形式存在，牛顿第二定律在相对坐标系中的表达形式与在惯性坐标系中的相同，只是增加了各种惯性力。

惯性力常被认为是假想的力，是在地球上观测时才有的力，而不是真实存在的力。其实，这样的说法是站在绝对参照系中考虑问题的立场。如果站在地球这样的相对参照系来看问题，惯性力是真实存在的。例如：在旋转的圆盘上的物体受到离心力的作用向外运动，站在圆盘上观察，离心力就是“真实”的力，勿让“假想”二字混淆了认识。

惯性力既然是力，就一定会引起与之相关的相对运动。考虑了惯性力，就可以在非惯性参照系中理解相对运动，即由各种力，包括惯性力引起的相对运动。

● 惯性效应

在非惯性相对参照系中惯性力产生的运动现象统称为惯性效应。在地球上，我们熟知的很多现象其实都属于惯性效应，比如：三圈环流、信风、地转流、罗斯贝波等。地球作为相对坐标系的特点就是旋转，与地球旋转角速度有关的各种运动全部属于惯性效应。

设地球旋转的角速度为Ω，地球表面到地心的距离为$\boldsymbol{r}$，所在的纬度为$\boldsymbol{\varphi}$，（2.2）式中的牵连加速度表达为，

$$\frac{d\boldsymbol{u}_t}{dt}=\nabla(\frac{1}{2}\Omega^2 x_r^2)+2\boldsymbol{\Omega}\times\boldsymbol{u}_r \tag{2.3}$$

其中，右端第一项为向心加速度，引起的惯性力为惯性离心力，或者更准确地说是相对于地转轴的惯性离轴力。右端第二项为科氏加速度，引起的惯性力为科里奥利力（科氏力）。这两个惯性力产生三种惯性效应：与离心力相联系的称为离心效应，与科氏力相联系的称为地转效应，与科氏力随纬度变化的称为行星涡度效应，在下面三节分别介绍。

2.2 离心效应

离心效应（centrifugal effect），也称离心力效应（centrifugal force effect），是在旋转地球上观测到的物体受离心力作用导致的现象。地球上有以下三种离心效应现象。

（1）地球自转的离心效应

地球上的物体受到地球旋转产生的离心力作用。物体距地转轴的距离越大，受到的离心力就越大。如果地球近似为球体，单位体积物体受到的离心力F_c为

$$F_c=\rho r\Omega^2\cos\varphi \tag{2.4}$$

其中，ρ为大气或海水的密度，r为地球半径，φ为纬度。离心力在赤道区域最大，而在南北极极点为零。地面的物体受到万有引力的作用，引力的方向指向地球的质心。同时物体受到离心力的作用，与地转轴的方向垂直。万有引力与离心力的合力就是常用的重力。图2.1给出了重力形成的示意图。

离心效应是指在地球表面上不同纬度受到的离心力不同对重力的影响。离心力在赤

道最大，重力加速度在赤道最小，约为9.780 m/s^2；而在两极离心力为零，重力加速度最大，约为9.832 m/s^2。由于地球旋转很慢，离心力很小，只有万有引力的1/300，对重力的贡献很小，重力的方向与万有引力的方向差别不大。

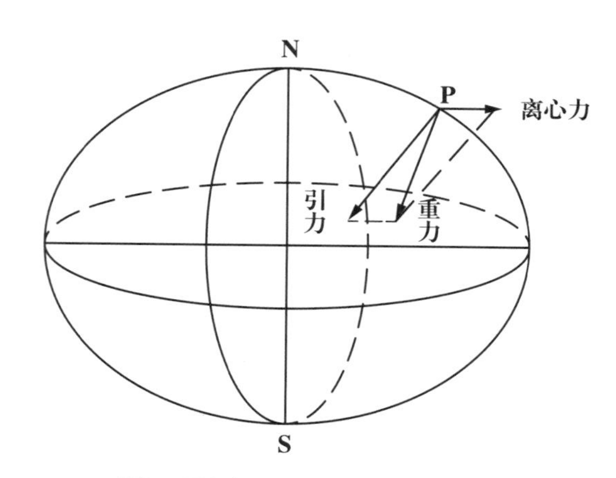

图2.1 重力与万有引力和离心力的关系

其实，重力加速度的差异并不完全是离心效应引起的，还有一个原因是地球的赤道半径约为6378 km，极半径约为6357 km，相差21 km，引起赤道的万有引力偏小，离心力偏大，加剧了离心效应。

至于为什么地球赤道半径大于极半径，仍然与离心效应有关。在地球形成时期，地球是一个流体，受到离心力的作用，赤道向外膨胀，形成现在这样的回转椭球体。

（2）地球公转的离心效应

除了地球的自转有离心效应之外，地球的公转也是地球参照系牵连运动的一部分，也产生离心效应。地球参与两类公转，一类是地球围绕地球-月球的公共质心旋转。地月的公共质心在地球内部距离地心4671 km处，地球转动一圈的时间为27.32166 d。地球参与的另一类公转为围绕太阳的公转，公转的周期为365.24219 d。下面以地球与月球的公转为例介绍这种离心效应。

地球围绕地月质心旋转时，地球上的流体受到两种力，一种是月球对地球上流体的万有引力，一种是地球围绕地月公共质心旋转时受到的离心力。万有引力与到月球的距离有关，距离越远，万有引力越小；而整个地球上的物体受到的离心力是一样的，因此，万有引力与离心力的叠加结果与相对于月球的位置有关，如图2.2所示。在近月一侧，万有引力大于离心力，引起趋向于月球的引力；而在远月一

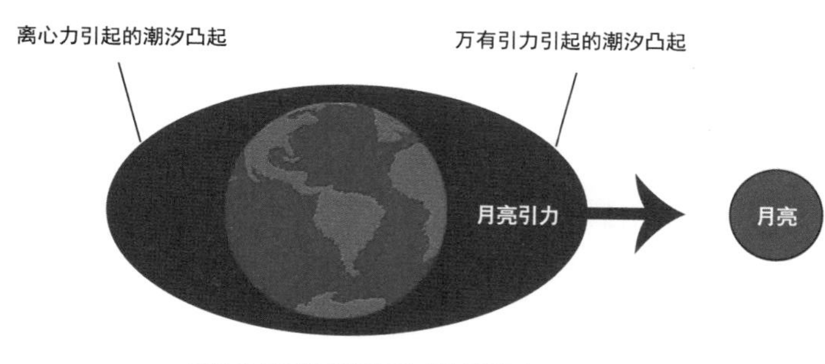

图2.2 月球对地球形成的引潮力

侧，万有引力小于离心力，引起远离月球的力。这种万有引力与离心力的合力就是引潮力。这种凸起的引潮力是离心效应的重要现象。

公转的离心力与自转的离心力有很大的不同，自转的离心力都是指向远离自转轴向外的方向，因而在地球上每一点的离心力方向都不同；而公转的离心力都是指向一个方向的，地球各点的离心力方向相同。

以上只是以围绕地球-月球公共质心公转所致的离心效应。环绕太阳的公转也有离心效应，产生相似的引潮力变化。

（3）涡旋的离心效应?

有人将涡旋受到离心力的作用也称为离心效应。这里必须指出，离心效应只用来表达地球自转或公转引起的离心力产生的效应，属于地球参照系牵连运动的组成部分，离心力的旋转速度只与自转或公转的角速度有关。海洋和大气中涡旋或流涡在旋转时受到的离心力产生的效应称为旋转效应，二者的区别是，离心效应是牵连运动产生的效应，而旋转效应是相对运动产生的效应。涡旋的离心效应见“旋转效应”一节。

2.3 地转效应

地转效应（geostrophic effect）是海洋和大气运动中最重要的动力学效应，也是人们最熟悉、应用最为广泛的效应。本书中的许多效应不同程度地受到地转效应的影响，形成具有独立特点的复合效应。地转效应是一个涉及面广、影响深远的效应，它概括了在海洋和大气运动中发生的众多现象。这些现象尽管起因相似，但现象本身却形态各异。这些地转效应现象造成海洋和大气中动量、热量和能量的分布，以及传输过程发生显著变化，使运动增添了奇异的色彩。鉴于地转效应的无比重要性，本章将用较大的篇幅来介绍看似简单的地转效应。

● 科里奥利力

公式（2.3）最后一项的牵连加速度在相对参照系中形成科里奥利力，简称科氏力

$$F_c = 2\rho \boldsymbol{\Omega} \times \boldsymbol{u}_r \tag{2.5}$$

公式（2.5）表明，科氏力的存在需要同时满足三个条件：第一，参照系必须旋转，即$\boldsymbol{\Omega} \neq 0$；第二，物体必须有相对于旋转参照系的运动，即相对速度$\boldsymbol{u}_r \neq 0$；第三，相对速度矢量的运动平面与参照系转动轴的方向不垂直。发生在海洋和大气中的运动都满足前两

个条件，第三个条件恰在赤道上时不满足，与赤道相切的平面方向（即平面的法向）与地转轴在赤道的任何地方都与地转轴垂直。也就是说，在赤道上不存在科氏力。在赤道以外的海洋和大气运动都满足第三个条件。

地心到地球上任意点的连线与赤道面的张角就是该点的纬度$\boldsymbol{\varphi}$。忽略科氏力的垂向分量，公式（2.5）在任意点的表达式成为

$$F_c = \rho f u_r \tag{2.6}$$

其中，$\boldsymbol{f}$为科氏参量

$$f = 2\Omega\sin\varphi \tag{2.7}$$

公式（2.6）给出了科氏力最重要的特点，即科氏力的方向与相对速度的方向垂直，在北半球，$\boldsymbol{\varphi}$大于零，科氏力的方向指向物体运动方向的右方，而在南半球，科氏力的方向指向物体运动方向的左方。在地球上观察相对于地球作机械运动的物体时，会看到物体在北半球向运动方向的右方偏转，在南半球向运动方向的左方偏转。有时，由于科氏力被其他作用平衡，这种偏转只形成了一种趋势。

● 科里奥利效应

相对于地球运动的物体受到科氏力的作用，产生向垂直于运动方向偏转的运动或趋势被称为科里奥利效应（Coriolis effect）。地球上的海洋和大气只要发生相对于地球的运动（赤道除外），就会发生科里奥利效应。

因此，地球上物体的运动受到两个惯性力，一个是离心力，一个是科氏力。科氏力随纬度变化，在赤道最小，在两极最大；相反，离心效应在两极最小，在赤道最大。二者产生不同的效应，离心效应影响重力，而科里奥利效应导致运动的偏转。

● f 平面效应

在地球上，只要某一区域大气或海水的运动以东西方向运动为主，在南北方向上所跨的范围不大，就可以近似认为纬度保持为常数。如果纬度保持不变，旋转坐标系等效于建立在一个以 $\boldsymbol{\Omega}_c=\boldsymbol{\Omega}\sin\varphi$为角速度的转盘上，物体的运动发生在转盘平面上，处处与旋转轴相垂直。在转盘上，科氏参量 f 保持为常数，旋转角速度矢量、相对速度和科氏力相互垂直，这是转盘上运动的一大特点，被称为 f 平面。另一个重要特点是，只要相对速度相同，运动不论发生在转轴附近，还是发生在圆盘边缘，所受的科氏力都是一样的。鉴于这两个特点，采用平面直角坐标系或平面极坐标系、柱坐标系来研究 f 平面的运动都是很方便的。在旋转圆盘上运动的物体受到科氏力的作用产生的现象称为 f 平面效应，简称 f 效应（f-effect）。f 效应突出了地球旋转运动中定轴匀速转动所形成的现象，而忽略了 f 随纬度的变化。由此可见，f 效应只能用在南北方向尺度不大的运动，

在更大尺度的运动中如果仍然用 f 效应来表达会带来较大的误差。

在不同的文献中经常会遇到地转效应、科里奥利效应和 f 效应，由此产生概念上的混淆。实际上，科里奥利效应考虑纬度的变化，而 f 效应不考虑纬度的变化。地转效应的用法很宽泛，广义的地转效应就是科里奥利效应，而狭义的地转效应就是 f 效应，在应用时要特别注意。由于纬度的变化在行星涡度效应（β 平面效应）中单独表达，一般而言地转效应表达的是 f 效应。

● 地转效应的认识问题

地转效应是如何产生的呢？这是一个常见的问题。有人认为，顾名思义，地转效应就是旋转的地球对地球上运动的物体施加的作用产生的结果。严格说来，这个认识基本上是错误的。旋转的地球对海水和大气在水平方向上施加的无非有两类作用力：一类是切向作用，即固体地球作为下垫面给予海洋或大气的摩擦力；一类是法向作用，指具有南北走向边界的海岸、岛屿、山脉等在地球旋转时对地球流体施加的约束力或形状阻力。但是，这两种作用的结果都不是地转效应，前一类属于摩擦效应，后一类属于形阻效应或约束效应。另外，摩擦与约束一般都发生在固体与流体的界面附近，远离边界的大气或海水几乎不受其影响。发生在较高层大气和没有经向边界的深水海域中的运动几乎不受地球旋转的摩擦与约束，而地转效应的现象在这些没有边界干扰的地方更为明显。

还有人认为，地转效应是地球上的海洋与大气跟不上地球的旋转运动引起的。地球自西向东旋转，如果海洋与大气跟不上地球的旋转运动，地球上就应该是东风处于支配地位。而事实上，地球上有强大的西风。

由上述分析可见，地转效应不是旋转的地球对物体施加的作用力引起的，也不是海洋与大气跟不上地球旋转引起的，而是另有原因。

● 旋转坐标系

为了便于理解，我们举一个简单的例子。卫星的运动轨迹在不同的坐标系中观测的结果是不同的。在太阳坐标系中，卫星以一定的倾角环绕地球运动，与地球是否旋转无关，卫星的轨迹如图2.3(a)所示，称为太阳同步轨道。而图2.3(b)展现了在地球上观测到的卫星轨迹，是一些波状线。建立在地球上的坐标系是旋转坐标系，是一种非惯性坐标系，置身于这种坐标系中观察运动与在惯性坐标系中的观察结果大相径庭。

我们用相似的方法分析其他与地球旋转有关的现象时可以看到，这些现象显然是我们采用了旋转坐标系才观察到的。在日常生活中，人们已经习惯于用惯性坐标系来观察和理解运动。在研究地球流体的大中尺度运动时，不得不采用旋转坐标系，看到了一

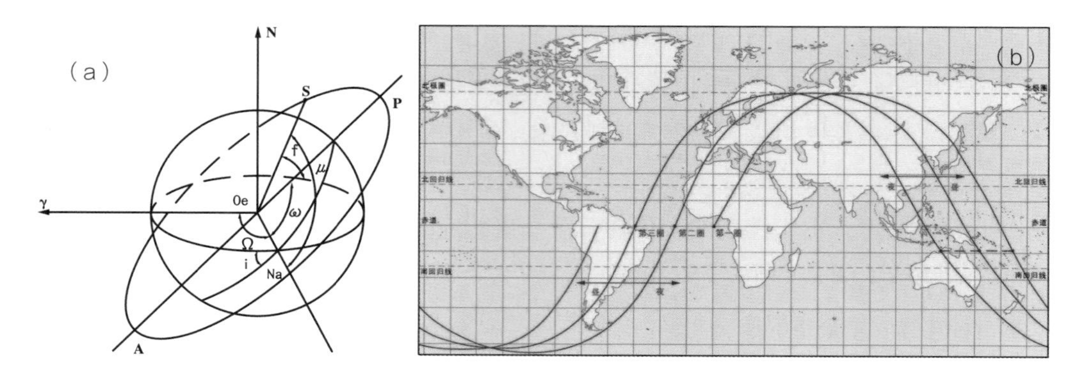

图 2.3 太阳坐标系中观测的卫星轨迹 (a)，地球坐标系中观测的卫星轨迹 (b)

些在惯性坐标系中没有的现象。因此，我们总结出一个结论：一切相对于地球运动的物体，只要采用旋转坐标系来观察，就会观察到地转效应现象（沿赤道运动的物体除外）。因此，地转效应是采用旋转坐标系观察获得的结果。

● **地–海–气系统**

然而，海洋和大气中的有些现象显然不是用旋转坐标系就可以解释的。例如：地球大气在赤道加热，在极地冷却，在每个半球的垂直断面上都只能形成低层从极地流向赤道、高层从赤道流向极地的大气热力环流，这种环流被称为“单圈环流”。在太阳坐标系观察，就应该观测到这种一圈环流。事实上，在旋转的地球上，这种热力环流演化成“三圈环流”。三圈环流的解释是受地球旋转的影响所致，形成副热带高压和信风系统。然而，不论采用什么坐标系观察，一圈环流也不会被“观察”成三圈环流。

再举一个海洋的例子。在旋转地球上的海洋中，在北半球，涨潮流右方海面比左方高，被解释为受地转的影响所致。在太阳坐标系中观察，也应该观测到海面高度的这种分布，因为高潮淹没的海滩不会因坐标系的不同而不被淹没。因此，坐标系旋转并不是地转效应的唯一因素，还存在另外一个重要因素，即地球上存在着地-海-气系统。

海水和大气每时每刻都发生着相对于固体地球的运动，但它们与前面例子中（图 2.3）的卫星运动有根本的差别。卫星运动与地球的旋转毫无关联，而海水和大气却是与地球一起旋转运动的。如果站在太阳上观察地球，看到的地球自转现象是固体地球与上覆的海水与大气一起旋转，三者组成了一个完整的旋转系统。最重要的制约因素是该系统的各个成分具有特定的角动量，而系统整体的角动量守恒。系统角动量守恒使得地球流体的运动与固体地球的转动是相互制约的，如果大气运动增加或减弱，固体地球的转速就会产生相应的反向变化（Zhao and Qu, 1995）。海水和大气的流动特性使得它们自己在旋转这种有加速度的运动中时时改变自己的状态，趋向于实现与自身的旋转相适应的平衡。前面列举的三圈环流现象和潮汐现象是海洋和大气参与地球转动并达到平衡状态的结果。所以，地球、海洋、大气是一个旋转系统的不同组成部分。这就是说，地转效应现象并不是固体地球对海水或大气有直接的作用，而是海洋和大气参与地球自转运动的结果，参与地–海–气系统的旋转是产生海水或大气中的地转效应的第二个因素。

至此，我们可以得出这样的结论：在旋转坐标系中观察物体的运动时，可以分为两种情况。第一种是物体的运动与地球的旋转运动无关，如太阳同步轨道卫星，日月的东升西落，星辰位置的变动等。这类运动只是用旋转坐标系观测得到的，只需要考虑坐标系的旋转，不需要考虑科氏力，比如：观察日月的升落不需要给日月加上科氏力来描述。第二种是运动的物体参与了旋转地球的运动，如地–海–气系统中的海洋和大气，参与地转运动的物体运动会有实质性的物理变化。这种情况下运动的物体受到科氏力的作用，同时也需要考虑坐标系的旋转。而我们所说的地转效应实际上只用来表达参与地–海–气系统中的海洋和大气运动产生的效应。

● 海洋和大气中重要的地转效应现象

海洋和大气中的动力学方程组可以由下式表示

$$\underset{①}{\rho\frac{\partial \boldsymbol{u}}{\partial t}} = \underset{②}{-\nabla_H p} - \underset{③}{\rho \boldsymbol{u}\nabla \boldsymbol{u}} - \underset{④}{\rho f\mathbf{k}\times \boldsymbol{u}} + \underset{⑤}{\rho A_H \nabla^2 \boldsymbol{u}} + \underset{⑥}{\rho\frac{\partial}{\partial z}\left(A_z\frac{\partial \boldsymbol{u}}{\partial z}\right)} \tag{2.8}$$

公式中，① 为加速度项，② 为压强梯度力，③ 为非线性惯性力，④ 为科氏力，⑤ 为水平动量黏滞力，⑥ 为垂向黏滞力。当科氏力与其他的力相平衡时，可以发生各种主要的地转效应现象，分别是：地转流、埃克曼漂流、惯性流、惯性重力波。

（1）地转流

在海洋中，在摩擦作用和非线性作用十分微弱的海域，科氏力④与压强梯度力②之间的平衡为基本平衡，在海洋中产生地转流现象，在大气中生成地转风。地转流的平衡为指

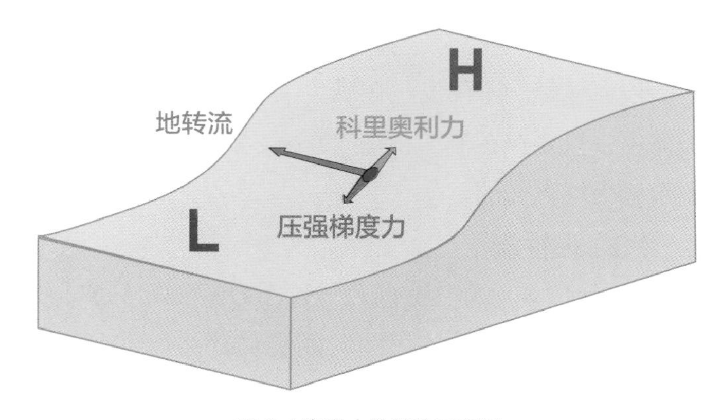

图 2.4 海洋中地转流示意图

向流动右方的科氏力与指向流动左方的压强梯度力之间的平衡（北半球），海水沿等压线流动（图2.4）。

海洋中存在3种不同的地转流，由海面高度变化导致的地转流称为倾斜流，由海面高度和密度场变化引起的地转流称为梯度流，完全由密度场驱动产生的地转流称为密度流。因此，地转流是地转效应的主体。由于海洋尺度大，受科氏力很强的影响，大洋中的基本平衡状态不是静止，而是地转平衡。

在大气中，地转风沿等压面上的等高线流动。大气密度场的变化一般是由温度变化引起的，等压面上等温线与等高线相交的大气为斜压大气，因此将斜压大气的地转风的垂直切变称之为热成风。

（2）埃克曼（Ekman）漂流

在海洋上层，（2.8）式中科氏力④与垂向湍流摩擦力⑥之间的平衡为主要平衡，就会发生漂流运动。漂流是发生在海洋表面边界层中的一种流动，在风的作用下，海面的流体微团将发生运动；受科氏力的影响，流动向右方（北半球）偏转，理论偏转方向为风应力方向右方45°。流体微团通过摩擦力将风的动量向其下的水体传递，流动的方向进一步向右偏转。就这样，在表面边界层中产生了向下顺时针（北半球）的螺旋递减结构，称为埃克曼漂流，也称为埃克曼螺旋（图2.5）。

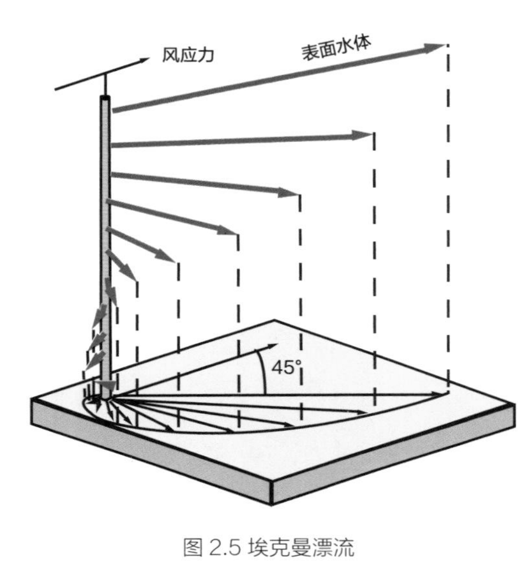

图 2.5 埃克曼漂流

埃克曼螺旋不仅发生在风生漂流中，也发生在海底边界层和大气底边界层。在均质流体中，只要存在流动和垂向摩擦，就会产生埃克曼螺旋。通常把出现埃克曼螺旋的水层统称为埃克曼层。

（3）惯性流

如果（2.8）式中没有力与科氏力④平衡（即非线性项、压强梯度力和摩擦力都很弱），科氏力将导致流场随时间变化，即与①项平衡。得到的流动为以 f 为频率的振荡。也就是说，一旦海水或大气中发生了运动，就会受到科氏力的影响，流体微团向流动的右方偏转（北半球），如果没有压强梯度力与之平衡，流体微团就会随着时间的推移而不断偏转，偏转一圈的时间为惯性周期。这种不断偏转的运动被称为惯性流，也称惯性振荡。

惯性流的周期就是由科氏参量确定的周期，$2\pi/f$，也称地转周期。有趣的是，科氏参量的单位是频率的单位，其物理意义不仅是体现科氏力的参量，还是惯性运动的频率。惯性周期只与纬度有关。例如，在纬度20°时，惯性周期是35 h；而在纬度80°时，惯性周期约为12 h。

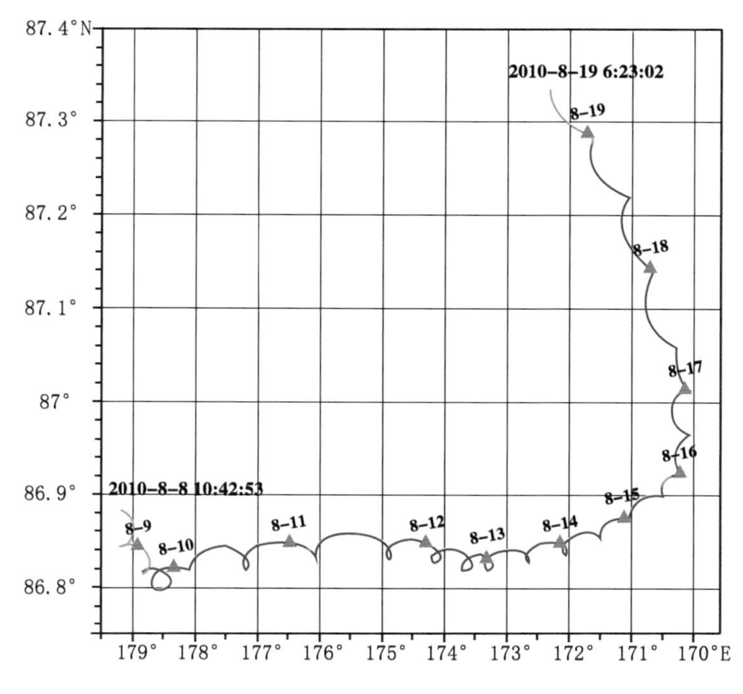

图 2.6 2010 年北极冰站漂移轨迹

图2.6是作者于2010年在北极海冰上布放的仪器获取的海冰漂移站位图。从图中可见，海冰一边向特定的方向漂移，一边又参与惯性运动，形成以漂移运动与惯性流合成的运动。在实际的海洋中，只要不在强流区，惯性流往往是最强大的运动。由于惯性流的振幅起伏较大，又有明显的时间变化，难以从数据中完全滤除，也是数据分析中的难点。

（4）惯性重力波

按照（2.8）式，考虑地转运动的时间变化，就会有①、②、④三者的平衡，得到波动形式的解。在波的波峰处，流体微团的运动方向与波动的传播方向一致，受科氏力的影响，流体微团在横向发生向右输送（北半球），形成右侧海面高度高于左侧的现象（图2.7），这种受科氏力影响的重力波称为惯性重力波。

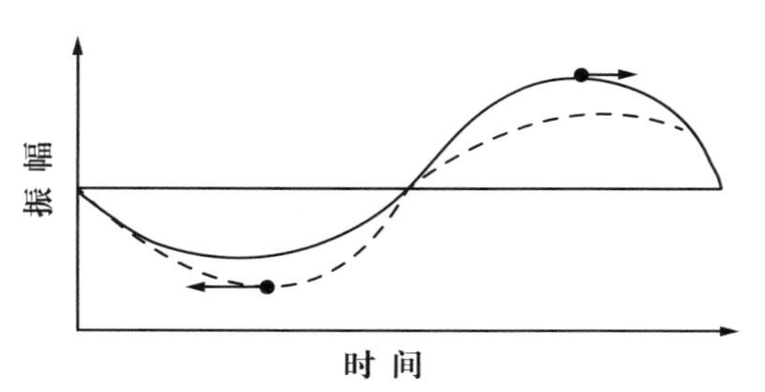

图 2.7 惯性重力波的地转效应

惯性重力波是海洋和大气中的长波，流体微团的运动受到科氏力的影响，具有波数小，周期长的特点。与波浪相比，波浪的周期只有几秒至几百秒，惯性重力波的周期可以达到十几个小时。惯性重力波的频率永远高于惯性频率，或者说，惯性频率是惯性重力波的最低频率。这意味着，惯性重力波的周期要小于当地的惯性周期。这一特点非常重要，按照前面的数据，在纬度为20°时，惯性周期是35 h，全日潮（约24 h）和半日潮（约12 h）都可以以惯性重力波的形式传播；而在纬度80°时，惯性周期约为12 h，半日潮波可以以惯性重力波形式传播，而全日潮则不能作为惯性重力波传播。因此，北冰洋全日潮潮波很少。

一般的惯性重力波是弥散的波动，在向四周传播一段距离后就大幅度减弱，以致很快消失。在有些情况下，由于地形的限制或动力的约束，会形成波导，将惯性重力波约束在波导中传播。只有在波导中的惯性重力波才能够传播比较远的距离，弥散很小。这种在波导中传播的惯性重力波一般用开尔文波来描述。在实际海洋中，厄尔尼诺期间发生的赤道开尔文波就是波长很长的惯性重力波，可以横跨大洋传播而衰减很小。此外，近海的潮波也可以用开尔文波来近似。在斜压海洋中还存在惯性重力内波。

在大气中，惯性重力波也是普遍存在的波动，分为惯性重力内波和惯性重力外波。其中，惯性重力内波的作用最为明显，波长具有百千米的尺度，对许多中尺度现象都有明显影响。

因此，惯性重力波是海洋和大气中的一种重要的能量传播形式。

（5）泰勒柱

由于海水或空气跟随地球旋转，被统一称为旋转流体。当流体运动的摩擦力可以忽略时，旋转流体的运动具有二维的性质。当地面出现山峰等孤立障碍物时，地转风会从障碍物周围绕流；在山峰之上没有了阻挡物，风也会像绕过固体障碍物一样发生绕流，满足准地转流的二维性质。在山峰上方的流动很弱，很像一个不动的柱子。在海洋中这种现象更加明显，海水在浅滩周围绕流，在浅滩上方也发生绕流，就像浅滩一直持续到海面一样，浅滩上大都是细颗粒的沉积物，表明那里的流动非常微弱。这种现象在海洋中称为泰勒柱，在大气中称为泰勒烟柱（图2.8）。描述泰勒柱现象的理论称为泰勒-普劳德曼定理。

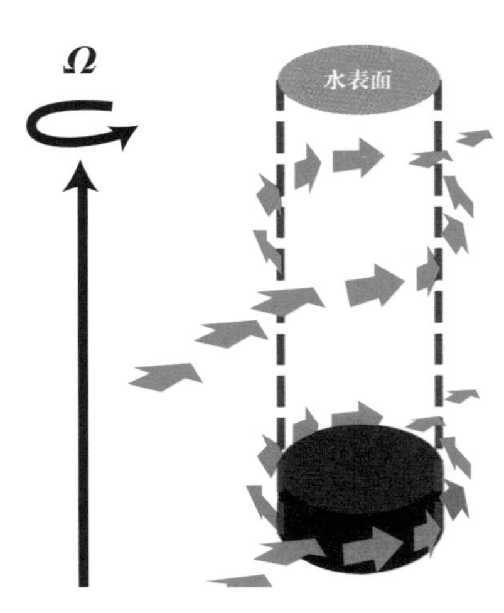

图 2.8 泰勒柱示意图

以上介绍的地转效应现象只是一些个例，实际发生的地转效应现象很多，既包括各种其他的平衡所产生的地转效应，也包括多种作用产生的联合效应，这里不再详述。

2.4 行星涡度效应

前面的地转效应中，f 效应表达了在地球的纬度保持不变时海洋和大气的运动受科里奥利力的作用发生向运动方向右方（北半球）偏斜的现象。f 效应是地转效应的一种近似，只适用于南北方向范围不大的运动。而实际上，地球上大尺度运动的南北范围都很大，需要考虑地球纬度的变化。这种情况下科氏参量 f 不再是一个常数，而是纬度的函数，就会使运动方程变得复杂，很难取得理论解。百年前，在计算机技术落后的条件下，理论解显得非常重要。因此，人们构建了一个地球的切平面，称为 β 平面。

● β 平面

在地球流体动力学中，科氏参数 f 是随纬度的正弦变化的物理量，如（2.7）式所表达。如果考虑流体以 f_0 为中心发生南北变化，但南北变化的范围不是很大，取sinφ泰勒级数展开的前面2项，来表征科氏参数，

$$f = f_0 + \beta y \tag{2.9}$$

其中，下标0代表中心纬度，y为自中心纬度起算的南北距离

$$\begin{aligned} f_0 &= 2\Omega \sin\varphi_0 \\ \beta &= \frac{\mathrm{d}f}{\mathrm{d}y} = 2\Omega \frac{\cos\varphi_0}{r} \end{aligned} \tag{2.10}$$

公式（2.9）是科氏参量线性变化的表达式，虽然比 f 等于常数的情况下稍微复杂了一点，但还是比较简单的形式，使球坐标的方程组可以用直角坐标的方程组近似，便于理论求解。将满足（2.9）式关系的平面称为 β 平面。

采用 β 平面近似可以在一定程度上反映纬度变化的影响。更为重要的是，采用 β 平面在动力学方程中只影响科氏参量项，不影响非线性项，在数学上相对简单，又能反映随纬度变化的重要现象。

按照（2.10）式，β 是一个与地球旋转和地理纬度有关的参数，称为 β 参量。β 在赤道上最大，取值为2.289×10^{-11}；在45°N，β 的取值为1.618×10^{-11}。而在极地，β 趋于0，因而，β 平面近似不适用于纬度很高的地区。

● f 平面和 β 平面的涡度特征

在海洋和大气中，大尺度运动最重要的因素是涡度的特征，表征了海水和大气循环运动的结构变化。

如果不考虑外界的强迫作用，假定地形平坦，摩擦作用微弱，在采用Boussinesq近似情况下，流场相对涡度ζ_r的变化可以表达为

$$\frac{d\zeta_r}{dt}=-2\beta v_r \tag{2.11}$$

其中，右端项是科氏力旋度的垂直分量，v_r为南北向水平速度。从（2.11）式可见，在f效应的情况下，$\beta=0$，满足水平流场的相对涡度守恒，即在没有外界作用的情况下，流动的相对涡度不会因流动本身而发生变化。

而β平面是一个曲面，流体沿曲面运动时不断地改变着运动方向与地转轴之间的夹角。这时，公式（2.11）可以改写为

$$\frac{d(\zeta_r+f)}{dt}=0 \tag{2.12}$$

其中科氏参量f在这里称为行星涡度，代表了参照系旋转对地球上运动水体的影响，是随纬度变化的。（2.12）式中的分子称为绝对涡度，即相对涡度与行星涡度之和。因此，在水深不变的情况下，流体在南北向流动时科氏力的大小也会发生变化，流场的相对涡度会因流动本身而发生变化，因而相对涡度不守恒，而是绝对涡度守恒。

如果考虑水深H的变化，得到

$$\frac{d}{dt}\left(\frac{\zeta_r+f}{H}\right)=0 \tag{2.13}$$

式中括号内的量称为位势涡度，简称位涡。（2.13）式表明，在无摩擦的β平面，涡度的基本特征是位涡守恒。位涡守恒的表达式（2.13）同时包含了深度不变情况下的绝对涡度守恒，也包括f平面下的相对涡度守恒。因而（2.13）式表达的位涡守恒是采用β平面获得的最为重要的结果。

● β效应

由地球纬度变化产生的现象称为β效应（β-effect, beta effect），也称为行星涡度效应（planetary vorticity effect）或运动学副效应。β效应表达的是，在没有外力的作用时，地球上的流体只要发生南北方向的运动，就可以改变流场自身的涡度结构。虽然β平面只是运动随纬度变化的一阶近似，但其反映了运动本身会导致自身的涡度发生变化，是带有一般性的结果。

根据（2.13）式，在北半球，只要流体向北运动，f增大，相对涡度就会减小。这种情况下，即使原来的流场没有涡度，也会诱生出负涡度来。涡度的改变对大尺度运动是非常重要的，会激发很多原来不存在的现象。位涡守恒是一个非常有用的关系式，它

并不是用来描述涡度的变化机制，而是建立了一个约束关系，使流体运动与环境的联系变得清晰起来。位涡守恒是 β 效应最基本的关系，是解释其他一切 β 效应现象的理论基础。

β 效应现象完全是由于流体沿球面运动造成的。科氏力的变化在较小范围内对流体运动的影响并不明显，对较大南北范围内的运动影响就很明显了。β 效应不只是由于地球是球形的而发生，在不旋转球体上观察流体的运动是不会产生 β 效应的。β 效应是由于流体沿球面运动造成了科氏力的附加变化，是由旋转和运动共同决定的。

即使如此，理解 β 效应现象的机制仍然存在困难。实际上，由于地球的球形形状，不同等纬度带的面积不同，相当于运动的空间范围得到展宽或缩小，使运动流体受到额外的挤压或拉伸，海面发生附加的升高或降低，对流体的运动起到阻碍或约束作用，造成相对流场的变化。

● 地形 β 效应

在（2.13）式中，行星涡度的变化可以引起相对涡度的变化，而海底地形的变化也会引起相对涡度的变化，海底坡度的变化会产生与科氏力的纬度变化相似的动力学效果，称为地形 β 效应（topographic beta effect）。例如，假如流体在东西方向流动，行星涡度 f 并未发生变化，按照（2.13）式，当流动方向水深增大时，使流动的涡度增大；反之，当沿流的水深减小时，流动的涡度减小，以保持位涡守恒。在世界大洋中，大洋中脊对大洋环流有很强的约束作用，一旦大洋中脊发生不整合（discordance），即中断或大范围错位，海流中就会产生新的涡度，对流场造成显著影响。例如：在南极海域（50°S，125°E）处大洋中脊中断，称为南极不整合，产生了大量的涡旋运动（Gille，1994）。地形 β 效应也称为地形涡度效应（topographic curl effect）。

在大气中也存在地形 β效应，地面山脉的起伏对大气环流有很大影响，也是大气运动发生不稳定的重要因素。

● 主要的 β 效应现象

（1）罗斯贝（Rossby）波

按照（2.11）式，涡度方程引入了β效应项，可以得到特别的平面波动解，这种与β效应有关的波动称为罗斯贝波。罗斯贝波不同于其他以重力为恢复力的波动，它是流场扰动后，依据位涡守恒，势必发生波动形式的

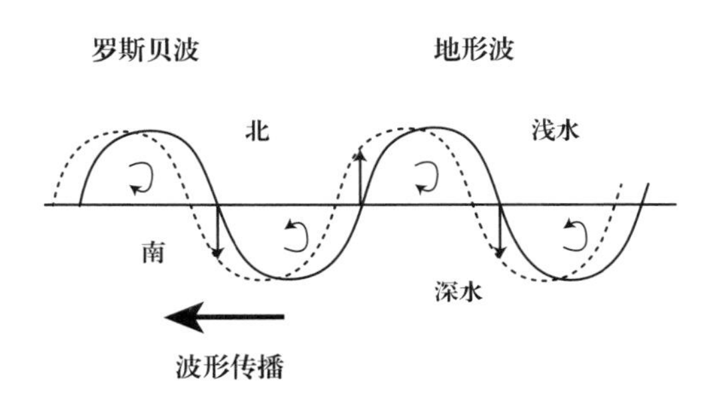

图 2.9 罗斯贝波的传播机理

运动。罗斯贝波的一个重要特点是一旦产生，其波形只能向西传播（图2.9），只能影响扰动发生区域西方的运动。然而，波动的能量传播是由群速度决定的，罗斯贝波的群速度可以向各个方向传播。在东西方向，波数较大的波（短波）群速向东，波数较小的波（长波）群速向西。

在海洋和大气中，对流场的扰动形成的罗斯贝波称为自由罗斯贝波。而在大气中，中纬度的纬向风（西风）发生的区域也是罗斯贝波显著的区域。纬向风向东运动，而罗斯贝波向西传播，二者叠加的结果对大气运动有重要意义。如果西风风速与罗斯贝波的波速相同，发生波流相互作用，将形成稳定的槽脊结构（图2.10），称为罗斯贝驻波。由于纬向风和罗斯贝波都是随时间变化的，罗斯贝驻波不能长时间存在。如果纬向风速更大，罗斯贝驻波系统将向东平移，称为东进；如果罗斯贝波的速度更大一些，则罗斯贝驻波系统将向西平移，称为西退。罗斯贝驻波的东进西退是影响我国气候的重要因素。

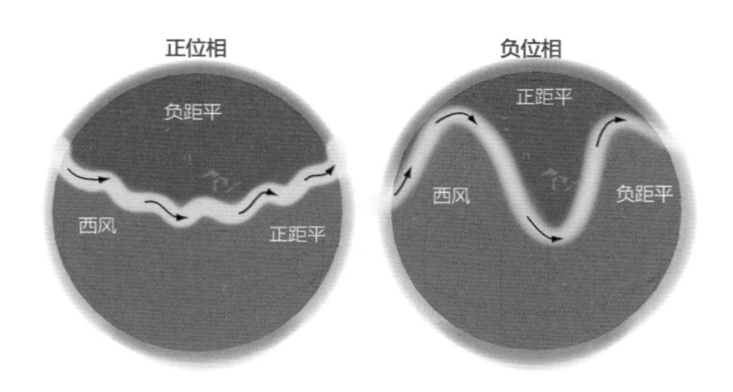

图 2.10 纬向风中的罗斯贝波 [由 NOAA 数据改绘]

在大洋中，准定常的波状流形是很明显的，西边界流东部的逆流区就是这种流型的体现，这种流型在北太平洋流和北大西洋流中呈阻尼状态一直伸向大洋中部，证明在海洋中存在罗斯贝驻波。

迄今为止的研究支持这样的看法，形成罗斯贝驻波的纬向流和罗斯贝波实际上起因于同一物理过程，或者说，罗斯贝驻波不过是波状流场的一种解而已。当洋流向东流动时，从西边界流带来很大的相对涡度，这种相对涡度与大洋内部海水的弱相对涡度是格格不入的。因此在流动过程中，一方面通过弱黏性耗散来削弱相对涡度，另一方面通过向南北方向振动来适应周围环境，这样就产生了图2.10的波状流形。罗斯贝驻波理论扩展了我们观察事物的角度，使我们对波状流形的认识更趋完整。

（2）大洋环流的西向强化

西向强化是海洋特有的现象，在太平洋、大西洋和印度洋都存在南北走向的海岸，沿赤道自东向西流动的南北赤道流在大洋的西岸被迫向南北方向转向，发生向两极方向的流动。流动过程中必然受到位涡守恒规律的影响。假定转向之初流场的相对涡度为零，如图2.11所示，向北流动使得行星涡度 f 增大，相对涡度只有减小，即向负方向增大。这一变化过程是质量守恒的要求引起的，产生了两个效果：沿岸方向流速增大和流幅缩小，使初始时的弱流变为又窄又强的边界流，形成了大洋环流的西向强化现象。大洋环流理论证实，行星涡度的变化是形成洋流西向强化现象的最根本原因。

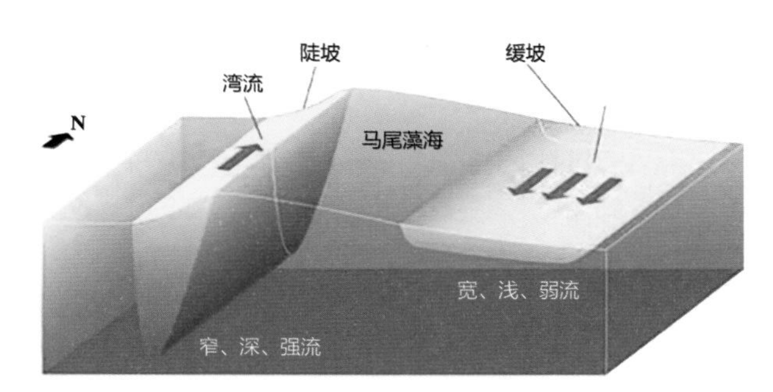

图 2.11 大洋环流的西向强化

（3）Sverdrup 平衡与 β 约束

在大洋内部，海域大，流速弱，流场的相对涡度变化十分微弱，绝对涡度的变化主要体现为行星涡度的变化。尺度分析表明，大洋中部流场的主要平衡为Sverdrup平衡

$$\beta v_r = \frac{1}{\rho H} rot_z \boldsymbol{\tau} \qquad (2.14)$$

其中 $\boldsymbol{\tau}$ 为海面风应力场。在有外力作用下不满足位涡守恒，但满足Sverdrup平衡。这个平衡关系十分重要，它阐明了经向流动与风应力旋度的关系。除了在西边界以外，大洋的经向流动都很弱，但正是这分布在整个大洋的经向运动确定了海水的辐聚或辐散，影响全球大洋的水体输送（图2.12）。Sverdrup平衡的重要性在于它指出大洋流场的聚散不是海水自身运动形成的，而是由风应力场确定的。将海水运动与大气运动相联系的唯一要素是 β 的作用，它制约了海水的运动，这一约束关系称为 β 约束。

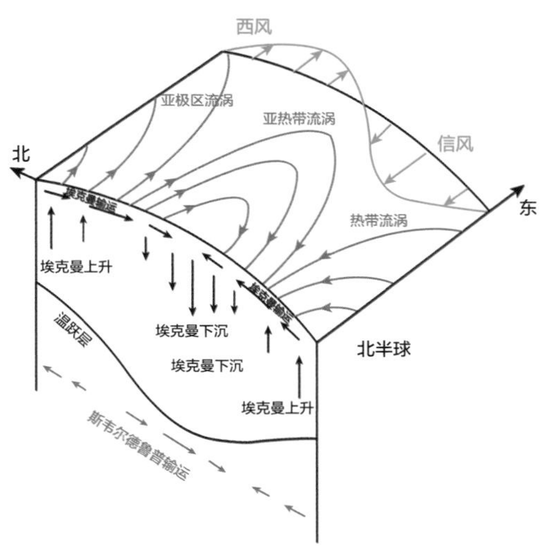

图 2.12 Sverdrup 平衡流场

β 效应的现象还有很多，限于篇幅，这里不再介绍。

2.5 曲率效应

曲线的曲率（curvature）是曲线上某个点的切线方向角对弧长的转动率，表示曲线偏离直线的程度，数学上表明曲线在某一点的弯曲程度。曲面的曲率要复杂一些，如果确定了曲面的主曲率k_1和k_2，二者的乘积称为高斯曲率，需要用曲率张量来表示。曲率是几何体不平坦程度的一种衡量，曲率越大，表示曲线的弯曲程度越大。图2.13给出了三种典型的曲面：负高斯曲率曲面（双曲面），零高斯曲率曲面（圆柱面）和正高斯曲率曲面（球面）。

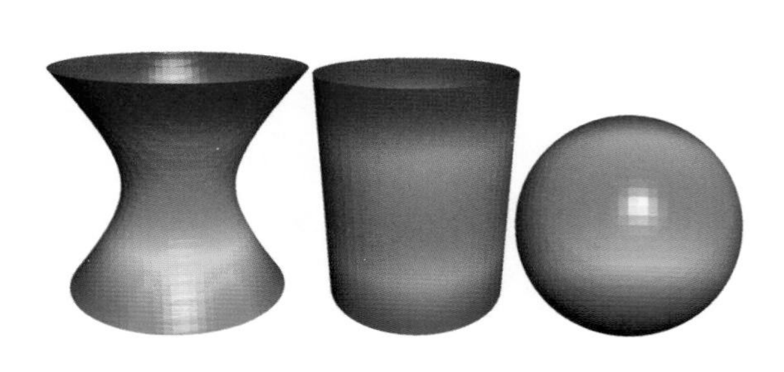

图 2.13 三种典型的曲面

海洋和大气的运动一般是在正高斯曲面上的运动，不仅地球表面的物体沿地球表面运动，而且由于海洋和大气运动的薄层特性，远离地球表面的气团和水团的运动往往也沿着曲面运动，只是这个曲面与地球表面的曲面有所不同。按照广义相对论，运动的物体受引力场的作用会发生沿特定曲面的运动，曲面的形状会随引力场的变化而发生微小的变化。因此，海洋和大气的运动都是沿曲面的运动，而描述曲面的重要参数——曲率就变得非常重要。

沿曲面运动的物体都会受到法向加速度的作用，球面的法向加速度是向心加速度，而双曲面的法向加速度为离心加速度。法向加速度对流体运动的影响称为曲率效应（curvature effect）。从这个意义上看，曲率效应是一个更为一般的效应，至少涵盖本章的离心效应、厄缶效应、地转效应，行星涡度效应。我们对这些效应都有了清晰的认识，反而对更为宽泛的曲率效应知之甚少。未来需要加强对曲率效应的认识，尤其是从数学上认识各种曲率效应的本质差别。

有时人们把地球曲面对超视距通信的影响称为曲率效应，其实是不准确的，应该属于曲面效应，参见21.10节。

2.6 厄缶效应

在地球坐标系上，地球在自西向东围绕地转轴做旋转运动，地球上的物体会产生向心加速度。向心加速度引起惯性离心力（确切地说，应该称为惯性离轴力）。由于惯性离心力的大小与物体到地转轴的距离有关，因而纬度和高度都是影响惯性离心力的因素。惯性离心力的大小与物体线速度的平方成正比。如果物体是固定在地球上的，相对于地球是不运动的，即相对速度为零，这时惯性离心力引起效应属于离心效应，离心力的作用与万有引力的作用合起来成为重力。如果地球上的物体是运动的，则会改变物体的线速度，从而改变离心力。

在19世纪初，德国地质研究所的一支考察队在大西洋、印度洋和太平洋进行重力测量。在处理数据的时候发现，船向东航行时重力值较小，而向西航行时重力值较大。匈牙利物理学家厄缶（Baron Roland von Eötvös）研究认为，是因为船速与地球旋转速度叠加的结果。为此，他们1908年在黑海又进行了一次测量。这一次，用了两条船沿东西方向相向行驶，进一步证实了厄缶的见解。据此获得了重力校正的公式

$$a_r = 2\Omega u \cos\varphi + \frac{u^2 + v^2}{r} \qquad (2.15)$$

其中，a_r为相对加速度，u和v分别为纬向和经向的相对速度。沿东西方向运动的物体由于离心力的变化引起的重力变化称为厄缶效应（Eötvös effect），也称艾维效应。不仅船的航行会影响重力，在陆地上的火车也有这种效应：自西向东运动的火车所受的重力要小一些，对轨道的压力有所减轻，可以通过测量铁轨的支撑力而算出。

厄缶效应的机理是，由于地球是自西向东旋转，当物体向东运动时，切向速度增大，离心力将会大一些；反之，如果物体向西运动，则会使切向速度减慢，离心力减小。

一个固定在地球赤道上的物体，由于地球旋转的切向速度是465 m/s，地球赤道半径是6378 km，每千克质量的物体受到的离心力是0.034 N，重力要从万有引力中减掉这部分离心力。如果大气向东运动的速度是10 m/s，绝对速度为475 m/s，每千克质量的物体受到的离心力为0.0354 N，大于静止时4.1%。反之，向西运动受到的离心力为0.0325 N，小于静止时的4.4%。这样，原来中性悬浮在某个深度或高度的水团或气团将不再保持中性悬浮状态，而会在垂直方向上发生运动。由此，向东运动速度较高的大气有向低纬度移动的趋势，而向西运动速度较高的大气有向高纬度移动的趋势。

厄缶效应在海洋和大气的运动中是普遍存在的，运动的水体或气团都不可避免地受到离心力的作用，改变了其所受到的重力，势必影响其运动。在大气或海洋的动力学方程中，也有离心力项，体现了海洋或大气的相对运动引起的变化。但是，海洋和大气动力学中对厄缶效应的关注并不多，因为很难直接测量一个水团或气团重力或离心力的变化，或者说很难说清海水或大气的运动有多少是厄缶效应的结果。

2.7 阿莱效应

站在地球上的人很难感知地球的自转，法国物理学家傅科在1851年发现的傅科摆（单摆）是最早证明地球自转的仪器。傅科的摆锤重28 kg，悬线长67 m，由于悬线阻力很小，可以长时间近乎无阻尼地摆动。在摆锤下面，将刻有360°的刻度盘固定在地面上，指示单摆平面转过的角度。单摆摆动的平面并不受地球自转的影响，只是我们在地球坐标系中才可以观测到单摆摆动平面的转动。

法国科学家莫里斯·阿莱一度非常喜欢单摆试验。1954年的时候，他连续进行了30 d的单摆试验，并做详细记录，研究用傅科摆指示地球自转的可靠性。在实验期间发生了一次日食。在日食出现之前，傅科摆逆时针旋转，每小时转角是11.3°。而在2.5 h的日食期间，傅科摆的摆动平面突然向顺时针方向偏转了大约13.5°。而日食即将结束时，傅科摆又突然逆时针偏转13.5°，纠正了单摆的偏转。傅科摆在日食期间突然偏转的现象被称为阿莱效应（Allais effect），或阿莱单摆效应（Allais pendulum effect）。

由于日食不常见，观测的时机很少。阿莱本人在1959年的日食期间进行了观测，得到的结果与1954年几乎完全一样。这个现象一度震惊了科学界，引起单摆观测热。在1970、2001和2002年的日食期间都观测到了阿莱效应。但是，阿莱效应并不是总能观测到，1991年的日食期间，阿莱效应没有发生（许梅，2005）。

阿莱效应的发生原因让人迷惑不解。日食期间到底是太阳发生了异常，还是地转发生了异常？显然不是太阳的问题，因为人们观察日食时并未感觉到太阳的突变。同样，地转也没有突变，否则就会感觉到太阳位置的突变。既然不是太阳和地球的突变，那就只能是什么因素影响了单摆的运动。人们想到了日食发生时引力场的变化、大气密度、温度和压力的变化、以及地面坡度的变化。不过，这些因素都没能正确解释阿莱效应。也许需要用到我们现在还不知道的知识。

迄今为止，我们还没有看到阿莱效应与海洋和大气有关，是本书中少数几个看似与海洋和大气运动没有直接关系的效应。但是，阿莱效应代表了日食期间对海洋与大气运动的可能影响，写在这里供读者增加这方面的思索。

2.8 地球回转效应

按照理论力学原理，高速旋转的刚体在外力矩的作用下将发生进动，也就是一方面绕自己的对称轴自转，一方面又绕竖直轴较慢地公转。这个现象被称为陀螺效应（gyro effect，gyroscope effect），也称回转效应。地球作为一个旋转体，虽然转速不高，但仍然有进动现象发生，与高度转动物体的进动现象有明显差别。因此，我们将高速旋转的物体发生的效应仍称为陀螺效应（见第20章），而将地球运动发生的陀螺效应称为地球回转效应（gyroscope effect of earth）。

地球发生进动首先要受到外力矩的作用，对地球作用最大的是太阳对地球的万有引力，其次是月球的万有引力。如果地球表面性质、地貌起伏和密度分布都是对称的，则太阳和月球的引力不会产生力矩。但地球有很多不对称的因素。陆海分布南北差异，地幔和地核物质分布的不对称性，导致各部分受到的引力有微小的差异，总力矩之和不为零。而且，受自转惯性离心力的作用，地球是一个扁的椭球体，其在赤道的隆起会引起不对称的引力矩。这些力矩引起了地球的进动。

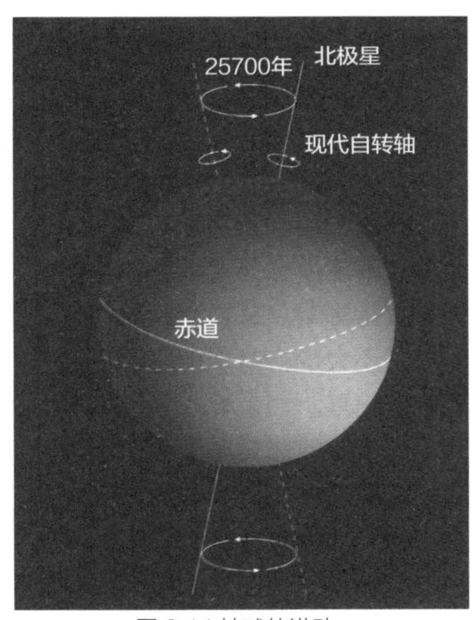

图 2.14 地球的进动

图2.14中虚线为地球绕太阳的公转轨道（黄道）平面，地球的自转轴本应指向公转平面的法线方向（即图中的垂直线），而实际上，地转轴倾斜了23°26′，即公转黄道与地球赤道的交角（黄赤交角）。对于这个倾角的形成有很多见解，其中，有一种观点是，地转轴在引力矩的作用下发生着进动，进动的圆锥角就是黄赤交角。计算表明，地球进动的角速度非常小，大约每年50.29"，进动周期约为25700 a。这样长的周期在人类短暂的观测

记录中几乎无法体现。然而，地球的进动首先是地球天文学现象，人们对星象的观测历史相当久远。在天象中，重要的星辰在天球上位置不断发生的变动，体现了地球可能发生的进动。

地球的进动与陀螺的进动有明显的不同。陀螺受到的是重力矩，进动的方向与自转的方向相同；而地球受到的是引力矩，进动的方向与地球的旋转方向相反。也就是说，从地球北极上方看，地球自西向东自转（反时针），但地球的进动却是自东向西（顺时针）。

地球的回转效应主要体现为进动导致的现象，其中最为重要的是天文参数的变化。地球的春分和秋分称为二分点，其在黄道上的位置每年西移50.29"，也就是岁差；移动一周的时间就是进动的周期25800 a。如果考虑到月球的运动，地球的进动更加复杂，会发生振幅约为9″的章动，周期约为18.6 a。地球的回转效应还体现为北极星位置的缓慢变动。这些天文参数的变化对海洋和大气的运动有影响，但由于天文参数的变化微小且缓慢，其影响并不显著，或者说我们还没有观测到这些天文参数引起的流体运动的显著变化。

但是在热力学上，天文参数的变化被认为是第四纪大冰期中，冰期和间冰期转换的根本原因，被称为"米兰科维奇效应"（见7.20节）。但是二者是不同的效应，米兰科维奇效应主要体现为天文参数的周期性变化，而地球回转效应主要考虑的是地球的进动和章动。

2.9 极潮效应

潮汐研究具有几千年的历史，可以追溯到公元前4世纪。人们早已可以根据引潮势理论精细地刻画月球和太阳在地球上引起的潮汐现象。即使如此，潮汐数据中还有一些周期不能用引力潮来解释，极潮（pole tide）就是其中之一。

早期的潮汐研究通过对数据的谱分析发现，潮汐运动存在一个大约428 d周期的变化，这个周期的变化有非常强的可预报性，人们通过分析认为，这个周期的变化是由地球自转轴的章动造成的。章动是指地球的自转轴的指向并非一成不变，而是相对于平均位置在一定范围内摆动。用刚体模型得到的极潮理论的章动周期只有305 d，而地球不是刚体，而是弹性体，因而摆动的周期大约为14月。

极潮效应（pole tide effect）是指极潮引起的海面高度变化对各地潮汐的影响。研究表明，极潮的振幅可以达到5 mm。由于地球的章动还对离心力有所影响，因此极潮的振幅在各地不完全相同。在强潮汐的海域，极潮非常小，完全可以忽略。但在弱潮汐的海域，考虑极潮效应对潮汐预测很重要。

第3章

静力学效应

Static Effects

海洋和大气都是地球上的薄层流体，薄层流体存在的重要特征之一就是在运动的垂直方向比水平方向更加稳定，由此引进了静力稳定度的概念。海洋和大气中存在很多种类的水平运动，有些运动甚至是强烈的、狂暴的、有些甚至是不稳定的，但大都是静力稳定的，即处于静力平衡的。

在海洋和大气中由静力平衡因素导致的现象可以统称为静力学效应，也称静态效应。静力学效应并不意味着只描述海洋和大气中的静态现象，而是描述了动态变化过程中的静力平衡因素产生的现象。

静力学效应与流体的内部结构有密切关系，展现流体结构对静力平衡的影响，如：层化效应和浮力效应。静力学效应还与海洋和大气中缓慢的变化相联系，这些缓慢变化是在准静力平衡的状态下发生的。地质年代尺度的变化可以认为是准静力平衡的过程，一般发生在海底沉积层中。由于沉积层结构的变化不属于物理学效应，我们主要介绍沉积层结构对海洋动力过程的影响。

3.1 层化效应

海洋和大气都属于薄层流体，其垂向尺度与水平尺度之比与一张扑克牌的比例相当，因此，都是以水平运动为主要运动形式。虽然垂直范围远不及水平范围大，但海洋和大气的垂直范围也是很大的，海洋有数千米深，大气对流层的高度也有10 km左右。海洋和大气的密度分布都是不均匀的，因此产生了一些特殊的运动现象。

● 层化现象和跃层

层化（大气科学中称为层结）是指物理量（温度、密度、海水中还有盐度）的分层状况，包含两个方面的含义：一个是物理量在垂向上不均匀，另一个是物理量基本均匀的层有很大的水平尺度。提到层化人们通常关心第一个含义，其实，第二个含义更加重要，体现了海洋或大气整体分层的特性，而不是局部的垂向不均匀。

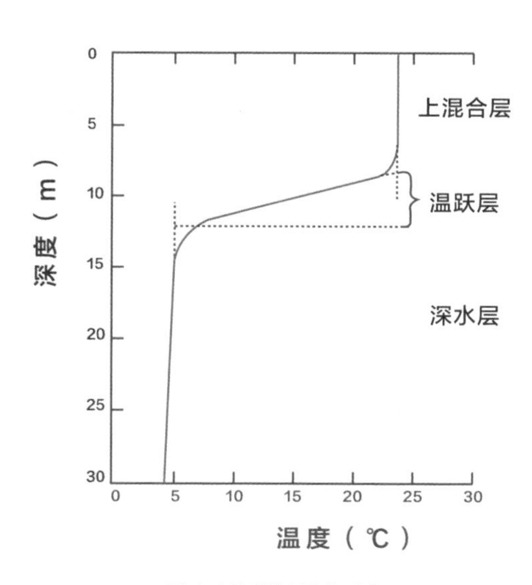

图 3.1 海洋的层化现象

如果物理量在垂向没有突变则称为连续层化，如果发生物理量的阶跃式变化，也就是物理量的值在很小的范围内发生突变，如图3.1,这种层化现象称为跃层。在海洋中，风生混合层下的跃层表现为温度、盐度和密度的跃层一致，而对流混合层下的跃层温度、盐度和密度跃层则不一致。跃层的厚度很不相同，在赤道西太平洋，跃层的厚度达到几百米，而在浅海，跃层的厚度只有几十米。

一般物理量的层化是很宽泛的概念，比如：在垂直方向上温度可以忽高忽低，盐度可以上小下大，也可以上大下小。唯独密度不行，密度只能上小下大。一旦发生密度上大下小的现象，静力稳定性被破坏，就会发生对流等静力不稳定过程。因此，与层化相关联的另一个概念是静力稳定度。

● 海洋中的静力稳定度

在海洋中，静力稳定度由布伦特-维赛拉频率（Brunt-Väisälä frequency）表达，

$$N^2 = -\frac{g}{\rho}\frac{\mathrm{d}\rho}{\mathrm{d}z} \tag{3.1}$$

式中g为重力加速度，ρ为海水的密度，$d\rho/dz$为铅直方向上的密度梯度，垂向坐标向上为正。N^2表征了层化的程度，如果密度层化是上小下大的，$N^2>0$，则称为静力稳定的。在海洋中，只要密度上大下小就是稳定的。处于静力稳定的水体微团向上运动要克服重力做功，向下运动要克服浮力做功，会消耗流体的动能，形成动能和势能之间的转化。在密度均匀没有层化的海水中，$N^2=0$，这时水体微团上升和下降不需要消耗能量，容易发生垂向运动。当$N^2<0$时，属于静力不稳定情况，流体微团一旦偏离平衡位置则不能恢复到原位，会产生对流、混合等不稳定性运动。

在大气中，密度上小下大也未必是静力稳定的，而是要由位温来确定。对于自由大气而言，布伦特-维赛拉频率为（Shapiro et al., 2018）

$$N^2=\frac{g}{\theta_r}\frac{\partial\theta_e}{\partial z} \tag{3.2}$$

其中，θ_e为自由大气的位温，θ_r为参照位温（300 K）。

● 层化效应

前面说过，一旦发生静力不稳定，即$N^2<0$，就会发生静力不稳定现象。而在静力稳定的前提下层化对海洋和大气运动的影响称为层化效应（stratification effect）。主要包括以下内涵：

（1）内重力波

在跃层附近，一旦流体被扰动，会发生垂向的振荡。进入上部的密度较高的水体重力大于浮力，产生向下运动的趋势；而进入下部的密度较低的水体所受的浮力大于重力，有向上运动的趋势，形成了有效的恢复力，促使振荡沿跃层传播。由于跃层发生在海洋内部，这种沿跃层传播的波动称为内重力波，简称内波。内波的频率就是布伦特-维赛拉频率。在密度相对均匀的上混合层和大洋深层，N值很小，相应的周期为1.7～17 h，只能发生低频内波；而在跃层处，N值最大，相应的周期约为10 min，可以激发高频内波。跃层强度越大，维赛拉频率越高，内波的强度也越大。

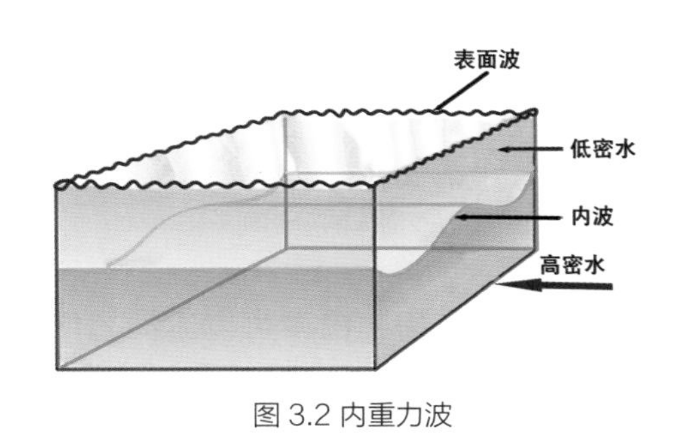

图 3.2 内重力波

内波是重要的层化效应现象，没有层化就没有内波。内波在海洋和大气中都存在，是层化效应的重要现象。由于内波的恢复力是重力与浮力之差，净恢复力远小于表面波的恢复力，致使内波的波高远大于表面波的波高。最大海浪的波高只有20 m左右，而内波的振幅可以达到数百米。由于内波的稳定性差，很容易破碎，破碎后的能量用于大洋中的混合过程。

（2）海洋和大气运动的准水平特性

海洋稳定层化的一个重要作用是抑制垂向运动。当垂向运动受到抑制时，有利于运动在水平方向的扩展，形成运动向更大尺度的运动转移。上面提到的波动就是运动向水平方向转移的方式之一。

层化不仅抑制了波动能量的垂向传播，也抑制了湍流动能的垂向传播，使湍流的能量在跃层附近向水平方向扩展。在一般流体的湍流中，是大尺度湍流向小尺度湍流传送能量；而在层化流体中，跃层对垂向湍流的抑制会使小尺度湍流的能量向大尺度湍流迁移。因此，从整个海洋和大气来看，大尺度运动的能量很多是来自中小尺度的能量过程。

在海洋中，当风的作用产生上升流或下降流时，会带动跃层发生起伏，形成跃层的倾斜。倾斜的跃层会导致斜压运动，形成地转流中的梯度流。大气中的等温度面的倾斜也会导致斜压运动。因此可以说，海洋和大气中的准水平运动不仅是薄层特性决定的，而且还是层化效应抑制了垂向运动的同时加强了水平运动所致。

（3）负密度层化的效应

稳定层化是上层密度小，下层密度大。在有些时候会发生负密度层化的情形，即上层海水密度大，下层密度小的情形。负密度层化往往与水团的迁移有关，密度较大的水团流到密度较小的水团之上，会形成密度上大下小的情形。表层的蒸发、结冰、混合增密等过程也会形成负密度层化。大气中的冷气团流到暖气团之上也会发生负密度层化。负密度层化的密度差一般不是很大，因为很大的密度差将引起静力不稳定。这里，负密度层化是指很接近静力不稳定临界状态的情形。

正密度层化对于水下潜艇是安全的，如果潜艇因故下沉，下层更大的浮力会对潜艇产生额外的托举力。但是，负密度层化上层的浮力大，下层浮力小，一旦潜艇下潜到下层，会受到额外的向下的净重力，使潜艇加速下潜，这种现象称为“掉深”。一旦掉深的深度超过潜艇的安全深度，潜艇就会被海水的压力破坏而失事。过去曾多次发生潜艇掉深而失事的事故。遇到掉深时，要加大力度排水，在潜艇安全深度之内恢复为正浮力，进而加速上升。不过，作者认为，负密度层化在海洋中不很常见，负密度层化不是潜艇掉深的唯一因素；在下潜过程中潜艇体积缩小导致的浮力减小也是重要因素之一，在层化很弱的情况下也会引发潜艇掉深现象。

3.2 浮力效应

当一个物体部分或全部浸没在一种流体中，该物体受到一种向上的托力，称为浮力。浮力的大小等于物体排开流体的重量。同样，如果这种物体不是固体而是流体，结果也是一样的，相当于流体排开另一部分流体，受到的浮力等于其排开流体的重量。在层化的海洋和大气中，任何一个气团或水团都可以看成是“排开”了其他的气团或水团而存在，因而所有的气团或水团都受到浮力。浮力有一个重要的特点：浮力不能影响物体的质量，也不能影响物体的重量，但影响我们对物体质量和重量的感知，因为在浮力发生的情形，我们感知的不是重力，而是重力与浮力的合力。

浮力效应（buoyancy effect）是指密度不均匀流体中环境密度变化引起浮力变化而产生的现象，尤指对垂直方向运动和平衡的影响。浮力效应产生的主要现象有：

（1）自主沉浮

海洋中，海流将不同密度的海水输送到远方，海水来到新的环境时要适应当地的环境，主要的适应方式是借助浮力效应，适当上升或下沉，到达与其密度相当的深度。大气中也发生气团高度的自主调整。由于各个海盆海水的性质可能有很大的差别，海水进入另一个海盆时深度可以发生多达几百米的变化（Shao et al.，2019）。最重要的是陆架上形成的高密度水体一旦进入深海盆，就会下沉，形成巨大落差（图3.3），在南极这种下沉甚至抵达海底。在海洋中，如果表层高密度水体向赤道方向流到密度较低的海区，就会发生潜沉，以致潜没到主跃层之下。

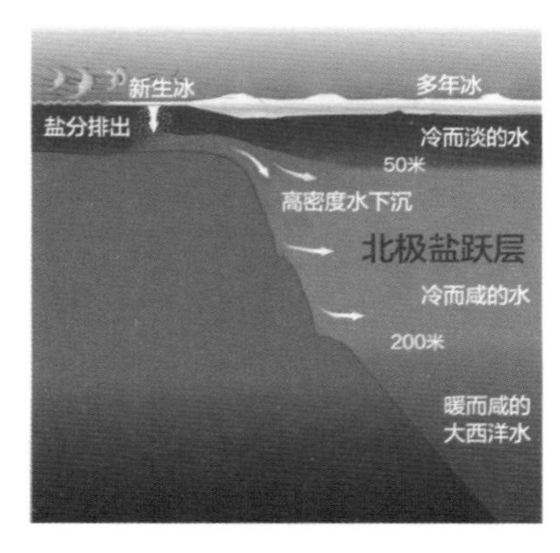

图 3.3 北极陆架高密度水体在大陆坡下沉

（2）垂向自然分选

海水中悬浮性物质的存在与水体的密度有关。不同密度水体中的悬浮物质颗粒会有比较大的差异，形成物质的自然分选。有些融解在海水中化学物质也会改变海水的密度，会导致含有这些物质的水层有所上升或下沉。在海洋中，泥沙的运动除了受挟沙能力的限制之外，泥沙的沉浮要受到浮力效应的影响。有些较大颗粒的泥沙受到的重力大于浮力，很容易成为永久沉积物，而微小颗粒的泥沙会输送到远方。利用密度差产生的浮力效应可有选择地取得某种水质的水量或在一定的程度上进行控制。

（3）密度调节能力

海洋中的浮游植物需要在既有营养物质，又有光照条件的环境下繁殖；一旦所在水层的营养物质消耗完毕，浮游植物需要前往更深水体中寻找营养物质，因此，浮游植物具有一定调节自身密度的能力，使自身密度增大而下沉。海洋中有些浮游植物自身的密度调节能力较差，无法到达强密度跃层之下，其繁殖能力就受到制约。其实，调节密度和调节重量是等价的，潜水艇无法调节密度，但可以通过充水或排水来调节自身重力以克服浮力效应，控制下潜和上升。

总之，浮力效应是一种应用非常广泛的效应，在此只能举一些例子，难免有所遗漏，有待读者进一步发掘。有人认为，层化效应和浮力效应没有明显差别，因而不加区别地使用。其实不然，二者之间有重要差别：浮力效应主要指层化对垂直方向的运动和平衡产生的影响，而层化效应主要指层化对水平方向的运动产生的影响。

3.3 死水效应

1893年，挪威海洋学家南森（Nansen）带领机动船“弗莱姆”号驶向北冰洋。一次，在平静海水中航行时，船的航行速度骤然减慢，即使加大马力也没能使航速加快。当时风平浪静，没有能够减慢船速的阻力因素。

南森的研究表明，船速减慢的原因是海洋中存在密度层化现象。北冰洋的海冰在夏季大范围融化，形成了覆盖海洋上层的低盐水，海水密度大大低于下层海水的密度，形成了很强的跃层。船的螺旋桨转动对跃层形成了扰动，螺旋桨做的大部分功产生的能量被跃层吸收。跃层吸收的能量产生的强大的内波，携带这些能量向远方传播。因此，螺旋桨的能量变成了内波的能量传播出去，没有足够的动力推动船只航行，船行缓慢就成了必然结果（图3.4）。南森将这种现象命名为“死水效应（dead water effect）”。

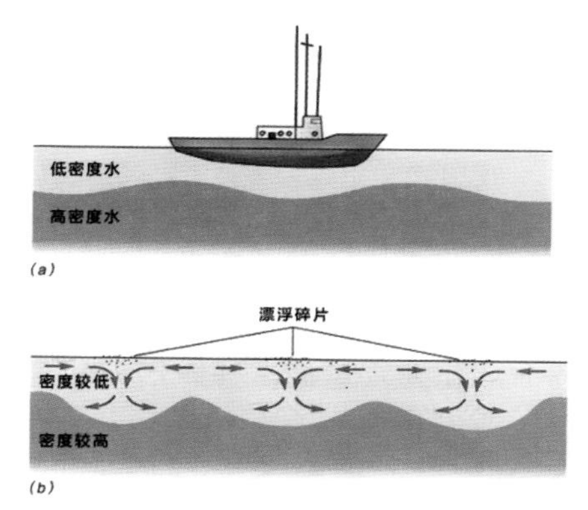

图 3.4 船舶螺旋桨激发的海洋内波示意图

有人认为，死水效应的产生不仅是能量的转移，还有可能是内波对船的阻力引起的。内波的振幅很大，将下层的高密度水振荡到低密度水层的深度；航行中的船舶遇到高密度水体时需要克服更大的阻力作功，减慢了船的航行速度，正如人在游泳时前面出现高密度水体时，游泳的速度会减慢一样。船只前面如果出现高密度水体还会增大船前后的密度梯度，也会是船速减慢的因素。总之，产生死水效应的原因尚未明确。

内波的振荡主要发生在海面以下，在海面的振幅很小，所以，通常发生死水效应时海面很平静。当时南森将这个效应命名为死水效应是基于当时平静的海况，一直沿用至今。死水效应与海水层化有密切关系，但不属于层化效应。层化效应更加强调自然过程，而死水效应只是涉及层化对船速的影响。二者还有一个重要差别：层化效应的绝大多数现象都与地球旋转有关，有些还是地转效应的现象之一；而死水效应可以与地转无关，在静止的星球上也会出现。

3.4 巴西果效应

巴西果是美洲热带的一种坚果。“巴西果效应”（Brazil nut effect）指的是人们熟知的一种现象：当不同大小的颗粒物质混装在一起的时候，如果摇动容器，就会发生大颗粒物质上升，小颗粒物质下沉的现象。这个现象非常普遍，例如：在早餐中将不同大小的坚果装在一起，人们往往摇晃几下，希望摇匀各种坚果以便都能吃到一些。谁知事与愿违，先倒出来的都是颗粒大的。在制药领域也遇到这种情况，将药搅拌均匀非常重要，而搅拌药的时候如果发生振动，就会发生巴西果效应，颗粒按上大下小分布，如果这时进行封装，就会导致每一个胶囊的药剂量不同。

在海洋和大气中，人们通过对陆地和海洋的沉积物进行柱状取样，获取沉积物样品，再通过定年技术，获取不同年代物质的垂直分布，以此来了解不同历史时期发生的海洋和大气过程。在做这项研究的时候一定要首先考虑在漫长的沉积过程中是否发生了巴西果效应。海洋和大气环境下没有人为的摇动，但有各种自然的振动，例如：海底地震波、海啸波、大气风暴等过程引起的振动。虽然这些振动的发生频率低，形成巴西果效应很慢，但在漫长的沉积过程中，这种振动绝不算少，足以引起巴西果效应。自然界影响沉积的因素很多，陆地上的沉积物受到风、雨等过程的影响，沉积颗粒之间产生胶性作用，可以在一定程度上抵消了巴西果效应。海洋中的沉积物浸泡在水中，还会发生絮凝过程，颗粒物之间的阻力会比较大；而且海底压力很大，会阻止颗粒之间的相互作用，也会在一定程度上影响巴西果效应。加之沉积过程非常缓慢，即使有巴西果效应，也难以通过试验获得直观的认识。因此，人们自然主观地认为巴西果效应在沉积物中可能不会发生。

然而，对多金属结核的研究唤起了对巴西果效应的认识。在大洋的海底，分布着很多多金属结核，而且分布范围非常广泛，涵盖中低纬度广袤的海区，蕴藏量惊人。多金属结核的主要成分是铁和锰，还有镍、铜、钴、钼等多种金属元素。较大的结核直径可达20多厘米，小的肉眼看不到，5~7 cm大小的比较常见。多金属结核的形成过程非常缓慢，需要几百万年才能生长1 cm。然而，多金属结核并非被埋在沉积物深处，而是出现在海底沉积物的表面，只要去“捡”就可以实现开采（图3.5）。多金属结核何以出现在海底表面在科学上还没有定论，其中一种解释就是巴西果效应。

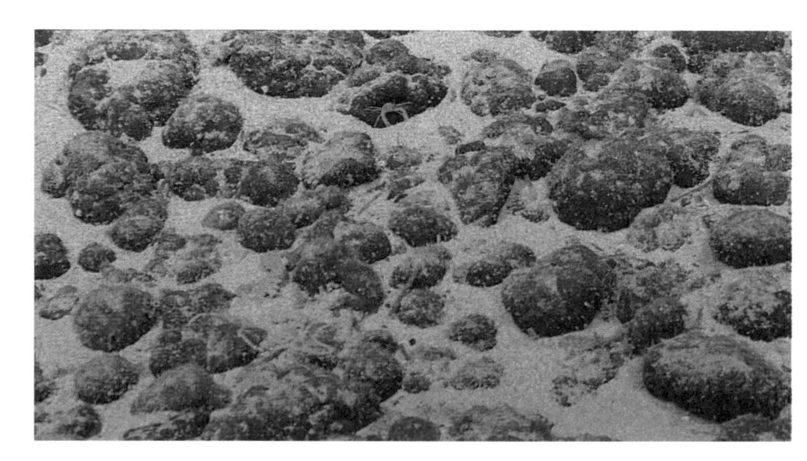

图 3.5 太平洋海底锰结核的分布

由于太平洋属于活动型大陆边缘，板块在大陆边缘发生俯冲，经常引发海底地震。地震波在海底可以传播得很远，对大洋沉积物构成了经常性的振动，因而，多金属结核会不断被巴西果效应提升到沉积物表层，从而完美地解释了多金属结核的分布特征（Barash et al., 1995）。不过，这种解释还只是假说，地震波的强度、沉积物的结构、以及海底几百个大气压的压力等众多因素是否支持巴西果效应还需要科学上的论证。

此外，在河口和近岸海域发生的快速沉积过程也会受到巴西果效应的影响。我们在海边经常会捡到小石子或空贝壳，也是巴西果效应的结果。在较深的海域也会有巴西果效应发生，相关的研究不多。

3.5 荷载效应

荷载效应（loading effect），又称载荷效应、负荷效应。对于海洋而言，整个大气柱的重量压在海面上，大气的压力构成了海洋的荷载；对于固体地球而言，大气、海洋和陆地上的降雨都构成了荷载。因此，荷载效应的类别很多。我们将各种荷载效应在本节中统一介绍。

（1）气压效应

大气对地面的压力就是一种重要的荷载，也就是我们常说的大气压，等于单位面积上从地面到高空整个大气气柱的重量。一旦大气的密度发生变化，大气压也将发生变化。大气压力的变化是地球上所有事物都必须承受的压力，也是必须适应的变化。由于人类常态化地生活在气压效应之中，没有感受到气压变化引起的效应。

气压效应（barometric effect）主要是指大气压力对地下水水位的影响。地下水水位对气压变化很敏感，可以通过测量水井的液面高度得出。研究表明，地下水液面的变化包含了大量信息，尤其是地震发生前后气压异常可以在地下水位变化中体现出来。

（2）大气荷载效应

大气压力变化引起很多现象都可以称为大气的荷载效应，多到难以枚举，很多都是常识性的。这里，大气荷载效应（loading effect of atmosphere）特指其对重力测量的影响。重力测量是地球科学的重要数据之一。测量重力加速度可以采用动力法和静力法，其中静力法简捷方便，得到普遍应用。大气压变化对静力法重力测量有很大影响，大气荷载效应是重力观测的主要噪声来源，在分析数据时需要扣除气压的影响。由于气压的变化有大气潮汐的因素、天气尺度变化的因素和长期变化的因素，需要深入分析大气荷载效应的内涵，才能准确去除荷载效应引起的重力加速度测量误差。

其实，不仅重力测量，很多与大地测量有关的参数都受到大气荷载效应的影响，以往没有考虑荷载效应的分析方法随着对测量理论认识的提高和数据分析手段的提高而需要予以考虑。

深入的分析表明，大气的荷载效应还可以分为直接效应和间接效应，直接效应是大气压力变化对地球表面及内部产生的直接作用，间接效应为大气荷载导致地球的弹性形变和内部物质的重新分布。

（3）海洋潮汐的荷载效应

海洋潮汐的周期性作用必将造成海底的压力变化，称为潮汐荷载效应（tidal

loading effect）或潮汐负荷效应。海潮的荷载效应直接作用于沉积层，决定了沉积层的结构和沉积稳定性，是影响浅海沉积层结构的重要因素之一。其实不仅潮汐，海洋的其他引起海面高度变化因素都将引起荷载效应，对沉积层造成影响，比如：风生增减水、海浪、海洋长波等。在海洋的荷载效应作用下，海底沉积层达到动态平衡。一旦荷载出现异常，沉积层就要发生变化，形成新的冲刷或淤积。

此外，海潮对海底之下含水层也有荷载效应，这种效应主要体现为近岸地区的地下水发生压力变化。地下水压力的周期性变化导致地下水位的周期性变化，对于使用地下水源地区的供水效率和方式产生影响，这种荷载效应是指地下水密度不变、只有压力变化时的效应。一般而言，海水与地下含水层的水体交换很弱，潮汐引起的准平衡的压力变化不会导致地下水密度变化；但是，当海洋发生风暴潮等异常压力变化时，会导致海水与地下水的压力平衡被破坏，大量海水渗入地下水，被称为咸潮。

（4）固体潮汐的荷载效应

日月引潮力的作用会导致固体地球的周期性形变，称为固体潮。虽然固体潮的起伏不大，但由于固体地球的密度很大，其产生的压力变化是非常显著的。这种压力变化主要是对地球重力场的影响，直接导致重力场发生时间变化，称为固体潮汐的荷载效应（loading effect of solid tide）。

（5）降雨的荷载效应

降雨对地面造成了额外的荷载，如果雨量很大，这种荷载可以很大，甚至远远超过大气的荷载效应。降雨的荷载效应首先是指这种额外的荷载对地表事物的影响，与上面几种荷载效应类似。此外，降雨的荷载效应主要是指对地下水的影响。在很多地区，地表水与地下水处于压力动态平衡状态，而降雨增高了地面水柱的压力，导致有很多地表水进入地下水，是降雨后地下水得到迅速有效补充的原因。这种效应还会产生间接的效应，就是降雨后地下水增多导致大地电场得到改善。

除了降雨引起的荷载效应之外，湖泊和大型水库积水的变化也会产生荷载效应，对地下水有类似的影响。

3.6 压实效应

由于土壤孔隙率减小、密度增大引起地面下沉，导致相对海平面上升的效果称为压实效应（consolidation effect）。通常的压实效应有自然的原因和人为的原因。自然的原因主要体现在沉积过程产生的自然压实，主要发生在河口和其他有淤积发生的区域。人为原因产生的压实效应主要有：大量使用地下水引起地面沉降；地下煤矿或其他矿产开采导致的大面积地面沉降；石油和天然气开采引起的地面沉降；地面大规模建筑物建造引起地壳负荷加大引起地面沉降等。

压实效应的直接结果是引起局部相对海平面的上升，体现为压实区水深加大、堤坝高度降低，沿海地区发生风暴潮灾害的可能性增大。尤为重要的是，压实效应有时会导致验潮井所在位置下沉，使验潮数据受到损害，据此分析的潮汐和海平面数据不可靠。由于验潮站往往建设在大城市附近，而大城市又是压实效应的主要发生区，对验潮数据的影响不可低估。

不同地质结构的海岸，压实效应导致的海平面变化很不相同。沉积型海岸有明显的压实效应，而岩石型海岸几乎不存在压实效应。压实效应可以通过土壤结构力学开展研究，了解在土壤地质结构上存在的可压实区，研究压实的应变过程，分析人类活动的影响，最终达到预测压实过程的目的，实现对海平面相对变化的预测。

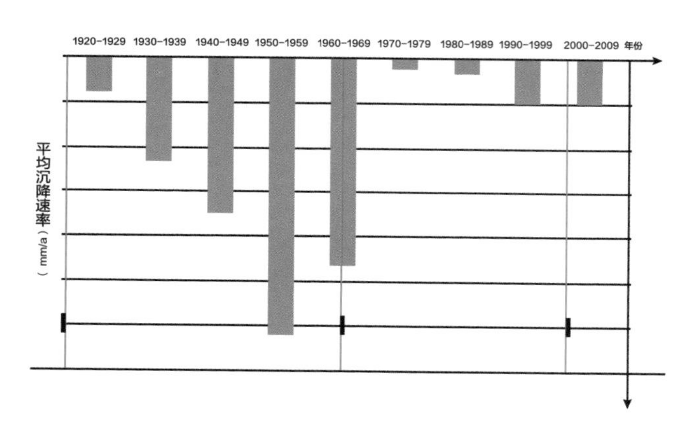

图 3.6 上海中心城区沉降速率（龚士良 等，2008）

有些地面沉降过程是可以缓解的。例如：上海市的城市建设导致地面沉降，上海市政府多年来一直采取措施，通过向地下注水来增加土壤的承载力，减缓地面沉降的速度（图3.6）。在这种情况下，海平面变化就不只由压实效应来确定，还要研究人类的补救措施所产生的效果。

与压实效应容易混淆的还有压密效应和挤密效应。压密效应（compression effect）是指压力变化导致的地质结构变化，强调垂直方向压力变化产生的结果。而挤密效应（compacting effect）强调的挤压过程（如打桩等）导致地质结构密度增大效应，这两种效应都是关于地质结构变化对建筑物的影响，不是海洋学效应。而这里提到的压实效应强调地质结构压实对海平面变化的影响。

3.7 吸管效应

在地面之下存在丰富的含水层，当在一处开采地下水的时候，就会导致周边的水体向开采处汇聚，弥补失去的水体，这种地下水层因开采而补偿流动达到新的平衡现象称为吸管效应（straw effect，sucker effect），意指其他地方的地下水资源会向开采处汇集，从而导致其他地方的水资源流失。在海底沉积层中，蕴藏的石油也会发生吸管效应，会向已经开采的油田汇聚；由于石油的油层深度不同，黏稠程度不同，压力不同，吸管效应要比地下水弱很多，但是石油的渗流仍会发生缓慢的吸管效应。一旦储油层跨越国界，就会因石油开采导致的吸管效应发生国际争端。

这两种吸管效应虽然属于物理效应，但不属于海洋和大气的物理效应。我们这里指出，作为海洋的物理效应，吸管效应是对海底稳定性的影响。在地壳沉降的过程中，吸管效应扮演了重要的角色。上海的地下水开采导致一定范围的地面沉降，而这个沉降的范围就是吸管效应的影响范围。石油开采也引起地面沉降，曾多次报道油田建筑因地面沉降而倾斜或开裂，与吸管效应密不可分。因此，海洋上的吸管效应是地下液体开采对地面沉降的影响。

吸管效应也不都是负面的，人类为了控制地面沉降，向地下注水。而注入的水体会沿吸管效应的反方向进入各个含水层，维系地下的压力场，减缓地面沉降。

3.8 床垫效应

当人躺在一个床垫上，床垫会出现向下的凹陷。当人从床垫上起来，床垫的凹陷部分会趋向于恢复。但是，由于床垫有弹性，在恢复过程中不会一下子回到初始状态，而是会发生过冲而凸起。有些材质的床垫还会发生多次振荡性的凸起和凹陷。不仅床垫，很多材料都会发生类似的现象。即使最硬的材料，当有很大的压力作用其上时都会发生移动或变形。当压力消失时，这些材料恢复时会像床垫一样发生凸起。

地球的岩石圈是非常坚硬的材料，末次冰期时（大约16000年前），北半球出现了3000 m以上厚度的冰川，重达几兆吨的冰川压在地壳上时，冰川之下的陆地会发生凹陷，导致地幔的调整。当冰川融化后，地壳会趋于恢复，地幔也发生回流（图3.7）。

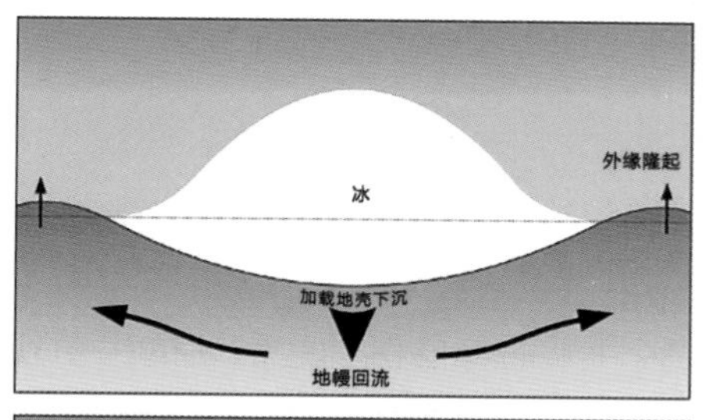

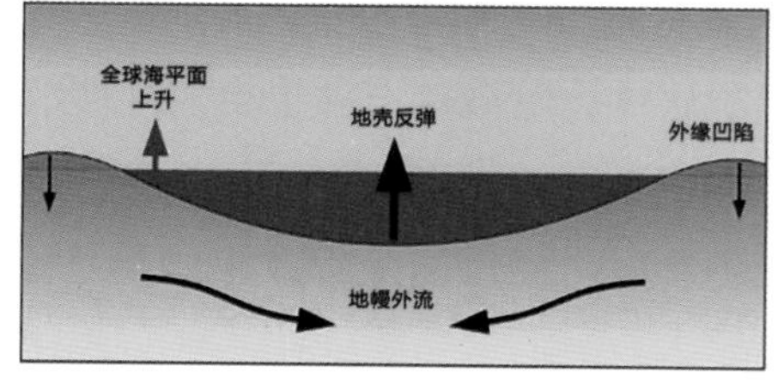

图 3.7 地球的冰川均衡调整和床垫效应

我们将地球岩石圈和上地幔由于冰川消长发生的垂向运动称为床垫效应（mattress effect）。

床垫效应主要涉及两个问题：

第一，如同床垫一样，地壳不仅受压的地方发生凹陷，凹陷部分周边的地壳也会凹陷。压力消失后，受压区域及其周边区域都会发生凸起。不仅如此，由于地壳的调整，在冰川覆盖处发生上升，而在冰川边缘会发生下降。例如，加拿大的陆地曾经是冰川覆盖区，目前一直在上升；美国东海岸和大湖区曾经是冰川的边缘，目前一直在下沉。

第二，床垫恢复到原始状态需要很短的时间，因为床垫发生的是弹性形变。在冰川的作用下，除了地壳发生弹性形变之外，地幔物质还发生塑性形变。塑性形变的恢复是一种内应力和应变的调整过程，是一个非常缓慢的过程。事实上，北半球的绝大多数冰川早在6000年前已经融化，但地壳的恢复过程至今仍在继续。因此，床垫效应的时间尺度远比冰川消长的周期长得多。

需要注意的是，这里提到的床垫效应主要是指地球表面与冰川有关的升降过程，也称为冰川均衡调整过程。

3.9 冰川均衡调整效应

冰川均衡调整是指承载着末次冰期冰川的陆地正在发生的运动（汪汉胜等，2009a；2009b）。末次冰期发生在16000年以前，那时北半球的陆地多为厚达3000多米的冰盖覆盖。很久以前，大部分冰川早已融化，但是作为冰期载荷的反作用，曾经被冰川覆盖的陆地一直在升高。这个过程被称为冰川均衡调整过程，陆地高度的变化被归因于床垫效应。

冰川均衡调整对长期海平面变化的观测有重大影响。海平面变化分为相对海平面变化和绝对海平面变化。在地面上，相对海平面变化的观测主要依赖潮汐观测系统（验潮站）的数据，验潮站记录了各种时间尺度的海平面变化过程。通过对海平面变化数据的分析，滤除潮汐、海浪、季节性海面升降等主要过程，就可以得到相对海平面长期变化的信息。由于所有的验潮站都是建筑在地壳上，地壳升降时，验潮站的高程也在变化；将地壳升降与相对海平面变化合成，得到的就是绝对海平面变化，即相对于地心的海平面变化。地壳升降严重地影响海平面的测量。比如，当地壳沉降5 mm，即使相对海平面没有变化，验潮站得到的结果是海平面上升5 mm。因此，将冰川均衡调整过程对海平面的影响称为冰川均衡调整效应（glacial isostatic adjustment effect）。

冰川均衡调整过程是全球地壳的整体调整，各地地壳的变动规律是不一样的。以前，地壳高度的变化是不能直接精确测量的，只能通过地质数据和沉积数据推断地壳的变化。自从有了卫星遥感，地壳变化的测量成为可能。用卫星的雷达测高仪或激光测高仪，可以直接测量绝对海平面变化，再减去验潮站获取的相对海平面变化，就得到地壳升降的信息。还可以通过重力卫星的数据，结合数值模式，给出地壳垂直运动的空间变化信息。从卫星测高的角度看，虽然地球的局部升降会影响卫星测高的结果，但当沿轨道数据平均之后，这种影响就变得很小了，可以忽略（Peltier，1999）。

冰川均衡调整效应的区域分布图（图3.8）给出了其影响区域的分布。图中在北美大陆、欧亚大陆北部和南极大陆周边，冰川均衡调整效应导致岩石圈上升，在这些区域，观测到的相对海平面变化要加上地壳上升的速率，因而，在这些海域，绝对海平面上升要大于相对海平面变化。反之，在中国近海，冰川均衡调整效应导致地壳降低，绝对海平面上升速率要小于相对海平面变化速率。

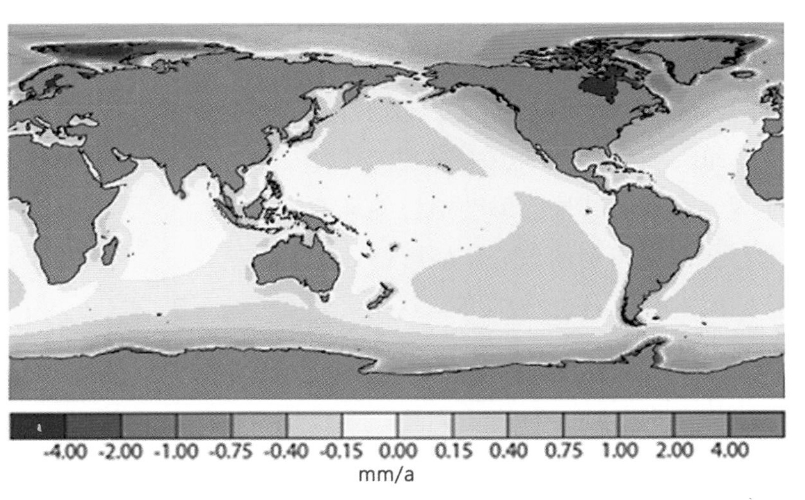

图3.8 现代冰川均衡调整效应对验潮站观测的相对海平面变化的改变
（引自 Tamisiea et al. 2011）

其实，地壳沉降不仅与冰川均衡调整过程有关，还与局域的地壳变动过程有关，如上面提到的压实效应现象，与抽取地下水导致的地面沉降有关的现象，在实际应用时要考虑除冰川均衡调整过程之外的其他过程。

第4章 运动学效应

Kinematic Effects

在物理学中，研究运动分为运动学和动力学，其中运动学主要研究速度、加速度、位置变化等相联系的内容，而动力学则涉及力和质量的变化。在海洋和大气中，我们将仅体现运动特征的效应称为运动学效应，而涉及力的作用的效应归类于动力学效应。事实上，运动与力的作用是分不开的，因此，这种划分是相对的。

然而，运动本身也会诱发另外的运动，这也是海洋和大气中的运动特点，如风暴效应、弥散效应、对流效应等。运动的结果会影响周边的环境，会产生特定的效应，如增密效应、顶托效应、内波效应等。这些效应并不是运动学效应的全部，有些效应在其他章节中，如：边界效应、遮蔽效应等章节中的效应。

4.1 风暴效应

风是地球上空气的大规模流动现象，可以是局部热力因素决定的，也可以是行星气候带因素导致的。不同的因素可以产生不同的风，比如：热带的信风和季风，中纬度的西风，山区的山谷风，沿海的海陆风等。按风的强度可分各种风级。风暴通常是指强度比较大的风，如：热带气旋、温带气旋、龙卷、雷暴、飑线、寒潮等强风现象。风暴在热带地区的风力要达到6级以上（>10.8 m/s），在中高纬度地区的风力要达到8级以上（>17.2 m/s），风暴的风速范围可以相差很大，强风暴的风力可以从26 m/s到65 m/s甚至更高。风暴的发生往往伴随强降水过程。

风暴一般用来指强度较高的风，也有一些风暴与地域有关，如北美的热带气旋称为飓风，亚洲的热带气旋称为台风。也有的风暴名称与时间有关，如二分点风暴（equinoctial storm），也称线性风暴（line storm, line gale），是每年的3月21日左右（春分）和每年9月22日左右（秋分）时发生在北大西洋的强烈风暴对英国和北美沿岸地区有强烈破坏力。鉴于风暴的名称不同，风暴效应（图4.1）也有不同的名称，如热带气旋效应（effects of tropical cylones），二分点风暴效应（equinoctial storm effect）等。

图 4.1 风暴效应示意图

风暴效应（storm effects）主要指风暴所产生的附加现象和影响，因此，风暴效应的内涵相当广泛，主要包括：

（1）暴雨

风暴有陆地上形成的和水面上形成的。在水面上形成的风暴通常是由强海气相互作用形成和加强的，由海气界面的蒸发和上层大气中水汽凝结引起的潜热释放一方面为风暴的加强提供了源源不断的能量，也为风暴的上层提供了大量液态水，在风暴范围内形成强降雨，也就是暴雨。由于大多数风暴是移动的，可以为风暴路径附近的地区提供充沛的降雨。有些风暴最终会登陆，在沿海地区很大范围内降雨，缓解旱情或形成洪涝灾害。由于风暴的降雨是由水面蒸发造成的，在海洋上和大湖上形成的风暴可以形成大量的降雨。因此，暴雨现象可以说是海上风暴的伴生现象，是最重要的风暴效应。

陆地上的大规模降水一般与风暴有关，在我国发生在沿海地区的暴雨往往与热带气旋有关，内陆地区的暴雨与局地中小尺度强对流系统（如雷暴、飑线，中尺度对流复合体等）有关。有的情况下暴雨过程并不伴随风暴，如：江淮地区的暴雨与江淮气旋的发展和锋面加强有关，不属于风暴效应。

（2）风暴潮

由于风的驱动作用会形成海水的大规模输运，一旦水体接近海岸，就会在岸边形成水体堆积，称为风暴增水现象，也称为风暴潮（storm surge）。风暴潮是风暴在近岸海域引起的水位异常升高现象，属于风生增减水效应的一种。在近岸区由于水深变浅，风暴增水现象加剧。一旦风暴潮与天文潮叠加，就会产生异常高的水位，对沿岸的堤防构成威胁。在没有防护堤坝的海岸，风暴潮会淹没大面积的陆地，对陆地进行冲刷和破坏。沿岸的防波堤都有一定的设计冗余，可以抵御一定高度的风暴潮，而一但水位高于防波堤，海水就会涌入内陆，导致耕地冲蚀和土地盐碱化，造成难以逆转的损失。风暴潮持续的高水位也会使海水深入地下水层，形成“咸潮”，使地下水无法饮用。

（3）巨浪

风暴会在海面上形成巨浪。已经观测到的波浪最大波高可以大于25 m，形成像小山一样的孤立波。巨浪对航行在海上的船舶构成致命威胁，历史上毁于巨浪的船只不计其数。巨浪也是热带气旋的伴生现象，这一点从卫星散射计观测到的波高分布可以清楚地看到。在近岸海域，风暴潮的破坏作用引人关注。但风暴潮期间海洋对近岸建筑的破坏作用并不只是其高水位引起的，而是风暴带来的巨浪产生的。风暴时期的巨浪具有相当大的能通量，直接作用在建筑物和船只上的破坏力远远大于水位的作用，是风暴潮灾害的致灾主体。

（4）海滩风暴效应

沿海风暴携带巨大的能量，并伴随有风暴潮和巨浪，直接作用到海滩和近岸陆地上，形成极大的破坏，称为海滩风暴效应（storm beach effect）。风暴破坏沿岸的景观和植被，改变沙丘的形状，形成大范围的陆地侵蚀（Nordstrom and Psuty, 1990）。海浪和风暴潮侵蚀着浅海水下沙丘，底栖生物、珊瑚礁盘，并将各种碎屑带向近岸海域沉积下来，形成高大的沙丘（Sherman and Bauer, 1993）。据报告，一次风暴形成的沙丘可达有18 km长，35 m宽，3.5 m高。

（5）沙尘暴

虽然沙尘暴在地球表面广泛地存在，但沙尘暴主要是强风引起的。空气有携带一定量沙尘的能力，风速越大，携带同样粒度的沙尘就越多。风暴可以携带较多的沙尘，形成沙尘暴。春季的大风通常可以携带大量的沙尘弥漫在大范围的空间，还可以形成跨越海洋的沙尘输运。

（6）风蚀

地表的土壤和岩石会受到风的作用而剥蚀，称为风蚀。研究表明，风蚀是多种因素共同作用的结果。风通过湍流卷挟作用将沙粒带离地表称为吹蚀，风携带的沙粒对岩石的冲击和摩擦作用称为磨蚀。风蚀现象不仅发生在自然界，而且对人造的建筑物也有很强的作用。虽然各种强度的风都会产生风蚀现象，但是地球上的强烈的风蚀现象主要是大风过程引起的。

此外，风暴会破坏道路、房屋、电力、通信等基础设施，形成大范围的自然灾害。除了对沿海的损害之外，风暴携带的降雨对内陆地区也有较大的影响，引起泥石流和山体滑坡等地质灾害。这些现象都属于风暴效应的内涵。

4.2 热带气旋效应

热带气旋，主要包括台风和飓风，是产自热带海洋的大气现象。热带海洋对大气加热，产生强烈的气旋式风场，在热带气旋眼墙区（即距离气旋中心10~100 km范围内的区域）有上升气流，将海面的热量带向高空。气旋式风场使得蒸发增强、释放的潜热巨大，导致风场进一步加强，最终形成强大的风暴。风暴产生的大风、巨浪、风暴潮，以及大风大浪引起的海岸侵蚀和沙丘堆积都属于风暴效应，也就是由风的强度导致的效应（参见上节）。此外，热带气旋还有其自己特有的一系列效应，称为热带气旋效应（effects of tropical cyclones）。热带气旋效应主要包含以下内容：

热带气旋的强上升气流将海面蒸发的水汽迅速带向高空，并向周边扩展，形成大范围云层和降雨区。通常亚洲的台风登陆时降雨区的范围可以有几个省的面积。由于热带气旋是移动的，降雨区的位置会随着气旋移动，由此改变了季风导致的降雨格局，成为热带气旋的重要效应之一。热带气旋可以为干旱地区带来降雨，成为热带气旋效应有益的方面之一。

由于上升气流的存在，热带气旋可以向上输送热量。热量到达高空之后，通过长波辐射离开地球。热量的流失一方面对上升的水汽进行冷却，产生降雨；另一方面将大量的热量带离地球表面，使地球得到一定程度的冷却。成熟的热带气旋热通量达到 6×10^{14}W，大大降低了地表的温度，使地表得到冷却。因而，热带气旋的散热是地球冷却的一种方式。

热带气旋携带大量的热量和水汽，其移动过程就是热量和水汽的输送过程。热带气旋将热带的暖湿空气向中高纬度区域输送，是热带热量极向输送的重要方式之一，促成地球上的热量和水汽平衡。如果没有热带气旋，热带区域将比现在要热得多。

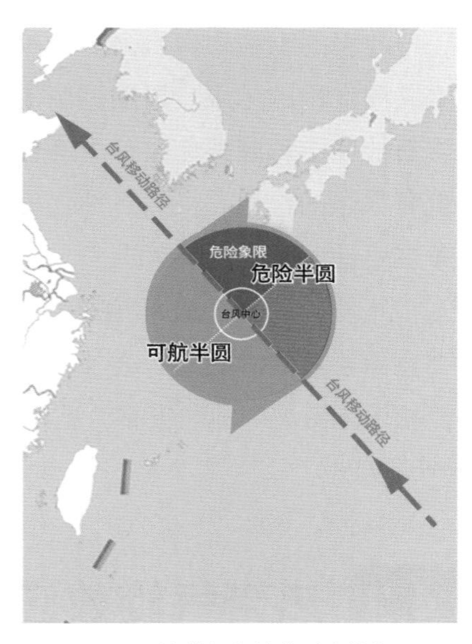

图 4.2 热带气旋的非对称结构

热带气旋经过时，风暴搅拌海水，水温出现明显降低，在气旋路径上留下一条低温带。由于热带气旋易产生于高温水域并加强，降低的水温不利于后续的风暴再次加强，对热带气旋路径有一定影响。如果个别海域次表层是暖水，会使表层水温快速恢复，热带气旋仍会沿重复的路径发生加强。例如，2005年飓风“丹尼斯”经过后留下的是暖水，后续的强大飓风艾米丽接踵而至。

热带气旋通常是不对称的（图4.2），在北半球，热带气旋的东北半圆水平气压梯度大，带有强烈的暴雨和狂风，被航海家称为“危险半圆”。而西侧的半圆则完全不同，其气象条件大大减弱，称为适航半圆（navigable semicircle）。无法避风的船只可以在气旋的西部安全航行。

观测表明，风暴东侧的海滩地形受台风巨浪冲击发生剧烈变化，形成强烈的冲刷和堆积，形成沙坝，表现出了海滩对台风做出快速响应；而左侧海滩剖面地形基本保持原状，冲淤变化不大（蔡锋等，2004；戚洪帅等，2010）。

4.3 达因效应

在大气对流层中，上下层的辐聚和辐散总是反向的，即：上层辐散，下层就会辐聚，反之亦然。这种上下层相反的辐聚辐散现象被称为达因效应（Dyne effect）。形成达因效应的原因是质量守恒的需要，垂直运动造成的质量损失必然由辐聚辐散过程来补偿，因此，达因效应也称为补偿效应（compensation effect）。

达因效应出现在各种尺度的运动中，天气尺度的台风就是典型的达因效应的现象，上层的辐散伴随下层的辐聚。在大尺度的气候系统中，达因效应也需要被满足，因为质量守恒是一般性的原则。

在海洋中，达因效应是非常明显的，所不同的是，海洋表面的辐聚辐散一般是大气驱动的。在海洋的涡旋或流涡中，都发生表层的辐聚或辐散，同时在中下层发生相反的效应。海洋中的散度在垂直方向是不对称的，上层很薄的边界层发生的辐聚辐散很强，而中下层的反向补偿运动则很弱。

4.4 藤原效应

藤原效应（Fujiwhara effect）是由日本气象学家藤原咲平发现的。他在1923年前后做了一系列实验及研究，发现两个接近的水旋涡运动轨迹会以两者联线的中心为圆心，绕着圆心互相旋转，其轨迹为气旋式螺旋，属于涡旋之间相互作用的效应。虽然藤原效应是在水体中发

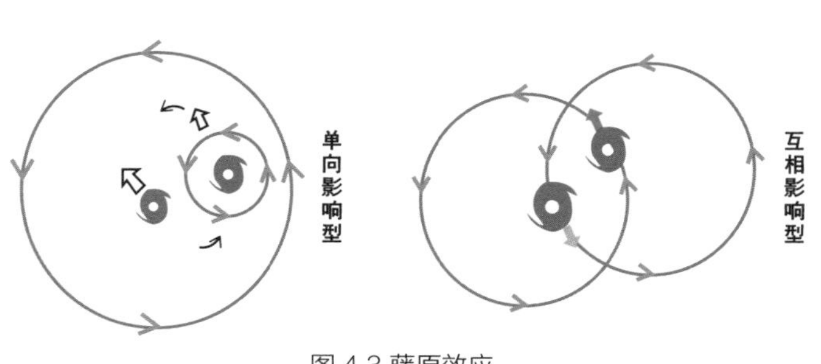

图 4.3 藤原效应

现的，但至今尚未在海洋中发现涡旋的藤原效应，因为海洋涡旋的观测仍然是不充分的。而在大气中，藤原效应得到证实并充分展现。

在热带大气运动中，经常会发生两个热带气旋同时存在的现象，被称为“齿轮气旋（pinwheel cyclone）”。如果两个气旋的强度接近，它们实际上围绕二者连线的中心旋转；如果两个气旋一强一弱，弱者将围绕强者旋转（图4.3）。这种两个气旋相互影响的藤原效应也称为双台风效应（double typhoon effect）。

涡旋之间的相互作用与风场有关。北半球的热带气旋呈气旋式旋转，并带动其外围风场一起旋转。如果在这个气旋附近有另外一个同向旋转的气旋，则二者连线上的气流方向相反，产生相互接近的趋势。研究结果表明，两个台风距离1000 km左右时开始相互影响。

图4.4 藤原效应的卫星云图（1997年8月29日）

藤原效应会产生几种可能的结果：第一，当两个气旋是一强一弱的情形时，两个气旋可能会合并，较强的气旋吸收较弱的气旋，如图4.3右图的效果。合并后的气旋能量加大，强度也增强。第二，两个气旋发生互相排斥和分离，藤原效应消失。通常两个气旋分离要受到不同天气系统的影响，也就是外力的作用不利于两个气旋的相互接近（图4.4）。第三，较强的气旋并没有将较弱的气旋兼并，而是将其严重削弱，拉伸成带状分布的雨带。较弱的气旋被拉伸后，强度大幅度降低，其能量向较强的气旋转移，强者得到加强。变成雨带的弱气旋伴随较强的气旋一起移动，形成更为严重的灾害性环境。

虽然两个气旋的互绕旋转是藤原效应基础现象，但是，两个气旋的相对运动有很多种效果：有时一个气旋完全支配另一个气旋的移动，有时一个跟着另一个移动，还有时不发生藤原效应。藤原效应在台风路径预报方面很重要，预测双台风路径时需要搞清藤原效应导致的相互影响。

4.5 弥散效应

海洋和大气中的扰动会产生波动，这些波动是一组波，称为波群。每个子波有自己的传播速度c，称为相速度；而整个波群也有一个表观（波包络）的速度c_g，称为群速度，群速度也是波群能量的传播速度。如果相速度与波数 k 或波长 λ无关，群速度等于相速度，能量不发生弥散；若群速度不等于相速度，能量就会发生弥散。与波动弥散相关的现象称为弥散效应（dispersion effect），在大气科学中称为频散效应。

（1）大气中的弥散效应

对大气中的长波而言，大气是弥散介质，也就是不同波长的波具有不同的相速度，有的波传播得快，有的波传播得慢，因而群速度与相速度是不同的。

如果扰动源以相速度c传播，会激发出一个波群。当群速度c_g大于扰动源的相速度时，扰动的能量会先于扰动源本身到达下游，改变下游的运动。在西风带系统中，上游槽脊的能量以波群速向下游传播，群速可以大于西风风速，比系统本身的移速快。这种情况下扰动能量先于扰动源到达下游，在下游激发出与扰动源类似的运动。例如：在实际天气过程中，有时发现在某一地区的槽加强了，一天后这个槽并没有太大的移动，但其下游却发生了类似的槽加强现象。这种由于相速度和群速度不同而导致的气象过程被称为弥散效应。这种上游对下游产生的弥散效应也被称为上游效应（downstream development effect）。反之，当下游大气环流系统突然增强或突然减弱时，构成稳定的阻塞状态，迫使上游长波系统相应增强或减弱。这时发生下游扰动能量向上游传播，改变上游原有的扰动，称为下游效应（upstream development effect）。因此，弥散效应是大气中自我调整的效应，应用上游效应和下游效应进行分析，可以改善对天气形势变化的预报。

弥散效应中实际发生的过程是上下游运动的不一致性导致的大气系统内部的调整。已有的研究结果表明，大气运动的这种变化可以用波动很好地解释，上下游效应可以理解为波动的弥散造成的。而实际上，在大尺度大气环流发生的区域，环流系统在上下游的动力学差异都将相互影响，导致环流自身的调整。

在海洋中的长波也应该有上下游效应，强流上下游的相互影响频繁发生。例如，东海黑潮的流量有很强的变化，最大流量和最小流量可以相差一倍，上下游的不一致性会产生类似的上下游效应。只不过海洋的连续观测数据有限，已有的研究尚未能详细揭示海洋中类似的现象。

（2）波浪弥散效应

在海洋中，弥散效应体现为波浪群在传播过程中不能保持初始波形，各谐波以各自的相速传播，造成波形出现振荡的现象。海洋中的波浪属于短波，在浅水传播时几乎是不弥散的，相速度与群速度相等；但在深水则是弥散的。波长较长的波浪群（也就是涌浪群）在发生弥散时，通过海底压力观测可以观测到波浪弥散导致的压力变化。观测数据给出，压力变化除了具有与波动周期一致的变化之外，还会发生更长周期（2~5 min）的变化，这个周期远大于波浪周期，是波浪各个子波所没有的。研究表明，这种压力变化是由于波群的弥散造成的，使得波群在空间上并非连续分布，而是分成若干组，每组波群之间具有较长的周期，形成"波拍"，被称为波浪的弥散效应（wave dispersion effect）。现在由于波浪浮标技术的发展，可以容易地观测到波浪弥散的现象。

波浪的弥散效应主要有两方面的用途，一是波浪的弥散效应体现为波浪的局部加强和减弱，当波浪导致局部加强时，其破坏力大于非弥散波浪的破坏力。在海啸波传播到近岸海域发生弥散时，也会因弥散效应产生非破碎涌波（undular bore），加剧海啸对沿海地区的破坏。二是在观测数据的分析时需要考虑波浪的弥散效应，并采取有效的方法滤除弥散效应，获取海浪的正确参数。

4.6 混合增密效应

在物理海洋学中，如果将两个密度相同，但温度和盐度不一致的水团混合起来，形成的新水团的密度比原来的两个水团密度都大，这种现象称为混合增密。海水混合的原因有多种，包括流场水平剪切产生的湍流混合，内波破碎引起的混合、潮汐引起的潮混合，涡旋运动引起的涡混合等。两个在水平方向上相邻的水团不论什么原因引起混合，都会产生混合增密现象。

混合增密的原因是，海水的密度不是温度和盐度的线性函数，而是呈现复杂的非线性关系，这种非线性关系在海水状态方程中由多项式的形式确定。图4.5是典型的温度-盐度图（*T-S*图），其中的实线是条件密度的等值线，代表了密度随温度和盐度变化的非线性特点。如果两个水团的条件密度均为σ_t =26.0，其中，A点呈低温低盐特性，B点呈高温高盐特性。两个水团不论按什么比例发生混合，温度和盐度均在AB连

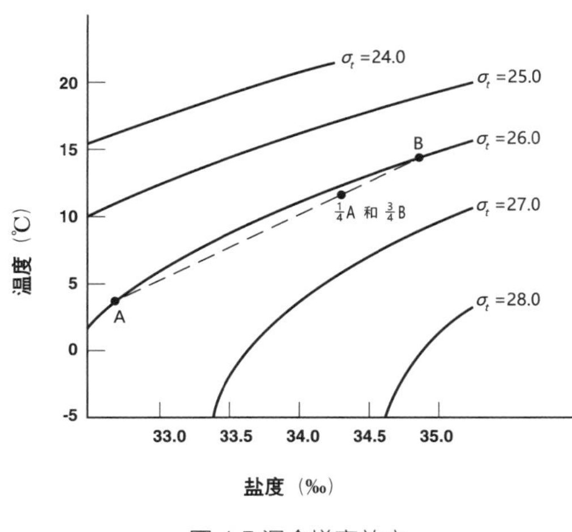

图 4.5 混合增密效应

线（虚线）上变化，导致混合新生成水团的条件密度高于26.0，即混合后的海水密度增加。这种现象称为混合增密。其实，混合增密不仅是相同密度水团混合产生的增密现象，即使是两个密度不同的水团相混合，也会导致混合后的海水密度大于海水混合前的平均密度，这个现象也称为混合收缩效应（pinch effect），或者密度增加效应（density-enhanced effect）。

混合增密效应（caballing effect）是指混合增密发生后，海水密度升高，降低了海水的稳定度。一旦密度高于其下海水的密度，就会形成静力不稳定，发生海水的下沉运动，较高密度水体将下沉到与其密度相当的水层。在海洋深层，由于密度的垂向梯度很小，密度的微小差异就会导致水体的下沉深度发生很大变化。在水体质量守恒的条件下，高密度水体的下沉将带动同样流量的水体上升，即较高密度海水下沉后带动较低密度海水上升，这种现象称为对流。如果海域不封闭，由对流引起的下层水密度增大将引发下层海水的水平运动，使得对流发生净下沉通量（邵秋丽和赵进平，2014）。

混合增密效应被认为是高纬度海域海水发生对流和下沉的主要原因（McDougall，1987）。在北欧的格陵兰海，从北大西洋进入的海水暖而咸，从北冰洋进入的水体冷而淡，发生混合后的密度增大而下沉，形成大规模的下沉运动，成为北半球深层水的主要来源，并推动全球海洋热盐环流的循环。

4.7 涟漪效应

涟漪效应（ripple effect），也称水纹效应、水波纹效应。向平静的水面投入一个石块，就会形成一组向外扩展的波纹，扩展的范围越来越大（图4.6）。石块的动能会转化为水中涟漪的能量，并向四周扩展，这种波动形成一种呈同心圆形式特殊的涟漪。

在海洋学中，涟漪效应常用来表示单一扰动源对海面物体的扰动。比如，在平静的海面上，锚着一条几乎不动的小船。当一艘船驶过时，小船会突然上下起伏，船上的人会受到惊扰，这是由于水面受到过路船扰动产生的一组环状传播波动造成的，形成涟漪效应。在海港中也会发生涟漪效应，港外传入的扰动会向港池中扩展，港中众船形成一阵混乱的振荡。涟漪效应实际上反映了能量的传播和形态的传播，是在海洋观测中需要考虑的因素。

图 4.6 水面扰动形成的涟漪

人们对这种现象称为涟漪效应心有不平，因为这种海面扰动产生的波动振幅远比涟漪的振幅大得多；而且涟漪的机制是张力波，而船扰动产生的波是重力波。因此，称为涟漪效应，抑或水纹效应似乎都名不副实，但类似的情况很多，只要其对内涵的表达没有问题就可以使用。

涟漪效应与波纹效应（见"干涉效应"）有明显的差别。波纹效应体现的是相干现象产生的明暗相间的波纹，在干涉发生时波纹是固定不变的。而涟漪效应体现的是从扰动位置向外传播的波纹，在同一地点观察看到的波纹是随时间变化的。有时，人们混淆了二者的差别，需要在使用时注意。

涟漪效应在社会科学中有更加普遍的应用，尤其在传播学中，涟漪效应体现为信息的一种常见的传播模型，即当信息引起听众共鸣时，就会通过大量转发信息而向更大范围传递。科学知识的传播也会有涟漪效应，由于受众量少，涟漪效应不明显。随着互联网技术的发展，科研成果的涟漪效应显著增强。尤其是随着社会的进步与科学研究成果的关系越来越大，媒体对知识向全社会传播将起到越来越重要的作用。如果能够形成一种机制，让科研成果的传播有更加快速的通道，将会大大促进科学的进步。

4.8 对流效应

对流是海洋和大气中的重要动力学过程。当密度高的流体位于密度低的流体之上时，高密度流体将向下运动，低密度流体将向上运动，这就是自然对流。在大气中，海洋的加热会使大气产生上升气流，形成对流天气过程；在海洋中，表面冷却、蒸发、结冰等过程会产生对流。除了自然对流之外，还会发生强迫对流，例如室内的通风系统，供暖系统都会对大气产生强迫对流。

在对流过程中，不同密度的水体和气团相互混合，使密度趋于均匀。对流引起的水体或气团密度趋于均匀的效应称为对流效应（convection effect）。在海洋中，表面对流会形成对流混合层，混合层中的温度、盐度和密度都非常均匀，是典型的对流效应。在地中海，海面强烈蒸发，导致海面密度增大，发生对流形成上下密度均匀的水层。在南北极夏季的海冰上会形成很多积雪融化产生的融池，而融池内水体温度上下非常均匀，是由于融池表面冷却形成的对流产生的结果。

在大气中，热带西太平洋的海洋暖池引起大气的强烈对流，大气的静力稳定度降低。对流将蒸发产生的水汽带向高空，形成大量积雨云，形成热带地区的雨季（图 4.7）。

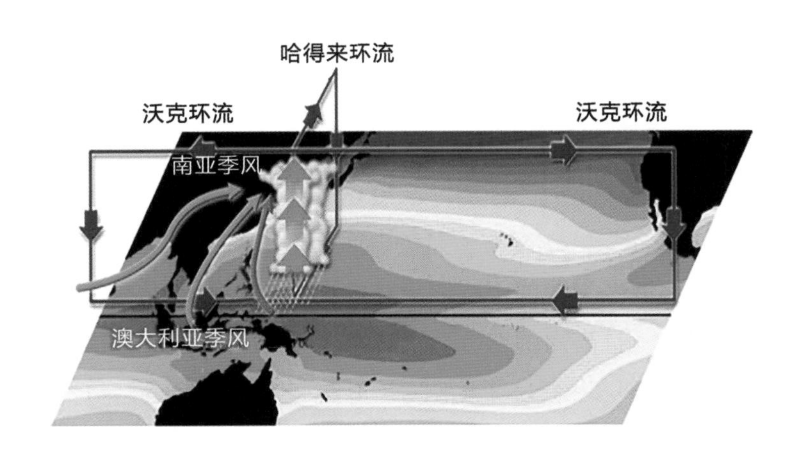

图 4.7 西太平洋暖池区大气对流现象（引自 NPOCE Science Plan, 2010）

4.9 穿透性对流效应

穿透性对流是指发生在不稳定层中的对流延伸到稳定层中的现象，在海洋和大气中均有发生。在大气中，过去，人们对对流层顶的观测是非常贫乏的，而雷达的问世使人们可以观测对流层结构，发现热带地区对流层顶的高度大约为16.5 km，而在极区只有9 km。有些强对流能穿透对流层顶进入平流层，称为穿透性对流。强台风就会引起穿透性对流。

穿透性对流效应（penetrative convection effect）是指这种对流对对流层上部与平流层下部的能量、水汽以及痕量气体的收支的影响。第一，穿透性对流直接造成了对流层顶高度的扰动，扰动的范围大约1 km。第二，穿透性对流直接导致物质通量增大，云顶高度增大，降雨增多。第三，穿透性对流内部由于潜热释放温度升高，而对流云层顶部温度由于绝热冷却而降低。第四，穿透性对流造成整层的湿度增大。第五，穿透性对流使对流层中臭氧含量降低。

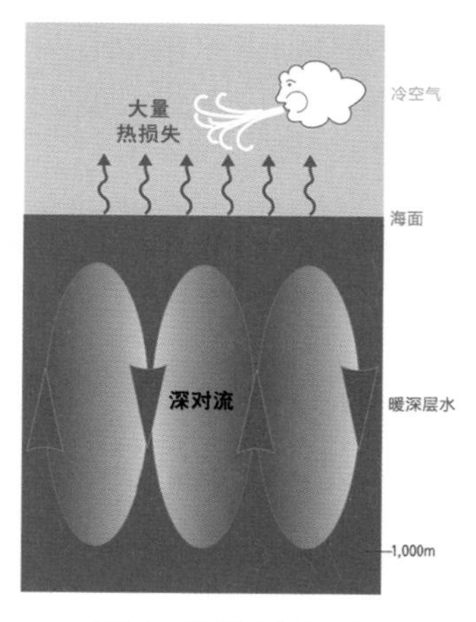

图 4.8 海洋中的深对流

在层化的海洋中，上混合层与其下的稳定层之间有一个界面，也就是密度跃层。如果密度跃层很强，一方面会强烈抑制跃层处的湍流运动，阻滞两个水层之间的水体交换；另一方面，跃层会抑制上层的对流，使对流止于跃层。在北冰洋，海冰冻结排出高盐水体发生对流，然而，这个对流最大的深度不会超过60 m，主要原因是北冰洋的海水层化很强，对流产生的水体密度仍然低于北冰洋下层的密度，因而无法实现穿透性对流。而在格陵兰海，海水盐度很高（>36 psu），当发生海面降温时，海水的密度增大，就会发生强对流。一般的海洋对流止于夏季形成的密度跃层，一旦海水的密度达到或高于下层水的密度，这时就会发生穿透性对流，上层水体进入下层（图4.8）。格陵兰海深层水密度很高，与穿透性对流有密切关系，最深的穿透性对流可以达到3000 m以上（Schott et al., 1993）。这些高密度水体从格陵兰海溢出，进入北大西洋，其密度高于北大西洋水的密度，形成北大西洋深层水和底层水，并成为全球海洋热盐环流的驱动因素。

4.10 顶托效应

在河流系统中，两条河流交汇是普遍现象。如果交汇的两条河流流量接近，二者的水位会相互影响。比如在洪水发生时，在交汇点之下的泄流不畅，导致排洪的河道水位抬高；抬高后的水位驱动河水流向交汇的另一条河流，引起该河流的水位升高，水流减缓，水位持续升高，而后向排洪的河流倒灌（图4.9）。这种两条河流交汇点以上水位相互抬高的现象称为顶托效应（backwater effect），也称为壅水效应、回水效应。顶托效应也发生在河流流入湖泊的情形。如果湖泊的水位偏高，河流就会被湖水阻隔，河流的流速减慢，水位升高，对河流上游的水位都产生影响。顶托效应主要在河水与湖水相互作用时发生，在海水中也很明显。

图 4.9 河流支流的顶托效应

在河口区域，经常发生顶托效应。最为典型的是潮汐的影响，在高潮时段，感潮河段入海的河水会受到海水的顶托，流速降低，河流的水位升高。当然，如果遇到低潮时，河流会加速，水位会降低，这种顶托效应是感潮河段的常态。然而，当河流行洪时就不一样了，顶托效应会加剧河流水位的上升，成为重要的致灾因子。

河口的顶托效应还发生在海浪的情形。本来，海浪的频率高，不体现平均值的升高，对入海河流的影响可以忽略不计。但是，当波浪破碎的时候，破碎的波浪会产生水面升高，产生向内的波浪余流，对下泄的河水形成顶托效应，导致流速的减小。这种效应在波浪频发的河口区域经常出现，不仅影响河流的水位，而且对泥沙输运也有显著影响。

4.11 海啸波效应

海啸波是由于海底地震或火山活动产生的波动，可以引发整个水深海水的运动，因而携带了巨大的能量。海啸波的运动对于海洋产生各种影响，统称为海啸波效应（tsunami effect），或称海啸效应。

（1）浅滩效应

海啸波效应的主体是浅滩效应（shallow beach effect）。海洋的能量向岸传播时，水深变浅会形成能量的聚集，导致能量迅速增大，潮汐、海浪、风暴潮等各种波动都有浅滩效应。海啸波的影响深度为发生地震海域的全水深，其浅滩效应更加明显。海啸波一旦登陆，会产生数十米的波高，产生的高水位会破坏各种堤防，淹没近岸陆地。海啸波的巨大能量可以摧毁近岸建筑，冲蚀陆地的土壤和水源，带来人类的生命和财产重大损失（图4.10）。

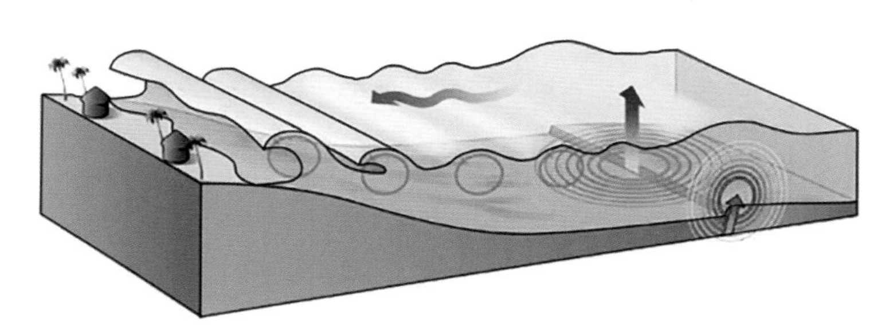

图 4.10 海啸波登陆时波高积聚增大的现象

（2）海啸波的积聚效应

当海啸波到达近岸海域时，海水产生大范围的辐聚，将海水中的漂浮物质在岸边堆积起来，形成物质积聚带，甚至是污染物质带。美国加利福尼亚州（简称加州）南部海水中有一些泡沫，其主要成分为蛋白质和脂肪分子，由海洋微生物分泌产生。一般情况下这些泡沫分散在海水中并不引人注目。2010年美国加利福尼亚州近岸海域出现了大片的泡沫，引起了人们的恐慌、研究认为这次泡沫的积聚是受到智利地震所引发的海啸波的影响，海啸波的输运作用将细碎的泡沫冲上海滩，形成了物质的积聚。一些有毒有害的物质也会因之积聚，并且难于清理，在海啸过后会影响局地环境，呈现灾害性的现象。

（3）海啸波的地磁效应

海啸波虽然对沿海地区造成灾难性后果，但其在开阔大洋传播时，其波高只有几米，仅凭波高几乎难以辨识海啸波。然而，海啸波具有极高的传播速度，南极半岛地震产生的海啸波传到日本仅需24 h，使巨大的水体在一定空间范围内发生快速位移。由于海水中的盐分是导电的，当含盐的海水在地磁场中运动时，其导电特性将诱导地磁场的变化，称为海啸波的地磁效应（geomagnetic effects of tsunami）。最重要的是，地磁的变化可用卫星上的磁传感器探测到，可以成为海啸预测的重要手段之一，并提高海啸早期预警能力。

4.12 内波效应

上节提到，内波是层化效应的重要现象之一。内波可以发生在两种不同密度流体的分界面上，形成界面波；也可以在连续层化的海洋和大气中发生，以与层化参数有关的频率传播。如果两种流体的密度差很小，则内波的传播速度比表面波的传播速度小得多,而振幅却大很多。如果层化很强，内波的传播速度会大幅增加，振幅也相应减小。本节讨论的是一些内波产生的效应，统称内波效应（internal wave effects）。

（1）内波破碎效应

有很多因素都能激发内波，它们可来自海面、海底和海水内部。例如海面风应力、海面气压场、上混合层中海水密度水平分布不均匀、潮流或海流流经凸凹不平的海底、海水内部流速剪切的存在等等。不同频率、不同波数的内波之间通过非线性相互作用而进行能量交换，将具有低垂向波数的内波的能量传给具有高垂向波数的内波。具有高垂向波数的内波容易破碎。而且，内波的速度场严重不均匀，容易产生湍流而诱发内波破碎。内波破碎引起的混合增强与能量耗散过程被称为内波破碎效应（breaking effect of internal waves）。

内波破碎效应是海洋中能量转换的重要现象。内波破碎会将能量传递给海洋内部小尺度湍流，又向更小尺度的湍流和细微结构转移，形成湍流耗散。据研究，大洋内部海水的稳定分布于内波破碎的能量耗散有关。另外，内波破碎后，内波的能量在跃层处会被较大尺度的平均流所吸收，将其转换为更大尺度运动的能量。因此，内波破碎是各种大中小尺度海洋运动过程中的一个积极的环节。

（2）内波压力效应

海洋中任意深度受到的压力等于大气压加上该深度以上水柱的重量。在连续层化的海洋中，内波的振幅很大，内波的波峰和波谷处的压力有很大差别。如果潜艇随内波起伏，其在波谷处受到的压力会大幅度变化，称为内波的压力效应（pressure effect of internal waves）。如果波谷所在的深度大于潜艇的安全深度，潜艇会由于受到过大的压力而失事。因此，处于潜航状态的潜艇需要特别注意内波的压力效应。潜艇因内波的压力效应而遇险不同于前面提到的掉深。压力效应还是正密度层化的现象，而掉深是负密度层化时发生的现象。

（3）内波荷载效应

内波荷载效应（loading effect of internal waves）是指内波对水中物体在水平方向的冲击作用。在近岸海域，由于水深变浅，内部的能量增大，作用于石油井架、水下石油管道，以及其他海洋工程建筑，会形成额外的荷载。海上风暴过程会使内波能量增大，产生内孤立波，其荷载效应更加显著。历史上曾经多次发生过内波破坏石油井架、管道、缆绳的事件。

（4）内波生态效应

内波在传播过程中会发生起伏，会把深处高营养盐含量的水体带入上层，单纯的内波过程只是起伏振荡，不会让这些高营养盐水体留在上层。然而，在内波传播过程会发生破碎，破碎会导致进入上层的水体留在上层。由于内波过程每天都在发生，会导致营养物质持续向上层输送，产生像上升流一样的效果（Ma et al.,2020）。营养物质进入真光层会引起浮游植物的旺发，形成高生产力海域，称为内波的生态效应（ecological effect of internal waves）。在南海北部的内波传播区，由内波生态效应形成的高生产力是当地海洋生态系统的重要组成部分。

4.13 极涡效应

在南北极对流层顶部，其运动特征为以极地为低压中心，全年均为气旋式绕极大型环流，这种环流被称为极涡（极地涡旋），又称绕极环流、绕极涡旋等。极涡效应（polar vortex effect）的内涵是极涡的动力学作用将冷空气约束在极区，使其在极区内部循环，保持极区的寒冷。人们常把极涡作为大规模极地冷空气的象征。这种对冷源的保护作用保障了极地作为冷源的存在，与赤道的热源一起，构成地球热机的良性运转，形成相对稳定的气候模态。

由于南极中心是大陆，陆地的冷空气起到支配性作用，极涡中心的位置非常稳定。而北极中央是海洋，极涡的中心往往会偏向北美大陆或欧亚大陆。而在有些年份，会发生极涡分裂现象，即极涡一分为二或一分为三，极地冷空气不再被单一的极涡所约束，而是分布在几个极涡的中心。根据以往的数据，北极极涡100 hPa的环流分为四种类型（图4.11）：**绕极型：** 北半球只有一个极涡中心，位于80°N以北的极点附近的环流。**偏心型：** 在北半球只有一个极涡，但中心位于80°N以南，整个半球呈不对称的单波型。**偶极型：** 极涡分裂为两个中心，分别位于亚洲北部和加拿大。**多极型：** 北半球有3个或3个以上极涡中心，整个北半球形成三波绕极分布。在冬半年，10月绕极型占绝对优势，频率约为50%；11—12月偶极型频率为40%~50%，到1—2月偶极型频率接近60%。

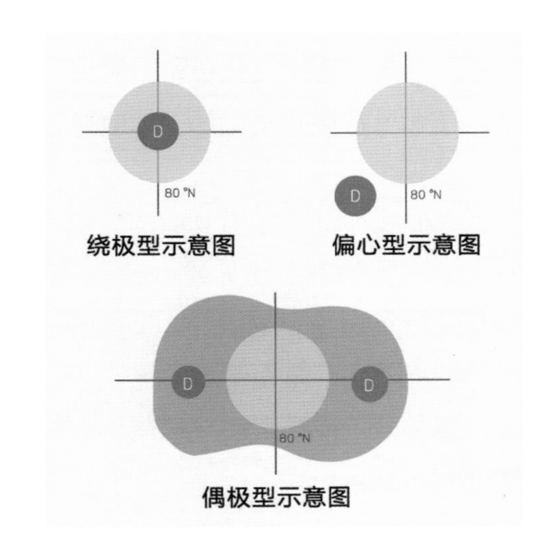

图 4.11 极涡分类示意图

在极涡的边缘，会发生暖空气入侵北极，也会发生冷空气南下进入中纬度地区。2014年，在北美发生了冷空气南下的现象，极涡冷空气覆盖了大半个美国。由于北极的冷空气分外寒冷，导致美国很多地方气温下降25~35ºC，产生的低温打破了维持多年的最寒冷的纪录。我国的寒潮与极涡分裂也有密切关系。一旦极涡分裂成两个中心，亚洲一侧的中心将南下抵达西伯利亚北部，有利于冷空气源源不断地南下，造成我国大范围持续低温。

极涡分裂导致北半球异常冷事件似乎与全球变暖相悖，让人怀疑全球变暖的真实性。科学研究表明，这种极涡分裂现象是全球变暖的结果，是北极增暖导致的极涡稳定性变差，削弱了极涡效应。这也启示我们，未来如果北极变暖更趋严重，极涡效应将会受到更严重的挑战，全球气候系统将发生更多的异常变化。

4.14 布朗效应

1827年，苏格兰植物学家R·布朗在显微镜下观察悬浮在水中的藤黄粉、花粉微粒，发现水中的花粉及其他悬浮的微小颗粒不停地作不规则的曲线运动，后人将其称为布朗运动。不只是花粉和小炭粒，液体中各种不同的悬浮微粒，都可以发生布朗运动。在无风情形观察空气中的烟粒、尘埃时也会看到布朗运动，而温度越高，运动越激烈。

人们长期都不知道其中的原理。50年后，J·德耳索提出这些微小颗粒是受到周围分子不平衡的碰撞而导致的运动。作布朗运动的粒子非常微小，直径约1~10μm，在液体或气体分子的碰撞下，产生随机的净作用力，导致微粒的不规则运动。1905年爱因斯坦建立了布朗运动的统计理论，布朗运动成为分子运动论和统计力学发展的基础。这种分子微观运动导致微小颗粒宏观运动的现象称为布朗效应（Brown's effect，Brownian effect）。

布朗效应间接地证实了分子处于无规则运动状况，对于气体和海水动力学理论的建立以及认识物质结构具有重要意义，并且推动统计物理学的发展。由于布朗效应代表一种随机涨落现象，它的理论在许多随机现象的解释方面有重要应用。

4.15 布朗棘齿效应

在布朗效应中，布朗粒子从极小时间尺度上的无规涨落获取能量，在各种较大尺度上形成不规则运动。这种不规则运动虽然有巨大的科学意义和价值，但没有明显的应用价值。如果布朗运动能够成为一种定向运动，那就有潜在的应用价值了。Feynman（1963）提出了“棘齿和棘爪”（ratchet and pawl）模型，可以从两个不同的热源获得能量，缓慢地做定向机械功。这种由分子运动驱动的定向运动称为布朗马达，实际上是一种分子马达。依靠分子混乱运动形成宏观定向运动的效应称为布朗棘齿效应（Brownian ratcheting effect）。Feynman et al.（1966）详细地描述了布朗棘齿的概念。

虽然布朗马达的实际应用并不广泛，但其在物理科学上取得了重大突破：布朗效应把微观的混乱运动与宏观的随机运动建立了联系，而布朗棘齿效应把微观的混乱运动与宏观的定向运动建立了联系。布朗棘齿效应是生物系统中分子、离子分离和输运的一种主要机制，也存在于凝聚态系统中。虽然利用布朗棘齿效应制作的分离或输运粒子的器件离实用还有一段距离，但其重要性已经显而易见（Astumian and Hanggi, 2002）。

实际上的布朗棘齿效应是很小尺度的效应，而在大尺度运动中，布朗棘齿效应主要是借用其基本概念，用以描述那些由随机运动引起的定向运动。以下是一个例子：

对流现象是自然界中很普遍的现象，通常用简单的Rayleigh-Bénard对流系统（简称RB系统）来研究。RB系统是研究对流的最简单模型之一，是一个底部加热、顶部冷却的封闭容器，顶部和底部的温度差保持恒定。当温差超过临界值，底部的流体元受热膨胀，密度减小，由浮力的作用上升；而顶部的流体元冷却收缩，密度增大，由重力的作用下降，形成蘑菇状的羽流结构（Xi et al., 2004）。人们一直认为这种垂直方向的对流在水平方向上是随机的，然而，深入的研究表明，对流经过了一段时间之后逐渐形成了一个逆时针的水平环流（Krishnamurti et al., 1981），表明大尺度环流的角向运动具有布朗棘齿的特性：既具有布朗运动的统计性质，又有平均的净位移。产生布朗棘齿效应的一个可能原因是由于科里奥利力与湍流的相互作用，形成了一个不对称的势场来“整流”随机湍流运动。这是第一次在湍流系统这样的宏观体系中观测到布朗棘齿效应，对其的认识还是定性的，没有足够的定量研究和理论成果。

迄今为止，在海洋和大气中研究布朗棘齿效应的成果还不多，但我们相信这个效应将有非常广泛的应用价值。

第5章

动力学效应

Dynamical Effects

在海洋和大气科学中，动力学研究作用力与运动的关系，解释各种运动现象的物理机制。各种动力学参数都是时间与空间的函数，构成千变万化的各种现象。动力学有各种物理定律来支配，包括牛顿第二定律、质量守恒定律、热力学第一定律等，由此派生出能量守恒定律。

动力学效应是海洋和大气科学中最为重要的效应之一，描述了许多重要的现象。动力学效应不是指动力学过程本身，而是指与动力学过程有关联的各种现象和结果。动力学效应最好地体现了因果关系，力是因，运动是果，因而易于理解。但这种因果关系并不简单，而是包含着各种复杂的动力过程，形成形形色色的现象。

虽然本章专门汇集各种动力学效应，但更多的动力学效应没有包含在这里，而是散布在其他章节，是因为动力学过程与多种其他过程紧密联系，体现为多种因素影响的效应。

5.1 正压效应和斜压效应

在海洋和大气研究中，人们熟知正压和斜压流体，正压和斜压结构，正压和斜压模式，正压和斜压理论，而对于正压效应（barotropic effect）和斜压效应（baroclinic effect）人们的理解并不一致，其内涵还是有很多不明确的地方，也有容易混淆之处。在此，我们仔细讨论这两个效应的物理基础和内涵。

● 正压流体和斜压流体

讨论正压和斜压效应之前需要知道流体的正压和斜压特性。正压流体是指流体内部任一点的压强只是密度的函数。如果流体任一点的压强除了与密度有关之外，还与其他热力学参数有关，这样的流体则称为斜压流体。图5.1中实线为等压线，虚线为等密度线，正压流体的等压线与等密度线平行，而斜压流体等压线与等密度线有交角。正压性或斜压性并非流体本身固有的物理特性，而是在运动中形成的特性。因此，正压流体或斜压流体是缩略的表示法，全称应该是“具有正压（斜压）特性的流体”。

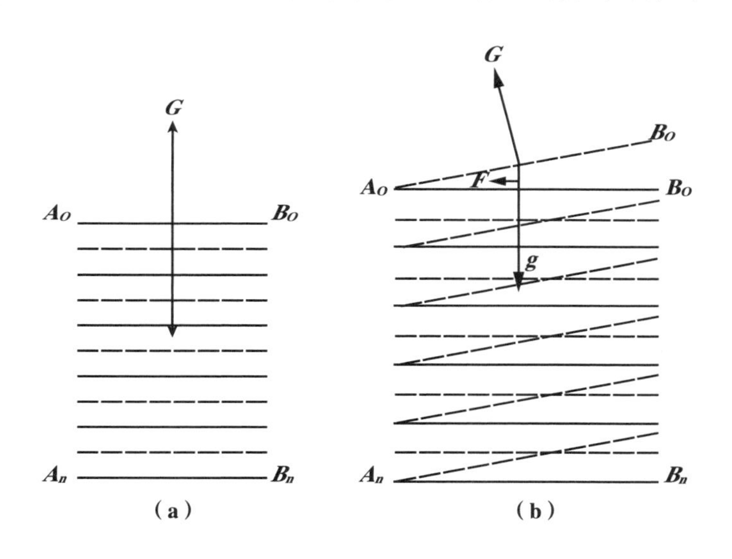

图 5.1 斜压场等压面（实线）相对于等势面（虚线）的倾斜
（a）正压流体；（b）斜压流体

如果大气的运动是正压的，需要维持等温面和等压面平行，并且温度的直减率等于干绝热率，在干绝热运动过程中就是正压运动。正压大气是罕见的，只有静止的大气在局部具有正压特性。即使初始时大气是正压的，一旦运动发生很快就变成斜压的了。正压大气只是真实情况的一种近似，是为了便于理解而近似的状态，也是为了更好地理解斜压运动而存在的概念。

在海洋中，正压流体的应用范围要大得多，很多理论是在正压条件下发展起来的。其物理背景是，在有些海域海水有很强的混合，形成密度均匀的水体，这时就可以近似地认为是正压流体。浅海潮汐运动都是按照正压水体来表达的，是对真实潮汐传播很好的近似。海洋中的海浪理论也是在正压流体的框架下发展起来的。此外，风生流也是以正压流体为近似得出的。

● 正压效应与斜压效应

比较准确的说法是，外力作用在正压或斜压流体上产生的现象称为正压效应或斜压效应。来自外界的力有很多，包括：风应力、摩擦力、阻力、引潮力、浮力等。外因要通过内因起作用，这些外力或者改变了压强场，或者直接改变了流场，或者二者都改变了。如果外力改变了流场但没有引起压强场的变化，则无关乎正压与斜压效应。而当外界的作用改变了压强场，变化的压强场作用在正压流体上将产生正压效应，作用在斜压流体上将产生斜压效应。

压强场的变化是引起海洋内部运动的直接或间接原因。压强场的变化可以是与高度或深度无关的，即由动力学作用导致的海面动力高度的变化或气柱高度的变化；也可以是由热力学作用产生的温度场和盐度场的变化导致的压强场变化。

正压效应与斜压效应主要体现在以下两个方面：压强场变化对流场的影响和对涡度场的影响。

● 压强场变化对流场的影响

在海洋与大气中，正压和斜压结构对地转流（地转风）的影响最为典型。因压强场的不同，会产生不同的地转流。在大气中，正压结构的大气产生不随高度变化的地转风，而斜压结构的大气产生热成风。在海洋中，正压海洋中产生倾斜流，斜压海洋中产生密度流，二者结合产生梯度流，三种形式的流统称为地转流。在没有扰动的情况下，地转流与压强场处于平衡状态。

一旦压强场发生变化，忽略摩擦项，流场将发生变化（Olbers et al., 2012）

$$\frac{\mathrm{D}\boldsymbol{u}}{\mathrm{D}t}+2\boldsymbol{\Omega}\times\boldsymbol{u}=-\nabla\left(\frac{p}{\rho}+\Phi\right) \tag{5.1}$$

其中，$\boldsymbol{u}$为流速矢量，$\boldsymbol{\Omega}$为地转加速度矢量，p为压强，ρ为密度，Φ为重力势。从式中可以看出，如果压强场的变化是由海面高度或气柱高度引起，则（5.1）式右端的水平梯度不随深度（或高度）变化，不论变化前的流速是否随深度变化，得到的流速增量是不随深度变化的，这个结果称为正压效应。如果压强场的水平梯度不随深度变化，但密度场因内部调整而发生变化，则流速增量将随深度变化，发生斜压效应。

如果压强场的变化是由热力学因素引起的，即温度和盐度发生变化导致的压强场的变化，（5.1）式右端的水平梯度将随深度发生变化，不论变化前的流速是否随深度变化，得到的流速增量是随深度变化的，这个结果也属于斜压效应。

按照地转适应过程理论（叶笃正和李麦村，1965），对于小尺度运动，压强场向风场适应；对于大尺度运动，流场向压强场适应。因此，大尺度运动的正压效应和斜压效应非常重要。当地转平衡被破坏，只要压强场发生改变，就会通过地转适应过程改变流场，逐渐恢复到地转平衡。

在海洋中，正压效应有宽泛的应用。有各种因素会改变海面高度的变化，例如：风应力产生辐聚辐散、潮汐起伏、长波、蒸发或降水、径流等，这些因素都将引起正压效应，即导致流场发生变化以适应压强场的变化。在流动达到定常状态时，流速的增量将是上下一样的。但是，如果密度场也发生了相应的变化，流速的增量将与深度有关，成为斜压效应。

● **压强场变化对涡度场的影响**

各种尺度的涡旋是海洋与大气中运动的重要形式，承载巨大的能量。正压效应和斜压效应的重要差别体现在压强场变化对涡度场的影响。

在海洋和大气中，涡旋运动用涡度来表达。在研究大洋环流和大气环流时，都需要用到涡度方程研究涡度场的变化。忽略摩擦项，涡度方程为（Olbers et al., 2012）

$$\frac{\mathrm{D}}{\mathrm{D}t}\left(\frac{\boldsymbol{\omega}_a}{\rho}\right)=\left(\frac{\boldsymbol{\omega}_a}{\rho}\cdot\nabla\right)\boldsymbol{u}+\frac{1}{\rho}\boldsymbol{B} \tag{5.2}$$

其中，$\boldsymbol{\omega}_a=\nabla\times\boldsymbol{u}+2\boldsymbol{\Omega}$为绝对涡度，$\boldsymbol{B}$ 称为斜压矢量（baroclinic vector），即

$$B=\frac{1}{\rho^2}\nabla\rho\times\nabla p \tag{5.3}$$

公式（5.2）表明，涡度的变化由两个因素决定，右端第一项表示了涡旋拉伸引起的涡度变化，是大洋环流场变化的重要因素；右端第二项为压力场变化引起的涡度变化，由斜压矢量决定。斜压矢量在正压流体中等于零，在斜压流体中不等于零。这就给出了一个重要的结果，正压流体中压强场变化不能改变涡度场，这个结果称为正压效应；而在斜压流体中压强场的变化可以改变涡度场，这个结果称为斜压效应。

因此，压强场变化是否改变涡度场成为正压效应与斜压效应的本质区别。这种差别有特殊的重要意义，涉及到压强场是否对大中尺度环流的变化有重要贡献。前面提到，正压流体和斜压流体都可以通过压强场的变化改变流场，但是，正压流体中压强场的变化却不能改变流动的涡度，只有斜压流体中压强场的变化才能改变涡度。

这里举一个例子。在北冰洋，周边河流的大量淡水入海，在风和流的作用下，入

海淡水在加拿大海盆的波弗特流涡中积聚起来。如果海水的密度是均匀的，即正压流体的情形，淡水的积聚会引起流场的变化，但不会形成涡旋运动。事实上，由于淡水与海水之间有很强的层化，海水体现明显的斜压性，积聚的淡水就会形成浮力输入，使海水的逆时针涡旋运动得到加强，而且淡水积聚得越多，涡旋运动越强。因此，斜压效应表现了压强场变化对涡旋流场的影响，甚至全球尺度的大气环流和海洋环流也可以通过压强场的改变而发生变化。

压强场对涡度场的影响已经超出了斜压效应的范畴，海洋和大气中的很多运动都是通过改变压强场来实现的。在大气中，较大尺度的局部加热会诱生区域性环流。在海洋中，大尺度海面压强场的变化会改变大洋环流的强度。大范围的盐度差异也会诱生区域性环流。因此，斜压效应表征了海洋和大气中最为重要的大尺度环流驱动机制。

● 正压效应的相关现象

（1）波浪

波浪是海洋表面风场扰动形成的海洋现象，承载着海洋能量的传递，促使海洋恢复平静。按照海洋波动的研究成果，波浪的影响深度不大，一般能达到100 m左右。在海洋上层存在混合层，因而海浪被认为是正压现象，很多海浪理论都是在正压条件下发展起来的。因此，波浪很好地体现了正压效应，即不产生涡旋运动。

（2）倾斜流

在海洋中，在密度均匀或者等密度面与等压面平行的海域，会发生倾斜流。倾斜流是地转流的一种，完全是海面高度引起的正压地转流。正压地转流的特点是，压强场的作用可以直达海底，在各个水层发生相似的地转运动。正压效应更为重要的是海底地形的起伏可以导致整个水柱的起伏，使得海面高度的分布与海底地形的分布特征一致。在北极我们经常观测到冬季海冰大范围开裂，实际上开裂都是沿着海脊发生的，海脊在两侧引起的倾斜流方向相反。

（3）南极绕极流

在世界大洋中，绝大部分大洋环流都是斜压占优势，因为大洋中有很强的水平密度梯度。但是，南极绕极流是个例外。南极绕极流处于南半球西风带，海水层化很弱，而且没有边界约束，等密度面的南北倾斜很弱，导致密度场对风生输运的响应度不高。但是，风场引起的海面高度的南北梯度却很大，因而南极绕极流有近32%的正压成分（Damerell et al., 2013）。

● 斜压效应的相关现象

（1）热成风和密度流

大气中的热成风是指不同等压面之间温度水平分布不均匀，引起地转风随高度发生变化。热成风是一种斜压运动，在正压大气中不存在热成风。海洋中的密度流相当于大气中的热成风，是密度水平不均匀驱动产生的运动，也是典型的斜压运动。

（2）热盐环流

海洋的热盐环流是由密度差异驱动的全球尺度的运动，因而是斜压运动，在正压条件下不会发生热盐环流。

（3）涡旋

按照本节的介绍，在正压大气系统中无法通过改变压强场产生涡旋。斜压效应是海洋和大气中涡旋产生的关键。例如：台风的发生环境是准正压的，但台风的生成过程是典型的从正压向斜压转变的过程，随着潜热的释放，大气的斜压性越来越强，台风也在不断增强；成熟的台风成为斜压主导的运动形式。在海洋中，很多涡旋是通过流场的赫姆霍兹不稳定产生的，因此只能是斜压的（详见14.6节）。

（4）海洋内波

海洋内波是产生在层化海洋的波动。内波作为斜压效应的现象，与其他现象有所不同。内波的发生并不要求海水的斜压性，只是要求海水的层化。但是，一旦发生内波，就会发生传播，致使等密度面有起有伏，再也不与等压面一致了，海水成了彻头彻尾的斜压流体。因此，海洋内波虽然与海洋表面的波浪都为波动，但内波是斜压效应的代表性现象。

（5）等压等容管

在斜压海洋中，等压面与等比容面不平行，由两个等压面与两个等比容面构成了一个斜四面管，称为等压等容管。按照（5.3）式，由于压强梯度与比容梯度的乘积不为零，压强场有变平的趋势，比容场也有变平的趋势。可以证明，二者变平都会导致海水势能的减少。因此，可以认为，等压等容管的作用是储存了斜压流的势能。

（6）罗斯贝变形半径

判断运动尺度的重要参数是罗斯贝变形半径。罗斯贝变形半径是海洋和大气中的一个重要的基本参数。在正压海洋中，罗斯贝变形半径被定义为

$$L_0 = \sqrt{gH} / f \tag{5.4}$$

其物理意义为重力波在惯性周期内传播的距离。如果设大洋水深H为4000 m，f为10^{-4} s，则正压罗斯贝变形半径为2000 km。而对于斜压海洋，罗斯贝变形半径为

$$L = \sqrt{g'H} / f \tag{5.5}$$

其中，约化重力加速度 g' 只有重力加速度 g 的千分之一左右。同样的参数下，斜压变形半径只有数十千米。因此，只有斜压罗斯贝变形半径才体现了海洋和大气的运动尺度。斜压罗斯贝变形半径随纬度有很大的变化（图5.2），中纬度为30~60 km，而极区只有10 km量级。

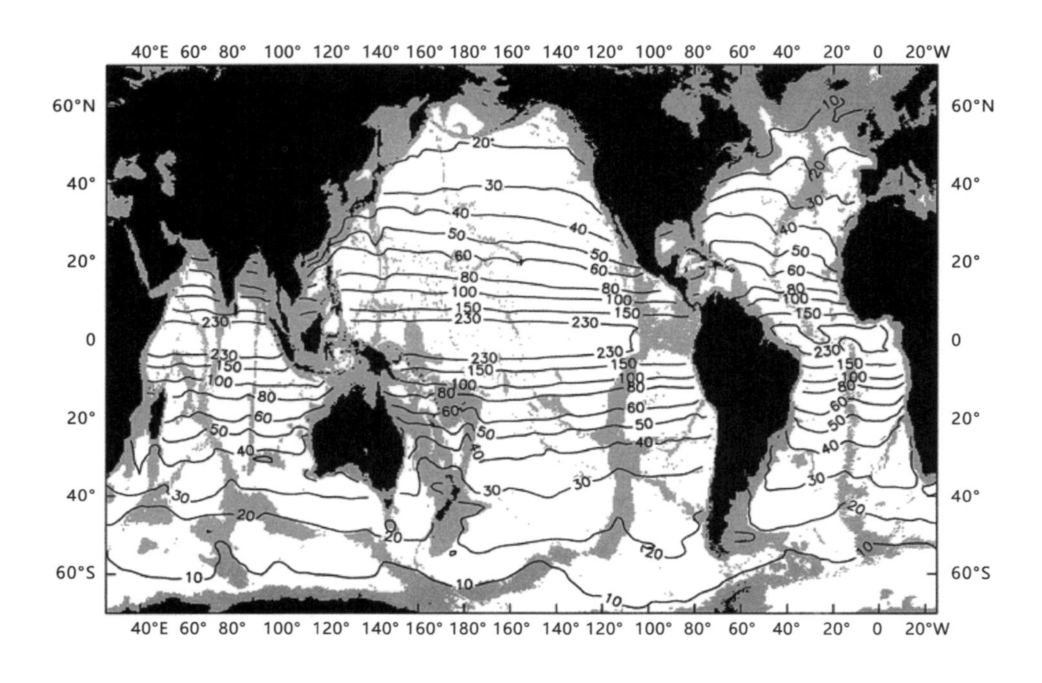

图 5.2 海洋斜压罗斯贝变形半径（km）的空间分布（引自 Chelton et al.，1998）

● 正压运动与斜压运动的合成

在讨论正压效应或斜压效应时，人们往往纠结于正压运动与斜压运动的区别，陷入非此即彼的逻辑链条。实际的运动可能既存在正压特性，也存在斜压特性。比如，在海洋中，海面高度和等密度面的倾斜共同与地转流平衡。过去，因无法获取海面高度数据，人们一直认为三者之间是完全平衡的。以往用动力计算方法计算地转流就是基于这个认识，通过密度场相对于海洋无运动面进行积分，计算海面高度分布。用密度场计算的海面高度称为海面动力高度。

现在通过卫星测高技术可以获得海面高度场，称为海面动力地形，而且测量结果越来越精确。与海洋观测的密度场和流场比较得知，地转流、密度场与海面高度三者一般是不平衡的。卫星观测的海面动力地形与海面动力高度如果不一致，就要把流动分成两部分：一部分与海洋动力地形相平衡，是流动的斜压部分；一部分与海面高度减去动力地形的压强场相平衡，是流动的正压部分。通过将卫星数据与海洋观测数据结合，测出几乎每支海流都有正压成分和斜压成分，所不同的是二者的比例不同。在西边界流中，斜压成分高达80%以上，而在南极绕极流中，斜压的成分大致为68%（Damerell et al., 2013）。

对于这种正压成分与斜压成分并存的条件下压强场对涡度场的影响鲜有研究。但是，我们依然可以根据上面的介绍对其正压效应和斜压效应分别进行分析。根据本节前面的介绍，压强场的变化应该可以产生一部分涡度，即与斜压成分相对应部分的涡度。这是一个带有普遍性的问题，需要在未来深入研究。

5.2 旋转效应

旋转效应可以顾名思义，但在概念和用法上有很大的差别。在第2章提到，在旋转的地球上有两种惯性力：离心力和科氏力。离心力导致的效应称为离心效应，体现为影响重力场的因素；地球的公转也产生离心效应，影响引潮力；科氏力引起的效应为地转效应，体现为运动方向的偏转趋势。此外，流体纬度变化导致行星涡度效应。以上这些现象都是地球牵连运动造成的，也就是和地球的自转或公转有关的效应。这里，相对于地球发生旋转的现象产生的效应称为旋转效应（rotation effect）。

需要明确区别的是，地转效应是牵连运动产生的效应，而旋转效应是相对运动产生的效应。或者说，地转效应是运动平台的旋转产生的效应，而旋转效应是流体自身的旋转产生的效应。

● 研究涡旋运动使用的坐标系及受力平衡

研究大气与海洋运动时我们使用的坐标系是以太阳为惯性坐标系，以地球为相对坐标系。那么，研究涡旋时是否还要再建立一个相对于涡旋的旋转坐标系呢？不行。主要原因是地球的旋转转速是唯一的，而涡旋的任一点转速都不同；如果建立涡旋坐标系，坐标系的转速无法确定。但是，涡旋是移动的，以地球为相对坐标系研究涡旋确实不方便。

因此，我们选择建立一个新的相对坐标系，将相对坐标系建立在涡旋中心，但坐标系不随涡旋旋转，如同站在不随涡旋旋转、但随涡旋中心移动的平台上观察旋转运动。与此同时，要附带一个重要的假定，即涡旋中心相对于地球是做匀速直线运动的，这一点保证了新的相对坐标系相对于旋转的地球是“惯性”的。这样，按照（2.2）式，在新的相对坐标系中加速度与地球坐标系中的加速度相同。因此，当涡旋不移动时，选择建立在涡旋中心的惯性坐标系，稳定的旋转运动径向的受力平衡为

$$-\rho\frac{v^2}{r}=\rho fv-\frac{\partial p}{\partial r} \tag{5.6}$$

其中，r为到涡旋中心的距离，p为压强，v为涡旋的切向速度。左端项为向心加速度与密度的乘积，右端项分别为科氏力和压强梯度力，单位均为N/m^3。如果涡旋移动，则科氏力还要加上涡旋平移的速度。在这个不旋转的坐标系中，所用的参量都是相对于旋转地球的物理量，因此非常便于理解。通常，我们把（5.6）式左端项移到右端，称为“离心力”，表达涡旋的平衡是科氏力、压强梯度力以及离心力之间的平衡。事实上由于坐标系不随涡旋旋转，因而没有离心力。在研究涡旋时用到的离心力或惯性离心力都是借用力的概念，表达涡旋的受力平衡。

● 旋转效应的适用范畴

图 5.3 海洋中的漩涡

地球上的涡旋有各种尺度，粗略分为小尺度漩涡、中尺度涡旋和大尺度流涡。这些涡旋相对于地球运动，受到科氏力的作用，此外，涡旋自身的旋转会产生额外的离心力。受到离心力的影响产生的涡旋运动称为旋转效应，而当离心力可以忽略、以地转平衡为主体的涡旋用地转效应来表达。

按照地转平衡的理论，斜压罗斯贝变形半径是确定运动尺度的关键要素（见图5.2），尺度大于罗斯贝变形半径的运动需要考虑科氏力，否则不需要考虑科氏力。斜压罗斯贝变形半径在中纬度为30~60 km，在极区将近10 km，与中尺度涡旋的尺度相近，因而中尺度以上尺度的涡旋需要考虑科氏力，而对于小尺度涡旋（<1 km），也就是我们常说的漩涡（图5.3）主要体现为离心力与压强梯度力之间的平衡。这里以海洋为例讨论旋转效应。从（5.6）式可见，由于离心力恒为正，从涡旋中心指向外，压强

梯度力则指向内，形成水面外高内低的特点。

流体微团在旋转的涡旋中受到离心力而发生向外的运动，导致水体在涡旋的外缘堆积，直到产生向内的压强梯度力，与离心力相平衡，向外的运动才停止。但是，这种离心力与压强梯度力的平衡只能在封闭的空间才能发生，比如在茶杯和脸盆里水体的旋转是满足二者平衡的。而在开放的海域，由于没有地形的硬性约束，事实上无法建立与离心力相平衡的压强梯度力。

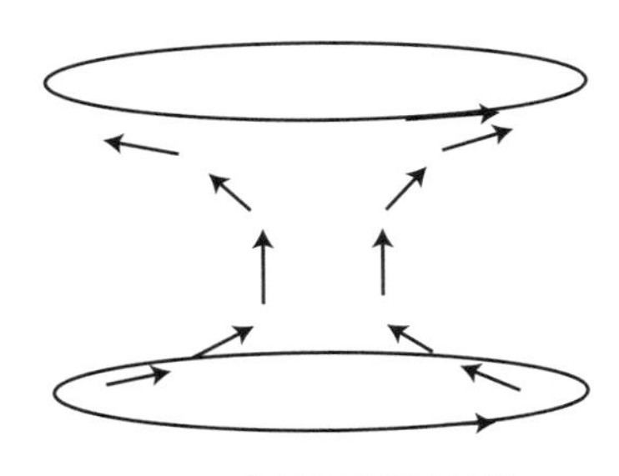

图 5.4 涡旋的垂直断面环流

涡旋表面的水体受到的离心力总是大于压强梯度力，因此，表层水体会不断向外扩展，亏空的水体只能由下层水体补偿，发生垂直断面的循环：表面的水体向外流动，下层的流体补偿性向内流动，在涡旋内部产生上升运动（图5.4），形成这样的垂直断面环流就是旋转效应。旋转效应就是流体自身旋转引发的垂直断面环流现象。小尺度涡旋完好地体现了这种旋转效应。旋转效应是离心力引起的，因而对于不同旋转方向的涡旋都是存在的。

按照罗斯贝变形半径的定义，中尺度涡旋要考虑科氏力，这时是否产生旋转效应主要看离心力的大小。如果离心力大于科氏力，也会发生旋转效应（图5.4）。然而，涡旋尺度较大的情况下，科氏力会远大于离心力，虽然也会发生如图5.4给出的垂直断面环流，但不属于旋转效应，而是属于地转效应。图5.5给出了大气中涡旋风场的垂直断面环流，似乎与旋转效应无异，但实际上是不同的。旋转效应产生的垂直断面中央上升的气流对顺时针和逆时针旋转的涡旋都是存在的，而中尺度涡只有逆时针（气旋式）环流才有这种环流，顺时针（反气旋式）的涡旋中心气流是下沉的。因此，中尺度气旋的垂直断面环流是由地转平衡来控制，其上层辐散、下层辐聚的特点属于达因效应的范畴。

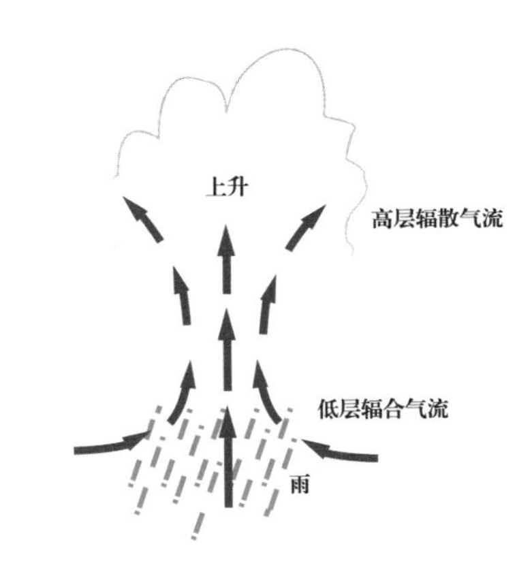

图 5.5 大气涡旋风场的上层辐散和底层辐合

在大气中，涡旋主要是气旋式的，在气旋中心发生上升运动，有助于将下层的热量和水汽向上输送，加强海面的感热交换和潜热能量在高层的释放，进而增加气旋的能量。而在海洋中，中涡旋有气旋式的，也有反气旋式的。对于气旋式的涡旋，有利于在涡旋中心发生上升运动，将海洋深处的冷水带到海洋表面，影响大气的运动；同时将下层的营养物质带到海洋上层，影响生态过程。而反气旋式的涡旋属于暖涡。海洋和大气中的中尺度涡旋主要是地转效应，而小尺度涡旋才体现了旋转效应。

流体的旋转运动称为旋转效应，而固体的旋转属于回转效应（gyroscopic effect），也称陀螺效应。二者的主要差别是，回转效应表达固体的特征，物体各点旋转的角速度是相同的，而旋转效应表达流体的特征，各点的角速度是不同的。另外，回转效应包含受力后发生章动和进动，而旋转效应没有雷同的现象。

5.3 涡旋效应

海洋中的涡旋有很多种，包括斜压不稳定产生的涡旋，重力流（溢流）产生的涡旋，地形产生的涡旋，风暴产生的涡旋等。虽然这些涡旋的产生机制不同，但各种涡旋都产生相似的涡旋效应（eddy effect）。大气中也有各种尺度的涡旋，具有和海洋涡旋类似的效应。

● 涡旋输运效应

海洋涡旋不仅是水体的运移形式，而且是一种物质的输运形式。在海洋中经常观测到这样的现象，某一处的水体性质与周边都不相同，但与遥远之处的水体性质相同，应该是同一个来源，但二者之间没有海流连接。这时就要考虑是涡旋引起的输运。虽然涡旋通常产生于流的不稳定，但涡旋发生后可以脱离主流进入海洋内部，并在海洋中徜徉，被形象地称为“海洋流浪汉”。中尺度涡旋的寿命可以很长，有时可以达到半年以上，可以运移千余千米的距离。涡旋在移动过程中受到摩擦的影响，转速渐慢最后消失，其携带的水体融入当地的水体，形成了事实上的涡旋输送，称为涡旋输运效应（eddy transportation effect）。海洋中的中尺度涡旋可以携带大量水体，以著名的地中海涡（meddy）为例，涡旋厚度一般为600 m，直径约100 km，携带的水体总量达10亿吨，相当于长江丰水期半天输送的水量。因此，涡旋的输运效应不可小觑。

大气中热带气旋和温带气旋的输运能力更是异常显著。夏季台风携带大量水汽进入中纬度地区，导致我国大范围降雨。在大西洋，温带气旋也会携带大量的热量进入极区，成为热带与寒带热量交换的重要形式之一。

● 涡旋的抛掷效应

科学家发现，涡旋气流比平行气流能更快地形成降水。涡旋气流中的水滴受到离心力作用发生向外的运动，形成“抛掷”水珠的现象。抛掷过程增加了水珠间的碰撞，加快雨滴的形成，称为抛掷效应（throw effect）或投掷效应。考虑抛掷效应，可以提高降水预报的准确性。涡旋的抛掷效应与涡旋的强度有很大的关系，涡旋的转速越快，抛掷效应越强烈，对降雨的影响就越大，龙卷风带来的暴雨就是典型的涡旋投掷效应。

● 海洋涡旋对热带气旋强度的影响

热带气旋的发展和运移受到海面特性的影响。通常热带气旋加强的风力加大了海洋混合，降低了海面温度，对热带气旋形成负反馈。在美国东海岸，湾流北上的海域形成很多海洋暖涡，暖涡中暖水的厚度很大。当风暴经过暖涡时，风混合并没有导致海面的冷却，而是持续向风暴供热，使热带气旋收获更多的海洋热通量而充满能量，气旋强度比正常时大幅度增强，加剧了气象灾害的发生。这种现象并不经常发生，因为热带气旋经过海洋暖涡的现象并不多见。但这种涡旋效应是不可忽视的。

5.4 混合效应

由于大气或海水的运动，不同流体团之间或不同层次流体之间会发生强烈的湍流运动，引起流体之间的相互掺混，这种过程称为混合过程。混合过程的发生使流体性质趋于均匀的混合结果称为混合效应（mixing effect）。混合过程可分为两类：一类是由动力因素所生成的混合，称为动力混合或机械混合；另一类是由热力因素产生的混合，称为热力混合或对流混合。这两类混合产生的结果都属于混合效应。海洋和大气中有以下重要的混合效应：

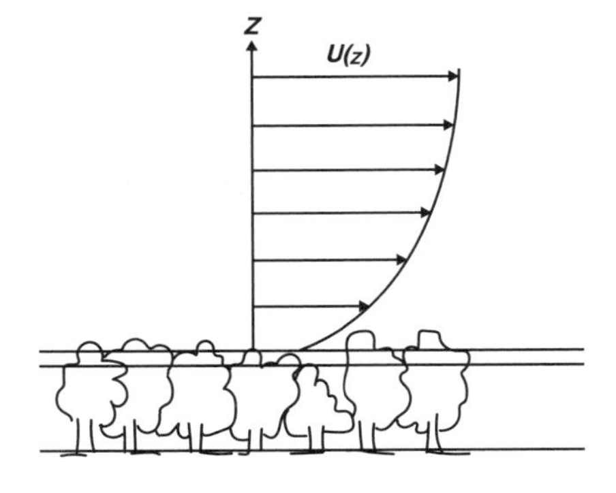

图 5.6 大气边界层风速分布示意图

（1）大气边界层的混合

在大气边界层和海洋边界层的混合效应有很

大的差别。海洋边界层的混合强调物理性质的均匀性，而大气边界层的混合强调风场的不均匀性。

在下垫面之上是大气边界层，由于摩擦作用，大气边界层之内发生水平风速的垂向速度梯度（垂向风切变），从地表向上呈对数分布（图5.6）。垂向梯度激发出较强的湍流运动，产生强烈的混合。在混合过程中，形成能量和物质在垂直方向上的强烈输送。大气边界层的厚度随风速大小而变，一般为数百米的量级。大气边界层的混合首先取决于边界层上方的风速，风速越大，混合就越强。混合还取决于大气的层化，层化越强，大气稳定度越高，混合就越弱。在风暴天气，动力混合起主导作用；而在风力较弱的情况下，如果大气的稳定度不高，下垫面加热会产生对流混合。

大气边界层的混合效应并没有造成物理性质的均匀性，因为边界层风速不均匀，压力、密度和温度等都不可能很均匀。因此，大气边界层的混合效应主要体现在混合造成的物理参数均匀化的趋势，以及在实现均匀化的过程中形成的动量、能量和物质的垂向输送。

（2）海洋风生混合

风的机械搅拌作用施加在海面上，驱动海流和海浪的形成，造成近海面水体强烈的湍流混合。此外，不均匀风场还将产生兰格缪尔环流，加大垂直方向的混合力度。风的搅拌作用使上层海洋形成温度、盐度和密度趋于均匀的水层，即海洋的风生混合层，也称上混合层。上混合层随风作用强度的变化而加深或减薄。若风作用时间足够长，上混合层厚度会稳定到一个特定的值。风生混合是整个水层水体的混合，不仅物理参数，其他化学和生态要素也会形成混合均匀结构。在上混合层底部与未被混合的海水之间形成了垂直梯度特别大的水层，称为跃层，包括温度跃层、盐度跃层和密度跃层（图5.7）。上混合层和跃层结构的生成称为风生混合效应

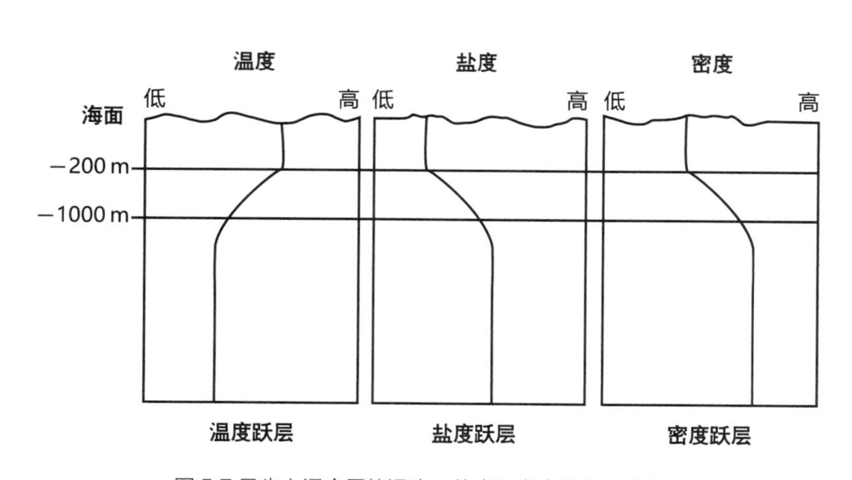

图 5.7 风生上混合层的温度、盐度和密度结构示意图

(wind-driven mixing effect)。

风停歇之后，没有很强的海洋过程迅速地破坏上混合层和跃层，它们可以较长时间保留下来，其中，盐度和密度混合层维持时间较长，而受到太阳辐射的加热，温度的均匀性会很快变得不均匀。混合效应虽然也可以生成化学和生态要素的均匀层，但由于这些要素大部分不保守，均匀层会由于海洋中的生物和化学过程很快消失。

（3）海洋潮生混合效应

海底边界层和大气边界层十分相像，在海底也应该发生混合过程。如果流比较强，形成较大的流场剪切，海底边界层的混合就会存在。在浅海，由于潮流较强，会在海底上方形成较强的混合层，称为潮混合层或下混合层。下混合层同样具有物理性质均匀的特点，称为潮生混合效应（tidal mixing effect）。

（4）风-潮混合效应

潮混合层与海洋上层的风生混合层各自有自己的影响范围，形成近海独特的垂直剖面结构。然而，当水深较浅时，上下混合层就会出现相互干扰的现象。在这种情况下，风混合与潮混合的相互作用会影响跃层的结构，产生穿过跃层的水体输送和混合，这种现象称为风-潮混合效应（wind-tide mixing effect）。

穿越跃层的混合改变了跃层的结构，形成跃层被潮混合层侵蚀的现象。穿越跃层的混合使上下层水体产生交换，改变上下混合层海水的性质。下层水体通常有较高的营养盐含量，穿越混合层的混合形成向上的营养盐通量，增加上层海洋的生产力。这种混合也将上层的溶解氧带入下层，使下层海水得以通风。风-潮混合效应导致夏季温跃层以下海水温度升高和盐度改变，使下层海水结构发生变化，形成近岸浅海的典型特征，并生成与之相适应的化学与生物过程，对海洋物理环境和海洋生态系统的结构有重要意义。

（5）对流混合效应

海洋和大气中的静力稳定指密度上小下大的现象，一旦密度倒置，就会发生对流现象。对流过程中密度大的流体下沉而密度小的流体上升，形成了水体的交换与混合，使水体的物理性质趋于均匀。在大气中，底部加热是发生对流的主要因素。在海洋中有冷却对流、蒸发对流和结冰析盐对流等三种主要对流形式。在热带和温带强烈的蒸发会形成局部蒸发对流。在亚极区，低温会导致表层水温降低密度增大而发生对流。在冰区，海冰冻结会排放出盐分，增大上层海水的盐度和密度，会导致结冰析盐对流。

对流混合效应（convective mixing effect）是指对流导致的温度、盐度和密度趋于均匀的现象。冬季的结冰析盐对流可以达到60 m深度，格陵兰海的冷却对流可以达到3000 m深度，南极冰间湖生成的对流可以抵达海底。此外，对流混合是唯一由热力因素驱动的混合。

有时，人们常混淆混合效应（不包括对流混合）和摩擦效应，因为二者都起因于同一个湍流过程。准确地说，混合效应与摩擦效应是一个过程的两个侧面。摩擦效应主要讨论在湍流边界层中的摩擦引起的流场变化，主要研究流速廓线的变化特征和流向随高度的变化，而混合效应主要探讨边界层中的物理要素场均匀化或趋于均匀的性质。混合发生后，同时会发生一些其他效应，如增密效应、双扩散效应等。

5.5 力管效应

等密度面与等压面不平行的大气或海洋称为斜压大气或斜压海洋。大气的密度主要依赖温度，等密度面与等压面不平行意味着等温面与等压面不平行。而海洋的密度除了与温度有关之外，还与盐度有关，等温面与等压面没有对应关系。与正压情形不同的是，斜压海洋和大气中的等压面与等比容面（或等密度面）彼此相交，在垂直断面上，由等压面和等比容面相互交割构成的很多管状空间，在大气中被称为力管（solenold），在海洋中被称为等压等容管。单位面积内力管数目越多，表示斜压性越强。大气中力管的信息也可以在等压面上体现出来，等温线越密集，体现为力管数目越多。

在力管的截面上，低密度一侧的流体趋于上升、高密度一侧趋于下沉，有利于形

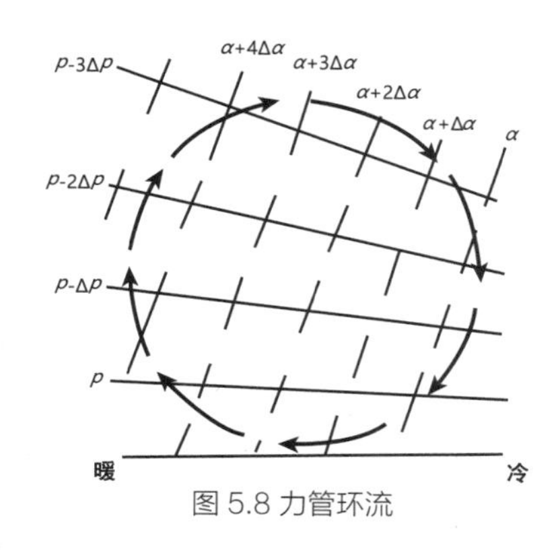

图 5.8 力管环流

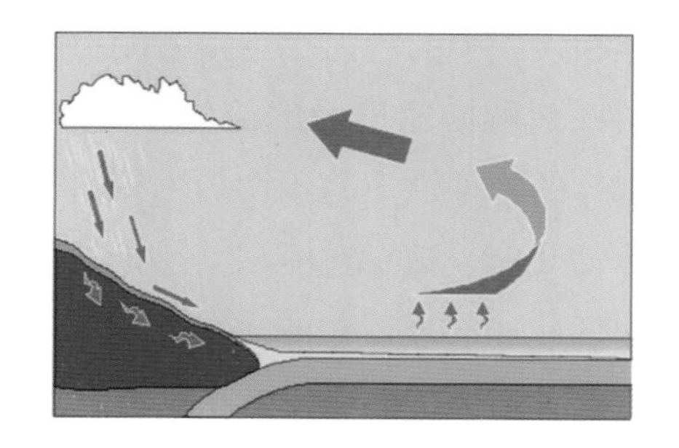
图 5.9 冬季陆风

成新的局域环流，这个现象称为力管效应（solenold effect）。根据动力学理论，力管越密集，力管环流也越强（图5.8）。当大范围存在同类力管时，会形成与力管范围相当尺度的环流。例如，在冬季我国北方沿海，由于海洋温度高，陆地温度低，在沿海地区形成低压槽，构成很强的力管。海洋一侧的暖空气上升，陆地一侧的冷空气下沉，发生下层吹向海洋，上层吹向陆地的力管环流（如图5.9）。力管环流的尺度可以非常大，达到百千米或千千米的量级。

力管环流导致等压面和等密面趋于平行，使大气的斜压性趋于减弱。在海洋中，力管也被称为储能管，其中储存着大量的斜压势能，即使没有其他的力做功，力管中势能的释放也会影响运动。因此，力管效应与不同尺度的能量转换过程有密切联系，在海洋中的研究远远不足。

5.6 阻尼效应

阻尼（damping）是指振动系统外界因素或系统内部因素引起的减振现象。比如，一个单摆随时间推移摆动的振幅会越来越小，称之为阻尼（图5.10）。再比如，蹦极运动跳下去时会探到最大深度，然后在垂直方向发生反复地振荡，振荡的振幅会越来越小。因此，阻尼是与振荡系统衰减有关的现象。

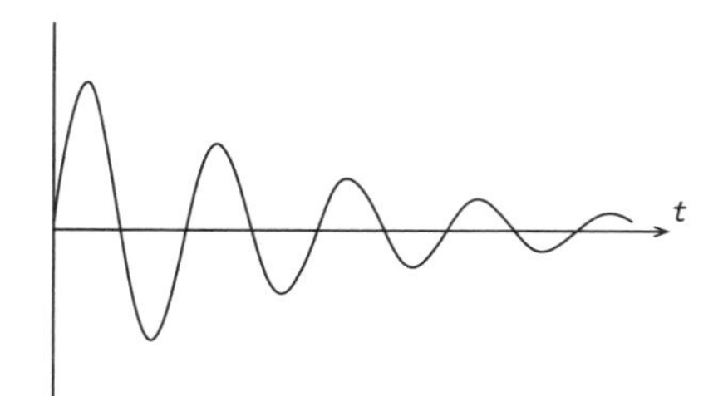

图 5.10 阻尼振动示意图

对于海洋和大气而言，振动系统主要是机械能，阻尼导致系统的能量减小主要是振动机械能的减小。对此，有两种可能的因素导致阻尼的发生：一种是摩擦引起的阻尼，将机械能转化为热能，称为摩擦阻尼。还有一种是将系统的机械能以波动的形式辐射出去导致振动能减弱形成的阻尼，称为辐射阻尼，亦称弥散阻尼。

阻尼导致振动减弱引起的现象称为阻尼效应（damping effect），有时也称为减震效应。阻尼效应主要体现在以下几个方面：

（1）谐振潮

大洋潮波传到陆架上之后，由于水深变浅，潮能集中，潮波运动大大增强。但是，陆架上的潮波并不是各个分潮同步加强，而是各个分潮与陆架海的地形发生相互作用，与陆架海共振频率相近的潮波得到加强。潮波发生共振可以形成能量的集中，由非线性作用产生不同分潮波之间发生能量迁移，发生非常强的潮波。但是，实际潮波的增强还是在可控的范围，主要是因为有摩擦的阻尼作用削弱了共振的潮波，使其成为“谐振潮”。从“共振”到“谐振”就是阻尼效应产生的结果。

（2）异常扰动的消失

大气的强扰动会驱动海洋发生强烈的运动。一旦扰动停止，海洋有恢复平衡状态的趋势。海洋不会直接回到平衡状态，而是会发生过冲，然后再向反方向运动，形成振荡形式的恢复过程。如果没有阻尼，海洋中会发生长时间的振荡，也就很难看到平静的海面。在实际海洋中，由于存在阻尼的作用，海洋的恢复很快，大风过去十几个小时之后海面就恢复了平静，很难想像不久前还是惊涛骇浪的海面会在这样短的时间恢复平静。海洋快速回到平衡状态的现象称为阻尼效应。

海洋和大气从扰动状态回到平衡状态的关键是能量的消耗，如果能够将扰动产生的能量消除，运动自然就恢复为平衡状态。能够影响海洋和大气能量的主要有摩擦的作用和能量弥散的作用，因而有摩擦阻尼和弥散阻尼。摩擦阻尼主要是海底引起的摩擦导致的，直接将流体的动能转化为热能。而弥散阻尼主要是通过海浪等波动将能量向更大的空间弥散，导致的能量消散。在水深很浅的海域，摩擦阻尼作用很强，波浪弥散的能量也很大，强扰动信号会在几个小时内消失；而在100 m以上水深的海域，摩擦阻尼很弱，但弥散阻尼会很强，扰动信号也会在较短的时间消失，恢复原有的平衡。实际上，弥散阻尼的作用是将能量传输到其他地方，但扰动的机械能并没有消失，最终还是会通过在其他海域的摩擦效应将弥散的机械能转化为热能。

因此，阻尼效应与摩擦效应的差异还是很明显的。摩擦效应强调的是对一般机械运动的衰减作用，摩擦的结果是把运动的能量转化为热能；而阻尼效应强调对振荡类机械运动的衰减，有时能量并没有转化为其他形式的能量，而是发生了能量的弥散。

5.7 月球效应

月球距离地球很近，可以通过万有引力影响地球上的物体。地球上物体受到重力的作用，重力的主要成分是来自地球的万有引力。而来自月球的万有引力会影响地球上物体所受的重力，对地球上的生物有明显的影响。月球围绕地球旋转，与地球上物体之间的距离有周期性变化，因此，月球对地球上物体的影响也具有明显的周期性。月球绕地球旋转的周期为27.321666 d，地球上的人类和其他生物的生殖系统、情绪等生理和心理因素都会有类似的周期变化，这些现象可以称为月球效应（lunar effect）。

与海洋和大气有关的月球效应就是潮汐现象，包括海潮、大气潮和固体潮。月球的万有引力在地球上产生引潮力，吸引海水和大气发生沿引潮力方向的运动，固体地球也会发生弹性变形。由于引潮力是周期性变化的，地球上潮流运动也是周期性的，海面也发生周期性起伏。在深海，引潮力直接产生的流动很弱，因为引潮力很小。但这种振动一旦传到浅水海域，海水的能量就会集中，因此，潮汐现象在浅海最强。浅海潮汐的某个频率一旦与海域的固有频率接近，就会产生共振现象，该频率的潮汐明显加大。

其实，最直接的月球效应就是潮汐现象。地球上很多生物都有与月球公转周期相似的周期，实际上大都不是月球直接引起的，而是潮汐强弱变化导致的，这些效应不应该归因于月球效应，而应该属于潮汐效应。当然，潮汐现象不仅与月球有关，还与太阳有关，潮汐现象也是“太阳效应”的一种。但是，由于月球比太阳距离地球近得多，月球产生的潮汐更强，各种生物受到潮汐的影响与月球更密切。

5.8 风海流效应

在一个相对封闭的湖泊或尺度较小的海域，科氏力的影响较小，风力的作用会推动水体沿风的方向输送，迎风一侧的水面高度会降低，顺风一侧的水面高度会升高。这种在风的作用下水体在迎风一侧亏空而在另一侧堆积的现象称为风降效应（wind setdown effect）。风降效应对湖泊里面的港口水位影响很大，会影响有些港口船舶的进出。

在尺度较大的海洋中，由于科氏力不可忽略，风降效应变得更加复杂。风驱动的水流将向右偏转（北半球），产生偏向右方的风海流。在半封闭的海域，在风的作用下，将发生水体的重新分布，海水在风向的右岸发生堆积，海面高度上升；同时在风向的左侧发生海面降低，形成右高左低的海面高度特征。海水的堆积会诱发海洋发生补偿运动，在半封闭海域形成气旋式的环流。

一旦大风停止，重新分布的水体失去了维持的机制，高水位的水体就要向低水位的区域流动。受科氏力的影响，不仅风海流维持了气旋式环流，而且会发生持续一段时间的海面高度振荡，导致沿海水位不断交替升高和降低，并受到阻尼效应的影响。人们将这种风海流引起的海面高度重新分布与风停歇后的振荡式恢复过程称为风海流效应（wind-driven current effect），也称为风生增减水效应，或风海流的副效应。如果研究的是水位信号的变化，有时将余水位的振荡称为风的延迟效应（马永帅 等，2016）。从全局的角度看，风海流效应是海洋在风作用下的自我调整，与海域尺度、形状、海底地貌、风的强度等有关。

风海流效应引起的海面升高是风暴潮的一种，引起的海面异常升高会威胁海岸和防护工程的安全。一旦与天文潮叠加，也会产生异常增水现象。风海流效应对于乘潮进出港的船舶有很大的影响，若发生风生减水，船舶会较长时间滞留港内。该效应也会对近岸养殖的取水有显著影响，减水效应会导致无法取水，危害养殖安全。

风海流效应与风降效应有明显的区别。风降效应反映的是小尺度运动的风生增减水现象，海面高度沿风向分布，迎风面海面高度低，顺风面海面高度高；海面水体全部沿风向流动，下层水体的流向与风向相反。而风海流效应则呈现大中尺度运动的风生增减水特征，风向的右侧海面升高、左侧海面降低的现象，水体不是由上下层反向的流动来补偿，而是通过气旋式环流进行补偿（图5.11）。

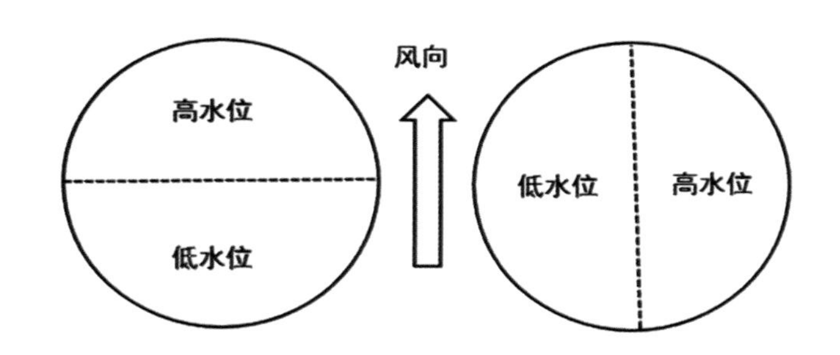

图 5.11 风降效应（左）和风海流效应（右）的海面高度（水位）分布

5.9 潮泵效应

河流的大量入海泥沙沉积在海底，是泥沙的最终归宿，形成河流的造陆过程。除非受到诸如冲刷效应的影响，稳定沉积的泥沙一般不会有机会再次回到陆地和海洋，而是形成了永恒的沉积层。然而，刚刚沉积的泥沙并不稳定，在流速小的时候会沉积下来，而当流速大时会发生再悬浮。

在我国近岸海域，最强的流动是潮流。潮流的流动具有周期性，在一个潮周期内，潮流会发生强弱变化，致使泥沙含量也发生周期性变化。当潮流流速增大时，有些不稳定沉积的泥沙会因海水挟沙能力的增大而重新悬浮起来，成为海水中的泥沙源。这时，即使海域中没有新的泥沙输入，但海水仍会变得浑浊，就像有一个泵将泥沙从下部输入海洋，称为潮泵效应（tidal pumping effect）。

由于近岸潮流的流速是周期性变化的，潮泵效应也体现了周期性变化的特点。而在远离海岸处的有些海域，潮流是旋转潮流，潮泵效应也是存在的，但泥沙的悬浮并不是日周期或半日周期，而是与大潮、小潮有关，具有半月周期的特征。

潮泵效应有重要的环境价值，再悬浮的不仅是泥沙，还包含一些融解的和颗粒的物质，一些污染物也会随之再次进入海洋，成为海洋污染的源头之一。

5.10 减速效应

有两个意思上非常接近的效应，减速效应（retarding effect）和刹车效应（braking action），在中文字义上很难区分（刹车效应准确地应该叫制动效应）。一般认为，速度从快到慢叫减速，从有到无叫刹车。但是，有时刹车的目的也是为了减速，而不是停下来，因此这两种效应事实上难以区分。可以认为是不同领域的研究者当初各自的不同叫法。但有一点是明确的，减速效应不是指减速本身，而是指减速带来的一些特殊现象。这里，我们介绍海洋和大气中的一些减速效应。

（1）潮汐的刹车效应

地球上海洋中的潮汐是永恒的运动现象。在浅海，潮流的流速大幅增强，与海底摩擦显著增大，消耗潮汐的能量，导致落潮流要比涨潮流弱一些。摩擦不仅使潮流减速，而且产生了与地球自转方向相反的摩擦力矩，使地球转速减慢，这就是潮汐的刹车效应（tidal braking effect）。由于地球的转动惯量巨大，这种刹车效应的作用不是很大，但日积月累，会产生不可忽视的影响。计算表明，地球自转周期会因潮汐的刹车效应而增大，达到每100年增加2.3 ms。最新的研究从月球的引潮力角度看待地球的减速现象，认为自转周期每100年平均延长1.8 ms，低于基于摩擦的计算。潮汐的刹车效应虽然不显著，但从地球46亿年的历史来看，地球转动减慢了很多。

（2）地球自转的刹车效应

厄尔尼诺现象是由多种因素决定的振荡性现象，大家公认其最主要的机制是海洋与大气的耦合。在此之外，很多天文因素也被认为与厄尔尼诺有关，比如：太阳黑子活动、行星会合、火山、地震等都或多或少与之有关。其中，地球自转的变化被认为通过刹车效应影响厄尔尼诺。

地球自西向东旋转。当转速增大时，赤道附近自东向西流动的南赤道流将加强，有利于暖水向西太平洋集中，导致东太平洋深层冷水上翻补充，有利于形成拉尼娜现象。而当地球自转减速时，刹车效应使赤道海水获得一个向东的惯性力，南赤道流减弱，东太平洋冷水上翻受阻，有利于厄尔尼诺现象发生。厄尔尼诺事件的周期为2~7 a，地球自转加速度周期3~4 a，二者有很好的对应性。虽然地球自转的变化对厄尔尼诺现象的影响有多大还没有得到充分的证明，但这种减速效应是确实存在的。

（3）大气层的减速效应

地球大气层对返回的卫星和进入大气层的天体有巨大的减速作用，其原因是大气与卫星间的阻力，包括摩擦阻力和形阻，这种减速属于摩擦效应和黏性效应。到达其他星球的宇航器也要根据该行星是否有大气层来确定减速方式。减速的效果与卫星轨道的高度有关，过高则由于大气稀薄，减速效果不大。而在大气的平流层和对流层，阻力的作用很强，减速的效果非常明显。

减速效应是指由于减速导致的效应。最主要的减速效应是在减速过程中形成的高温，温度高达1000 ºC以上，这个温度一般的金属乃至岩石都会燃烧并最终烧毁。返回式卫星的表面覆盖了一层特殊的合成材料，保证在穿越大气层的过程中保护卫星里的人员和仪器安全。

返回式卫星的另一个减速效应是轨道的偏移，对阻力的计算稍有偏差，就会导致降落点有很大的偏移，影响回收过程。如果返回的是洲际导弹，对轨道的影响就体现为对弹着点的影响，因此，导弹发射对大气层的减速效应需要有清楚的认识，尤其在白天或黑夜，冬季或夏季减速效应的差异，以及着陆区的空间天气对减速效应的影响都要有清楚的了解。

上面提到的三种减速效应现象分属于本书不同的类别：潮汐的刹车效应属于地球运动效应，地球自转的减速效应属于动力学效应，而大气层的减速效应属于航行器效应。

5.11 地震效应

地震是地球板块活动的结果，在两个板块相互挤压的地方容易发生地震。地震效应（earthquake effect）是指地震引发的岩石断裂和移位、地面隆起或下陷、山崩、滑坡、地裂等。地震效应分为两种：一种是人直接可以观测到的地震效应，称为宏观地震效应（macroseismic effect）；另一种是只有用仪器才能测到的现象称为微观地震效应（microseismic effect）。

对于海洋而言，地震效应主要现象是海啸波。海底地震引起板块错位，导致整个水柱受到扰动，产生巨大的势能释放，形成海啸波。海啸波在大洋中以喷气式飞机的速度传播，可以在一天的时间里跨越整个太平洋，在大洋彼岸登陆。海啸波到达浅海后能量集中，一旦登陆将造成严重的破坏，参见“海啸波效应”。

在大气中最显著的地震效应是震后的降雨。较大的地震发生会导致建筑物倒塌，或者山体垮塌，大量的扬尘进入空气中。这些灰尘在空气中起到了凝结核的作用，在一定的天气条件下使大量水汽凝结形成降雨。有的研究认为，地震后产生的大量缝隙使地下的热量和水汽释放出来，形成很强的上升气流，导致降雨。很多大地震后都有较大规模的降雨，震后的降雨是严重的自然灾害，迟滞了抢险工作，淹没倒塌建筑中的人员和财产，造成进一步的破坏。

此外，地震效应还包括在海洋和大气中激发的声波等。

5.12 爆炸效应

在海洋和大气中，有各种自然和人为的爆炸发生，自然界中的爆炸包括：火山爆发、陨石爆炸、爆发性地震等，而人为的爆炸主要是枪炮中炸药引起的爆炸，包括核弹引起的强大爆炸。爆炸效应（explosion effect）是指各种爆炸在海洋和大气中引起的效应的统称。对于一般的爆炸，主要产生冲击波效应（blast effect），而核爆炸还会产生光辐射效应（optical radiation effect）。

（1）冲击波效应

冲击波是在传播速度大于声速时产生的波动，在海洋和大气中都可发生。海洋和大气中自然产生和传播的波动都是亚音速的波动，波动的形态呈现波形的连续变化和传播特性。而当声源的速度大于风速就会产生冲击波。冲击波体现的是冲击时形成的压力锋面的传播，并使其他物理参数也发生跃变。冲击波的频率较低，一般是不可听到的次声波或大气纵波。因而大多数冲击波并不影响听觉。在自然环境中，各种爆发性过程都可产生冲击波，而人造的爆炸是冲击波的重要来源。特别是核爆炸时，中心压力巨大，猛烈压缩空气，产生强大的冲击波，具有很大的破坏力。海洋中也有冲击波，由于海洋的声速远大于大气中的声速，因而海洋中的冲击波传播的速度更快。

冲击波效应（blast effect）是指冲击波所产生的影响，主要体现为冲击波对物体的破坏能力。大气中冲击波的传播体现为强烈的压缩气流，直接作用在其传播路径上的建筑物和其他物体，对这些物体产生很大的破坏。海洋中的水下爆炸是主要的冲击波源，是破坏对方舰船的主要手段。冲击波一旦作用到舰船上，会对船只产生剧烈的作用，甚至会损坏船舶。因此，冲击波效应是爆炸效应（explosion effect）的重要组成部分。

（2）光辐射效应

一般的爆炸都会产生冲击波效应，但未必会产生高温，只有核爆炸才能产生高温。核爆炸的中心温度可以达到3000 K，这样的温度产生的热辐射在可见光的范畴，会产生强烈的光辐射效应。光辐射不需要通过空气流动传递，而是直接作用于人或物体引起高温，轻则造成灼伤，重则完全焚毁。

爆炸效应还包括爆炸引起的物体的振动、冲击和抛掷，有害物质的扩散等现象。

核爆炸效应（nuclear explosion effect）是爆炸效应的一种，不仅包括上述的两种效应，还包括放射辐射和电磁脉冲等效应，并会产生电波传播效应（radio wave effect）、挤压效应（squeeze effect）等一系列效应。由于核爆炸是罕见的人为现象，我们不为此多费笔墨。

5.13 粒径效应

粒径效应（particle size effect）是一种内涵非常广泛的效应，泛指由于海洋和大气中颗粒物质的粒径不同而发生的现象。包括：不同粒径物质的分选特性、凝聚特性、输运特性等等。

（1）物质搬运的粒径效应

在水流或气流的作用下，颗粒物的搬运（这里将海洋和大气中颗粒物的输运称为搬运）受到粒径和密度的影响。一般而言，粒径大而密度低的颗粒更容易被搬运，而粒径小而且密度高的颗粒则更容易沉积下来。例如，海洋中浮游植物颗粒粒径大而密度低，可以远距离搬运，而泥沙颗粒粒径小而密度高，不容易远程搬运。对于泥沙颗粒自身而言，重量越大的越不容易被搬运，泥沙颗粒密度相当，则主要受粒径控制，粒径越大的越早沉积，而粒径小的泥沙可以远距离搬运。大气中的粉尘也有这种特征，微小颗粒的沙尘可以远距离传输形成霾，而大颗粒的沙尘影响的范围不大。这种粒径效应属于沉积过程的分选特性。

粒径效应对于物质沉积研究有很大的影响，同一年代的物质在不同位置不一定有相同的沉积特性，从而影响对地球化学特性的理解（如：Garzanti et al., 2010）。因此，海洋沉积物不能只靠一个站点的样品来确定，需要在海盆中多个站点进行采样才能获取可靠的结果来反映历史上真实的沉积过程。

（2）生物颗粒的粒径效应

海洋生态系统有各种各样的生物，小到细菌，大到哺乳动物，形成了生物分级谱系（Sheldon et al., 1967；Sheldon et al., 1972）。由于不同的生物有不同的生理结构和生物过程，因此，人们发现，生物之间粒径的差别与其生物过程和化学过程的差别有很好的一致性，这对于认识与海洋浮游植物有关的生物和化学过程的作用机理有重要的意义。例如：不同粒径的浮游植物对氮和磷的吸收速率与粒径有关，粒径越大吸收得越多。浮游植物对铁的吸收率则相反，小粒径浮游植物的吸收速率大于大粒径浮游植物，因此小粒径浮游植物在铁含量低的条件下更容易生长。浮游植物对污染物的富集也与浮游植物粒径有关。由于浮游植物在不同的生命周期粒径变化很大，其粒径效应也会发生改变。在生物和化学领域有很多的粒径效应现象，超出了本书的范畴，这里不再赘述。

第 6 章

小尺度热力学效应

Small-Scale Thermodynamic Effects

热力学是物理学的重要分支，与热和传热物质相关，并且与能量和作功相联系。真实的物质和传热过程是以微观结构为基础的，发生着物质的分子结构和微观的混乱运动之间的相互联系，这些微观过程既难于理解，又难于观测。热力学中定义了内能、熵、焓等宏观变量，与热力过程相联系的微观现象建立了联系。因此，物质的宏观运动过程由热力学来描述，而微观热过程属于统计物理学的范畴。

热力学效应（thermodynamic effects，effects of thermodynamics）是一个综合性效应，泛指物质运动过程中发生的与热力学相联系的各种特殊现象。需要强调的是，热力学效应不是指热力学过程本身，而是指热力学过程产生的各种现象和结果。

在海洋和大气科学中，热力学效应是最为重要的效应之一，有广泛的影响，有非常特殊的作用，其内容分散在多个章节中。本章中的内容只涵盖小尺度热力学效应，大中尺度热力学效应在下章介绍。还有一些热力学效应包含在气候岛效应、辐射效应、边界效应、摩擦效应中。

6.1 热效应

如果说有哪个效应最容易让人误解或混淆，那一定是热效应莫属，因为望文生义很容易将热效应与热力学有关的现象联系起来。有人不是很清楚热效应的内涵，将各种因素导致的温度变化称为热效应，其实是不对的，加热导致温度变化的现象属于6.3节的“加热效应”。

热效应（thermal effect, heat effect）是指在温度不变的情况下物质体系在变化过程中吸收或释放热量而发生相变的现象。在等温过程中，相变过程吸收和释放的热量称为潜热。热量的收支分为等容过程和等压过程，等容过程的热效应称等容热效应（isochoric heat effect），等压过程的热效应称等压热效应（isobaric heat effect）。

在海洋和大气中，热效应产生的潜热形式的热量有：液相-气相：海水或液态水蒸发时吸收的热量（蒸发热）、空气中气态水凝结成液态水产生的热量（凝结热）；液相-固相：海洋或大气中液态水冻结时释放的热量（凝结热）、海冰或大气冰晶融化时吸收的热量（溶解热）；固相-气相：海冰或冰晶直接升华为气态时吸收的热量（升华热）、空气中水汽凝结成冰晶释放的热量（凝华热）。图6.1给出了冰相变为水需要增加的热量和水蒸发为气体需要的热量，体现了热效应的内涵。此外，在海洋中的化学反应还会产生反应热，也称生成热。化学反应、相变过程等一般是在等压条件下进行的，故一般属于等压热效应。海洋和大气中的热效应也属于等压热效应。

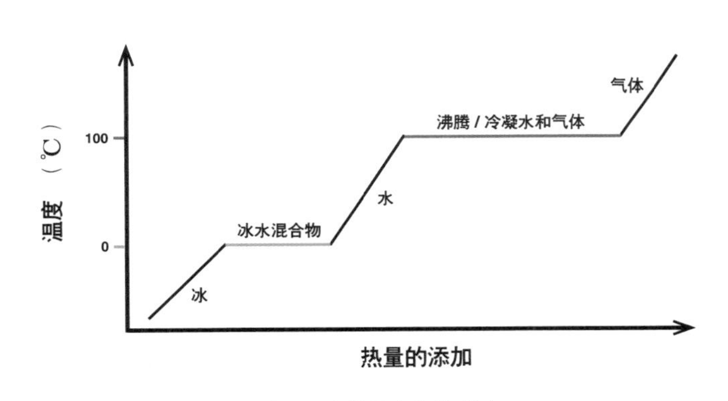

图 6.1 水的相变与热效应

一般的热效应不仅与初始及终止状态有关，也与发生反应的过程有关。而等压热效应吸收或释放的热量Q_p等于体系焓H的增量，即，

$$Q_p = \Delta H \tag{6.1}$$

因此，等压热效应只与初始与终止状态有关，与发生的路径无关。这就为计算热效应带来了极大的方便，例如，计算相变产生的热只需考虑相变前和相变后热量的改变，而无需考虑相变的具体形式和过程。

热效应的核心关注点是，在海洋和大气中，一旦发生相变和各种化学反应，就会多出一些热量进入流体，或者从流体中消耗一部分热量，导致流体额外的热收支。这些热收支在热传导方程的热平衡之中，并不是传热过程导致的热量变化，而是作为热量源或汇影响流体的热力学过程。这些热量的气候效应、生物效应、环境效应都成为需要考虑的内容。

需要注意的是，物质的相变分为一级相变和二级相变，有热效应的相变为一级相变，而不产生热效应的属于二级相变。

6.2 焓熵补偿效应

相变是指具有一定物理和化学性质的物质从一种相态转变为另一种相态的过程。总体上讲，物质有固相、液相和气相。海水是液相，在一定条件下既会因结冰转换为固相，也会因为蒸发而转变为气相。空气是气相，但因凝结会转换成液相，也会因结冰而转换为固相。

水和空气在发生相变时，都会发生热量的吸收或释放，但都有体积的变化，属于一级相变。

由相平衡条件，在相变时两相化学势相等，得到相变潜热为：

$$L = \Delta h = T\Delta s \tag{6.2}$$

其中，h为摩尔焓，s为摩尔熵，T为绝对温度，L为相变潜热。焓是表征物质能量的物理量，相变过程中放热物质从高能变为低能，焓降低，反之吸热时焓增加。而$T\Delta s$是物质交换的热量，相变过程中二者应该是相等的，都等于相变潜热。

但是，相变过程总是存在扰动，包括温度扰动和非温度扰动，因此，需要考虑有扰动的相变过程。扰动过程使焓变和熵变的等式（6.2）不严格成立，但熵变与焓变仍然保持为线性关系，即

$$\Delta h = aT\Delta s + b \tag{6.3}$$

其中，a和b为常数。研究表明（赖国华等，2005），在扰动条件下，熵变和焓变不一致，不能满足（6.2）式，但会满足（6.3）式的线性关系。根据相变过程中各种扰动参数，确定参数a和b，使这种不一致性得到补偿，称为焓熵补偿效应（enthalpy-entropy compensation effect）。

焓熵补偿效应的重要应用是对数据误差的处理，相当于增加了一个约束条件，有误差的数据通过焓熵补偿效应的关系可以得到校正。海洋和大气的热力学过程有其自身的封闭性，有各种数据校正方法，未必需要用焓熵补偿效应来校正。然而，焓熵补偿效应的作用在于对相变过程的认识和理解，以及对相变中物理过程的理解。焓熵补偿效应还发生在各种化学反应中，在这些领域，数据的误差往往影响结果的正确性，增加了焓熵补偿的条件有时是必要的和重要的。

焓熵补偿效应最早是由Constable（1925）提出来的，但迄今仍充满了争议，有人认为这种关系并不真实存在，相反，有人高度评价这种关系，甚至把补偿效应称为超热力学关系（谢修银和吴采樱，1997）。这个效应的价值会随着科学的进步而逐步明朗。

6.3 加热效应

加热既是自然界的重要现象，也是人类生活中的重要手段。在所有学科中都有加热过程，加热的种类很多，是地球上一个庞大的能量传输和转换方式。人们把各种导致温度升高的效应都称为加热效应（heating effect），加热是原因，升温是加热之后产生的结果。由于加热效应种类众多，我们这里只介绍那些比较特殊的、有代表性的加热效应。

（1）红外辐射的加热效应

德国科学家霍胥尔于1800年发现了红外线。他将太阳光用棱镜分解，在各种不同的色带位置上放置了温度计，测量各种颜色光的加热效应。结果位于红光外侧的温度计升温最快，显然存在一支不可见的光线有很强的加热效应，这种光线就是红外线。红外线有很强的加热效应，会用肉眼看不见的方式将能量传递到物体上，使被加热的物体温度升高。红外线的波长范围很大，为0.75～1000 μm，分为近红外线（波长为0.75～1.50 μm）、中红外线（波长为1.50～6.0 μm）和远红外线（波长为6.0～1000 μm）。图6.2就是各种气体成分对不同波

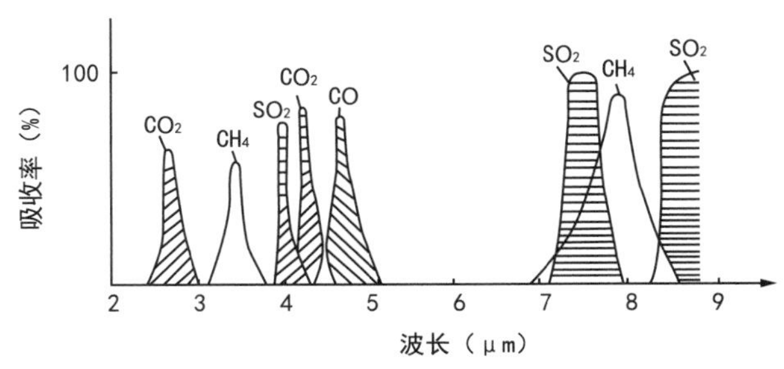

图 6.2 红外辐射的加热效应

长红外辐射的吸收率。

（2）光的加热效应

可见光是太阳辐射中含能最高的谱段，也是人的视觉可以感知的谱段（0.4~0.7μm）。光有一个最重要的特点，就是有能量的远程传播能力。由于可见光的能量密度最高，其传输的能量也最大。光的能量并不能直接转换为动能，需要先转换成热能，再转换成其他形式的能量。光不能加热真空，光能转换成热能首先要有物质吸热，也就是光对这些物质加热。空气和海水都是能够展现光加热效应的物质。1 m^3体积的空气吸收1290 J的热量可以使温度升高1 ℃，而1 m^3体积的海水需要吸收4200000 J的热量才能使温度升高1 ℃。可见，海水加热需要更多的热量，3 m厚海水温度升高1 ℃所需的热量可以使整个大气柱的气温升高1 ℃。光的加热效应是地球上最重要的效应之一，是它将太阳的能量转换成热能，然后再转换为地球上各种运动的能量。

（3）沙尘的加热效应

在沙漠腹地，气温总是很高，一般认为是由于沙漠吸收热量之后几乎全部以长波辐射的形式发射出来，加热其上覆的大气。研究表明，除了这个效应之外，沙尘气溶胶对低层大气的加热也是沙漠地区的高温原因之一。研究表明，沙尘气溶胶增加了大气对长波辐射的吸收，并产生较高的回辐射，回辐射量达到晴空的1.2倍以上。不同季节沙尘的结构有所不同，冬、春季较大颗粒沙尘占优势，夏、秋季较小颗粒沙尘占优势，不同大小的沙尘颗粒都有显著的加热效应。沙尘的回辐射增大导致沙漠表面气温的升高（图6.3），在塔克拉玛干沙漠腹地，冬春季的扬沙最为剧烈，导致的日平均升温达到3.4 ℃以上。

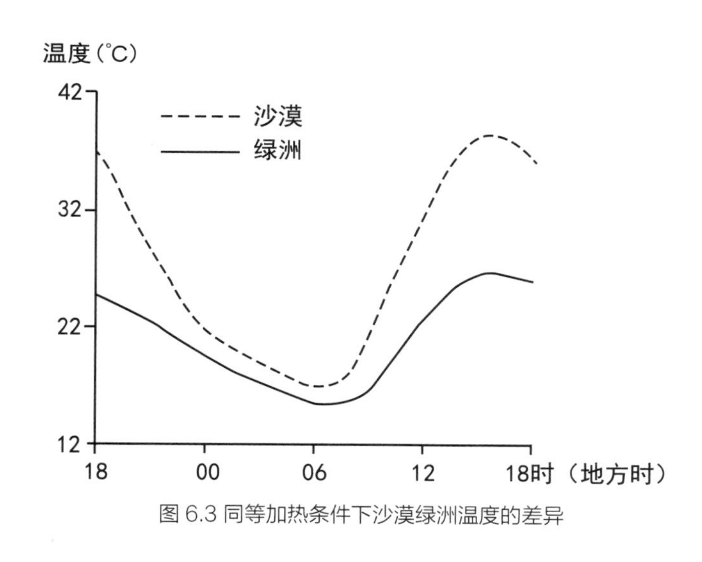

图 6.3 同等加热条件下沙漠绿洲温度的差异

（4）太阳耀斑的加热效应

太阳耀斑是发生在太阳局部区域的一种剧烈的爆发现象，在短时间内释放大量能量，向外抛射带电等离子，导致粒子辐射突然增强。骤然加强的太阳辐射粒子到达大气层后将引起显著的加热效应，导致高层大气的温度升高400 K。这种加热效应首先危害人造卫星，包括通信卫星、导航卫星和各种遥感卫星，一旦温度超过卫星的耐温极限值，卫星会停止工作。最新的研究表明，虽然太阳耀斑的加热效应显著，但加热后产生的一氧化氮（NO）引起强烈的降温，可以使气温迅速降低500 K。因为一氧化氮在5.3 μm波段的红外辐射最强，导致热层大气的红外辐射冷却。加热效应和冷却效应共同作用的结果最终形成恒温效果，这也是地球能够抵御太阳耀斑而维持稳定环境的重要原因。虽然NO在地球热层大气组成成分中仅占有很少的比例，但是一氧化氮在中高层大气红外辐射能量收支中起着重要作用，尤其在热层的风暴期间，NO的红外辐射冷却过程尤为重要，它直接影响到大气的热结构，表现出很强的太阳地球空间耦合特性。

（5）生物加热效应

生物加热效应（biological heat effect）往往是指各种谱段的辐射作用于生物细胞，造成生物温度升高的现象。与上述加热效应不同，生物加热效应并不仅仅是对热量的被动吸收，而是涉及到生物体与物理场的相互作用，生成能量的转换，参见“生物物理效应”。

6.4 过冷效应

过冷现象是指温度低于冰点的水仍然保持液态而不结冰的现象，这个现象在海洋和大气中都存在。在大气中发生过冷现象的原因是，液态水中没有凝结核无法结冰，或者运动较强使冰无法生成。在海洋中，过冷水都是产生在深处的水体，在压力较大处水的冰点低，那里温度高于冰点的水体一旦升到海面就成了过冷水。不论在海洋和大气中，过冷现象都与液体有关。

过冷效应（supercooling effect），也叫激冷效应（chilling effect），是指过冷条件下一旦结冰条件得到满足就更容易结冰的情况（Visintin，1985）。如果过冷现象是流动很强引起的，风或流一旦弱下来就会迅速结冰。我国渤海北部的辽东湾每年12月都会遇到一次很强的大风降温，大风停了之后海面会迅速结冰，这里有过冷效应的贡献。如果是因为缺乏凝结核而处于过冷状态，一场大风带来的尘埃也会加剧海面的结冰。

6.5 浅川效应

1976年，日本科学家浅川勇吉发现，水在高压电场的作用下，蒸发速度会显著加快。更为奇特的是，如果把在电场中加速蒸发过的水去掉电场让它自然蒸发，蒸发速度并不恢复到自然状态，而是比普通水在相同自然状态下的蒸发还慢（Asakawa，1976）。这种电场促进水蒸发现象被人们称作浅川效应（Asakawa effect）。

分别用不同的电场进行试验，都得到了蒸发加快的现象。用15 kV的交流电场时，水蒸发速度比在自然状态下的蒸发速度快10倍。用直流负极时蒸发速度快3倍。用直流正极的情况快1.5倍。在撤去电场后，把在电场中加速蒸发过的水放在自然状态下蒸发，则比普通水在自然状态下的蒸发速度要慢；而且在电场中蒸发越快的水，撤去电场后蒸发速度越慢。同时还伴随着水的表面张力变化等奇特现象。

电场除了促进水的蒸发外，对其他液体也适用。电场可以使汽油燃烧得更充分，也可以使烛焰变得更亮，甚至可以加速樟脑球的挥发。自发现以来，人们一直努力解释浅川效应的物理机制，提出各种理论来解释这一现象，但尚没有一个普遍接受的结果，需要科学界继续努力。

在大气的自然条件中存在各种规模的静电场，而且电场强度会随时间发生变化。在积云的情况下形成高压静电场，电场的放电会造成雷击。大气的静电场会影响海面，也会形成对岛屿的放电。大气中有各种蒸发现象，包括云中液滴的蒸发、冰晶的升华、以及海面的蒸发，需要考虑浅川效应对蒸发的影响。这方面的研究不是很多。

6.6 扩散效应

扩散效应（diffusion effect）在很多自然科学和社会科学领域都存在，在不同的领域体现不同的内涵。然而，扩散效应是一种性质效应，其最基本的内涵是：由于事物的扩散，其影响的范围增大，带来一些新的现象，或发生新的作用。

在海洋和大气中，扩散是一个普遍存在的过程。狭义的扩散包括：热扩散、盐度扩散和物质扩散。海洋和大气一般都处于湍流运动状态，各种扩散都以湍流扩散为主。广义上看，风和海洋环流的输送作用会使物质扩展到更大的范围，也有扩散的功能。因此，扩散泛指各种导致物质向更大范围扩展的现象。扩散将不同的物质带到更大的范围，势必影响运动和能量传输，产生扩散效应。实际上，海洋和大气中的扩散效应非常普遍，很多带有常识的意味。下面提供一些有特殊意义的扩散效应例子。

（1）放射性物质的扩散效应

切尔诺贝利核电站爆炸后，大量放射性物质进入大气层，影响了前苏联的很大范围，并通过大气环流输送到全球的每一个角落。但由于地球的尺度很大，有足够大量的空气和海水容纳并稀释了放射性物质，在一定范围之外直接扩散导致的问题并不明显。然而，这些放射性物质在生物体内发生富集，危害食用者的健康，比如：铯-137的半衰期为30.167 a，在很多年间，北冰洋的鱼类有大量的铯-137富集而不能食用。铀和钚的半衰期更长，到达百万年的量级，靠自然衰减几乎无法清除。鱼类的洄游特性致使放射性物质在更大的范围扩展，影响到整个北冰洋。放射性物质的扩散效应对人类有潜在的巨大威胁。

（2）相变导致的热扩散效应

热扩散是最为普遍的现象。但是，海洋和大气中有些过程扩散的是物质，而不是热；当这些物质发生相变时，会释放热量，形成了热扩散。比如：海水蒸发的水汽进入大气，携带了来自海水中的热量；水汽被大气过程扩散到高空或其他区域，这个过程是水汽扩散，而不是热扩散。当水汽发生凝结时，会释放出凝结潜热，影响所在区域的热平衡，形成等效的热扩散。再比如，海水结冰时会释放出凝固热，阻碍海冰的继续冻结。

（3）水汽的热扩散效应

在空气中，如果一侧温度高，另一侧温度低，则热量从高温一侧向低温一侧扩散，这是普通的热扩散效应。而如果同时空气中的水汽含量也是不均匀的，水汽会从高含量向低含量处扩散。由于气温高的地方饱和水汽压大，比湿低，代表未饱和水汽的比湿会发生从低温处向高温处扩散的现象，因此，水汽的热扩散效应表达了空气中的水汽向温度高的一侧运动的现象（张学文，1994）。水汽的热扩散效应有助于说明锋面附近降水的来源，水汽向暖气团移动有助于锋面降雨。

（4）附加扩散效应

在大气中，如果既有温度梯度，又有物质浓度梯度，就会既发生热扩散，又发生物质扩散，这两种扩散过程发生相互影响。参见下节的内容。

6.7 索瑞效应和杜伏效应

当水体温度不均匀时，会发生热传导，热量从高温向低温单向传递。热传导是由水分子之间的相互碰撞实现的，温度高的水体的分子动能大，温度低的水体分子动能小，分子之间相互碰撞发生动能的交换，动能小的分子获得动能，动能大的分子失去动能，在宏观上体现为热量从高温向低温的传递。热传导过程也可以用热扩散来表达。

如果存在融解于水体中的杂质，这些杂质通常是以分子或离子状态存在。水体中的杂质会由于浓度不均匀而发生扩散，杂质扩散的原理与热传导过程是相似的，即在混乱运动过程中杂质的分子和离子之间发生相互碰撞，浓度高水体杂质分子获得碰撞的机会多于浓度低的水体，使杂质从高浓度向低浓度扩散。由于杂质分子或离子比水分子大得多，杂质的扩散需要获得更多的动能，因此杂质的分子扩散率远小于热的分子扩散率。

实际上，在有杂质的水体中除了热扩散和杂质扩散之外，还发生了第三种扩散，即热致扩散（Li，2008）。在热扩散的过程中，水分子之间的混乱运动必然有一部分水分子撞击杂质的分子或离子，将动能传递给杂质成分，带动这些杂质获得附加的能量而发生扩散，这种附加的扩散被称为索瑞效应（Soret effect）。索瑞效应所指的附加杂质扩散并不改变杂质单向不可逆的扩散性质，即不会发生杂质从低浓度向高浓度积聚。假如发生温度梯度时背景的杂质浓度场是均匀的，则不会发生杂质的附加扩散。索瑞效应是由温度梯度决定的，温度高的水体中杂质成分获得的动能多，有了更强的扩散能力，但扩散本身则必须符合扩散过程不可逆的特点。因此，索瑞效应实际上并没有改变杂质扩散的性质，只是改变了杂质扩散的效率。温度高的水体使杂质的扩散效率提升，是杂质扩散效率的一种补充。由于水分子的质量小于杂质的质量，因此，索瑞效应表达的热致扩散远小于杂质扩散本身。

需要指出的是，在有些早期的书中介绍索瑞效应会产生反向的浓度梯度，即导致杂质的浓缩，是对索瑞效应的误解，索瑞效应不可能让杂质从低浓度向高浓度的迁移。因此，必须强调的是：索瑞效应改变的是扩散系数，而不是浓度梯度。

在水体中还存在索瑞效应的反效应，即杜伏效应（Dufour effect）。杜伏效应描述的是物质在扩散过程中将热量带到物质到达的目标水体，导致附加的热量扩散（Mortimer and Eyring, 1980）。

温度梯度对物质扩散的影响称为“热附加扩散效应”，而浓度梯度对热扩散的影响称为“扩散附加热效应”。附加扩散效应不仅限于不同物质的扩散相互影响，即使同一种物质扩散，如果有多个物质源，也会产生相互影响，产生附加扩散效应。附加扩散效应有时也叫交叉耦合扩散效应（cross-coupled diffusive effects），可以体现温度、湿度、污染物等多因素存在时引起的扩散效应（耿文广，2009）。

6.8 双扩散效应

在海洋中，湍流运动无处不在，分子运动虽然普遍存在，但因其影响远小于湍流运动，一般处于被忽略的状态。然而，在一些发生双扩散现象的区域，分子运动的影响还是非常显著的。

海洋中自然存在着分子热扩散和分子盐扩散现象，其中热扩散沿着负温度梯度的方向，而盐度扩散沿着负盐度梯度的方向，这种扩散被称为双扩散。但是，这两种分子扩散是不一样的，盐度扩散是物质扩散，需要把盐分里面的分子实际扩散到更大的范围，因而盐扩散系数κ_S很小；而热扩散是通过分子之间的碰撞实现的，因而，分子的热扩散系数κ_T要远大于κ_S，大约大1~2个数量级。当海洋中存在很强的层化时，湍流运动被抑制，而分子运动凸显出来（图6.4）。

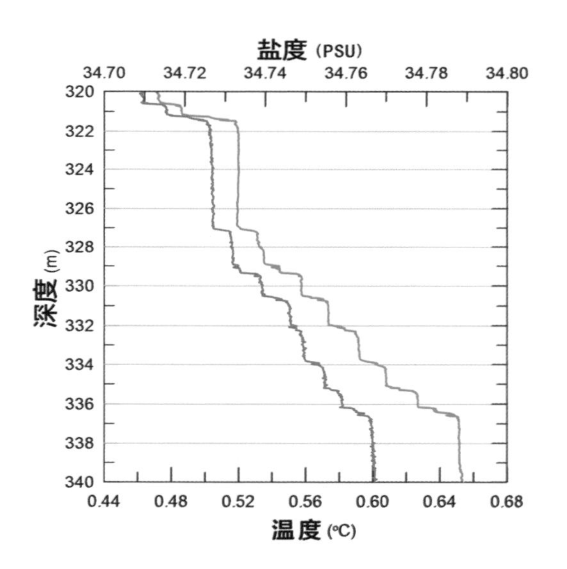

图 6.4 加拿大海盆双扩散阶梯剖面图
红线为温度剖面，蓝线为盐度剖面

在海洋中会发生两种双扩散现象：一种是冷而淡的水居上而暖而咸的水居下，会发生双扩散阶梯现象；另一种是暖而咸的水居上冷而淡的水居下，会发生盐指现象。这两种双扩散现象都属于稳定性过程，被称为双扩散对流（Neal et al., 1969; 赵倩 等，2011）。

双扩散效应（double diffusion effect）是指双扩散过程产生的特殊结果。在实际海洋中，若上部暖而咸的水体与下部冷而淡的水体相遇，且密度差很小，就会发生双扩散对流。这种情况下，如果海洋上层散热很快，上层水体密度增大而发生不稳定，双扩散对流的盐指现象就会演化为下沉的异重流，成为双扩散效应的重要现象。在一些存在很大温度和盐度梯度，但密度差很小的海洋锋区，可以观测到这种异重流（马文驹，1987）。

其实，不仅温度和盐度扩散系数的差异会引起双扩散现象，温度和其他浓度的扩散差异也会引起双扩散现象，只是这些现象多在实验室中观测到。在河口区，泥沙浓度的垂向差异也会如上述盐度差异一样产生异重流。其他因浓度差导致的双扩散效应还未见报导。因此，双扩散效应是指上下层水密度差很小的条件下仅仅依靠相邻水体温度和物质扩散率的差异性导致的上下层水体的沟通。

6.9 稀疏波效应和压缩波效应

对于可压缩性流体，存在压缩波（compression wave）和稀疏波（rarefaction wave），其传播速度等于流体在当地的声速。当扰动传过后，流体的压力、密度和温度等状态参数增加的波为压缩波；而当扰动传过后，流体的压力、密度和温度等状态参数减少的波为稀疏波。压缩波的传播方向与流体质点的运动方向相同，稀疏波的传播方向与流体质点的运动方向相反。

压缩波和稀疏波的传播都可以用等熵过程来近似，即压力所做的功与温度的比值保持不变。扰动前方形成压缩波，压力做正功，因而前方流体的温度会增加；而扰动后方形成稀疏波，压力做负功，后方的温度会降低。扰动传播对流体温度的影响分别被称为压缩波效应（compression wave effect）和稀疏波效应（rarefaction wave effect）。

在大气中，由于大气的可压缩性，这两种效应还是比较明显的，扰动传播确实会使温度发生相应的变化。而在海洋中，由于海水声速大，可压缩性差，热容量高，压缩波效应和稀疏波效应都不明显。

6.10 超临界流体的活塞效应

超临界水是指当气压和温度达到一定值时，因高温而膨胀的水的密度和因高压而被压缩的水蒸气的密度正好相同时的水。水的临界温度T=374 ℃，临界压力P=22.1 MPa。当水体的温度和压力超过临界点时，称为超临界水。超临界水的液体和气体完全交融在一起，成为一种新的、呈现高压高温状态的流体。

在流体热力学中，处于临界点附近的水体具有特殊的物理性质，超临界水兼具液相与气相的特点，即密度高、可压缩、易于扩散溶解、表面张力为零等。这些物理性质被用于很多方面，包括萃取、氧化、废物处理、溶解等。其中，超临界水体在传热方面有特殊的特性，也就是传热的速度很快，不论是加热过程还是冷却过程，都比正常水体要快得多，系统趋于热平衡所需的时间大幅缩减（毛宇飞 等，2006）。这种奇异的传热方式被命名为超临界水的活塞效应（piston effect of super-critical fluid），表达超临界水体因传热加快而如同活塞一样迅速挤压周边水体。常规的传热方式包括热传导、对流和辐射3种，活塞效应是由超临界流体在临界点附近较高的热压缩率和较低的热扩散率引起的，有人认为活塞效应属于第4种传热机理。

由于水的临界温度很高，我们周边的环境中没有这种水，超临界水只能在实验室中实现。然而，在海底区存在这种高温的水体。2008年，德国科学家Andrea Koschinsky在对大西洋中部一处海底高温热液活动区进行科学考察时发现，热压喷口附近的水温高达464 ℃，是迄今为止人们在自然界发现的温度最高的水体。进一步的研究发现，这种高温水体处于超临界状态，是自然状态下的超临界水。由于海洋中超临界水发现不久，其活塞效应的强度和细节尚不清楚，但其高传热效率得到比较充分的认识，海底热液的“黑烟囱”尺度很小，但高温水体的影响范围远超过黑烟囱附近，充分体现了活塞效应的快速散热作用。但是，从大洋的尺度看，超临界水体的存在范围很小，其热量被局限在海底热液活动区周边，在广袤的海洋内部并没有受到海底热液活动的显著影响。这表明，活塞效应的高效率传热会导致超临界水体温度下降，当温度降到临界温度之下时海水不再是超临界水体，传热率会大幅下降。因此，活塞效应既能加速传热，又能将海底热液带来的热量局限在一定范围。目前对超临界海水的活塞效应研究极少，需要深入研究。

第7章

大中尺度热力学效应

Large- and Meso-Scale Thermodynamic Effects

热力学是在研究热机的传热物质与传热效率的基础上建立起来的，后来热力学与能量的传输建立了联系，逐渐扩展到与热过程有关的各个领域，在科学和工程中有着非常广泛的应用。热力学过程由4个定律所支配。热力学第零定律描述了物质热平衡的关系，热力学第一定律建立了传热、做功与内能的关系，热力学第二定律阐述了热传递的不可逆性；热力学第三定律指出了物质热运动的最低温度是绝对零度，而且是不可能达到的。

小尺度热力学效应与大中尺度热力学效应有很大的差异。从内涵上看，没有哪个效应可以同时用于各种尺度。小尺度热力学效应一般是指上述4个定律直接产生的效应，与热量的生消、传递、扩散有关。大中尺度的热力学效应与大中尺度的运动密切相关，实际上是运动对热过程的影响。二者在尺度上的差异导致性质上的差异。

7.1 温室效应

使用玻璃或类似的透光薄膜状隔热材料为窗体的暖房会产生保温作用，为人类在寒冷季节提供了温暖的环境，或者为房屋内的植物提供适宜的生长温度。玻璃对短波辐射和长波辐射的作用完全不同。对来自太阳的短波辐射而言，玻璃基本是透明的，使太阳辐射能可以透过玻璃进入暖房，使暖房内的空气受热升温。温暖的空气主要散热方式是长波辐射，而玻璃对长波辐射几乎是不透明的，即穿过玻璃的长波辐射很少，将热量维系在室内，起到保温的作用。因此，种植大棚蔬菜和花卉的人都利用温室效应在日间为大棚加热，降低种植成本。玻璃暖房的这种功能称为温室效应（greenhouse effect）（图7.1），也称花房效应。

图 7.1 温室效应示意图

在海洋中的海冰也会产生温室效应，与暖房中的温室效应非常相似。淡水冰有与玻璃相似的晶体结构，可以透过一部分太阳辐射能而截留长波辐射能。海冰中有3.5%以上的杂质，透明度差一些，但仍然有一定比例的太阳辐射能穿透海冰。在裸冰条件下，部分太阳短波辐射能进入冰下海水，使海水温度升高。而海冰对海水的长波辐射是不透明的，海水升温产生的热量从冰面流失得很少。在春秋季节，由于冰下海水的湍流运动微弱，海水热量扩散得很慢，冰下海水得以持续增温，形成温度较高的暖水层。这种现象称为海冰的温室效应。冰下的暖水导致冰藻等一些浮游植物的繁殖，为一些海洋小型生物提供了温暖的栖息场所，形成冰下特殊的生态环境。冰下暖水反过来加剧海冰的融化，是海冰融化的正反馈因素之一。

本节介绍的温室效应是狭义的温室效应，是指具有透过短波辐射而隔绝长波辐射的固体材料导致的效应，也是最基本的温室效应，与现在人们常提到的温室效应并不相同，与气候变化有关的温室效应见下面各节。

7.2 大气温室效应

地球大气对太阳短波辐射是基本透明的。大气直接吸收的太阳短波辐射很少，只占太阳辐射总量的18%~20%。吸收这部分太阳能的并不是大气分子，而主要是云和大气中的气溶胶物质。到达地表的太阳短波辐射一部分被地表反射，反射辐射将穿透大气返回太空。反射以外的太阳短波辐射被下垫面物质吸收，转变为热能。下垫面以长波辐射、感热和潜热的形式将热量传输给大气。

（1）大气对长波辐射的吸收

地面和水面吸收了太阳短波辐射之后，按其自身的温度向外发出辐射。辐射强度由斯蒂芬-玻尔兹曼定律确定，即与绝对温度的四次方成正比。地面辐射与太阳辐射的原理是一致的，所不同的是，太阳绝对温度大约6000 K，辐射强度强，波长很短，近50%的辐射能在可见光谱段（0.4~0.7 μm）。而地球平均温度只有300 K，放射能力比太阳小得多，辐射波长较长，在3~120 μm，故称地面辐射为长波辐射（图7.2）。能够穿越大气的长波辐射是8.4~12 μm谱段，这部分辐射穿越大气之后进入太空，因而这一谱段又称为大气的“窗口”。其余部分的长波辐射几乎全部被大气吸收。

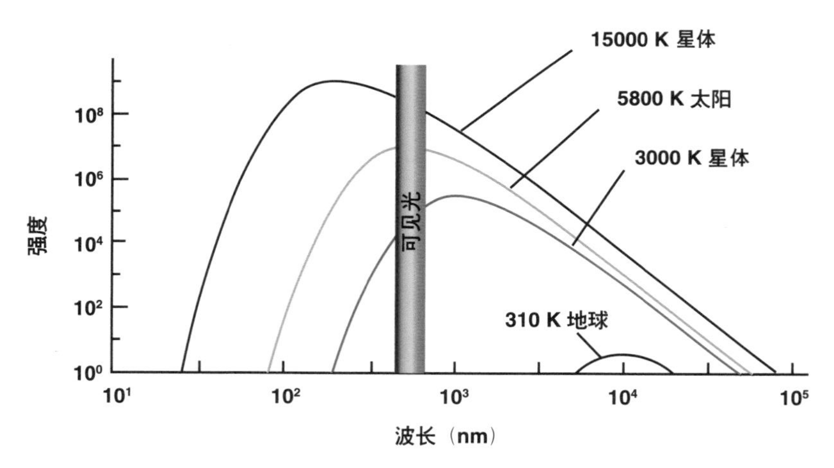

图 7.2 不同温度物体的热辐射（其中彩色竖条代表可见光谱段）

大气的主体是氮气和氧气，其体积分别占78%和21%。但它们不吸收长波辐射，也不发射长波辐射。大气中对长波辐射起主要辐射吸收作用的元素包括水汽、液态水、臭氧、二氧化碳和甲烷等。这些元素吸收了除大气窗口之外的所有长波辐射。大气吸收了地面长波辐射之后，再以红外辐射的形式发射辐射，其辐射形式与地面辐射相近。各层大气发射的辐射又被另一层大气吸收，吸收后再发射，使辐射一层层向上传播，形成一个复杂的辐射传输过程。由于大气各层温度和水汽含量很不相同，加之云的作用，不同高度大气的长波辐射状况相差甚大。辐射传输是大气内部的过程，来自下垫面的长波辐射最终会离开地球，进入太空。

大气辐射与地面辐射不同的是，地面辐射是单向向上的，而大气辐射既有向上的，也有向下的。大气向下辐射的部分称作大气逆辐射，也称回辐射。大气逆辐射的一部分又重新被地面吸收，使地面以长波辐射形式消耗的热量得到了一定的补偿，对地面起到了保暖作用，维持了一个较为温暖的地面和近地面空气层。据计算，如果地球外围没有大气，地球表面的平均温度将为255 K，即－18 ℃，在这种温度下，绝大多数生物都将死亡；而由于大气的存在，地表平均温度达到288 K，整整提高了33 K。

（2）大气温室效应

大气的这种现象有多种称谓。通常将其称为大气保温效应（effect of atmospheric insulation），或大气增暖效应（atmospheric warming effect），也是大气效应的主要内涵。但是，保温效应和增暖效应的命名不符合原因命名法，因为其内涵就是保温和增暖（图7.3）。

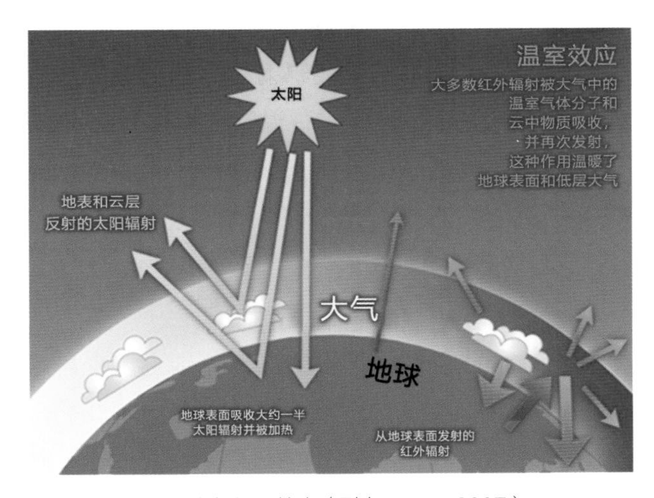

图 7.3 大气保温效应（引自 IPCC，2007）

有时人们将大气的温暖特征与温室进行类比，将其称为大气温室效应（atmospheric greenhouse effect）。这个命名是合理的，大气中的温室气体的作用与花房玻璃的保温作用完全一样，都是通过截留长波辐射的能量实现保温。所不同的是，温室效应的绝热材料是固体，而大气温室效应的绝热材料是温室气体。固体和气体的作用有很大的差别，花房的玻璃不仅阻隔了长波辐射，还阻隔了花房内外气体的交换；而大气温室效应发生的同时会发生强烈的对流热交换，是更为复杂的温室效应。

大气温室效应的作用在于大气对太阳短波辐射几乎是透明体，而对地面长波辐射是隔热层，把地面辐射释放的热量绝大部分截留在大气中，并通过逆辐射又将热量还给地面。大气温室效应还包括了云对低层大气的保温作用。云含有大量水汽，对长波辐射的吸收与放射都很强，加大了保温效果。大气温室效应是地球系统中对人类最为重要的效应。正是由于大气温室效应，才营造了一个温暖舒适的地表环境供人类和生物生存。

（3）温室气体成分

导致大气增暖的气体元素称为温室气体，主要有：水汽(H_2O)、二氧化碳(CO_2)、臭氧(O_3)、甲烷(CH_4)。最近的研究表明，氧化亚氮 (N_2O)、氯氟烃(CFCs)、对流层臭氧等气体也对太阳辐射有强烈的吸收作用，具有增加大气温度的效果。温室气体占大气总量不足1%。按照上面的介绍，温室气体的作用是吸收长波辐射，实际上，能够吸收短波辐射的气体也可以称为温室气体，因此，温室气体泛指一切能吸收热量导致大气温度升高的气体。例如：臭氧作为温室气体，主要吸收紫外辐射，而不是长波辐射，是导致电离层升温的气体。

此外，液态水对长波辐射有很强的吸收能力，对大气温室效应有显著贡献，但不是气体。从这个意义上看，温室气体称为温室物质似乎更加合理。

在这些物质中，水汽是天然温室气体，它的成分并不直接受人类活动影响。其他物质的浓度大都与人类活动有关。

（4）大气温室效应的内涵

● 二氧化碳引起的温室效应

地球形成早期，天然的二氧化碳主要来自地球内部，通过火山活动进入大气。而现在，自然产生的二氧化碳主要来自生物的光合作用。二氧化碳是最主要的温室气体，也是大气温室效应的主要贡献者。二氧化碳气体具有吸热和隔热的功能，在大气中形成一种无形的罩子，使到达地表的太阳辐射的一些热量无法回到空间，而是加热地球表面。

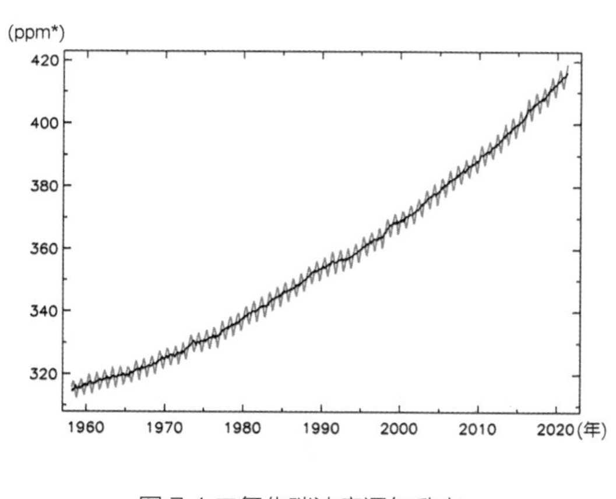

图 7.4 二氧化碳浓度逐年升高

二氧化碳也是受人类活动影响最大的元素。工业活动中过多地使用煤炭、石油和天然气，燃烧后释放大量的二氧化碳气体进入大气，使大气对长波辐射的吸收能力显著加强，引起平衡温度升高，被认为是全球气候变暖的主要因

*1ppm=10^{-6}。

素。自工业革命以来，人类向大气中排入的二氧化碳等温室气体逐年增加，20世纪60年代，大气中的二氧化碳浓度只有320 ppm，现在已经增加到400 ppm以上（图7.4）。大气中的二氧化碳含量增加直接导致温室效应的增强，是引起全球气候变暖的重要因素。

需要注意的是，有人混淆了二氧化碳的作用，认为二氧化碳含量增高加大了对太阳短波辐射的吸收而引起大气温室效应。实际上，二氧化碳的主要贡献是吸收来自地面的长波辐射。

● 甲烷引起的温室效应

甲烷也是温室气体，温室气体效应比二氧化碳还大。全球暖化导致北极冻土层融化，有大量甲烷释放出来。研究表明，北极低地河流的泛滥平原区是主要的甲烷来源，从中释出的甲烷数量可能高达非泛滥区冻土沼泽的五倍之多。当前北极地区的空气温度与河流流量都在逐渐升高当中，正在造成甲烷大量释出。甲烷的释放将加剧增暖的过程，形成正反馈。

● 臭氧引起的温室效应

臭氧的主要作用是吸收紫外辐射，阻挡了99%以上紫外射线到达地表。臭氧引起多种效应，其中，臭氧的温室效应是指臭氧吸收紫外辐射后导致环境温度增加，是平流层温度的主要贡献因素。由于人类使用氟利昂对大气臭氧层造成破坏，减小了臭氧的浓度，降低了高空臭氧对高能粒子的吸收能力，造成高空大气降温。在全球变暖过程中，由于臭氧减少，平流层的温度不仅没有变暖，而且还略有降低。与此同时，臭氧减少导致更多的高能粒子进入地表，增强了地表的暖化。

● 水汽引起的温室效应

研究表明，地球上数量最大的温室气体是水汽，因而水汽对长波辐射的吸收比二氧化碳要强烈得多。因此，有相当一部分科学家不同意全球增暖是温室气体造成的，认为水汽的贡献更大。美国海洋和大气局报告，在20世纪最后20年，地球大气平流层的水汽浓度逐渐增加，与全球变暖的周期吻合；从2000年至今，水汽浓度下降了约10%，与2000年以来全球平均升温的停滞很一致。因此，水汽浓度的变化有可能对全球气候具有重要影响。由于水汽含量的变幅很大，有可能是全球气温变化中最重要的控制因素。当然，重视水汽的温室效应不等于否定二氧化碳等温室气体对全球变化的贡献，二氧化碳与水汽的叠加作用有可能决定了全球变化的温室效应。关于水汽对气候长期变化的影响见下节“水汽效应”。

● 颗粒物引起的温室效应

最新的研究关注碳粒粉尘等物质产生的温室效应。碳粒粉尘也称碳黑（carbon black），是一种固体颗粒状物质，是煤和柴油等高碳量燃料燃烧不充分造成的，未完全燃烧的碳粒引起了环境污染。聚集在对流层中的碳粒导致了云的增加，产生更强的大气逆辐射，热量难以向外扩散，导致地球温度进一步升高。

● **植被减少加剧温室效应**

植被有很强的吸收二氧化碳并转化为有机物的能力，可以削弱大气温室效应。然而，人类社会的发展过程中对森林的砍伐导致森林面积大幅度减少，城市和工厂的建设大量破坏植被，植被覆盖面积大幅度降低。因此，植被减少也是大气中的二氧化碳含量逐年增加的原因之一。

（5）大气温室效应带来的严重问题

从各种温室气体含量的变化来看，人类活动引起的大气中二氧化碳等温室气体含量的增加，加剧大气温室效应，并可能导致气候与环境的一系列变化。有人将其称为强化的温室效应（enhanced greenhouse effect）。温室效应的发展还可能诱发其他一些难以预料的正反馈效应，产生灾难性的后果。为此，需要持续努力减轻温室效应的发展。

工业革命前大气中二氧化碳含量是280 ppm，2013年超过了400 ppm。按目前的增长速度，到2100年二氧化碳含量将增加到550 ppm，几乎增加一倍。那时全球平均气温将上升3℃±1.5℃。全球平均增温不是均匀分布于世界各地，而是热带地区不升温或几乎不升温，升温主要集中在高纬度地区，数量可达6~8 ℃甚至更大。南北极升温会加剧冰川融化，引起海平面上升，使全球沿海城市处于被淹没的危险之中。

此外，全球变暖还将改变全球大气环流结构，导致气候带向极地扩展。中纬度地区降水将减少；升温使蒸发加大，气候将趋干旱化。大气环流的调整还可能造成低纬度风暴增强等。气温升高还会加剧传染病流行。

（6）失控温室效应

如果气温升高和大气不透明度增强之间不断发生正反馈，气温就会越来越高，最后海洋会沸腾以致全部蒸发，这就是失控温室效应（runaway greenhouse effect）。在金星的早期曾经发生过失控温室效应，对地球上的人类有启示作用。

金星（Venus）距离太阳比地球近1/3，日照是地球的两倍。现在的金星气压是地球气压的92倍，大气是高浓度的二氧化碳，表面温度达到480 ℃。形成这一现状的原因就是失控温室效应。当温室效应使气温升高，就会有更多的水分蒸发成为水汽。水汽对热量有很强的吸收能力，引起气温进一步升高，这就是失控温室效应的正反馈过程。随着大气和海水温度不断升高，直至高于沸点，使一切水分蒸发成为水蒸气，导致大气吸收的热量进一步增大。充斥水汽的大气吸收的热量大于释放的热量，星球就会越来越热，成为生命无法生存的世界。

地球是否会发生失控温室效应呢？早期科学家认为不能，因为金星距离太阳近，而地球接收的太阳辐射适宜，温室效应不会失控。但近期的研究表明，在人类活动的影响下，地球上的温室效应有失控的可能。虽然这一天的到来还很遥远，但地球的命运一旦被失控温室效应所改变，最终将导致地球上的生命灭绝。

（7）减轻温室效应的对策

大气温室效应还在发展之中，其导致气候巨变的迹象还不明显，也有人对大气温室效应的作用有不同的看法。但目前大气中二氧化碳的浓度持续增加，全球气温迅速上升，都是不争的事实。因此，人类必须引起高度重视，采取对策，保护好大气环境，以满足人类的生存和可持续发展的需要。

地球上可以吸收大量二氧化碳的是海洋中的浮游植物和陆地上的森林，尤其是热带雨林。为减少大气中过多的二氧化碳，需要在以下几个方面采取积极的对策：第一，减少温室气体的排放，人们可以尽量减少工业排放，减少汽车的使用，实施低碳生活，有效抑制温室气体排放量的增长。第二，保护森林和植被，增加森林覆盖率，减少纸张的使用，爱护草坪。第三，减轻海洋污染，保护浮游生物的生存。第四，在科学上继续努力，寻找新的大型碳汇。这些措施的有效实施可以在一定程度上减缓大气的温室效应，有利于防止温室效应给全球带来的巨大灾难。相关的研究进展参见秦大河（2014）。

7.3 温度效应

温度效应（temperature effect）实际上是温度变化引起的各种现象及其变化，是一种类别效应，在自然科学的范畴内有着宽泛的应用。由于温度变化是海洋和大气中的常态过程，很多效应都可以归类于温度效应。由于温度效应过于普遍，很多温度效应的现象并不作为特殊的现象来考虑，而是淹没在各种人们熟知的现象之中，甚至连温度效应都很少提到。

温度效应又是一种具体效应，在这里，我们列举一些温度效应的实例，以便于读者理解。

当空气饱和时，海面的蒸发基本停止，导致海洋的热量无法以潜热的形式输出出来。但是，当气温升高，大气的饱和水汽压增大，致使蒸发过程启动，更多的热量进入大气，这种现象属于蒸发的温度效应。

在云层中有大量液滴，在适宜的条件下会形成有效降雨。如果在降雨发生前云内温度升高，会造成液滴的蒸发，以至于降雨不会发生。

在海洋中的表面高盐区，垂直稳定度较低。一旦发生温度大幅降低的现象，运动就会变成不稳定，诱发对流。

全球变暖导致海洋暖化，上层海洋的平均温度升高。海洋浮游动物的繁殖与温度有密切关系，更高的温度诱使浮游动物提前到来，形成浮游动物以致鱼类的高产，提高海洋的生产力。

海洋的碳吸收与温度的关系很密切。二氧化碳的融解受温度的影响，温度越高，海洋吸收二氧化碳量越低，因此，温度效应表示温度升高不利于海洋对二氧化碳的吸收。

温度效应也是有很多误解的效应，例如：有的人认为温度效应就是温室效应，有的人将热岛效应归类于温度效应，还有的人将温度变化称为温度效应。需要说明的是，本节的内容没能涵盖温度效应的全部，需要读者根据自己的工作拓展对温度效应的理解。

7.4 水汽效应

根据古气候学的研究，历史上气候变化是冷暖交替的，因而决定气候变化的因素必然是可逆的。多数温室气体与人类的排放有关，其增温作用具有不可逆性。因此，在人们强烈关注二氧化碳、甲烷等温室气体引起的温室效应的同时，很多科学家在关注水汽引起的温室效应，称为水汽效应（water vapour effect），也称水汽温室效应（water vapour greenhouse effect）。

水汽是水的气体形式，也称为水蒸气。首先水汽的增温作用是可逆的：低层大气中的水汽增多，大气层的保温作用就会增强，导致低层大气升温。但是，当大气中的水汽超过一定浓度，水汽就变成了遮蔽太阳光的云层，削弱了太阳辐射，使低层大气降温。因此，水汽具有致冷和致暖的的双重效应。在高空，当水蒸气遇冷化为微粒冰晶的时候，也会对太阳光产生反射作用，起到降低低层大气温度的效果。因此，不仅有水汽的温室效应，还有水汽的冰室效应。

有人通过观测和计算指出，二氧化碳的温室效应仅为水汽温室效应的4%（Mason, 1983），或是大于30%（Kiehls et al., 1997），都表明水汽效应是温室效应的主要贡献者。水汽含量升高就会导致地球升温；反之，水汽含量下降就会导致地球降温。而且，通过对全球变暖历史数据分析，近45年来，大气层中的水汽浓度增加了75%。全球变暖与二氧化碳的升高过程并不一致，却与水汽含量的变化有很好的一致性（李国琛，2005）。由于水汽含量的变幅很大，其影响很可能削弱或抵消了温室气体的贡献。如果平流层水汽含量的变化确实非常重要，人们对如何减少水汽含量尚无良策，原因之一是平流层大气水汽含量增减的机理尚不清楚，还需要进一步的研究；原因之二是，人类似乎还没有能力改变大气中的水汽，迄今只能承受水汽带给我们的一切。因此，科学上呼唤对水汽效应有更深入的研究，深入认识水汽对气候系统的正负反馈，认识与水汽浓度变化相关的海洋和大气过程，促成对全球变化更完整的认识。

7.5 臭氧效应

臭氧（O_3）是大气中一种重要的微量气体，全球大气中的臭氧如果平铺在地表只有3 mm厚，但臭氧总量约有30亿吨。90%的臭氧在10～50 km的平流层，对流层臭氧含量占总量的10%左右。臭氧的主要作用是吸收对人体有害的紫外线，使到达地球表面的紫外线不到大气上界辐射量的1%，大大降低了紫外线对生物以致人类的伤害。大气臭氧总含量随高度、纬度、季节和天气条件变化，在大气层中进行着循环式流动。臭氧是一种强氧化剂，对大气中的许多化学物质和自由基有重要作用，是对流层和平流层大气化学过程的核心元素，因而臭氧的含量影响大气化学的循环和平衡。臭氧对太阳辐射的紫外光和可见光部分有很强的吸收能力，在红外波段也有许多振转吸收带，特别是在9.6 μm处有一很强的臭氧吸收带，因而，臭氧是大气中重要的温室气体之一。

臭氧效应（ozone effect）是指臭氧的热吸收对大气结构与大气运动的影响。臭氧的热吸收成为平流层的主要热源，在很大程度上决定了对流层顶的高度和平流层的温度结构，从而对大气环流和全球气候起到重要作用。对流层臭氧和平流层臭氧有着不同的生成和耗散机制，对气候将产生不同程度的影响。

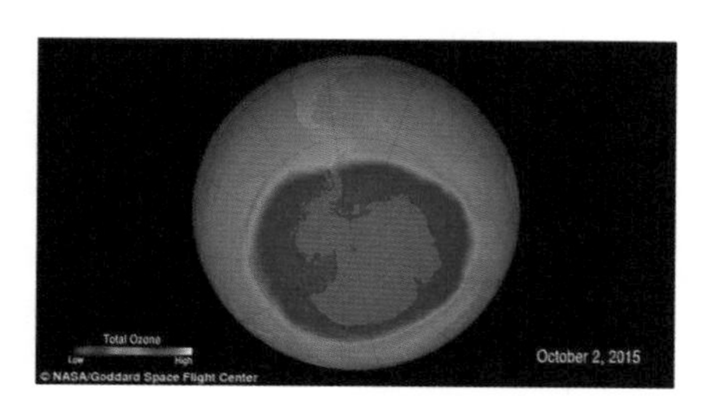

图 7.5 南极臭氧洞

大量观测和研究表明，近20年来，北半球对流层臭氧在增加，平流层臭氧在减少，大气柱臭氧总量也呈现减少的趋势。臭氧含量变化的主要原因是人类活动导致的NOx、NMHC、CO、CH_4等对流层臭氧前体物的增加和NOx、H_2O、N_2O、CFCs等平流层臭氧损耗物质的增加。其中，氟利昂气体的过度排放致使臭氧被分解，平流层臭氧减少，南极甚至出现臭氧洞（图7.5），削弱了大气阻隔紫外线的能力。

臭氧效应对气候的影响是非常显著的。平流层臭氧的减少一方面导致平流层大气温度下降，另一方面将使更多的太阳辐射能穿过平流层进入对流层，进一步导致地表和低层大气的升温。而对流层臭氧的增加将带来地表和低层大气的升温。因此，在全球变化中，臭氧效应所起的作用是不可低估的。

7.6 冰室效应

地球大气对地球有很好的保温作用，称为大气的温室效应。大气得以保温的原因是大气中含有温室气体，其中比较活跃的是甲烷。当甲烷增多时容易发生温室效应而使气温升高。反之，如果甲烷因故减少，会使地球温度下降，称为冰室效应（icehouse effect）。冰室效应是与温室效应相反的效应，也具有很强的气候意义。

图 7.6 冰室效应导致的地球降温

在现代，冰室效应主要发生在大型的高原地带，如：青藏高原、南极冰盖等。高原上空气稀薄，温室气体稀薄，地表接收到的热量容易被释放出去，形成夜间地面温度偏低的现象。

历史上，地球上曾多次出现冰期，是地球上的寒冷时期，造成两极周边地区冻结，海平面下降。但是，大多数冰期并未出现地球表面完全冻结的冰室现象。基于迄今的研究，历史上地球曾出现两次大的冰室现象，也就是从两极到赤道完全结冰的现象，地球成为“雪球”（图7.6）。一次发生在距今8亿到5.5亿年间，另一次发生在距今23亿年前。那时，地球大气中的甲烷消失，全球温度下降到－50 ºC，大量物种灭绝。

其实，冰室效应是与温室效应同样重要的效应，涉及到人类的安全。

7.7 中层大气变冷效应

由于温室效应引发的全球变暖得到全世界的关注，全球变暖的效应已经远远超出科学的范畴，成为社会各界关注的焦点问题之一。然而，与全球地表大气变暖同时发生的中层大气变冷却没有得到同样的关注。中层大气变冷对人类活动同样可以产生重要影响。

中层大气一般指平流层、中间层和低热层，距地面大约在30~100 km。温度降低的平均趋势为每10年－1.7 K，随高度不同而有显著差异，并受太阳辐射强度变化的影响（Dunkerton et al., 1998）。中层大气变冷的原因主要有两个：一是全球臭氧层减薄，减弱了中层大气臭氧吸收太阳短波辐射的能力，直接导致中层大气冷却。二是由于地表温室气体CO_2，CH_4等吸收较多的红外辐射增温，使达到中层大气的地表红外辐射减少导致降温。因此，中层大气的变冷成为现实。研究结果表明，中层大气的变冷是伴随着全球气温增暖同时发生的事件（Garcia, 1992；Qian et al., 2013）。

中层大气变冷可能引起一些大气现象的变化，中层大气的温度降低有积极的作用。大气变冷使得该层的大气密度降低4.8%，对于在其中运行的航天器来说大气阻力将减小，卫星携带的燃料将可以维持更长的时间，延长卫星的寿命。近年来，人们发现中间层顶部夜光云的发生频率增高。这些效应称为中层大气变冷效应（middle atmosphere cooling effect），其内涵不是变冷本身，而是变冷对环境的影响。

事实上，人们对中层大气的变冷效应了解还相当有限。气象学家认为，需要研究的问题主要有：中层大气变冷后大气各层间能量、动量与质量的交换如何变化；日地耦合关系是否会改变；大气结构变化后是否会使大气的物理和化学过程发生改变。

7.8 海面热力效应

海面热力效应（sea surface thermodynamic effect）是指海洋和大气之间通过海面的直接热传导导致大气受热或冷却，对大气稳定度产生影响的现象。当海水与空气之间存在温度差时，在海面上将发生海气之间的热力交换，交换的热量属于传导热，在海洋和大气领域称为感热或显热通量。在没有其他因素作用时，当低层空气温度高于海表温度时，低层大气受到冷却，发生从大气进入海洋的感热通量，致使大气降温，大气的稳定度增大；如果低层大气正在发生热力对流，则热力对流会被抑制以致消失，低层大气处于稳定状态。当低层气温低于海面水温时，会有来自海洋的感热通量进入大气，使大气温度升高，降低低层大气的稳定度；如果低层空气处于临界稳定状态，则会产生垂直方向的热力对流。

海面提供给大气的热通量除了感热通量之外还有长波辐射和潜热，然而，长波辐射可以通过大气辐射传递过程到达各层大气，并非只作用于低层大气，对低层大气的稳定度影响较小；潜热通量虽然来自海洋，但其热量需要在上升到大气凝结高度层冷却后才能释放，对低层大气的直接影响很小。因此，只有作为接触热传导的感热通量才能全部输送给低层大气，海面热力效应主要是指海气界面感热交换对低层大气的热效应。

需要注意的是，海面热力效应只是与海面相邻的低层大气产生的效应，并不涉及对流层范围内的大尺度对流。大范围的对流形成对流天气过程，卷入其中的不仅是感热交换，还有更为复杂的大气动力和热力过程涉及其中，有更为复杂的热力效应。

7.9 致冷效应

海洋和大气中有一些过程导致气温或水温降低，这些过程被称为致冷效应（cooling effect）。

（1）蒸发致冷效应

在海气界面附近，当大气的水汽压低于饱和水汽压时，海面就会发生蒸发现象，即海水从液态变为气态进入大气。由于蒸发时需要热量，蒸发的海水从海洋本身吸收热量，完成蒸发。与此同时，蒸发吸收的热量导致海表温度降低，产生蒸发致冷效应（cooling effect of evaporation）。

（2）二氧化硫的致冷效应

化石燃料的燃烧过程向大气排放二氧化碳的同时也排放二氧化硫气体。二氧化碳的作用是吸收更多的太阳辐射，使全球变暖。而二氧化硫形成的气溶胶加大了大气对太阳辐射的反射，使气温有所下降，这就是二氧化硫的致冷效应（cooling effect of SO_2）。从气候变化角度看，二氧化硫在一定程度上抵消了二氧化碳的增暖作用，有利于减缓全球变暖的进程。但是，从环境保护的角度看，二氧化硫属于污染物质，需要努力降低其排放量。

（3）火山喷发的致冷效应

火山喷发将很多火山灰和含硫气体排放到大气中，形成火山气溶胶，形成对太阳辐射的反射能力，致使到达地表的太阳辐射量减少，产生显著的致冷效应。火山喷发的致冷效应也就是“阳伞效应”。

（4）青藏高原的致冷效应

青藏高原高度高、范围广，阻挡了低纬度气流向北输送，导致来自低纬度地区的热量在热带集中，长波辐射增强，导致地球上的热量大量进入太空，增大了地球热带的热量损失，降低了中高纬度的气温。与没有青藏高原的情况相比，青藏高原的致冷效应导致地球积累的热量减少，平均温度有所降低。

（5）强潮汐的致冷效应

研究表明，潮汐增大会加大海洋的混合和卷挟运动，使大洋深处的低温海水到达海面，并吸收大气的热量，导致大气温度降低，这个效应也见“潮汐调温效应”。潮汐由日月引潮力生成，潮汐整体增强必然是引潮力的变化导致的，既有月球赤纬与太阳赤纬变化的因素，也有日月引潮力合成作用的长周期变化。现在的气候是体现了强潮汐致冷效应的结果，如果没有这个效应，地球表面的气温还会更高一些。

其实，海洋和大气中还有很多致冷效应。但因为其影响不大而被忽视。以上这些效应是显著的，应该予以关注。

7.10 风寒效应

风寒效应（wind chill effect）是当气温低于体温时，因风所引起的体感温度低于实际气温的现象。人在室外低温环境中，有风时感觉温度更低一些，就是风寒效应的主要表现。风寒效应的物理实质是风影响了人与外界空气之间的热交换。

人体与空气的热量交换是一种感热交换，即接触热交换。人体实际上无法测量周边环境的温度，而是通过散热的速率来体会寒冷的程度。在没有风时，人体的热量加热周边的空气，形成了一个保温层，人体是透过这个保温层体验气温。而当空气流动很快时，人体周围的空气保温层会不断流走，被新来的冷空气代替。失去了保温层，人体会释放更多的热量，人也就感到更加寒冷。这种效应首先是由美国地理学者Paul A. Siple（1939）在南极考察是注意到的，南极寒冷天气下风引起的强烈散热使其对风寒效应开展了深入的研究。

为了描述人通过散热对气温的感觉，有了风感温度（wind chill，也称体感温度）的概念，即人们所感觉到的温度相当于无风时更低一些的气温。以风速为9 m/s为例：无风气温为10 ℃时，风感温度大约为0 ℃；无风气温为－21 ℃时，风感温度大约为－34 ℃。当气温高于0 ℃时，风力每增加2级，人的寒冷感觉会下降到3~5 ℃；当气温低于0 ℃时，风力每增加2级，人的寒冷感觉会下降6~8 ℃。由于风感温度有时比气温更有用，体现了风与气温的联合作用，在有些国家的天气预报中给出风感温度的预报，使人们更容易理解人将体会到的寒冷程度。

风感温度实际上只是皮肤直接散热感受到的温度。实际散热的速率还取决于服装的保温性，不同保温条件下的风感温度有很大的差别。另外，空气的湿度、皮肤的湿度、日光的照射对于感受到的温度也有显著的影响。但是风寒效应在一般条件下是成立的，体现为有风条件的风感温度更低一些。

虽然风感温度是基于人的感觉定义的，但其物理实质是在有风条件下热量损失率的增大。对于无生命的物体，虽然没有风感温度，但也有在有风条件下热量损失加快的现象。例如：在北冰洋的冬季，大风将加速海面的散热过程，使海面提前结冰。

7.11 水冷效应

人们在寒冷的天气中靠衣物保暖。实际上，起保温作用的不仅靠衣物本身，而且靠衣物纤维间的空气，因为空气的导热性差，有利于减少身体的热量散失。保暖性好的衣物会使衣物内的空气处于不流动状态，避免因空气交换而带走热量。因而，保暖性好的衣物会大大削弱风寒效应。然而，一旦这些空气被挤出，衣物的保温性将变差。人体在运动的时候会出汗，这些液态的水会挤占空间，使衣物中的空气减少，降低保温性；同时，液体会吸收身体的热量而蒸发。因此，在衣服里湿气较大时容易有凉爽的感觉，感觉到的温度比实际温度要低，这就是水冷效应（water cooling effect），也称水寒效应。因此，在冬季户外运动时要注意保持身体干燥。如果人落入寒冷的水中，水会把衣物中的空气挤出，保温的衣物将变成吸热的衣物，使人体的热量快速散失，人会很快冻僵。因此，在设计救生衣的时候，不仅要加上保温层，还要使保温层不能进水，才能真正达到救生的目的。

水冷效应有更为宽泛的意义，实际上表达了水吸收更多热量的现象。有些大功率的发热机器采用水来冷却，具有更高的降温效果。各种采用水进行冷却的系统都是利用了水冷效应。

在海洋-大气系统中，冷水区会对上覆的温暖大气起到冷却的作用，水气界面处的大气温度降低。在世界海洋中，有很多海洋冷却大气的区域，这些区域主要包括各大寒流区和冷水区，当暖空气经向输送进入较冷的区域也都有水冷效应。温暖大气的温度降低会导致大气含水量降低，使空气达到饱和甚至过饱和状况，大大降低海气界面的潜热通量，容易发生浓雾。水冷效应会增大低层大气的密度，提高大气的稳定度，削弱对流过程。

同样，海洋对低层大气的水冷效应会对海洋自身产生反馈，水冷效应会使大气中的热量进入海洋，升高海水的温度，提高海水的稳定度，削弱海水中的对流。

在海底，大洋中脊的热液活动区和海底火山喷发区也存在强烈的水冷效应，海水会使海底喷涌的岩浆迅速冷却，不能因高温产生上升水流。因此，水冷效应是海底热力无法影响上层海洋的决定性因素。

7.12 厄尔尼诺效应

正常情况下，北半球热带太平洋区域的表面盛行东北信风，表层海流向西流动，在热带西太平洋形成暖池系统，引起大气的上升气流、海洋的强烈蒸发和大范围的热带降雨。而在热带东太平洋，出现强烈的上升流和大范围的冷水区，形成庞大的渔场。然而，在热带太平洋每隔2~7 a会发生一次异常事件。异常事件包括：信风减弱，表层海流减弱，赤道东太平洋冷舌变暖，赤道西太平洋的暖池东移，降雨区向太平洋中部移动，热带雨林区气候干燥，这就是大家熟知的“厄尔尼诺现象”（图7.7）。

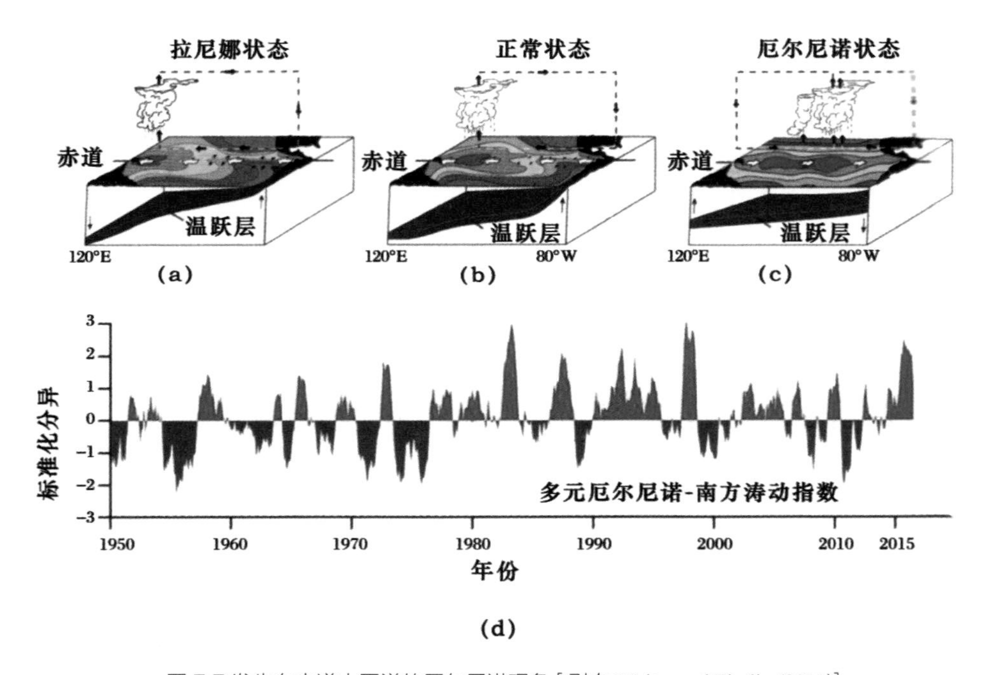

图 7.7 发生在赤道太平洋的厄尔尼诺现象［引自 Wolter and Timlin (2011)］

厄尔尼诺现象发生期间，会产生一系列效应，统称为厄尔尼诺效应（El Niňo effect）。厄尔尼诺效应包含以下内涵：

赤道东太平洋的渔场主要靠近岸上升流维系，将下层的营养盐带到表层，维持一个庞大的渔场。厄尔尼诺发生时信风减弱，来自太平洋中西部的暖水涌到太平洋东岸，赤道东太平洋沿岸的上升流减弱，使下层的营养盐无法携带到上层，造成海洋生产力大幅下降，鱼群大量死亡或迁徙，依靠鱼类生存的海鸟因鱼群消失而大批死亡，使沿岸国家遭受严重的经济损失。

在热带太平洋东部海域，厄尔尼诺期间海水温度大范围异常升高2~5 ℃，海水水位上涨，原来的冷水域变成暖水域，改变了原有的海气耦合过程和垂直断面环流系统，引起暴雨等异常气候现象。南美洲的秘鲁、哥伦比亚等国家暴雨成灾、河水水位暴涨，产生大量自然灾害。

厄尔尼诺期间，西太平洋暖池暖水东移，西部的降雨区也东移到太平洋中部，太平洋西岸的印度尼西亚和马来西亚的热带雨林陷入干旱，造成山火频繁发生，生态系统遭到严重破坏，热带粮食作物因干旱而大幅减产。其间，烟雾笼罩地面形成烟害，严重影响民众的生活，是西太平洋国家的主要自然灾害之一。澳大利亚东部及中国南方地区雨水明显减少，甚至发生严重干旱。

厄尔尼诺期间，影响我国的热带风暴（台风）的产生数量低于正常年份，在我国沿海登陆的热带风暴数量也低于正常年份。这意味着厄尔尼诺不利于热带热量的极向输送。厄尔尼诺期间，我国的夏季风较弱，季风雨带偏南。在长江中下游地区容易发生洪水，而在我国北方容易发生高温和干旱。厄尔尼诺发生后，我国北方地区容易出现暖冬。

狭义的厄尔尼诺只是指信风减弱导致的暖水东移，赤道东太平洋异常增暖的现象。上述与厄尔尼诺过程有关的现象都可以看成是广义的厄尔尼诺现象，或厄尔尼诺的伴随现象，也可以看成是厄尔尼诺现象带来的效应。

7.13 电容器效应

我国属于季风气候，夏季降水是重要的气候现象。我国降水受季风控制，降水量和降水区域年际变化很大。当夏季东南季风强盛时，长江流域主旱，华北主涝；当东南季风偏弱时，长江流域主涝而华北主旱（陶诗言，1990）。季风与热带海洋关系密切，热带海洋大范围的温度变化将影响季风的强度，从而影响我国的气候。

太平洋每隔几年就会发生厄尔尼诺现象。厄尔尼诺现象虽然发生在赤道太平洋，但其对全球气候有显著影响，形成干旱和洪涝灾害、以及气温的异常变化。随着人们对厄尔尼诺现象研究的深入，对这些气候系统的变化渐渐有了全面的了解。厄尔尼诺现象对有些区域的影响是同期的，比如对热带地区的温度和降水的影响，而对有些区域的影响则是滞后的，会通过海洋过程将厄尔尼诺信号传递到其他区域产生影响。

研究表明，厄尔尼诺并不直接影响东亚气候，而是滞后半年以上的时间传递到我国并产生影响。在厄尔尼诺衰减年的夏季，长江、淮河流域常发生洪涝灾害，而在华北发生干旱（Huang and Wu，1989）。例如：1998年夏季长江中下游地区的特大洪水就发生在厄尔尼诺事件之后。此外，厄尔尼诺还影响东亚的极端高温、台风等过程。然而，厄尔尼诺之后的夏季，海温异常已经消退，大气中的信号无法保持这么长时间，厄尔尼诺消失后如何影响半年以后的气候是难以理解的现象。研究表明，厄尔尼诺的滞后影响是因为印度洋起到了十分重要的作用。

在厄尔尼诺事件发生时，赤道中、东太平洋海水变暖，在东太平洋大气中发生异常上升运动，在西太平洋发生异常下沉运动，将东太平洋的暖信号带到西太平洋和印度洋，形成“大气桥”（Xie et al., 2009; Yan et al., 2009）。增多的热量在海洋中储存起来，形成对海洋热量的“充电”过程。在此过程中，南印度洋的上混合层发生调整而加深，以储存更多的热量。热带海洋温度高，加之海水热容量大，大大延长了气候信息的记忆能力。储存的热量将在翌年的春、夏季形成异常热释放，改变热带印度洋的温度，激发反气旋异常，如同海洋热量的“放电”过程。整个过程被形象地称为电容器效应（capacitor effect），见图7.8。

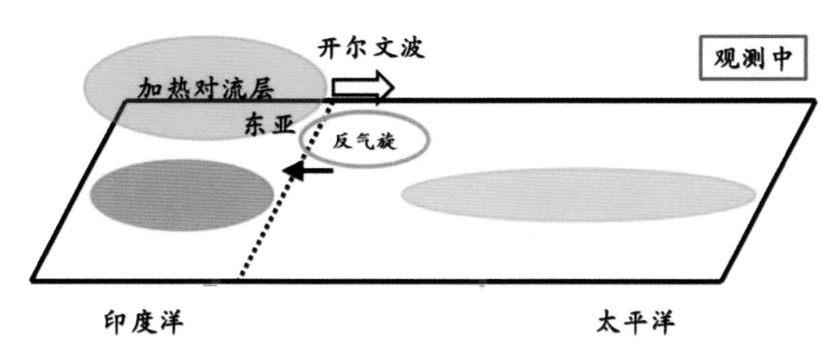

图 7.8 印度洋电容器效应示意图（Tao et al., 2015）

太平洋淡阴影区表示处于消耗状态的厄尔尼诺过程，印度洋粉色阴影区为海表温度距平，
黑色箭头表示由印度洋海表温度距平强迫的低层风距平，加热对流层表示印度洋对上覆空气的加热，
开尔文波箭头表示风对对流层加热的响应，圆环表示形成的西北太平洋反气旋距平。

虽然对电容器效应有了一定的共识，但有人认为是印度洋起主导作用，有人认为是西太平洋起主导作用（Du et al., 2013）。研究表明（Kosaka et al., 2013; Xie et al., 2016），这两个区域的过程并不是相互独立的，而是形成有机的整体。印度洋和西北太平洋海温异常的联合作用形成了电容器效应，称为印度洋–西太平洋区域电容器（IPOC，Indo-Western Pacific Ocean Capacitor）效应。研究还发现，早期的电容器效应与厄尔尼诺的关系不是很强，而在1977年之后二者联系得到了加强，与全球变暖的过程有密切关系。

显然，如果能够事先判断电容器效应发生的时间和强度，对我国气候预报的准确度有重要价值。目前的研究成果尚没有形成对电容器效应的预报能力，需要更多的工作揭示电容器效应的细节及其能量传输机制。

7.14 热压效应

在研究南极威德尔海对流过程中，Gill（1973）发现对流水体的下降超过了预期的深度，是难以解释的现象。由此认为水体很可能经历了一个额外的静力稳定度降低，导致更深的对流。根据Gordon（1978）在威德尔海和冰岛海发现的烟囱效应，Killworth（1979）首先提出了开阔海洋热压因素可能的作用。这种额外的静力稳定度降低被认为是由于海水热膨胀系数与压力有关造成的，McDougall（1984）为其创造了一个名称，热压效应（thermobaric effect），也称温压效应，用来指海水的热膨胀系数与压力有关的现象。

热膨胀系数α定义为在压力和盐度不变的情况下密度随温度的变化

$$\alpha = -\frac{1}{\rho}\frac{\partial \rho}{\partial T} \tag{7.1}$$

α是温度的函数，温度越高，热膨胀系数越大。如果考虑二阶近似，由泰勒级数的头两项来近似，有

$$\alpha = \alpha_0\left(1+\frac{p}{\rho_0 g H_\alpha}\right) \tag{7.2}$$

其中，α_0和ρ_0分别为热膨胀系数和密度在海面的值，T为温度，g为重力加速度，H_α是热压的深度尺度，最冷的海水H_α约为900 m。（7.2）式体现了海水状态方程的非线性，α不仅随温度变化，还随压力变化，压力越大，热膨胀系数变得越大。

水体受热膨胀和遇冷收缩都用到热膨胀系数，热膨胀系数大意味着在收缩时收缩量也大。因而，当一个流体微团下沉到更深处时，深处的压力更大，故热膨胀系数增

大，导致水体微团受到额外的压缩，密度进一步增大，导致海水静力稳定度降低，致使对流加深。

热压效应最重要的作用是使对流加深。在由其他机制引发的对流正在发生的海域，浮力频率处于临界状态，海面的高密度水体会下沉，预计到达与其密度相当的深度时对流会停止。可是，到达该深度的流体微团会因为压力增大，热膨胀系数增大，从而密度增大，致使对流没有按预想的那样停止，而是向更大的深度发展，导致对流深度加大。对格陵兰海深对流的研究注意到了热压效应的作用，显然对流深度比预期更大，成为深对流发生的重要原因。

在实际海洋中，热压效应主要发生在两极海域，这是因为中低纬度海洋层化占优势，海水稳定度很高，而浮力频率处于临界状态的海域主要在极区。表7.1给出了拉布拉多海、格陵兰海和地中海的热膨胀系数，可见，在从海面到1000 m的深度上，在地中海，热膨胀系数增加很少，热压效应的作用可以忽略；在拉布拉多海热膨胀系数增大了44%，热压效应不是很明显；而在格陵兰海，热膨胀系数增大了1.3倍，热压效应对流变得不可忽略。

表 7.1 主要海区热膨胀系数随深度的变化

物理参数	单位	拉布拉多海		格陵兰海		地中海	
		表面	1000 m	表面	1000 m	表面	1000 m
热膨胀系数	10^{-4} K^{-1}	0.9	1.2	0.3	0.7	2.0	2.3

关于热压效应对流的重要性存在争议。一些研究认为，热压不稳定的作用似乎被高估了，还有的研究认为忽略热压效应是严重的问题（Paluszkiewicz et al., 1994）。至今人们对热压效应的认识仍显不足。我们需要进一步加强观测和研究，深入认识海洋垂向对流过程。

7.15 生物物理效应

在海洋中，到达海面的太阳辐射能只有不到10%反射回太空，其余均被海水或海水中的物质吸收。海水吸收太阳辐射的主要因素是海水分子，即使是最清洁的海洋也有很强的吸收能力，即使没有任何种类的生物存在，海洋也将吸收进入海水中的全部太阳辐射能，进入海洋的太阳辐射能被自然地分配到各个深度的海水中。在纯海水中，部分波段的可见光可以到达400 m以上的深度。

然而，海洋中总是存在各种物质，其中影响光吸收的物质主要有三类：有色融解有机物、泥沙和浮游植物颗粒。有色融解有机物是各种溶解性物质的总称，由动植物残骸、排泄物、分解的有机成分等组成，成分异常复杂，通常也称为黄色物质。泥沙颗粒是无机物质，不论来源如何，可以统称为岩石碎屑。而大量的颗粒物质是浮游植物，通过光合作用吸收太阳辐射。这些物质对光的吸收直接影响太阳能在海洋中的分布和传输，引起物理场的改变。由于海水中的生物成分对光的吸收而引起的物理场的改变称为生物物理效应（biophysical effect）。生物物理效应包括以下内容：

（1）海水吸收的太阳辐射能主要用于加热海水，是上层海水的主要热量来源，成为海水温度变化的主要因素。海洋生物团存在的水层增加了太阳辐射能的吸收比，导致上层海洋更加温暖。浮游植物生物团的存在温暖了海面，但也截流了本应该到达更深处的太阳能，使次表层变冷。浮游植物在一年中的某些时间大量繁殖，称为旺发。旺发时期浮游植物的光合作用需要吸收大量热量，使海水的热力学结构发生重大改变。一些研究工作定量地研究浮游植物的生物物理效应。在阿拉伯海，生物引起的温度升高达到每月4 ℃。赤道太平洋浮游植物暴发时能够将混合层温度每月增加0.13 ℃，但到达30 m深度的热量减少－5.6 $W \cdot m^{-2}$。数值模式的模拟结果也表明，生物物理效应能够改变全球海表温度的分布。对全球海域更为详细的研究表明，浮游植物的存在导致SST（海表温度）春季增加0.8 ℃，冬季冷却0.3 ℃，次表层冷却0.1~1.1 ℃，表层海洋在4~30 m范围内层化加强了3%。在高纬度海域，可以使夏季表层温度升高0.1~1.5 ℃，使夏季海冰减少6%，冬季海冰增加2%。

（2）由于生物的作用导致入射太阳辐射能的很大部分在表层被吸收，改变了海洋密度场的分布。风对海洋的作用依赖海洋表层的密度，海面密度场的改变影响了海洋对表面风应力的响应，也影响了各层海洋在风力作用下的运动。观测证据表明，赤道海域上层海洋热结构的改变影响了赤道流系的结构。生物物理效应成为影响世界大洋环流的重要因素。因此，比较先进的海洋模式都要考虑生物物理效应。上层海洋吸收更多的热量将加强海洋的层化，提高跃层的强度，抑制湍流运动的强度，减少跃层两侧物质的交换，在更深层次上影响全球的海洋运动。这些问题还没有得到深入研究。

（3）生物物理效应不仅影响上层海洋的物理结构，而且对生物的繁殖造成显著的反馈。海洋温度的增加提高了浮游植物的繁殖率，构成了对生物过程的正反馈。观测表明，这些效应对浮游植物的反馈达到4%~12%。

生物物理效应的研究远不够透彻，主要受制于科学家的知识面，因为对这种效应的研究内容涉及物理学和生物学学科。近年来由于生态模式的发展，对生物物理效应的研究有所增加。

7.16 海底藏冷效应

海水的热容量远高于大气，每立方米水温度降低1 ℃释放的热量是同体积空气温度降低1 ℃所释放热量的3240倍。因此，海洋温度的升高和降低代表其储存的热量发生巨大的改变。如果这些改变的热量是来自大气，或者释放给大气，都会对气候产生强烈的影响。

由于海水含有约3.5%的盐分，所以它的最大密度约出现在−2 ℃左右，恰好与海水开始结冰的温度很接近。两极临近结冰的海水密度最大，源源不断地沉入两极海底。地球自转离心力使较重的海水向赤道方向运动，形成全球赤道海底附近的冷水层。由于太阳辐射不能到达海底，冷水只能靠热传导与外界交换热量。热传导形成的热通量非常微小，导致冷水的温度变化很小，被封存在赤道附近的海底。由于高密度对流持续形成新的冷水，赤道海底冷水区的范围还在不断扩大。

如果海洋的冷水区不断扩大，地球海洋总热量将逐渐降低，导致气候变冷，在中高纬度地区生成冰盖和冰川；随着冰雪面积的不断扩大，冰雪将更多的太阳辐射能反射回太空，海洋和大气接收的太阳能越来越少，海洋和大气越来越冷；气候变冷将有利于使冬季产生更多的冷水进入海洋，使赤道冷水区进一步扩大。这个过程被称为海底藏冷效应。地球上的冰期是漫长的，需要一个长期的“冷”积累过程，海底藏冷效应被认为是导致冰期产生的重要正反馈效应。

7.17 海底锅炉效应

自从地球形成开始，海洋一直处于不断冷却的过程中。即使到了现代，地球洋底早已没有了高温熔岩，但海底一直是热量的释放者，随便在洋底进行观测都可以观测到有海底热流进入海水。因此，海底总是像火炉一样，不停地加热海洋。我们把海底热流对于海洋的加热作用带来的效果称为海底锅炉效应（sea bottom boiler effect）。由于海底热流的热通量不大，对浩瀚的海洋影响很小，几乎可以忽略不计。但在漫长的地质年代的早期，海底热通量存在异常增大的时期，海底锅炉效应对海洋和气候产生强烈的影响。

由于地球内核相对地壳地幔的转动存在差异，核幔之间会不断发生角动量交换（杨学祥和陈殿友，1998），部分旋转动能通过地幔中的对流过程转变为热能累积在核幔边界附近。由于在赤道区的核幔速度差最大，核幔边界附近积累的热能最多。由于地壳的封闭作用，这些热量没有明显的释放，因而不断累积。当太阳辐射达到最大值时，赤道区积累的热能显著增大，在赤道区域由核幔边界升起超级热幔柱，一直抵达海底，并在海底赤道区喷发（图7.9）。

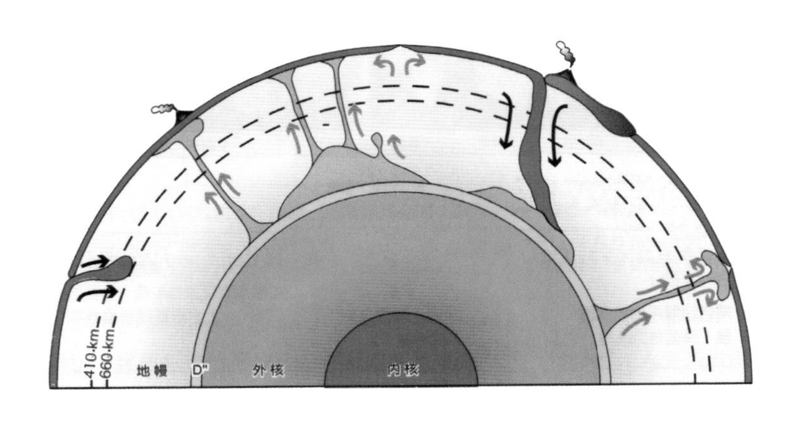

图 7.9 地幔柱引起的海洋锅炉效应示意图（引自汪品先 等，2018）

研究表明，12000万年前翁通爪哇海台的海底热幔柱喷发，喷发过程经历了几百万年时间，其释放的热量可使全球海水温度增高33 ℃。有证据表明，在古新世末不到6000年的时间内大洋底层水增温4 ℃以上。随着热幔柱喷发强度的减弱，近1亿年间海洋底层水冷却了15 ºC，大气冷却了10~15 ºC。

这些来自地球内部的热量加热了底层海水，消除了产生海洋藏冷效应的冷水区，改变了赤道和两极之间的海洋整体热循环。因此，两极的海温和气温逐渐上升到冰点以上，导致气候增暖，陆地冰川逐渐融化，形成全球无冰的温暖气候。我们称这个过程为海洋锅炉效应，表达了典型的地-海-气相互作用过程。

在历史上，海底锅炉效应和海洋藏冷效应是交替出现的。海底锅炉效应导致全球变暖，最终将导致两极冰盖全部融化，海平面大幅上升。而当海底锅炉效应减弱后，地球内能释放中断，导致全球变冷，两极冰盖逐渐生成。

此外，海底火山活动引发的深海热对流也是海洋锅炉效应的重要组成部分，在全球气候变化中的作用不容忽视（杨学祥和陈殿友，1999）。起源于海底火山和热液喷发而导致的海洋整体热循环是全球变暖的重要过程，它导致海洋增温和大量二氧化碳气体由岩石圈和海洋排向大气，使全球变暖。

在有些文献中，有时也将海底锅炉效应称为海洋锅炉效应（oceanic boiler effect），其实，二者不是同一个概念。如果在海洋中部发生增暖，并且增暖的机制与海底热流无关，称为海洋锅炉效应更加合适。最近很多研究指出（Chen and Tung, 2014）,全球变暖产生的很多热量进入海洋，在大西洋1000 m左右的深度储存下来，似乎与全球变暖减缓有关。这些储存的热量并非出于稳定状态，在海洋循环中会释放出来，其影响也可以归属于海洋锅炉效应。

7.18 潮汐调温效应

潮汐是重要的海洋现象。在海洋学中，潮汐被认为是很稳定的现象，因为太阳和月球的位置变动不大，因而很少有人考虑潮汐的长期变化。然而，根据天文参数的变化来计算，潮汐的强度有约1800年周期的变化（Wood, 1986）。

Keeling 和 Whorf（2000）提出，潮汐强度的变化可能是导致气候变化的重要原因。海洋深处储藏了大量冷水（见“海底藏冷效应”），海底冷水层的温度平均为2 ºC。这些冷水保持在下层海洋，对地球表面似乎没有什么影响。但是，当潮汐增强时会将海洋深处的冷水带到海面，增加对大气热量的吸收，使全球气候变冷。而当潮汐减弱时期，深处的海水无法进入海面，地球的温度又会上升。这种现象被称为潮汐的调温效应（temperature adjusting effect of tide）。

潮汐的调温效应得到古气候的数据支持。根据大西洋底沉积层的数据发现，地球的寒冷期和温暖期出现有规律的波动，波动周期大约为1470±500a，与潮汐长期变化的周期非常接近。此外，古气候学研究表明，在距今大约5500万年的古新世/始新世，地球表面有一个极热时期，有大量^{13}C注入海洋和大气（Kennett and Stott, 1991），被认为是产生温室气体和导致温度升高的原因。搞清当时气候变暖与温室气体之间的关系对于今天的全球变暖有很好的启示作用。然而，Sluijs等（2007）利用高分辨率沉积层记录进行研究，发现海洋表面变暖的开始时间比温室气体进入的时间早约3000 a，即地球先发生变暖，然后才发生了温室气体增大。这个结果表明，除了温室气体之外，地球上还有其他因素导致温度升高。潮汐的调温效应很可能与这个现象密切相关。

根据潮汐理论，大约在1425年即小冰期的末期，潮汐达到了最大值，从那以后逐渐减弱（汪品先和翦知湣，1999）。按照这个周期，地球应该在3100年前后地球可能再次进入与1425年相同的小冰期气候。

潮汐的调温效应很容易理解，但非常有趣的是，远离地球的月球竟然可以通过影响潮汐来影响地球上的温度，不免让人遐想万千。

7.19 冰川效应

第四纪大冰期延续至今，多次交替出现冰期和间冰期。一些科学家认为，冰期的出现并长时间存在与冰川效应（glacial effect，也称冰盖效应）有关。冰期起始于地球表面的冷却，一般认为与地球上大规模的火山活动有关，火山的阳伞效应使得地球大气冷却，长时间的火山活动成为开启冰期的钥匙。然而，火山活动并不能持续很久，冰期能够持续10万年的时间尺度显然另有原因。人们对此进行了长期研究，有各种不同的学术观点。其中，冰川效应就是其中之一。

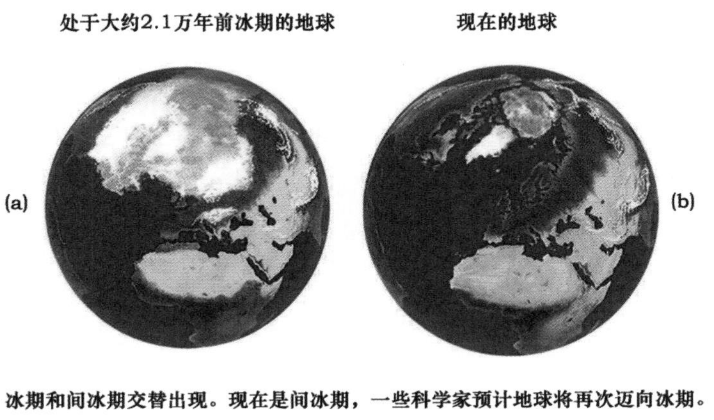

当地球开始冷却以后，南北极的冰川开始向赤道方向扩展，冰川

处于大约2.1万年前冰期的地球　　现在的地球

(a)　　(b)

冰期和间冰期交替出现。现在是间冰期，一些科学家预计地球将再次迈向冰期。

图 7.10 地球上冰盖范围的变化
（a）大约 2.1 万年前的北半球冰盖；（b）现在北半球的冰盖

的增加导致地球表面将更多的太阳辐射能量反射回太空，导致地球实际吸收的热量大幅减少，地球大气温度降低；这个过程进一步加剧了冰川的扩展，形成了正反馈。冰川效应就是指这种与冰期延续过程有关的冰川扩展引起的正反馈效应（图7.10）。

科学研究认为，冰川出现在极地时并没有明显的冰川效应，正如现今的南极冰盖和格陵兰冰盖并未导致气候的持续变冷，可能是因为极区本来就寒冷，冰川效应不明显。冰川效应有一个临界的纬度，当冰川范围超过这个纬度时，冰川效应才变得明显。关于冰川效应的细节还很不清楚，需要深入研究。

7.20 米兰科维奇效应

在地球46亿年的历史中，地球交替发生寒冷时期和温暖时期，其中寒冷时期称为“冰河时期”，也称“大冰期”。至今至少发生过4个大冰期，即：震旦纪大冰期、奥涛纪大冰期、石炭纪—二迭纪大冰期和第四纪大冰期，这4个大冰期持续时间占地球历史的10%，其余都是温暖时期（大间冰期）。第四纪大冰期大约发生于距今300万年前，现今由于地球上仍然有大量冰盖存在，仍然属于第四纪大冰期。在第四纪大冰期的地质年代中，地球多次经历了冰期和间冰期转换。冰期又称为冰川期，其特点是全球气温大幅度降低，在两极地区和中纬度地区形成大范围的冰盖和高山冰川，海洋的水分加入冰川的累积，海平面大幅度下降，气候带向赤道偏移，动植物的分布和演化有很大的不同，海洋和大气环流都发生显著的变化。在两个冰期之间的时期称为间冰期，期间气候温暖，冰盖向高纬度退缩，高山冰川融化，雪线升高，中纬度地区温暖有利于人类和动植物的生存，全球海面大幅度升高。第四纪大冰期有多个冰期和间冰期，已经明确的有4个冰期和3个间冰期，冰期和间冰期的交替周期大约为10万年。科学数据表明，我们可能正在处于新的间冰期。

关于冰期和间冰期的变化有很多理论，大致可归为两类：一类是天文成因说，与这里介绍的米兰科维奇效应有关；另一类是地球物理成因说，认为与火山活动、板块运动和大气光学厚度的变化有关。

米兰科维奇认为，地球在绕太阳公转的过程中，轨道参数会发生变化，影响到达地球的太阳辐射，从而造成全球尺度的冷暖交替变化。影响公转的公转轨道参数主要有三个：地球公转轨道的偏心率、黄赤交角和岁差。其中，地球绕太阳的公转轨道的偏心率在0~0.06变化，变化周期10万年，目前的偏心率约为0.0167，如果达到0.06，地球接收到的太阳辐射比现在会增大3%。黄赤交角是地转轴倾斜的角度，在21.8º~24.4º变化，变化周期约为4万年。岁差是地转轴进动（即地转轴围绕其平均方向旋转），每年大约偏差20 min，一个周期大约2.1万年。这些周期性变化都会影响到达地球的太阳辐射量，在气候观测数据中都可以找到依据，其合成的周期性特征与地球上气候变化的特征吻合很好。这就是米兰科维奇的古气候理论（Nasab, 2017）。

米兰科维奇效应（Milankovitch effect）是指地球轨道参数的缓慢变化所引起的太阳辐射量的变化对气候的影响，指出了地球轨道参数的微小变化可以引起地球上气候的沧桑巨变（图7.11）。到目前为止支持米兰科维奇理论的主要是日益完整的古气候数据，而关于地球轨道参数引起的太阳辐射微小变化如何在地球上引起气候的巨大变化尚缺乏动力学的支持，对米兰科维奇效应发生机制需要进一步研究。

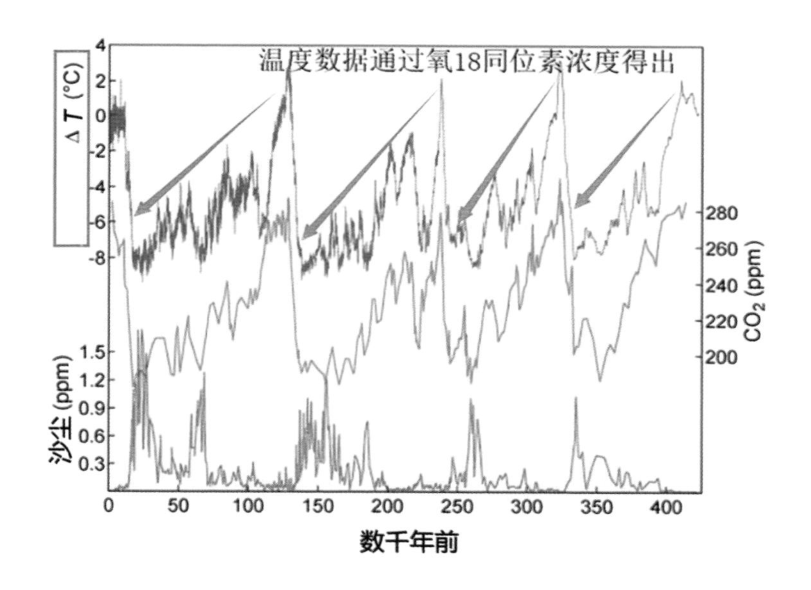

图 7.11 最近 40 万年，氧 18 同位素分布体现的 10 万年尺度变化
（引自 Petit et al., 1999）

第8章 辐射效应

Radiation Effects

到达大气上界的太阳辐射是由天文因素决定的，与地球绕太阳旋转的周期和距离有关，也和太阳辐射强度的变化有关。而到达地表的太阳辐射与到达大气上界的太阳辐射有很大差异，受到大气、云、水汽、地理方位等因素的影响，涉及大气中的物质对太阳短波辐射的反射、散射、吸收过程，这些影响可以用一系列效应来表达。本章介绍了其中的主要效应。此外，太阳爆发的影响也在辐射效应的范畴，其对大气运动和对通信等的影响也包含在本章之中。

辐射效应还包含了地表的长波辐射，以及大气的长波辐射。大气中的各种物质对长波辐射的响应是不同的，有的倾向于反射，有的倾向于吸收，大气物质对长波辐射的吸收会再次发射，形成辐射传递和回辐射，这些都属于辐射效应的内涵。

8.1 大气效应

大气效应（atmospheric effects）是科学界歧义最严重的效应。由于地球上存在大气，大气对地球上的动力和热力运动都有影响。如果将各种影响统称为大气效应，大气效应必定是内容相当宽泛的。现在，只要提及大气效应，如果没有上下文，人们难以理解大气效应究竟代表了什么，不同的人理解可能都不一样，比如，有人将大气的温室效应称为大气效应，也有人将热岛效应称为大气效应。关于大气效应的不同理解并非是错误，而是基于不同研究者从不同角度的理解，科学界对大气效应的内涵尚未达成共识。

综合各方面的认识，本书将大气效应限定在大气对太阳短波辐射的影响。如果地球上没有大气，到达地面的太阳辐射与现状下到达大气上界的太阳辐射没有明显区别。而由于地球上存在大气，大气中的物质对太阳辐射会产生很多影响。大气效应是大气对太阳短波辐射产生的影响或引发的现象。即使做出这种只针对短波辐射的限定，大气效应的内涵也是异常宽泛的，因为大气中有很多种物质。这里的大气效应主要是指大气中的气态物质对太阳辐射衰减的影响，也就是纯净大气对太阳短波辐射产生的衰减。这个定义明确表达了：第一，只包含气态物质，不包含液态和固态物质的作用，大气中其他物质的效应由其他效应来描述。第二，不包括大气对长波辐射的影响，这些影响在大气的保温效应、温室效应等效应来表达。有人也许不同意这种定义，但没有关系，随着科学的发展，人们对大气效应的认识会逐渐达成共识。

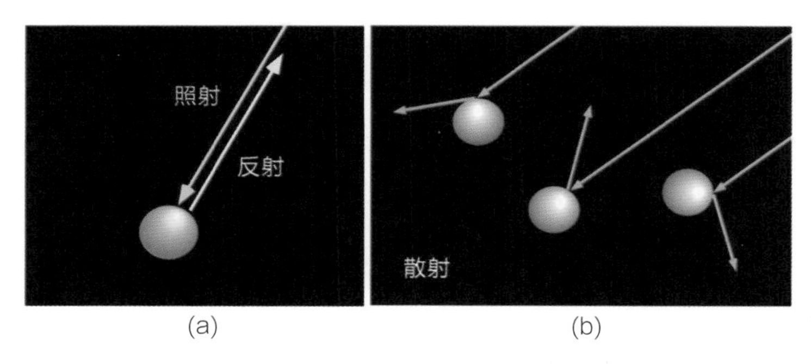

图 8.1 气体分子的反射（a）和散射（b）(引自 Pidwirny，2006)

在讨论大气效应之前，首先要明确大气对太阳短波辐射的反射，反射的短波辐射返回太空，不参与大气效应。大气中的气体和各种物质对短波辐射都有一定的反射能力（图8.1a），主要是由云中的液体颗粒和冰核引起的，云的反射率高达40%~90%。大气对各个谱段的太阳辐射反射率不同，反射率也随太阳高度变化。由于大气反射的光谱差异，反射光与入射光的光谱结构有很大的不同。

进入大气的太阳短波辐射在大气中的衰减主要由两种因素引起：散射和吸收。太阳辐射在大气中传播过程中，受到气体分子的作用，一部分太阳辐射能被随机地弥散到其他方向，这个过程称为散射（scattering）。散射减少了到达地球表面的太阳辐射能，相当一部分散射的太阳辐射能返回太空（图8.1b）。散射的量与入射辐射的波长和散射颗粒的大小两个因素有关。波长较短的光更容易被大气分子散射，因而天空看起来是蓝色的；如果没有散射，天空看起来应该是黑色的。而吸收是指大气把光能转换为热能的过程。大气中的气体有能力吸收一部分入射的短波辐射，导致太阳辐射的衰减。分子或颗粒吸收热能后将向各个方向发射长波辐射，其中相当一部分返回太空。

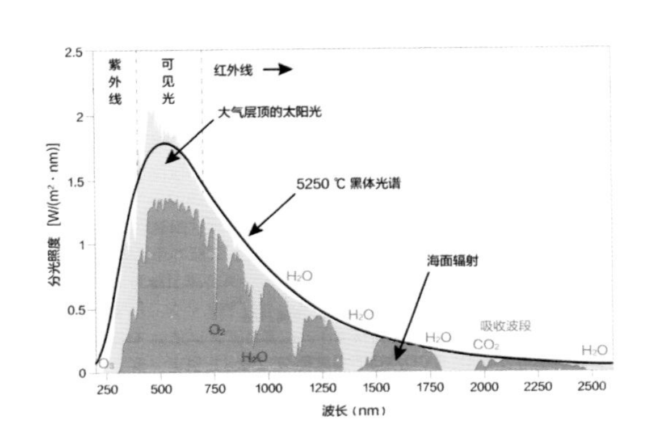

图 8.2 太阳辐射光谱（引自汪品先 等，2018）

大气效应是指到达大气上界的太阳辐射在穿越大气之后，经过大气的吸收和散射，到达地面时在辐射强度和辐射光谱两方面都有了明显改变。图8.2给出了到达大气上界的光谱和到达地面的光谱，从中可以看到大气效应的明显作用。两条曲线之间的面积是被大气所削弱的太阳辐射能量，使太阳辐射总能量有明显减弱，约占总辐射量的18%~20%。

大气对太阳短波辐射的衰减作用是使太阳辐射在各个谱段被选择地衰减。由于大气中的散射过程非常复杂，人们知道得并不充分，就将大气衰减作用都认为是吸收，以解释到达地表太阳辐射的光谱差异。大气中吸收太阳辐射的气态物质主要有：水汽、臭氧、氧、二氧化碳等。在平流层以上主要是氧和臭氧对紫外辐射的吸收，在平流层以下，主要是水汽对红外辐射的吸收。大气中不同物质的吸收谱段很不相同，构成一个个的吸收带，使到达地表的太阳辐射面目全非。其中，最主要的吸收带有：

● 水汽吸收带

大气中水汽吸收带都集中在红外谱段，表8.1是水汽的6个主要吸收带。其中，α和β两个带的带宽窄，吸收能力比较弱。另外4个带对太阳辐射的吸收强得多。吸收相对值的大小取决于大气中的水汽含量，当水汽含量较大时，对太阳辐射的吸收是相当可观。不过，水汽的吸收带都在红外谱段，有的已经远离了短波范畴。相关细节见“水汽效应”。

除了气态的水汽之外，大气中还含有部分液态水，大都存在于云雾之中。液态水的吸收带对应于水汽吸收带向长波方向偏移。液态水的吸收系数比水汽大成百上千倍，但是空气中的水大部分是气态而不是液态，故液态水对太阳辐射吸收的作用不大。

表 8.1 水汽的主要吸收带

带名	光谱范围（μm）	吸收能力	吸收相对值	
			1g	8g
α	0.70~0.74	弱	3.1	17.4
β	0.79~0.84	弱	3.9	18.7
$\rho\sigma\tau$	0.86~0.99	较强	13.2	37.0
$\varphi\Phi$	1.03~1.23	较强	14.0	34.6
$\Psi\Psi$	1.24~1.53	强	42.5	60.0
$\Omega\Omega$	1.53~2.19	强	31.6	42.0

● **臭氧吸收带**

臭氧在紫外区与可见光区都有吸收带。图8.2中给出了臭氧的三个主要吸收带。其最强的吸收带是紫外吸收带，称为哈得来（Hartley）带，波长为0.2~0.32 μm，它几乎全部吸收了这个波长范围的太阳辐射。另一个紫外吸收带为哈金斯（Huggins）带，位于0.32~0.36 μm。臭氧的这两个紫外辐射带吸收了绝大部分太阳辐射的紫外线，使它们不能到达地面，保护了地面上生物免受过量紫外线的伤害，是臭氧的重要功能之一。当地球臭氧层被破坏时，将出现臭氧洞，大量紫外线会到达地表，危害生物的生存。

臭氧在可见光区有一个吸收带，称为夏比尤（Chappuie）带，位于0.44~0.75 μm，这个带的吸收能力较弱，但由于它位于太阳辐射最强的谱段内，它吸收的太阳辐射总量还是很可观的。

● **氧吸收带**

氧气是大气的重要组成部分，也是吸收太阳辐射的主体之一。氧在近红外和可见光区有两个吸收带，其中，A带位于0.76 μm附近，B带位于0.69 μm 附近，它们对太阳辐射的吸收作用不太大。

氧在太阳辐射的远紫外区有两个吸收带，一个位于0.175~0.2026 μm，称为苏曼卢根（Шуман-Рунг）带；另一个位于0.242~0.26 μm，称为赫尔兹贝尔格（Херцберг）带，这两个吸收带吸收作用较强，其作用是非常大的，氧气在吸收小于0.2420 μm的辐射时发生光化反应产生臭氧，对大气臭氧层的形成和保持有着重大的意义。

● 二氧化碳吸收带

二氧化碳在远红外和远紫外谱段有若干吸收带，但由于这些谱段太阳辐射能量都很小，所以二氧化碳的吸收作用实际上可以忽略。二氧化碳的主要作用是对长波辐射的吸收，详见“大气温室效应”。

正如前面所说，大气气体分子对太阳的短波辐射吸收很少，上面列举的主要吸收带也都是在紫外和红外谱段的系数。但是，这并不是说大气效应不重要。正是大气效应，使我们能够看到头顶天空千变万化的颜色，能够知道到达地面的太阳辐射光谱发生了哪些异变。也正是因为大气效应，卫星遥感的传感器需要避开各种吸收带，才能收到来自地面的信息，也因此导致有些颜色的植物或地表无法从空中遥感到。大气效应削弱了太阳辐射中对人类有害的紫外光，保护了地球上生命和人类的繁衍。

8.2 陆地效应

地球表面效应（earth surface effect）是陆地效应（land effect）与海洋效应的统称，是指与大气相接触的地球表面物质对太阳辐射能量的反射和吸收的差别。一般来讲，水的热容量比较大，具有较强的积蓄热能的能力；而陆地对能量的吸收就少得多。即使到达的太阳辐射相同，地球表面物质差异也会导致热量吸收的差异，由此产生地表温度分布的不均匀。地表温度的不均匀分布又会影响近地面大气的温度，从而影响风场的变化。

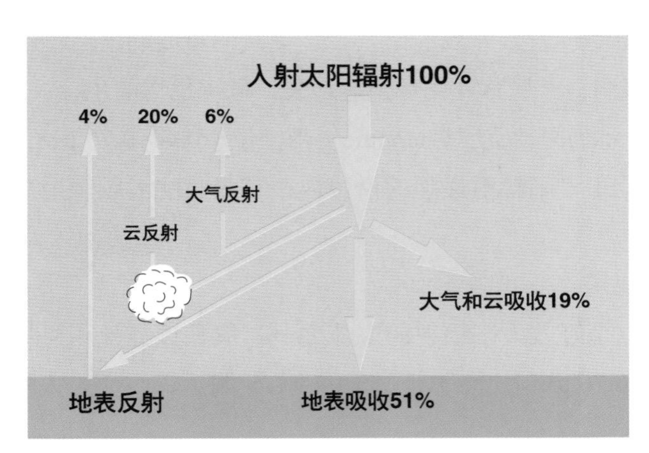

图 8.3 太阳辐射能的分配

太阳辐射能的很大一部分被反射回太空，陆地的反射率往往在8%~40%，比一般静水的反射率

（5%~9%）大许多倍，这一现象称为陆地效应。表8.2中列出了一些典型陆地地表的反射率。雪地和沙漠的反射率最大，而有绿色植被的地表反射率较小。

表面的反射率通常用表面反照率（surface albedo）来描述。地球表面和大气的平均反照率大约30%。全年看，只有51%的到达地表的太阳辐射能可以做功，加热地表和低层大气、融化海冰和蒸发海水以及光合作用。其余的4%由地表反射回太空，26%由云和大气颗粒散射或反射回太空，19%由大气中的气体、颗粒物和云吸收（图8.3）。

表 8.2 一些典型地表的反射率

表面	反射率（%）
新鲜雪	可达 95
融化雪	约 40
沙漠沙	约 35
干沙	35~45
针叶林	10~20
阔叶林	5~10
绿色草原	10~25
干燥可耕地	12~20
湿土壤	约 10
城市及岩石	12~18

陆地表面以下固体物质的热量传输几乎完全是通过热传导进行的。热传导的传热速度很慢，影响深度很小。土壤温度的日变化，湿土可以波及到地表以下0.5 m，干土只有0.2 m。由于这种不良传导，土壤表面吸收的热量不能很快向下传输，只能与大气进行交换，导致白天增热很快，夜间又很快降温，这种特性构成了大陆性气候的渊源。

陆地效应的大尺度特征体现了气温的特殊分布。北半球陆地面积比南半球大得多，更多地受到陆地效应的影响。北半球夏季热于南半球夏季，冬季冷于南半球冬季。另外，陆地效应又是沿海地区小尺度风场的生成因素，如海陆风，海岛效应等。

8.3 海洋效应

海面的反射与陆地差别很大，当入射光与海平面夹角大于60°时，反射率只有2%，这说明，90%以上的入射热量被海水吸收，这一特点称为海洋效应（ocean effect）。

海水得以吸收大量热量有三个原因：一是因为水是可以透射太阳辐射的物质。岩石或土壤只能靠热传导将热量传入表面以下，而水的透射特性使辐

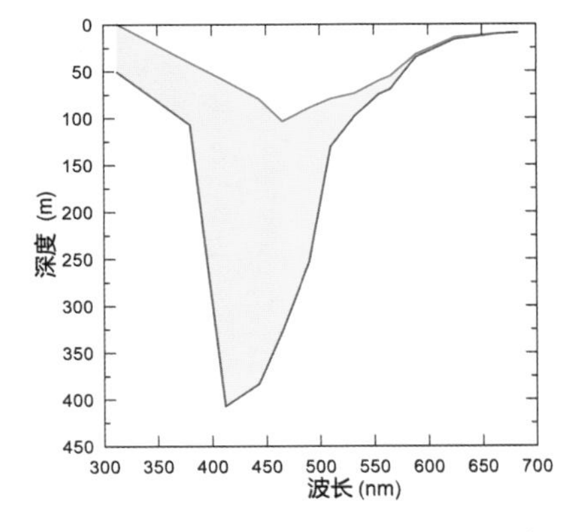

图 8.4 海洋中太阳辐射衰减到 1% 的深度
红线为真实海水，蓝线为纯水

射热能会传到较深的深度。在一般海水中，35%的入射辐射可达1米深度，10%可达10 m深度，还有很小的部分可以达到80 m的深度（图8.4）。另一个更重要的原因是海水的流动性，在海洋中，垂直对流混合，风浪造成的湍流混合，海流造成的水团混合，近海潮汐的下层混合等都能使表面海水吸收的热量向下传递，一般情况下，都可以传递到10 m以上，有些海域可达40 m，或更深的深度。另外，海水的热容量比岩石和土壤大五倍，加之垂直混合使更大体积的海水参加热交换，全球海水可以吸收巨大的热量，成为地球上的热能储藏库。当水体变冷时就会释放出大量热量，一米厚的海水降温0.1 ºC所释放的热量就足以使30 m厚的空气层温度升高10 ºC。

海洋效应造成了沿海地区的海洋性气候，夏季海水大量吸热，缓解炎热的天气，冬季又大量放热，使天气比同纬度的内陆温暖得多。

8.4 地理效应

地理效应（geographical effect）指太阳辐射随地理特征的差异，包含纬度效应、高度效应和方位效应。

（1）纬度效应

地理纬度的不同，地表所获得的太阳辐射量有很大差异，这一现象称为纬度效应（latitude effect）。造成纬度效应的主要原因是太阳高度的影响。设太阳高度角为h_0，投射到地表的太阳辐射强度S要比太阳垂直照射的S_0弱，这一关系由朗伯定律确定：

$$S = S_0 \sin(h_0) \qquad (8.1)$$

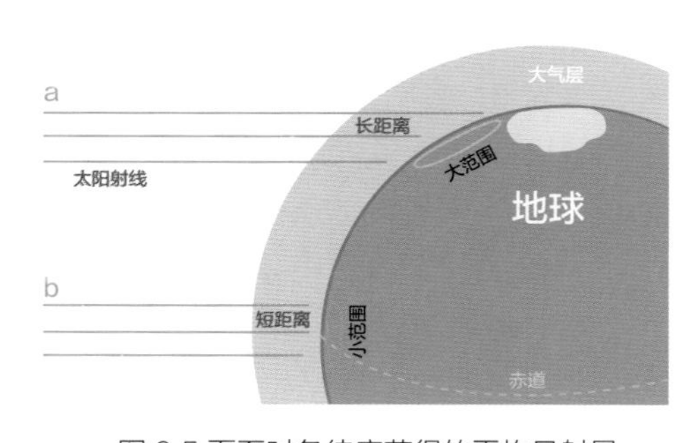

图 8.5 夏至时各纬度获得的平均日射量

太阳高度角越大，照射在单位面积地表上的太阳辐射能量越多（图8.5）。另外，太阳高度角越大，光线穿过的大气厚度越小，太阳辐射被削弱得也越少，因而到达地表的太阳辐射量也就越大。地球的形状决定在同一条件下不同纬度具有不同的太阳高度，因此，各地区获得的太阳辐射量相差很大。

纬度效应还包括各纬度地区日射时间不同所造成的影响。在北极圈内，冬至时太阳光线不能射达，日照时数为零，无法获得太阳辐射能。而在夏至时，北极处于极昼，日照时间为24 h，射达北极上空的太阳辐射日平均值全球最高。

（2）高度效应

高度效应（altitude effect）是指地表高度的不同对接受太阳辐射量产生的影响。平均而论，在中纬度对流层下部，高度每升高1000 m，太阳辐射就会增加5%~15%，所以晴空时，高海拔地区得到的太阳辐射远多于近海平面的地方。例如，夏季无云天气阿尔卑斯山3000 m高度地方获得的太阳辐射比海拔200 m处多5.86 $MJ \cdot m^{-2} \cdot d^{-1}$。我国西藏自治区的拉萨市，海拔3600余米，是举世闻名的太阳城，在那里明显感到太阳辐射强度的加大。形成高度效应的原因是，在海拔高的地方，其上方的大气质量大大减少，太阳辐射受到大气效应的影响较小。但是，高海拔地区的较强太阳辐射并不意味着在这些地区气温会较高，由于空气密度小，大气保温作用差，地表的回辐射绝大部分流失，这些高海拔地区往往是寒冷的。

（3）方位效应

方位效应（azimuthal effect，direction effect，orientation effect）亦称为投影效应（projection effect），是指地表方位的不同对接受太阳辐射量产生的影响。太阳辐射强度与太阳光线的投射面积有密切关系。可以想像，如果地表呈山坡状，则山坡的方位不同，得到的太阳辐射强度也会很不相同。坡面上的辐射强度I_s为

$$I_s = I_0 \cos\alpha \tag{8.2}$$

I_0为入射太阳光的辐射强度，α为太阳光线与坡面法线的夹角。从这一关系来看，向阳山坡所得到的太阳辐射往往比平坦地面为大。反之，不朝阳的山坡日射量或者明显减少，或者太阳照射不到。所以，在世界上的山地地区，耕地和村庄大都集中在向阳一侧。由于太阳辐射的不同，在白天，山的向阳坡和背阳坡的温度可以相差几度，但在夜间，二者的差别会大大减小。

图 8.6 方位效应

太阳能发电要利用方位效应，将定角度光伏电池板的朝向与太阳辐射最强的方向选为一致，可以提高太阳发电的效率（图8.6）。高级的发电系统甚至可以动态地调整光伏电池板的方位角和俯仰角，使入射光的方向与太阳能板的法向一致，获取最高的发电效率。

8.5 衰减效应

当没有大气时，投影效应决定了每一时刻到达地表的辐射强度。在拥有大气层的地球上，与投影效应同时发生的还有大气的光学衰减效应（attenuation effect）。

太阳光穿过大气会引起衰减，这种衰减由比尔-兰伯特（Beer-Lambert）定律来描述，即：到达海面的辐射随光学厚度（optical depth）呈指数衰减。光学厚度与光穿过的路径长度有关，由路径中的吸收和散射来决定。当地面的海拔很高时，太阳光穿过的大气路径会缩短，光学厚度减少，到达地表的辐射会增大。当太阳高度角很低时，太阳光需要穿过更多的大气，光学厚度增加，因而到达地表的辐射会更少，这就是大气的衰减效应。

由于透射率随光学厚度增加呈指数衰减，当太阳接近地平线时，也就是早上和傍晚的一段时间，大气的衰减作用对到达太阳辐射起到支配作用。也就是说，这时大气的光学厚度接近最大，大气吸收得越多，到达地面的太阳辐射就越少。由于大气的衰减效应，在早上和傍晚到达地面的太阳辐射比由投影效应确定的到达辐射更少，这也是有些地区早晚比较凉爽的原因。

因此，可以这样理解，如果没有大气的吸收，到达地面的辐射强度完全由投影效应决定；而在大气的吸收不可忽视时，衰减效应更为重要。

8.6 晴空效应

晴天是指可以看到日光直接照射的天气，晴天可以有少量的云，一般不超过10%。晴天中不仅有直接的太阳辐射，而且有很强的大气分子散射辐射，因此晴天总是出现湛蓝的天空。

晴空效应（clear sky effect）也称晴天效应（fine-weather effect），主要指大气中相对于阴天而言产生的特殊现象。晴空效应分为白昼和夜晚两种情形。

在白昼，晴空条件下由于没有云层的遮掩，到达地表的太阳短波辐射最强。强烈的太阳辐射照射在城市的建筑物上，由于沙石和混凝土的比热容较小，建筑物的温度迅速升高，使城市的热岛效应增强。在夏季，白昼到达的太阳辐射本身就很强，因而晴空效应在白天就是指气温的升高。

在冬季，太阳辐射提供的能量低于地表长波辐射的能量，由于大气中没有云雾，对来自地表的长波辐射吸收较少，有效回辐射减弱，对地表的保温效应减弱，导致地表的热量大量散失，因而冬季经常出现晴冷天气。而在夏季晴空条件下太阳暴晒输入的能量远大于长波辐射的能量损失，气温很高。

晴空保温能力下降还体现在夜晚。在多云的天气，地面长波辐射损失的热量会由返回的长波辐射进行一定程度的补偿，而晴空条件下，地面辐射的能量返回的很少，出现辐射冷却现象。因此，冬季晴天的夜晚总是非常冷，夏季晴空的夜晚也容易变得凉爽。在秋季无云的晚上，陆地上将更容易发生辐射冷却而产生霜冻。

8.7 云效应

与晴空效应相对应的是云效应（effect of clouds），也称云层效应，主要是云的存在相对于无云情形产生的影响。云层引发了大气中的多种效应，是一个涵盖范围很广的效应。云的存在影响了整个大气的辐射传输过程，对大气的能量输运和分配起到重要的作用。

（1）云的反射作用

太阳辐射在大气中的衰减大约19%，包括云和其他的气体、液体和固态物质的吸收与散射。而云层的反射特性十分明显。表8.3列出了几种典型云的平均反射特性。大而厚的积雨云可以反射90%以上的太阳辐射能，在这种天气中，再计入云层自身的吸收，能够抵达地面的太阳辐射能就所剩无几了。因此，热带地区雨季时节，云效应有效地阻止了烈日的照射，减轻了暑热，成为热带气候的一个重要因素。即使云层不厚，只要面积足够大，也会对抵达地面的辐射量产生很大影响。我们平时在阴天感觉到的清凉主要是云的反射作用引起的。

表 8.3 云层平均反射率

云种	云况	反射率（%）
积雨云	大而厚	92
卷层云	厚低云	74
层 云	厚	64
层 云	薄	42
卷 云	薄	36
积 云	晴空云	29

（2）云对大气散射辐射的影响

大气对太阳辐射产生散射，在无云晴空，散射辐射约占太阳辐射总量的7%左右，云对散射辐射也有明显影响，主要由云状和云量决定。一般来讲，云层增大散射辐射的强度。这一比例随着云量的增加而加大。被阳光照射的高积云和积云，可使散射辐射强度增大8~10倍。云的散射作用还受太阳高度的影响，在天空中有大量明亮的云而太阳高度角又很小时，往往形成很强的散射辐射。但是，在满天乌云或降雨天气时，散射辐射强度又较晴空为小。

（3）云对长波辐射的影响

在有云覆盖的情况下，云层的存在对下垫面的长波辐射有很大的影响。太阳辐射能到达下垫面后有很大的比例被吸收。海面和地面吸收太阳辐射能后以长波辐射的形式向外发射长波辐射。大气对地表发射的长波辐射基本是不透明的，因此，大气对地表有明显的保温效应（见“大气温室效应”）。然而，大气温室效应包含了云的贡献，云中的水汽拦截了很大部分的地表长波辐射。没有云的大气有一个8.4~12 μm波长的窗口，对这个波长范围内的长波辐射基本上是透明的，这个范围的辐射包含海表和陆地温度的辐射峰在内。在晴空条件下，海表和地表辐射的一部分穿越这个波段的窗口进入太空，造成地表的热损失，即所谓辐射冷却。

而云对于这个范围的长波辐射基本是不透明的，当天空完全被云覆盖时，地表发射的长波辐射被有效地阻挡，其能量被云吸收。云吸收了海面的能量后也发射长波辐射，一部分从云层顶部穿越“波长窗口”进入太空，另一部分将向下辐射，形成有效回辐射，相当于海面和地面只损失了很少的太阳辐射能，对海洋起到保温作用（图8.7）。

图 8.7 云效应示意图

不同种类的云对长波辐射的作用很不一样，取决于云层中的水汽含量。因此，需要对不同种类云的云层效应有深入的研究。云对太阳辐射的合成效应也称为云的遮蔽效应（screening effect）。

8.8 云辐射效应

上节云效应的内涵中只包含了云对短波辐射和地面长波辐射的影响。事实上，云本身也是辐射体，也会发射长波辐射，因此，本节将云自身辐射的效应剥离出来，主要介绍云辐射有关的效应，称为云辐射效应。从科技文献中可以看到，有三种不同的与云辐射效应有关的名词：云辐射效应（cloud radiation effect），云的辐射效应（radiation effects of cloud），以及云-辐射效应（cloud-radiation effect），其内涵有很大的不同。

（1）云辐射效应

云的存在对短波辐射和长波辐射都有影响，通常用云的辐射强迫（cloud radiation forcing）来表达。长波辐射强迫R_{lw}定义为有云天气表面净长波辐射通量与晴空时表面净长波辐射通量的差值，即（Ramanathan et al.，1989）

$$R_{lw} = F_{lw}(c) - F_{lw}(0) \tag{8.3}$$

其中，F_{lw}为长波辐射通量，c为云量，在0与1之间变化。同理，云短波辐射强迫R_{sw}的计算公式是：

$$R_{sw} = F_{sw}(c) - F_{sw}(0) \tag{8.4}$$

这里，F_{sw}为短波辐射通量。

云的辐射强迫定义为大气的净辐射通量与假定没有云时的净辐射通量之差，为云长波辐射强迫和云短波辐射强迫之和。该定义既适用于地面和大气层顶，也适用于太阳短波辐射和长波辐射。通常利用云辐射强迫来衡量云对海洋和大气的反馈作用，这种反馈作用称为云辐射效应。一般来说，R_w总为正值，体现了云的保温作用，其值越大，云的保温作用越强。而R_{sw}一般为负值，体现了云削弱了太阳短波辐射，呈现冷却作用，其值越大，云的冷却作用越强。净云辐射强迫为正值时，反映了云的加热效应；净云辐射强迫为负值时，体现了云的冷却效应（Lohmann，2006）。

（2）云的辐射效应

云的辐射效应是指云的存在影响了太阳短波辐射和地面长波辐射，从而影响了大气对辐射能量的吸收，进而对气温产生的影响。云的辐射效应等同于上节的“云效应”。

（3）云-辐射效应

由于云不能发射短波辐射，在讨论云对短波辐射的影响时要用“云-辐射效应”一词比较准确。实际情况表明，云的作用不仅是对短波辐射的削弱，以及对短波散射的增强，还体现了云的内部结构与太阳短波辐射的相互作用。因此，云-辐射效应的内涵更为丰富。

这里，我们再厘清云的这三种辐射效应：讨论云对所有谱段的辐射、散射和吸收的影响称为云效应，或云的辐射效应；云对气温的影响称为云辐射效应；单纯研究云对短波辐射的影响用云-辐射效应。这三种效应在已有的研究文献中都曾广泛使用，但是存在很多不同的内涵交混使用的现象，并没有清晰的界限。这些混用现象是在科学研究认识过程不同阶段的用法和各种说法，没有对错之分。这里将其分别介绍，目的是从物理上认识云辐射作用的差异。在此并不期待所有的人都同意这里的区分，而是希望唤起大家对云辐射重要性、复杂性和差别性的认识。

8.9 气溶胶效应

大气中存在一种特殊物质——气溶胶。气溶胶是悬浮在空气中的微小颗粒，主要成分是硫酸盐、硝酸盐、含碳颗粒、海盐和矿物尘埃。通常，大气气溶胶定义为那些悬浮在大气中直径为10^{-3}~10 μm的微粒。气溶胶种类较多，自然源气溶胶主要有沙尘、海盐粒子、海洋硫酸盐化合物、火山喷发产生的气溶胶等；人为源气溶胶主要包括化石燃料燃烧产生的硫酸盐化合物、烟尘、沙漠化形成的尘埃、生物体燃烧产生的烟雾等（Rosenfeld，2006）。

与温室气体一样，大气气溶胶也是影响地气系统辐射平衡的一个重要辐射强迫因子。气溶胶效应（aerosol effect）主要指大气气溶胶对辐射的影响和对气候的影响。气溶胶效应可以分为直接效应和间接效应（Nabat et al., 2014）。气溶胶粒子反射、吸收和散射太阳辐射，直接改变地-气系统的能量收支，影响气候变化，被称为直接气溶胶效应。下面的阳伞效应、冷却效应和沙尘效应都属于直接气溶胶效应。这里主要讨论间接气溶胶效应。

气溶胶粒子还可以作为云的凝结核，改变云的光学特性和生命期，而间接地影响气候。间接气溶胶效应可分为两种：

（1）图梅效应

气溶胶造成云的反照率增加称为图梅效应（Twomey effect），也称第一间接效应（first indirect effect）。大气中微小的颗粒在云中很容易形成气溶胶。气溶胶颗粒小，浓度高，表面光滑，形成良好的反射表面。太阳辐射在气溶胶表面大量反射或散射，导致云反照率显著增大。因此，有人将这种效应称之为"云的反照率效应（albedo effect of cloud）"。

（2）阿尔布雷希特效应

气溶胶导致的降水量下降、生命期延长被称为阿尔布雷希特效应（Albrecht effect），也称第二间接效应（second indirect effect）。气溶胶颗粒作为凝结核，形成的雨滴颗粒较小，需要更多的时间累积去合并成雨滴，导致降水有效性降低。这个效应导致云的生命期延长，使得云层的遮掩作用延长，导致到达地球表面的太阳辐射总量减少（Albrecht，1989）。该效应也被称为"云的生命期效应（life-cycle effects of cloud）"。

（3）半直接气溶胶效应

有些气溶胶（例如碳黑）对太阳辐射有较强的吸收作用，这些气溶胶显著提高了云的吸收能力，导致云的温度升高。温度升高的效应导致云的一部分挥发或蒸发，引起云的浓度降低，导致更多的太阳辐射穿过云层到达地表，直接影响了大气中的能量平衡（段婧和毛节泰，2008）。由于这种效应与直接效应有异曲同工之妙，被称为半直接气溶胶效应（semidirect aerosol effect）。

8.10 阳伞效应

图 8.8 阳伞效应（引自 Fox et al.2007）
①火山喷发 ②气溶胶形成 ③扩散 ④气候响应

火山喷发造成大量火山灰和含硫气体进入大气层，较大规模的喷发或高度较高的火山喷发可将这些物质带入平流层。火山灰可在平流层存在3个月左右，含硫气体吸收水分形成气溶胶可在平流层保持3年以上。火山灰遮蔽日光，削弱到达对流层的太阳能；气溶胶表面光滑，强烈反射阳光，对太阳能的削弱作用更强烈、更持久。我们将火山物质遮蔽太阳辐射，导致地面变冷的效应称为阳伞效应（umbrella effect），很像在夏季撑起一把阳伞能够减少太阳辐射，带来些许阴凉的效果（图8.8）。

阳伞效应有时是非常强劲的。1815年4月5日，位于印度尼西亚松巴哇岛的坦博拉火山爆发，一直延续到7月。弥漫的火山灰和火山气体以160 km的时速扩展，很快形成环绕地球的"阳伞"。火山喷发对气候产生了严重影响，引起全球变冷，引发了欧洲长时间的降雨，直接导致拿破仑滑铁卢战役的失败。火山的影响持续到第二年，北半球平均气温下降了0.4~0.7 ℃。干旱、雨雪、低温等极端天气频仍，英国6月降雪，德国8月进入冬季，美国5月发生霜冻而绝收，印度粮食大幅减产。火山的影响导致约7万人死亡，成为有文字记载以来最惨重的火山灾难。最近没有这样重大的火山喷发，但火山的阳伞效应依然强劲。例如，1991年菲律宾皮奈图博火山大爆发，就曾使20世纪80、90年代强劲的全球变暖趋势得到暂时的遏制。因此，火山喷发时间虽短，却可以产生几个月至几年的影响，改变气候状况。研究这种影响的学科为火山气候学。

大约7亿1700万年前，整个地球处于冰冻状态，地球变成了"雪球"。研究表明，高纬度地区（阿拉斯加至格陵兰沿线）密集的火山活动可能是雪球的成因。火山短时间喷发主要导致气候的突变，而长时间喷发就会产生累积效应，使地球越来越冷。阳伞效应导致的降温会使冰冻圈向赤道延伸，雪球表面的高反照率会加剧阳伞效应的冷却效果，导致地球进一步降温。当到达地球表面的太阳辐射能越来越少，以致无法维系温暖的大气时，冷却过程导致液体发生冻结，地球变成了雪球。这种不断冷却的过程被称为雪球效应（snowball effect）。

近年来的研究表明，对气候的影响已不是火山的唯一效应，而是产生更深层次的影响。火山对全球大气环流的强度变化、海洋大型洋流强度变化、全球海洋表面水温变化、高山雪线的高度、冻土线位置、冰川消融速率等均有程度不同的影响，甚至对厄尔尼诺现象的变化起重要作用。因此，阳伞效应已大大突破了地理学和气候学范畴，成为全球变化的重要因子。

但是，由于火山观测的困难，人们对火山了解还很肤浅，尤其是对于火山喷发物质种类和数量的测算误差相当大，难以用来进行定量研究。另一方面，火山物质只有进入平流层才能产生气候尺度的影响，而对进入平流层的物质数量更难估计。这个量与火山口所在纬度、高度、喷发强度、喷发类型都有关系，这些关系都不太明确。自1989年以来，已经有了一种新的手段来观测火山效应，即用气象卫星数据计算的大气光学厚度。这一数据可望对火山的全球效应研究产生重要的作用，但因该数据时间序列短，火山作用与其它作用不易区分，尚未能对阳伞效应给出定量的认识。

8.11 遮蔽效应

遮蔽效应（screening effect）泛指各种因素对运动和环境的影响，对海洋和大气而言，遮蔽效应是指被遮掩的区域中发生的现象。遮蔽效应包括对风、气温、湿度、降雨、海流的影响，也包括对声、光、电等物理过程的影响。

遮蔽效应的名称易于理解，也易于误解。一般而言，在中文中，对流和风的影响称为阻挡或阻隔（见阻隔效应），对声、光、电的影响称为遮掩或掩蔽（见掩蔽效应），对辐射和温度的影响称为遮蔽。其实，在实际使用中并不是界定得非常清楚，时常有混用的情形。在英语中，各种表达方式的意思也很含糊，几乎无法清楚地界定。因此，本书虽然试图尽可能清楚地界定各种遮蔽类的效应，但是，读者也不必认为这些界定非此即彼，要在涉及具体内涵时有清楚的理解。

主要的遮蔽效应有：

（1）地球大气层的遮蔽效应

地外空间存在大量的辐射，有来自太阳的高能粒子，也有来自宇宙的射线。这些高能粒子有很强的能量，可以穿透生物，对生物结构造成重大破坏，也对人类的生存构成严重威胁。而大气层对这些地外辐射有很强的遮蔽作用，保护了地球的安全。

宇宙射线是全谱段电磁波，从中长尺度的电磁波到最短的γ射线。大气层对各个谱段宇宙射线的遮蔽能力是不一样的。对波长很短的电磁波遮蔽作用较强，而且受到磁暴的影响。对中波段紫外线可以遮蔽一部分，短波段的紫外线几乎全部被大气层吸收。波长更短的x射线和γ射线完全被挡在大气层之外。由于波长越短的电磁波破坏力越大，而大气层对波长越短的电磁波遮蔽越强，很好地保护了地球上生命的安全。因此，地球上的大气层不仅是提供了可供植物和动物呼吸的氧气，而且提供了很好的遮蔽效应。

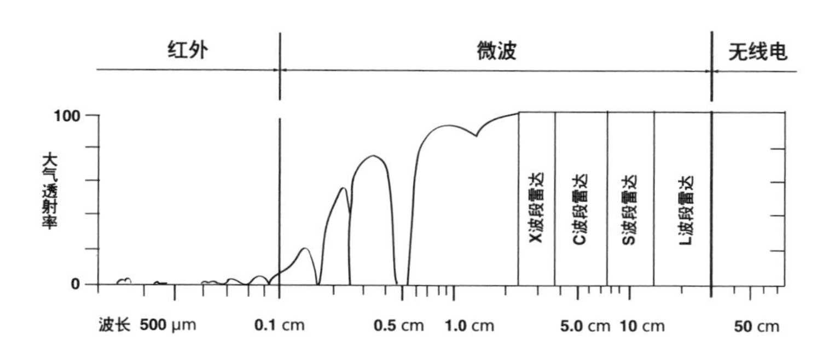

图 8.9 大气对电磁波的遮蔽效应

设想，如果大气能够遮蔽所有的电磁波，地球人走出地球就会非常困难，如何与宇宙飞船建立联系呢？非常幸运的是，大气对波长较长的电磁波基本没有遮蔽作用，使我们得以与地外航天器进行双向沟通（图8.9）。

最近的观测表明，宇宙射线的来源仍旧成谜，似乎有神秘的力量用宇宙射线轰击地球，有些粒子的能量是地球上最大粒子加速器产生能量的1亿倍。这些粒子对地球的遮蔽效应是很大的考验。

（2）臭氧对紫外辐射的遮蔽效应

太阳光有很强的紫外辐射到达地球，而其中99%都被地球的臭氧层所吸收，只有不到1%到达地面。然而，由于人类污染物的排放，使地球臭氧层受到破坏，在南极还出现了大范围臭氧洞，致使到达地面的紫外辐射逐年增加。紫外辐射的增强对陆地植物和海洋表层的浮游植物造成强有力的影响。

（3）植物对紫外辐射的屏蔽效应

在森林和城市绿地有很多植物，紫外辐射到达叶面会被吸收，大大削弱了到达地面的紫外辐射，对于在绿地消闲的人们是很好的保护。研究表明，穿过植物的紫外辐射只有到达空旷地区的14%，有很好的遮蔽作用。对紫外辐射的吸收与植物种类有关，一般而言，叶面积较大的植物遮蔽紫外辐射的作用较强。

8.12 冷却效应

大气层中存在一种特殊物质——气溶胶。气溶胶是悬浮在空气中的微小颗粒，主要成分是硫酸盐、硝酸盐、含碳颗粒、海盐和矿物尘埃。气溶胶对太阳辐射的影响称为气溶胶效应，已经在上面介绍。本节主要介绍人类活动产生的污染物质对太阳辐射的影响。

人类活动排放的一些污染物质进入大气，主要是工业、汽车和生活中燃烧化石燃料排放的烟尘、无植被地区扬起的灰尘、建筑工地的灰尘等。这些污染物质进入大气环境，使悬浮在大气中的颗粒物大大增加，有利于形成气溶胶颗粒。这些气溶胶粒子一方面将部分太阳辐射反射回宇宙空间，削弱了到达地面的太阳辐射能，使地面接受的太阳能减少；另一方面烟尘又作为凝结核，吸引大气中的水汽在它上面凝结，导致低云和雾增多，对地表起到冷却作用。联合国政府间气候变化委员会的评估报告指出，地球大气中烟尘粒子的冷却效应导致的降温值相当于全球大气温室效应升温值的

20%。大气温室效应使全球变暖，而冷却效应却使全球变冷，可部分抵消大气温室效应。如果没有烟尘粒子的冷却效应，人类活动造成的全球变暖幅度将更大。由大气污染物对太阳辐射的削弱作用而引起的地面冷却效应（cooling effect）是一种重要的遮蔽效应，也有人将其归类为阳伞效应。

人类活动产生的气溶胶引起的太阳短波辐射的反射率增加被称为白室效应（white house effect），也是导致变冷的效应（Schwartz，1996）。虽然这种效应尚不能准确定量确定，但已有的证据表明，白室效应与大气温室效应在全球平均的意义上具有可比的量级。这就意味着，在工业化排放气溶胶物质的区域，白室效应可以抵消一部分大气温室效应的作用。不过，如果藉此认为大气污染也有积极作用那就有失偏颇了，冷却效应只是单纯的因果联系，而环境污染的影响是综合作用，对地球环境和人类的危害是巨大的，详见本书第15章的一些效应。

8.13 沙尘效应

大气中存在各种微小的颗粒物（particulate matters），是大气中各种固态和液态颗粒状物质的总称，包括：沙尘、灰尘、烟、雾、霾等。这些颗粒物在空气中构成一个庞大的悬浮体系，随大气运动，也会在适宜的条件下沉降到地面或海面。这些物质一般以气溶胶的形式存在，会对大气的辐射传输产生影响，形成气溶胶效应。在直接气溶胶效应中，阳伞效应主要描述火山灰和火山气溶胶对气候的影响，冷却效应主要描述气溶胶反射更多的太阳短波辐射，导致地球变冷的效应，而这里介绍的沙尘效应（dust effect）主要体现沙尘对短波辐射和长波辐射产生的综合效应（图8.10）。

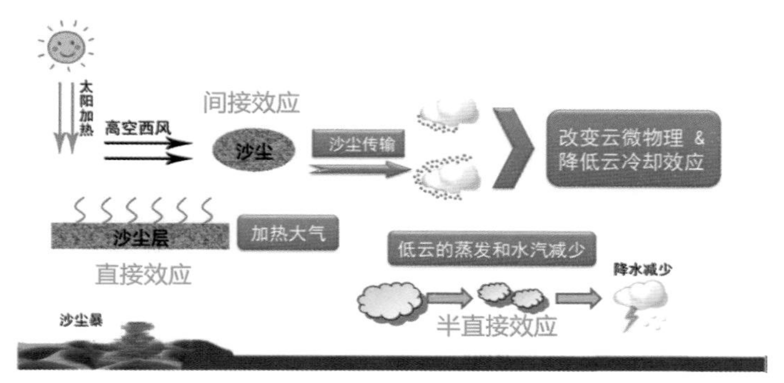

图 8.10 沙尘效应示意图（引自黄建平 等，2014）

中国北方的沙尘暴日益严重，产生严重的雾霾天气，具有明显的遮蔽效应。人们普遍认为沙尘暴加强的主要原因是耕地过渡开发和植被减少。由于沙尘来源于地表，所在的高度距离地面更近，其效应与处于高空的火山气溶胶和处于云层中的气溶胶引发的效应有所不同。城市的烟雾或沙尘削弱了到达地面的热通量，从而增加了城市低层大气的稳定度，使污染物质不容易消散。一般而言，沙尘类的气溶胶属于固态气溶胶，因此沙尘效应主要反映了固态气溶胶的效应，属于气溶胶效应的一部分。

沙尘效应分为短波辐射效应（shortwave radiative effect）和长波辐射效应（longwave radiative effect）。沙尘的短波辐射效应是指沙尘加热大气、冷却地表，而沙尘的长波辐射效应是冷却大气、加热地表，二者的作用基本相反。正因为如此，需要将沙尘效应与冷却效应分开。沙尘效应的结果是大气截获了更多的热量，使气温升高，其代价是使大气层顶的出射辐射降低。沙尘引起的大气顶年平均净辐射强迫为 $-4.1\ \mathrm{W \cdot m^{-2}}$，辐射强迫值在春季最大,夏季次之,冬季最小。

最新的研究表明，在各种大气气溶胶中，碳黑气溶胶对气候的作用非常特殊。碳黑类气溶胶主要是生物质燃料，煤等不完全燃烧的产物，它不是反射太阳光，而是吸收太阳光，使到达地面的辐射降低，但加热了周边的空气，影响了大气的运动，导致降雨量和气候的非正常变化。这种吸收性碳黑气溶胶的效应可能与近几十年中国南方雨水增多，北方干旱化加重有关。

根据判断，世界上可能发生的最严重沙尘效应有两类，一类将是大规模核战争造成的。核爆炸会把巨量的沙土尘烟送进大气层，使地球大气变得浑浊不堪，太阳能无法到达地表，直接导致地表寒冷，气温甚至降到0 ℃以下，地球上的植物不能成熟，形成所谓的“核冬天”，直接威胁人类的生存。另一类与小行星撞击地球有关。只要小行星足够大，撞击产生的巨量尘土会进入大气层，也会导致地表冷却。科学家认为6500万年前地球上恐龙的突然灭绝，就是一个直径约10 km的小行星撞击地球，巨量烟尘造成沙尘效应的结果。

8.14 太空辐射效应

到达地球的辐射既包括太阳发出的辐射，也包括来自宇宙的辐射，统称为太空辐射。地球大气层吸收了绝大部分太空辐射，很好地保护了地球上的生物和人类，是地球上生命存续的重要外部环境。一旦人类离开大气层，就会暴露在太空辐射之中，是太空探测的主要危害。为此，宇航使用的太空舱、航天飞机和空间站的舱体要有很强的防护能力，以保障宇航员的安全。而当宇航员出舱进行太空行走时，全靠宇航服的防护；而宇航服的防护能力有限，每一次出舱都要冒着承受高能太空辐射的致命风险。

来自太空的辐射主要有3类：一是来自银河系的宇宙射线，二是来自太阳的高能粒子，三是地球磁场捕获高能带电粒子而形成的地球辐射区。尤其是太阳爆发时形成的高密度高能粒子流会形成超强辐射。

太空辐射效应（space radiation effect）主要指太空辐射对宇航员的危害，一般分为直接危害和间接危害。直接危害主要是指高能粒子造成的细胞损伤。低剂量照射会引起细胞变异，诱发癌症；如果损伤了生殖细胞，会对后代造成遗传损害。高剂量照射会直接对皮肤和多个器官造成损害，严重时会威胁宇航员的生命。间接危害是指高能粒子与人体中的水分子结合成自由基，与生物分子发生化学反应，形成人体细胞的损伤。人体有自动修复受损细胞的能力，但过量辐射造成的损伤无法得到有效的修复。

为了减少太空辐射效应，各国的载人飞行都选在300~500 km的低轨道上，依靠地球磁场对带电粒子的屏蔽能力削弱绝大部分高能粒子来保护宇航员。并且需要对空间天气和太阳活动作出预警，避免在太阳爆发时出舱。一旦进行登月或火星探测，人类将暴露在太空辐射之中，太空辐射效应是非常严峻的问题。因此，宇航员承受着巨大的风险，为人类探测太空做出无私的牺牲和宝贵的奉献；而科学界需要了解太空辐射效应采取积极应对的方式，寻找更加安全的太空旅行方式。

8.15 太阳效应

太阳爆发是太阳大气中发生的持续时间很短、但能量大规模释放的现象。释放的主要能量载体是：电磁辐射、高能带电粒子流和等离子体云3种形式。其中，电磁辐射是由同向振荡且互相垂直的电场与磁场在空间中以波的形式传递动量和能量，其传播方向垂直于电场与磁场构成的平面，称为电磁波。电磁频谱范围非常大，无线电波、微波、红外线、可见光和紫外光等都属于电磁辐射的范围。高能带电粒子流是指带有电荷的粒子，可以是离子、质子和电子，以及正电子、带正电的原子核等。等离子体云是指日冕抛射出的物质。日冕中的绝大部分物质都是高温等离子体，等离子是原子核和电子分开的带电粒子的集合体，被称为物质的第四态，随着太阳爆发日冕抛射出来。太阳爆发活动喷射的物质和能量到达近地空间后，可引起地球磁层、电离层、中高层大气等地球空间的强烈扰动，进而影响人类活动。

太阳效应（sun effect），也称太阳活动效应（solar activity effect），是指太阳活动对地球海洋和大气运动的影响，主要有以下内涵：

（1）太阳质子效应

太阳会发生不规则的爆发，释放出大量高能带电粒子，主要成分为质子。与平时的太阳照射相比，太阳爆发时地球周围的质子数量增大数千倍以上，称为太阳质子事件。由于质子是看不见的，因而发现得较晚。

太阳质子事件可以形象地比喻成质子轰击地球事件，质子像暴风骤雨般抵达地球。而地球有两个手段防护质子的轰击，一个是地磁场，可以致使质子偏离方向远离地球；另一个是稠密的大气，会削弱进入大气层的质子。因此，太阳质子事件对人类生活造成的影响不大。

太阳质子效应（sun proton effect）是指太阳质子事件的发生对人类的影响。可以想象，危害最大的对象是宇航员（详见“太空辐射效应”）。此外，当太阳质子爆发时对航空飞行有一定的影响，使飞机受到的辐射剂量超标，由于飞机对质子的防护很差，对飞机上的机组人员和乘客会造成伤害。太阳质子效应影响更大的是越极航班。越极航班要穿越地球极区，而极区是磁力线密集的区域，质子辐射量要高于其他区域4倍以上，一旦发生太阳质子爆发，太阳质子效应更加显著。

此外，太阳质子效应也包括对极区无线电通信的影响，高密度的质子流会干扰电磁波的传播，增大无线通信的噪声，甚至导致通信中断。

（2）太阳耀斑效应

太阳耀斑是肉眼可以观测到的太阳爆发现象。1859年英国天文爱好者卡林顿对太阳黑子进行常规的观测，发现一个太阳黑子群中出现两道白色亮光，维持了几分钟之久。这是人类第一次观测到太阳耀斑。长期的观测发现，大多数太阳耀斑都发生在太阳黑子群的上空，一个黑子群几乎几小时就会产生一个耀斑，不过强度足以对地球有强烈影响的耀斑并不多。太阳耀斑与太阳爆发是一回事，差异体现在规模上，由此导致抛射出的物质能量的差异。

太阳耀斑效应（solar flare effect）是指太阳爆发时导致带电粒子被加速，导致地球上的远紫外辐射和X射线大幅加强的现象，形成电离层总电子浓度突然增强。电子浓度的增强主要发生在100~250 km的高度上，并且与地面对太阳的朝向有关。

8.16 日食效应

当月球运动到太阳和地球之间，三者正好处在一条直线上（图8.11），到达地球的太阳光就会被月球遮住，即地球进入月球的阴影区，称为日食现象，也称日蚀。日食分为日全食，日偏食、日环食和全环食4种。日食过程分为5个阶段：初亏、食既、食甚、生光、复圆，其中日偏食只有初亏、食甚、复圆3个阶段。从月影进入开始算起，日食的持续时间大约3.5 h，但日全食的最长持续时间只有7分40秒。日食是人们观测太阳和光偏转的最好时机，我们这里只介绍与大气运动有关的日食效应（solar eclipse effect）。虽然日食的时间很短，但日食过程中太阳辐射的变化及其引起的地面气象要素的变化是天文学与大气科学的一个交叉领域，对地球大气物理过程的影响是非常重要的，对于研究太阳活动对全球气候变化的影响有重要意义。

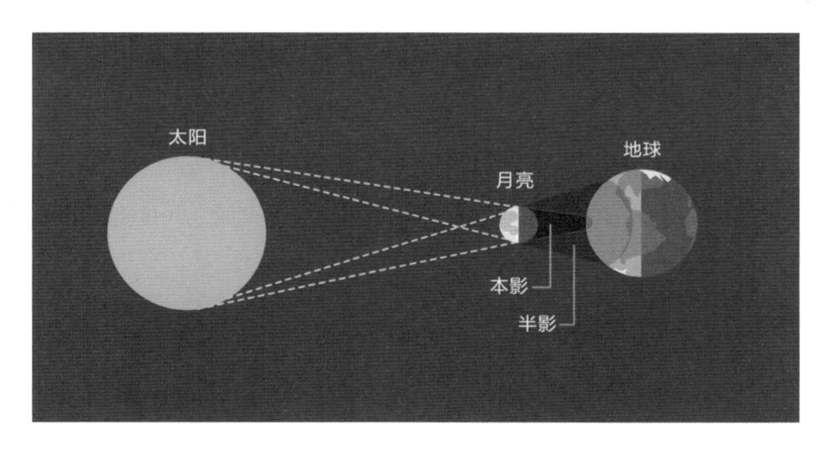

图 8.11 日食及日食效应产生的原因

（1）日食的大气效应

日食期间到达地面的太阳辐射被严重削弱，太阳辐射各个谱段均有明显减弱。短波辐射减弱最大，日全食期间可以减少为原来的百万分之一，其中紫外辐射的减弱最为明显。长波辐射的减弱较少，且略有滞后。日食期间辐射的变化造成地面气象要素的短时间变化。近地面气温和地表温度都有明显下降，主食带下降最大，向边缘递减，观测到的平均最大降温为1.5~1.6 ℃（Segal et al., 2010）。受气温变化的影响，风和空气湿度也将发生变化。在局部地理条件和热力环境影响下，还可能产生小尺度的气旋，称为日食的大气效应（atmospheric effects of solar eclipses）。这些大气效应给人在日食期间天昏地暗和阴风四起的感觉。

以往的研究是将日食期间的气象参数与日食发生前后的情况相比，但实际上，这种比较并不科学，因为有些非日食引起的变化会包含其中。现在用高分辨率的数值模式来研究日食效应，可以通过开启和关闭日食模式来模拟日食效应。由于数值模式使用了大量的气象观测数据，可以对日食效应达到非常好的模拟效果。总体而言，由于日食持续时间短，其大气效应并不是特别严重。

（2）日食电离层效应

地球的电离层高度从距地面约50 km处一直到约1000 km高度。在电离层中，太阳辐射的高能粒子电离了大气的中性粒子，产生了大量的自由电子和离子。电离层是无线电通信和广播的重要物理环境，其反射的无线电波可以到达地球各处，使地球上仅依靠自然环境的远程通信成为可能。

日食期间，绝大部分太阳辐射被月球遮住，日全食地区上空的电离层天气有明显变化，导致电离层电子浓度逐渐下降。日食期间，短波通讯最大可用频率下降30%以上，大部分短波频道的广播信号在食甚前后消失。在日食结束后，有些短波频段还会因为日食的后续效应发生二次中断。此外，经过日食带电离层的电波路径被显著改变，并对GPS单频接收系统的导航定位精度产生明显影响。日食对电离层电子浓度的影响及其对无线电信号传播的影响被称为日食电离层效应（ionospheric effects of the solar eclipse）。

（3）日食声重力波效应

日食引起气温变化的同时引起了大气密度的变化，相当于对大气产生了密度扰动。按照大气动力学原理，密度的变化将产生重力波。由于密度的扰动不是很大，在低层大气中产生的重力波不是很显著，时常被其他大气现象所掩盖。而在高层大气则不同，在电离层中，大气密度平时没有显著变化，日食发生时一旦产生了重力波，就会明显被观测到。由于电离层高度很高，产生的重力波是以声速传播，称为声重力波。1987年9月23日的日环食覆盖了我国大陆大部分区域，通过对多个测站获得的观测数据的分析，得到一个重要的结论：日食一定产生声重力波，其对大气密度的影响称为日食声重力波效应（acoustic-gravity wave effects of the solar eclipse）。

日食的重力波主要源于太阳辐射变化直接产生的强迫振荡，1987年观测的大气重力波扰动周期为178 min，平均传播速度为320 m/s。日食引起的声重力波在传播过程中会受到到达区域大气热力学结构的影响，产生次生的声重力波。声重力波会引起电离层粒子密度的变化，对无线电通信产生附加的影响。

（4）日食地磁效应

太阳和地球有着极为密切的关系，当太阳上发生强烈活动时，它所发出的远紫外线、X射线、微粒辐射等都会增强，能使地球的磁场发生扰动，并产生磁暴、极光扰动、短波通讯中断等（Anisimov et al., 1990）。在日食期间，由于月球逐渐遮掩来自太阳的各种辐射源，引起地球磁场的变化，称为日食地磁效应（geomagnetic effects of solar eclipse）。观测结果表明，日食引起地磁场的强度和方向的变化，地磁场的水平强度减少，而垂直强度增加，磁偏角也发生变化。地磁的变化对以磁力为应用原理的仪器产生显著影响，例如：指南针在日食期间不准确。此外，依靠地磁场导航的鸟类将受到影响，例如鸽子可能会由于地磁场紊乱而找不到目的地。

第9章 气候岛效应

Climatological Island Effects

气候岛效应大都属于热效应，是下垫面的特殊性形成的热效应。我们将其独立自成一章，主要是因为气候岛效应非常重要，而且有特殊性。

气候岛效应主要是大气中的效应，以热岛效应所表征的物理过程为基础特征，同时包含其他的类似的效应。尤其是城市的存在和扩大，产生了越来越强烈的各类气候岛效应，通常称为五岛效应，包括：城市的热岛效应，干岛效应，湿岛效应，雨岛效应和浑浊岛效应。此外，山脉、盆地、沙漠、绿洲、湖泊等自然的“岛状”地貌也会产生气候岛效应。

海洋中由于海底热液的作用也应该有类似热岛效应的运动，但由于对海洋的观测相当不充分，我们迄今对其知之甚少。

9.1 热泵效应

热泵（heat pump）是一种将低温热源的热能转移到高温热源的装置，与制冷机的原理一样。热泵不需要通过加热形成热量，而是通过压缩机做功而产生热量。本节所说的热泵与上述热泵没有任何关系，是同一个名词的不同内涵。

大气中的热泵概念来自水泵，是指那些能将低层大气的热量输送到高层大气的过程。大气中最典型的热泵是指下垫面加热导致其上方的大气受热膨胀，密度降低，从而发生上升气流。如果下垫面保持不间断地提供热量，上升气流就会源源不断，形成热泵。热泵的另一个原因是辐射加热，如果空气中含有水汽、臭氧等气体，会吸收更多的太阳辐射提供的热量，导致空气受热上升，形成另一种热泵。

热泵效应（heat pump effect）是指热泵引发的现象。热泵效应首先是指垂直断面的环流。有上升气流必然有下沉气流，形成一定范围的循环。上升气流将水汽带到高层，产生云量的异常变化，水汽的凝结将释放潜热，导致大气水平环流加强。水平环流将热量和降雨带到更大的范围，延展了热泵的影响空间。图9.1是青藏高原热泵效应的示意图，发生在印度北部的热泵效应引起了青藏高原降雨量的巨大变化。

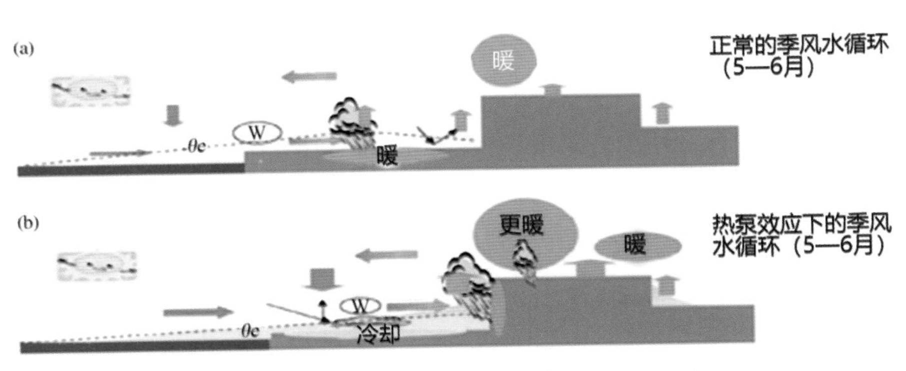

图 9.1 青藏高原热泵效应示意图（Lau et al., 2008）

实际上，热泵效应是气候岛效应中最基本的效应，很多其他的效应或多或少与热泵效应有关。从更大的视野来看，热泵效应是不同层次大气之间沟通的基本原因，也是很多大气过程的形成机理，对于科学研究具有非常重要的意义。

9.2 热岛效应

热岛效应是一个频繁使用的词汇，其内涵既包括岛屿的热岛效应，也包括与热岛效应热力学结构类似的城市热岛效应、火灾热岛效应等。

● 热岛效应

夏季在同样的太阳辐射条件下，由于陆地表面的热容量比海洋低，陆地升温比海洋快得多，在地表温度图上出现高温区。反之，在冬季，岛屿由于热容量低，吸收的太阳辐射很少，发射的长波辐射超出吸收的辐射，而周边的海洋由于热容量比较大，海表温度高于岛屿的地表温度，在温度图上出现地表的低温区。因此，在无风的情况下，夏季岛屿的地表气温高于海表气温，冬季岛屿的地表气温低于海表气温。

根据辐射定律，岛屿和海洋发射的长波辐射也存在差异。在无风的条件下，地表的高辐射量将使大气受到更多的加热，导致气温偏高；而海表的辐射量低于地表，上覆大气的气温偏低。海洋或大型湖泊的岛屿上的地面气温在晴朗无风的夏季要高于周边的海洋，在温度图上出现气温的高值区。这种由岛屿对上覆大气的热力学扰动引起的大气温度的变化被称为热岛效应（heat island effect）。

在夏季无风的时节，岛屿表面的气温明显升高将形成局部上升气流，使得等温面进一步抬升。为了补偿上升气流流走的空气，周边海面的空气会流向岛屿，形成向岛屿吹的海风（图9.2）。局部上升气流会将水汽向上携带，在海岛上空凝结成积云，形成经常可以从空中看到的笼罩在岛屿上的云团。因此，热岛效应实际上是一种特殊的热虹吸效应。当然，只有岛屿足够大时才能产生明显的热岛效应。

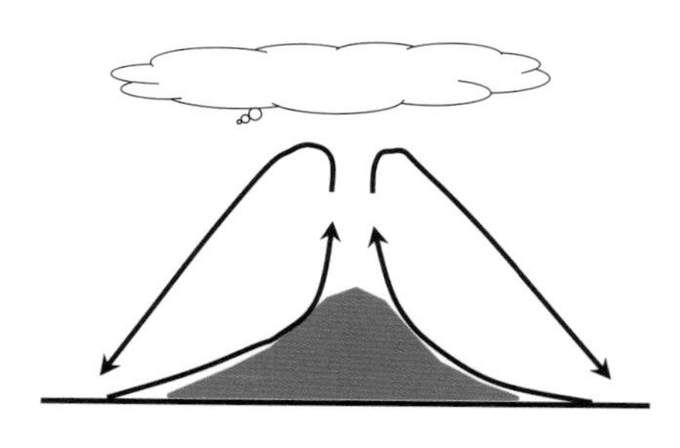

图 9.2 热岛效应示意图

如果当地有盛行风，在定常状态下，盛行气流将像越过固体的岛屿一样越过热岛，也将像越过固体岛屿一样产生背风波动，这种背风波动会生成间隔的积云云列。这些现象请参见“岛屿效应”。

● 城市热岛效应

在大型城市中，植被覆盖率低，暴露的建筑物多是石头或混凝土，在夏季的阳光下温度很快升高，可以比郊外农田的温度高1 ℃左右。在夜间，郊外由于辐射冷却在近地面层产生辐射逆温，温度下降很快，而城市由于建筑物的热容量很高，夜间冷却比郊外的环境慢。城市与郊外的热力学差异与海岛相似，形容为城市热岛。城市人口密集，工业热排放和生活热排放都高于周边地区，引起气温增加，也是城市热岛的原因之一。

城市热岛效应（urban heat island effect）的整体作用是使上覆大气的气温增加，明显高于周边地区，仿佛是一个“热”的岛屿，突起在背景温度场中。我国主要城市的年平均气温比郊外高出0.4~0.7 ℃。在一天中，晴朗无风的夏季傍晚热岛效应最为明显，温差可达1.5~2.0 ℃。在自然条件下，由于城市的热条件，夏季的热岛效应比冬季明显。但在寒冷地区，由于人类取暖的原因，冬季的热岛效应反而更加显著。图9.3是1966年美国纽约和郊外上空气温垂直分布的差异，表明郊外近地面层有强烈的逆温现象，温度较低；而市区几乎没有逆温层，300 m以下温度都很高。

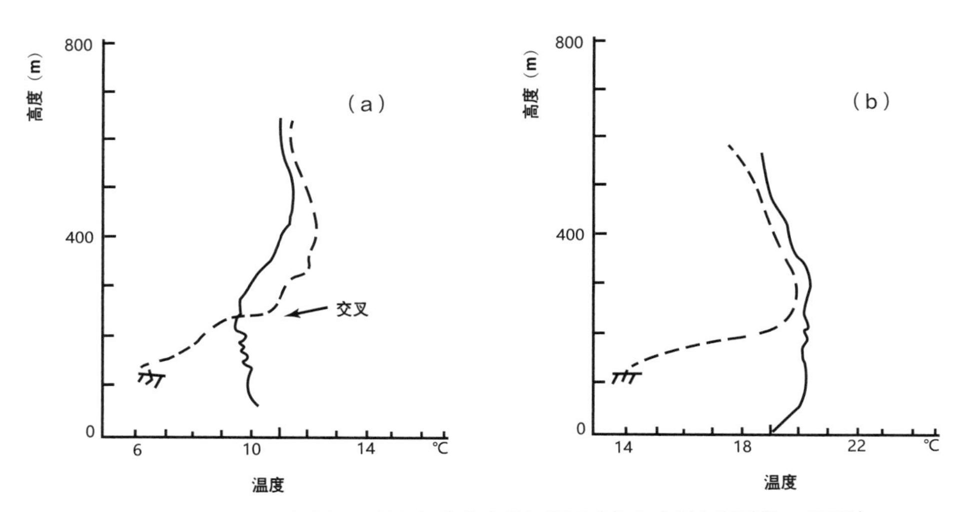

图 9.3 城市热岛效应的例子：美国纽约上空的气温垂直分布（引自杨国祥，1983）
(a)1966 年 3 月 10 日，(b)1966 年 6 月 16 日（实线为城市的，虚线为郊外的）

城市的热岛效应强弱与城市的规模有关。几十万人的小城市形成2~3 ℃的温差，几十万人口的城市温差为3~5 ℃，几百万人口的城市温差可以达到5 ℃以上。

热岛的存在与风速关系很大。如果有较弱的盛行风，热岛形成的热量将随气流向下风方向移动。风速加大时热量会很快被风带走，造成热岛效应的减弱。当风速达到一个临界值时热岛效应就会消失。临界风速也与城市的规模有关，10万以下人口的城市为5 m/s，几十万人口的城市为8 m/s，而百万以上人口的城市为10 m/s。

与海洋热岛效应相同，城市热岛上空的暖空气上升，周边的冷空气向城市辐合，形成从郊外向城市吹的风，称为乡村风。这种热岛环流的模式将大气中的粉尘聚集在城市上空形成烟幕，降低城市的能见度，使城市的空气污染更加显著。图9.4是城市热岛效应的示意图。

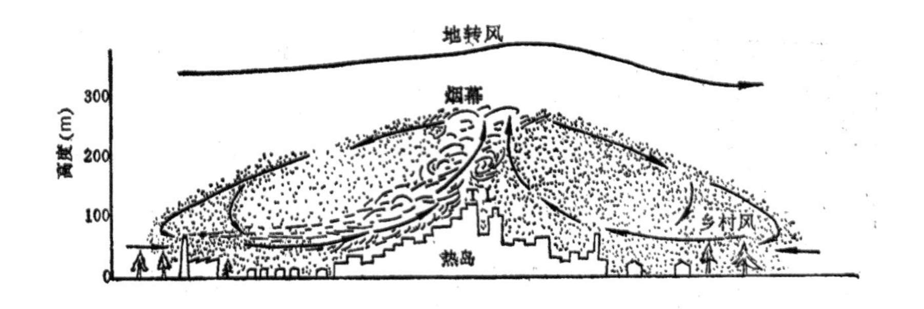

图 9.4 城市热岛的垂直环流示意图（引自杨国祥，1983）

因此，城市热岛效应不仅是对气温的影响，而且有综合的环境效应，在城市建设中需要全面考虑热岛效应带来的影响。

● 火灾热岛效应

在火灾发生时，由于火焰燃烧，火场出现远高于周边地区的温度，引起强大的上升气流。在上升气流的带动下，周边的空气向火场运动，使得原本平静的火场出现强风，加剧火焰的强度，形成强大的热岛效应，被称为火灾热岛效应（fire heat island effect）。强大的风力助长了火势，增大了致灾范围和控制灾害的难度，加大了灾害的损失。在自然林火的情形，正是火灾的热岛效应导致林火从局部区域逐渐扩展到很大的范围。而在建筑物的火灾情形，火灾的热岛效应会使火势快速在垂直方向蔓延，严重威胁住户的生命财产安全。

9.3 热丘效应

在热带海洋，海洋吸收大量太阳辐射能而温度很高，对上覆的空气加热，在空气中形成等温线抬升的现象，形成像山峰一样的“热丘”。这时，当水平气流遇到“热丘”，就会像遇到真实的山峰一样发生气流抬升现象，由此引发额外的降雨，这种现象称为热丘效应（thermal mountain effect），也称热山效应。从定义可以看出，热岛效应关注的是温度场的垂直断面分布，既关注风场，也关注水平方向的绕流及其背风波现象；而热丘效应关注的是气流在垂直方向的抬升。

热丘效应不仅发生在海洋暖池之上，而且在陆地上的炎热地带上方也会发生。在一片沙漠，或者一片没有植物的区域上空会引发热丘效应，只要这片区域足够大。热丘不是真正的山，即使是平地也会产生热丘效应，这也是热丘效应的不可替代之处。

实际上，大气的热丘是一个不稳定结构，会有在热丘内形成对流混合，热丘就是在这种不稳定条件下存在的。因而，热丘效应是热丘内部对流过程与热丘外部风场抬升的动态效应。

9.4 冷岛效应

如果有植被的区域被没有植被的区域包围，有植被区域上不同高度层的气温昼夜均比没有植被覆盖的区域要低，因此，在夏季有植被的区域相对于周围环境是一个冷源和湿源，即相对独立的“冷岛”。冷岛周围没有植被的区域发生热虹吸效应，产生上升气流，并将高温空气扩展到冷岛上空，形成上热下冷的逆温层，使下层冷空气保持稳定，形成了一个比较凉爽、湿润的环境。冷岛形成的这种局地气温分布称为冷岛效应（cold island effect）。冷岛上空的这种效应抑制了湍流的发展，减少了植物和地面水分的蒸发，有利于植物的生长。

冷岛效应在沙漠与绿洲之间最为显著。沙漠较绿洲的热容量小，在阳光照射下地面增温比绿洲快得多，沙漠上空被加热的暖空气通过局地环流作用输送到绿洲上空，形成很强的逆温层，冷岛效应使绿洲上方保持凉爽、湿润，有利于绿洲长久保持。绿洲的最高气温可比周边的沙漠低30 ℃左右，蒸发量可以小将近一半，形成强大的气候效应。围绕绿洲的冷岛效应也称为绿洲效应（oasis effect）。

冷岛效应有利于我国西北干旱地区的绿洲农业和植被栽种，体现了绿洲的光热优势和水分循环优势，维持绿洲的存在与发展。同时，绿洲的冷岛效应更是一种有用的环境效应，提示我们可以通过在沙漠中栽种草木，建设人造绿洲，改良局部的环境，使沙漠的恶劣环境得到改善。在沙漠的边缘地区也可以通过种植树木，形成局部的绿洲效应，控制荒漠化的扩展。

9.5 雨岛效应

雨岛效应（rain island effect）是热岛效应的附属效应。在“热岛效应”中我们提到，热岛引起的上升气流将水汽带到高空凝结，形成覆盖岛屿上方的云层。如果上升的水汽含量很高，就会产生降雨。如果没有强水平气流，这种降雨是局部的，由热岛引起的，使“热岛”变成“雨岛”，称为雨岛效应。雨岛效应的降雨量与大尺度的降雨过程没有联系，而是取决于热岛效应引起的水汽蒸发量。如果蒸发量很大，会产生很大的降雨。有时，在已有降雨过程的背景下发生雨岛效应会加强降雨过程，导致在热岛附近发生异常大的降雨。

● 城市雨岛效应

伴随着城市热岛效应，也会发生城市雨岛效应（urban rain island effect）。城市热岛效应导致水汽大量蒸发，在城市上空形成积云，并带来可能的降雨。

城市雨岛效应与自然岛屿的雨岛效应有所不同。城市热岛的乡村风带动更多的污染物颗粒随上升气流进入高空。这些颗粒物在云中形成更多的凝结核，更容易形成降雨。城市的凝结核导致市区的云量比郊外多5%~10%，市区的雾也明显高于郊外，冬季高100%，夏季高30%左右。因而，城市雨岛效应增加了市区暴雨出现的频率与强度，城市的雨量不仅比郊区多，增加量达10%，而且暴雨也多于郊区。另外，城市密集高大的建筑物阻碍空气的水平运动，产生和加剧空气的上升运动，导致大气的静止锋滞留在城市上方，延长下雨时间，增加城市雨量。

因此，产生城市雨岛效应的因素有：大城市高楼林立，有利于上升气流；盛夏时节，建筑物空调、汽车尾气的热量排放加大城市上空热气流；城区空气中凝结核多，促进暖云降水作用；城市的下垫面粗糙度大，延长城区降水时间。在这些因素的作用下，城市雨岛效应可以在不能发生强烈降雨的天气系统中引发暴雨。当有盛行风时，降雨增加区出现在城市的下风方，使城市热岛效应的影响扩展到更大的区域。

由于城市的雨岛效应属于局部效应，改变了大尺度天气系统中的降雨量，是导致城市降雨预报不准确的直接原因。

城市雨岛效应会引起多种灾害。由于雨岛效应集中出现在汛期和暴雨之时，容易在城区形成大面积、短时间的积水。这种灾害在盆地型城市会形成城市区域性内涝，引发更大的灾害。

9.6 干岛效应

城市的主体为大范围的钢筋水泥构筑的下垫面，不具备土壤的透水能力，降到地表的水分大部分都经铺设的管道排出，缺乏天然土壤和植被然所具有的的吸收和保蓄能力。因而，在无雨天气，城市近地表的空气无法从土壤和植被的蒸发中获得水分补给，导致城市空气中的水分偏少，湿度较低，形成孤立于周围地区的“干岛”，其形成的效应被称为干岛效应（dry island effect）。

随着全球变暖，城市的干岛效应日益明显。例如：武汉市城市空气相对湿度降低，1951—2007年年平均相对湿度变化从80%左右下降到了70%左右。

其实，热岛效应与干岛效应对湿度的作用近乎相反，热岛效应上升气流强，导致更多大气颗粒进入城市，凝结核含量增大，导致城市雾气重于郊外；而干岛效应是指城区的空气水分含量相对郊区要低，空气较干，没有充分的水汽形成浓雾，故城市中的雾气淡于郊外。实际的情况是二者的组合，在热岛效应明显的季节，城市的雾气重于郊外；在热岛效应不明显的秋冬季节，干岛效应占优势，市内不容易形成浓雾。

减缓或消除城市干岛效应的办法是增大城市的绿地和水面的比例，使大部分城市地表处于透水状况，即建设海绵城市。因此，现代城市应更多地考虑增加和保护城市的自然地表，使城市的自然功能得到一定程度的保持。

其实，不仅是城市，大范围的不透水地表都会形成干岛效应。

9.7 湿岛效应

城市气温高于郊外，会产生较大的蒸发，在有些湿度大的天气，空气中会有比郊外更加湿润的水汽含量。湿岛效应（wet island effect）是指由于城市的存在而发生的蒸发加大产生的水汽含量增加的效应。在上节提到，当城市植被很少时，气温升高进入空气的水汽含量少，形成干岛效应。但是，当城市有很多水面和植被的蒸发提供水汽，就会发生湿岛效应。湿岛效应也是城市热岛效应的附属效应。

由于水汽来源不同，会导致不同种类的湿岛，主要包括凝露湿岛、雨天湿岛、雾天湿岛、结霜湿岛和雪天湿岛等。

凝露湿岛是指在天气稳定、无风、无低云的夜间，郊区降温快，结露多，空气中的水汽被大量析出，湿度迅速减小。而城市气温高而降温慢，形成城市湿岛。

雨天湿岛是指降雨时及停雨后，市区因热岛效应蒸发量比郊区大，空气中水汽含量比郊区多。

雾天湿岛是指在有雾时，市区温度较高，饱和水汽压较高，能容纳的水汽量较郊外多，形成雾天湿岛。

结霜湿岛是指市区有强热岛时，结霜量小于郊外，空气中的水汽压比郊外大，形成结霜湿岛。

雪天湿岛是指城市气温高，降雪后由于蒸发强，形成较大的湿度，称为雪天湿岛。

各种湿岛效应都与城市热岛效应密切相关，与城市热岛效应并存。湿岛效应大都是短时间的效应，当水汽含量高的状态结束之后，湿岛效应也随之消失。有些城市出现干岛效应与湿岛效应交替发生的现象，表明了城市对气候系统的复杂作用。

9.8 雾岛效应

空气中的气态水称为水汽。气温越高，空气中所能容纳的水汽也越多。当空气中的水汽达到最大限度时称为饱和。如果空气中所含的水汽多于饱和水汽量，多余的水汽就会凝结出来成为分子状态的液态水。这些水分子与空气中微小的颗粒状尘埃（作为凝结核）结合在一起，就会变成小水滴或冰晶，宏观上就形成了雾。因此，雾的产生一方面取决于大气的饱和状况，另一方面取决于凝结核的数量。

在城市上方的大气中，颗粒物增多，形成过多的凝结核，如果同时大气的湿度较大，就会导致雾日的增加，称为雾岛效应。伦敦近海的暖流导致空气湿度很大，雾岛效应使其成为著名的雾都。我国的重庆周边水系丰富、蒸发强烈，雾岛效应也使其成为名副其实的雾都。

雾岛效应（fog island effect）主要是指大气中颗粒物导致的雾日增加的现象。显然，城市大气中凝结核的增加与大气中的颗粒污染物有关，大气中硫氧化合物、氮氧化合物、碳氢化合物和碳的氧化物等颗粒物也会造成雾日增多的现象，这种效应也可以归属于雾岛效应。大气污染物还有一些与雾日无关，但与空气质量有关的效应，见下节的“浑浊岛效应”。

9.9 浑浊岛效应

城市的空气质量总是不如郊外，称为城市的浑浊岛效应（urban cloudy-island effect），也称混浊岛效应（cloudy-island effect），浑浊和混浊在描述空气或水体不清澈的现象时是通用的。

产生空气浑浊的因素有两个方面的因素：一方面，城市市区工厂集中、机动车众多、人口密集，排出的污染气体和尘埃都高于周边地区，致使城市的空气比较浑浊。另一方面，城市热岛效应在城区形成一个弱低压中心，产生上升气流，近地表空气从四面八方流向城市，形成一个缓慢的热岛环流，又称城市风系。城市风系导致城市中污染的物质不容易消散，空气质量持续走低。这就是浑浊岛效应的基本特征（图9.5）。

浑浊岛效应还有几个重要的关联因素：城市的建筑物导致城市低空的热力湍流和机械湍流都较强，使城市的浑浊空气难以沉降，加剧城市空气的浑浊状况。尘埃等浑浊物是云中水汽变成降雨最需要的凝结核，城市的上升气流导致其上空的凝结核增多，致使城市降雨量增大。浑浊岛效应有5个方面的内涵：城市大气中的污染物质比郊区多；城区大气混浊度明显大于郊区；城市阴天日数远比郊区多；城区的能见度小于郊区；城市雷电比乡村多。

浑浊岛效应是城市污染的主要推手。城市中的汽车尾气、烟尘、沙尘、二氧化碳、二氧化硫等，使城市空气中的尘粒和气溶胶剧增，容易形成雾和霾，使能见度降低（图9.5）。近年来，我国煤炭消耗量下降，大气中悬浮颗粒物和二氧化硫浓度呈缓慢下降趋势，促成了城市地区大气污染物浓度的降低。以北京市为例，20世纪80年代后期以来，年雾/霾日数维持在200 d上下。近年来，北京市政府加大了大气污染治理的力度，雾/霾日数已明显减少，大气环境质量二级以上天数逐年增加，大气环境质量有了明显改善。

图 9.5 城市的浑浊岛效应

9.10 绿洲效应

绿洲是荒漠背景上的异质，与周边的荒漠有不同的热力学性质，因而能够引起中小尺度过程的大气响应，并影响局地大气运动过程，形成一些奇特的气候效应，在干旱气候环境的过程中发挥着比较重要的正面作用。绿洲的范围有限，其气候效应也是一种气候岛效应，许多方面与本章介绍的其他效应有相似之处。

绿洲和周围荒漠之间地表热容量和地表热量平衡有巨大差异。绿洲含水量大，日间受热升温慢，而周边荒漠升温迅速，绿洲地表温度一般要低于荒漠地表温度，最多可低10 ℃以上。加之绿洲地表湍流感热通量只有荒漠的三分之一，形成绿洲上覆的大气被周围荒漠热空气包围的“冷岛”结构，绿洲大气温度比邻近荒漠大气温度低5 ℃以上，在酷热的环境中创造了一个清凉的局部小环境，称为绿洲效应（oasis effect），属于冷岛效应（图9.6）。

图 9.6 沙漠中的绿洲

绿洲植被覆盖度大，土壤比较湿润。夏季，绿洲地表蒸发量比周边荒漠大一个量级，相当于大气的水汽源，不断加湿绿洲上覆的大气，绿洲近地层大气可以稳定地、长时间维持一个相对湿润状态，比湿是邻近荒漠大气的4倍左右，在荒漠大气的干燥背景中形成了一个相对湿润的小环境，也属于一种湿岛效应。

气流经过绿洲时，绿洲的植被特别是树木等高粗糙元能够有效消耗气流的动能或动量，这使得气流进入绿洲后风速减弱。绿洲这种屏障功能，减少了蒸发，有利于绿洲自我保护，维持了绿洲良好的环境。

绿洲周围荒漠上的热空气通过水平平流和水平湍流运动源源不断地向绿洲输送，白天会在绿洲上空200 m左右形成一个较强的、稳定维持的大气逆温层和向下输送的感热通量层。绿洲边界层的逆温结构能够有效抑制绿洲近地层凉空气和水汽向高层大气扩散，减少了蒸散。

聚积在绿洲低层的湿润空气在大气逆温层的强迫下会通过水平平流和水平湍流输送到周边荒漠近地层大气，出现一个逆湿层和向地表输送的水汽通量层，部分水汽会被荒漠土壤吸收，维持沙生植物生长，形成绿洲外围的生态保护带，对维持绿洲—荒漠之间生态脆弱带的稳定性有重要意义。

绿洲地表反照率远低于周边荒漠，吸收的太阳短波辐射要高很多。同时，绿洲地表温度低，净长波辐射低于荒漠地表。这两种作用使绿洲可利用能量高于周围荒漠50%以上，为实现植物生长提供了充分的能量来源。

9.11 冰山效应

冰山效应（iceberg effect）是一个内涵丰富的效应，在很多领域得到应用。海洋中冰山的特点是，冰山体积的90%在水面以下，露出水面的部分只占10%左右（图9.7）。冰山效应主要体现为表面上看到的事物只是很小的一部分，大部分事物是看不到的。通常用冰山的一角来形容背后更为严重的事情。

图 9.7 海上冰山的潜没状态

在海洋和大气中，冰山效应主要是指大型冰山产生的气候效应。南极大陆冰架断裂进入海洋形成的冰山可以有非常大的体积，大型冰山的面积有时比我国一个县的面积还要大。已经观测到的大型冰山有100多千米长，数十千米宽，厚度达到数百米，具有庞大的体积。在大西洋观测到的大冰山有400多米高，水下部分有2000 m深，具有令人难以置信的水量。2010年，南大洋形成的大冰山含有约1万亿吨淡水，相当于人类20%的饮用水量。

大型冰山有时会长时间停留在一个地方不动，这种冰山被称为冰坝。大型的冰坝常是由于搁浅而滞留，会阻碍从上到下水体的进出，从而改变海流的走向，影响海洋水体的循环。一旦冰坝停留在考察海域，会阻碍海洋考察船的航行，影响近岸考察站的海上交通。

南大洋的冰山随洋流运动，在流动过程中缓慢地融化，冰山的寿命可以长达10年以上。冰山的融化需要吸收大量的热量，这些热量主要来自海洋，因而，大型冰山的融化会导致海洋变冷，有利于形成低温的大气。因此，冰山效应对极地气候的影响之一是使极地更加寒冷。

冰山的融化会在南大洋上层形成大范围的低温低盐水层，这些低温水更容易结冰，在大冰山融化期间，总是出现海冰异常增多的现象。低温低盐的水层还有一个作用，就是在海洋次表层形成季节性盐度跃层，强烈抑制上层海洋与其下海水的交换和混合。

冰山的运动会影响海水的运动，冰山融化对水温和海冰的影响直接影响局地气候，这些都构成影响南大洋气候的重要因素。南大洋的气候会改变大尺度风场，改变南大洋海水的经向运动，造成冷水区范围的改变，形成影响全球的气候效应。已有的研究表明，南极冰山通过使洋流减速影响北半球，可以导致欧洲的冬季更加寒冷。

9.12 林窗效应

1947年英国生态学家Watt首先提出了“林窗”的概念，主要是指森林群落中树木大范围死亡引起的林间空隙。树木可以因老龄而死亡，也可以因干旱、虫害、火灾等原因死亡。林窗有时也表现为小尺度的现象，指个别树木死亡或被砍伐造成的林冠的空隙（图9.8）。在没有林窗的时候，进入森林的太阳辐射通常只有入射辐射的1%~2%，而进入林窗的辐射可达35%以上，产生完全不同的能量特性。林窗内覆盖层的不同会导致水分涵养能力的降低。

图 9.8 林窗景观

林窗效应（forest gap effect）有不同的应用领域，也属于不同的概念范畴。在地理学和植物学领域，林窗效应主要是指林窗对森林群落演替的影响。林窗改变了森林群落微环境，使得乔木层、灌木层和草本层稳定性下降，导致外来植物入侵，降低森林生态系统对环境的适应能力与调节能力（王卓敏和薛立，2016）。严格来讲，这种林窗效应的内涵属于边缘效应。

在大气科学中的林窗效应主要是指林窗的气候效应，因而作为气候岛效应的一种。林窗内的光照条件和温湿度都与林区的不同，形成局部不同的小气候条件。由于没有树冠的遮掩和反射，林窗地表吸收了更多的热量，林窗内的温度比林区的温度高很多。因而，林窗内的长波辐射要比林区高一些，气温的升高也会增大林窗的感热通量，对上覆的大气造成异常强迫。如果林窗的尺度较大，将产生显著的气候效应。

森林通过植被的海绵效应（sponge effect）来涵养水分，有很强的蓄水作用。而林窗的蓄水能力视其地表的结构而异，一般而言，林窗内的蓄水能力要差很多。蓄水能力直接影响水汽蒸发能力，林窗内的水汽蒸发能力较差，一些水土流失的林窗蒸发能力大幅度下降，造成潜热通量的下降。因此，林窗就像森林中的孤岛，感热、潜热和长波辐射都很不相同。在林窗范围内，会发生局部气温升高、雾日减少、风力增强等小气候现象。林窗的辐射对高层大气的天气系统产生岛屿一样的影响。

不同树木的森林也有林窗效应，有些树木有宽大密集的树冠，而有些树木（如橡胶树）树冠稀疏，这些差异也会导致热力学结构的差异，产生林窗效应。

9.13 废热效应

废热效应（waste heat effect），也称余热效应。这里的“废热”是指各种人造放热装置产生的热量，如交通运输工具排放的热量、制冷设施室外机排放的热量，也包括冬季供暖产生的热量。废热的释放没有任何特定的方向，可以向各个方向弥散，但更多的是加热上覆的大气（Williams et al., 2010）。由于这些废热多发生在大城市及其周围，其热量的释放有类似城市热岛效应的作用。城市热岛效应更多地体现城市建筑的辐射特性对大气温度的影响，而废热的释放会叠加在城市热岛效应之上，成为热岛效应的增量。废热的释放在夏季会加剧市区的炎热，在冬季会减缓城市的寒冷。此外，废热的热量大多是化石燃料燃烧的结果，在释放热量的同时也在排放温室气体，影响气候变化。虽然废热的释放对局地气温有显著影响，但由于废热的总量与自然界的热量相比是微不足道的，对全球气温的影响不高。废热的上述效应并不是废热效应的内涵，其热量释放可以作为热岛效应的一部分，其排放的温室气体可以作为温室效应的组成部分。

研究者认识到，世界上有些废热释放显著的大城市往往都位于中纬度大陆两侧的海岸，包括北美和欧亚大陆东部和西部海岸。从气候动力学角度看，这些城市位于大气环流槽脊结构附近，释放的废热可以随着急流向远方输送。研究表明，废热的远程输送可以提高或降低远距离处的气温，这种局地热量的远程输送对气温的影响被称为废热效应。已经认识到的废热效应最大影响距离近2000 km，北半球的废热效应使整个北美北部和亚洲北部地区的冬季气温增加1 ℃，使欧洲地区的气温降低1 ℃左右，这些影响对于气温而言是非常显著的。因此，在气候预测时需要考虑废热效应，以改进对异常增暖或低温现象的预测。

需要注意的是，这个效应的名字叫废热效应并不确切，因为大气环流输送的不止是废热，而是城市热岛效应产生的各种热，需要在未来深入研究。

9.14 高原效应

高原效应（plateau effect）是在社会科学中关于心理压力、学习难度方面的效应，也是指人在高原上生理不适有关的效应。这里，我们只谈自然界的高原效应。

在面积较大的高原上，海拔较高，太阳辐射强，日照时间比低海拔地区长，日间温度较高；而夜间由于高原空气密度低，保温能力较差，地表会大量失热，气温较低。日夜温差显著是高原效应的主要内涵，地势越高，高原效应越明显。我国的青藏高原被称为世界屋脊，高原效应非常强。其实，高原上还有很多其他的效应，包括其对降水的影响、对水汽输送的影响、对辐射强度的影响、对风场的影响等。这些影响很多都被命名为其他的效应，请参阅相关章节。

高原效应的重要特点之一是局地的热力对流。大气中水汽的85%集中在近地面的大气中；而云和降水的形成多在3000 m以上的大气中，若想形成降雨就需要有强大的上升气流将水汽向高空输送。由于高原的地势高，到达地表的太阳辐射更强，地表吸收的热量更多，导致地表温度和气温升高。夏季，高原相当于一个热源，对上覆的大气加热，引起向上的对流，导致低层大气的水汽和污染物被带向高空。这就是青藏高原的热泵效应。

青藏高原对亚洲乃至全球的水循环有重要影响。在青藏高原南麓，由于高原的加热作用，来自印度洋的水汽会沿着青藏高原南坡上升，形成云和丰沛的降水。青藏高原大量的降水导致来自空中的淡水积聚在高原上，成为众多河流的来源。青藏高原发源的亚洲河流水系为人口众多的亚洲区域提供生活、农业和工业用水的重要水资源之一。青藏高原在亚洲夏季风系统大气水分循环过程中占居重要地位，被称为亚洲水塔。

高原效应的另一个重要特点是对水平环流的影响。如果地面的热源对空气加热，会使低层空气形成一个气旋式环流，而高层则形成反气旋式的环流，局地的环流体系形成小气候。青藏高原这样大的高原阻挡了西风，改变了更大尺度的大气环流。在冬季，青藏高原的阻挡作用导致低空西风气流分为南北两支，北支气流影响中国西北、华北、东北和华东等地区，南支气流流经青藏高原南侧后转变成高温高湿的西南气流，影响我国四川、贵州、云南、华南及长江中下游地区。这两支气流在110°E附近汇合，形成西风急流。

9.15 感热气泵效应

青藏高原动力和热力作用一直是高原气象学的重要研究内容（Wu and Liu, 2016）。青藏高原的动力作用主要体现在绕流方面，冬、春季北半球西风带遇到高原发生绕流与爬坡现象，而夏季则主要以绕流作用为主，对寒潮、西南涡、热带气旋等天气系统有阻挡和屏障作用，形成我国西北干旱，江南、华南湿润的气候背景（乔钰 等, 2014）。

青藏高原的热力作用以感热气泵来驱动，对亚洲夏季风和中国东部降水会产生重要影响。数据的分析和数值模拟结果表明，青藏高原上空的大气存在冬季和夏季完全不同的垂向运动，冬季大气冷却下沉并向高原四周排放；而在夏季大气上升，将高原四周的低空大气抽吸到对流层上部并向外排放(吴国雄 等，1997)。这种年周期的抽吸—排放作用导致高原大气大范围的上升—下沉，就像一部巨型气泵，对区域性气候有重大影响。青藏高原主体加热改变对流层上层的温度场和风场结构，在近对流层顶形成最小位涡强迫（图9.9）。由于大气的上升和下沉运动是由地表冬夏季地表感热加热的差别引起的，故称为感热气泵（sensible heat driven air-pump，SHAP）。

高原地表加热与平原地表加热对水汽扩散而言有很大的不同（Wu et al., 2007），这也是热泵效应与感热气泵效应的主要差异。由于大气中水汽的85%集中在3 km以下的大气层，平原地表加热的气泵效应不会引起强大的上升运动，其主要作用是加强了局部湍流运动和对流，形成地表混合层，导致水汽的垂向扩散。扩散随高度递减，到

2 km高度上已经接近为零。而高原加热的感热气泵主要引起加热抬升，由于高原大气中水汽含量少，加热作用直接导致气团受热上升。平原地区的混合层顶约在500 hPa以下，而高原的混合层可以达到300 hPa。(Yanai et al.，2006)。

感热气泵效应（sensible heating atmosphere pumping effect）是指青藏高原感热气泵对周边大气环流产生的特殊影响。主要包括以下三方面的内容：

（1）热源作用

叶笃正等(1957)首次提出，夏季青藏高原是大气运动的重要热源。作为一个平均海拔4000 m以上的巨大下垫面,青藏高原冬季是大气的冷源，夏季是热源；其地表感热加热形成感热气泵，不仅影响对流层中、上层环流，还影响低空环流和季风，是影响亚洲风系的核心因素。夏季高原上最大加热层接近地表，加热率达到10 $K \cdot d^{-1}$以上。在低层大气，夏季的热源引起气旋性环流,加强了青藏高原东侧东亚夏季风向北发展。而在高层大气（对流层上部），青藏高原感热气泵在高原上空形成负涡源和辐散作用。

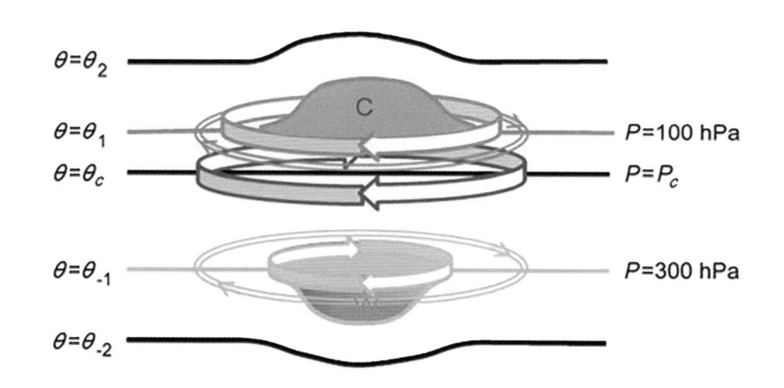

图 9.9 青藏高原感热气泵效应示意图(引自 Wu and Liu et al.，2016)
Pc 表示临界气压层，箭矢表示反气旋环流，“C” 和蓝色表示冷性，“W” 和粉红色表示暖性。

（2）抽吸作用

由于大气中的等熵面基本上为准水平分布，青藏高原的侧面（尤其是斜坡）与等熵面相交，这时高原侧边界的感热加热不仅产生等熵面显著的局部加热抬升，而且会带动高原周边的空气向高原辐聚，并带向高空，形成高原对更低高度大气的抽吸作用。试验结果发现，青藏高原的感热气泵效应是导致亚洲大气环流从冬到夏演变中出现季节突变的重要原因，也是维持亚洲夏季风的重要因素。

（3）气候效应

由于亚洲上空的风场和青藏高原上空的加热场都发生冬夏转换，使高原对亚洲气候格局的影响也有冬夏季的显著差别。冬季亚洲大气呈现定常波偶极型环流，在高原北部形成反气旋式环流及“西暖东冷”的气候格局；而在高原南部形成气旋式环流及“西干东湿”的气候格局。夏季青藏高原的热力作用形成低空螺旋式辐合上升气流，形成亚洲“东南部季风/湿润，西北部沙漠/干燥”的气候格局（Wu et al.，2012）。

应该说，气泵效应、高原效应和感热气泵效应之间有一定的交集，但也有明显的差异，需要读者在应用时明确所涉及的内涵，采用准确的效应名称。

9.16 盆地效应

盆地里风力较弱，是盆地的特点之一。较弱的风削弱了盆地与外界的热交换，地表的空气不容易被带走，使盆地中的气温得以保持，形成盆地特有的气候。在冬季，大气中的冷空气向盆地里积聚，形成气温更低的特点。而在夏季，盆地的低风速导致湍流运动减弱，地表的热量不容易散失，在地表附近形成高温。因此，盆地效应（basin effect）的特点是冬夏温差加大，夏季更热，冬季更冷。

其中，值得单独提及的是，在三面环山，一面开口的半封闭地形条件下，冬季冷空气从开口处进入盆地，并在盆地内不断堆积，致使盆地内气压升高，气温降低。这种现象被称为冷盆效应（cold basin effect）。冬季冷气流沿山坡下沉在盆地底部堆积，使盆地底部更加寒冷。冬季气温最低的区域并非在纬度最高的极点，而是位于冷盆之中。例如，俄罗斯的奥依米亚康（ оймякон ） 被称为北半球的“寒极”，冬季气温可低于−45 ℃。

在海洋中也存在盆地效应。海盆底部积聚了大量物质，形成很厚的沉积层，很多海洋石油都是在深海中的海相沉积中形成的。海盆中海流较弱，不利于海水循环和物质循环。海盆中往往积聚着高密度海水，例如：北极的加拿大海盆的底层水密度相当高，一旦溢出将撒布在大洋海底。但海盆也阻隔了高密度水体的流出。因此，海洋中的盆地效应是指海盆对高密度水体和沉积物的积聚作用。

9.17 小气候效应

小气候效应（microclimatic effect）主要是指局部下垫面不同而对气候的影响。本章的各种气候岛效应都属于小气候效应，此外，小气候效应的内涵更大一些，泛指一切对局部气候有影响的因素产生的效应。小气候效应是相对于地区气候条件框架下发生的，是下垫面影响大气的动力或热力条件时发生的，是在大的气候背景下发生的效应。影响热力条件的主要由下垫面类型造成的，比如：森林、农田、运动场等。局部下垫面的热力学作用会产生局部温度场和湿度场的变化，带来显著的阴凉或酷热，形成小气候的现象。影响动力条件的主要是建筑物或山脉，直接影响局部风场。

小气候效应具有影响范围小、气候要素差异大、随时间变化快、日较差显著、规律性强等特点。小气候效应是非常普遍的，比如：小片的森林会改善大气湿度，大片的农田会产生保温作用，秸秆焚烧会产生区域性的烟雾，局部的冰川会产生近地面的冷层，受热的湖水会引起周边地区夜晚酷热难耐。总之，小气候效应是普遍多样的效应，在科学上处于不断发现、不断认识的过程。

第10章 水效应

Water-Related Effects

在地球上，除了能量平衡之外还有水平衡。水在自然界中发生循环，并最终保持水体的基本平衡。水循环包括蒸发、降水、冻结、融化、径流、海流、地下水、大气水含量等各方面的变化。水在循环过程中对大气、海洋和陆地都有显著影响，形成一系列效应，在此，我们将其归类为水效应。

水效应不包括大洋环流引起的海水水体输送，因为环流的输运体现了闭合的特性。除此之外，水效应包括其他各种循环过程，既包括引起水循环的宏观过程，也包括形成降水、渗流等微观效应。实际的水效应很多，本章只介绍主要部分，更多的水效应还需要理解，甚至挖掘。

水之于人类无比重要，因而水效应的外延非常广泛，涉及到很多自然科学和社会科学体系，需要引起全社会的关注。

10.1 水文效应

水是各级生物以致人类生存所必须的物质，水的分布与循环直接影响人类的生存与活动。水文学是研究自然界水的时空分布、变化规律的科学。在自然条件下，蒸发与降雨的变化、森林和植被的变化、山地冰川的增减、河流改道、旱涝过程等都会引起水文环境的变化。人类的活动也会影响水文环境，如：引水或用水、兴建水利工程、有害物质的排放、城市化的加速、用水需求的增减等。尤其重要的是，人类的人口数量较以前有了很大的增加，对水文环境有重要的反馈。水文主要包含5个方面的因素：

（1）自然水文环境的变化，包括：河流、湖泊、湿地、森林、草原、耕地等自然营水环境的变化对水文环境的影响。

（2）人为水文环境的变化，包括：筑坝、排灌、引水等人类水利活动对水文环境的影响。

（3）水源条件的变化，包括：蒸发、降水、冰川融化的自然因素导致的水源规模和区域的变化。

（4）生产和生活用水规模的变化，包括：工业、农业、矿业、城市化等对水的需求改变，从地面江河湖海和地下含水层取水增加或减少，导致水收支的变化。

（5）污染引起的水质恶化，包括：工业废水、农业废水、生活污水、石油污染、废物废液等，恶化了水质。

需要明确指出，上面的5个因素都属于水文环境的变化，但不是水文效应的内涵。水文环境的变化应该以原因命名，例如：森林对水文的影响应该称为森林效应、湿地对水文的影响应该称为湿地效应。由于森林效应内涵很多，森林对水文的影响可以称为森林的水文效应，在水文效应之前一定要冠上作用因素“森林”，以此类推。由于水文效应涉及的领域广泛，可以分为很多子效应，如：森林水文效应、土壤水文效应、湖泊水文效应、山地水文效应等。

水文效应（hydrological effect）是指水文条件变化产生的影响，主要指水文环境的变化对人类活动、生物生存和环境变迁的影响。比如，土地荒漠化会引起水文条件的恶化，造成人类农业生产条件的恶化，严重影响人类的生存，是重要的水文效应。在沙漠地带，由于绿洲优越的水文效应，会形成百里罕见的居民区。除了对人类的影响之外，水文条件的变化对环境产生的影响也是水文效应的重要内涵，例如，河流上游筑坝截流不仅对当地有影响，而且会影响下游远方的环境变化。再有，高山冰川的融化会加大径流量，对下游的生态与环境产生影响。因此，水文效应的内涵并不是水文条件变化的本身，而是这种变化产生的各种影响。

水文效应虽不属于大气或海洋的效应，但对区域性气候有直接或间接的影响。

10.2 城市水文效应

城市是人口密集的区域，也是建筑物密集、植被稀少的区域，同时是社会和经济的中心区域。城市化是指城市数量增多，城区面积扩大，城市人口增多，市政设施完善，工业活动增多等特征现象，也是人类社会经济发展的重要过程。我国城市化起点很低，但发展速度较快，近年来城市化水平大幅提高。城市化效应（unbabization effect）是指城市化进程对环境的影响，也包括对社会和人文的影响，其中的很多内涵超出了本书的范畴。这里我们重点介绍城市水文效应（urban hydrological effect）。

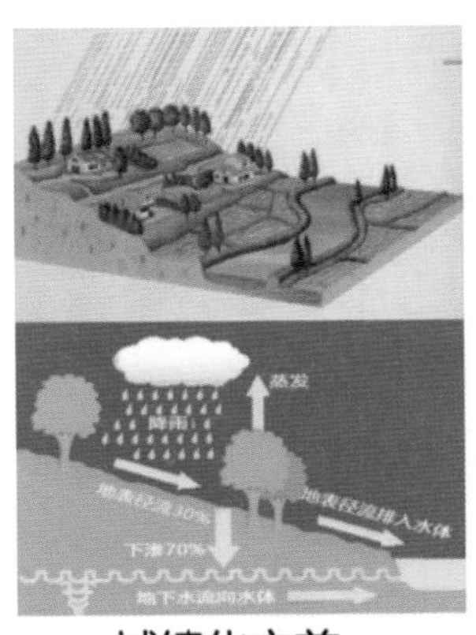

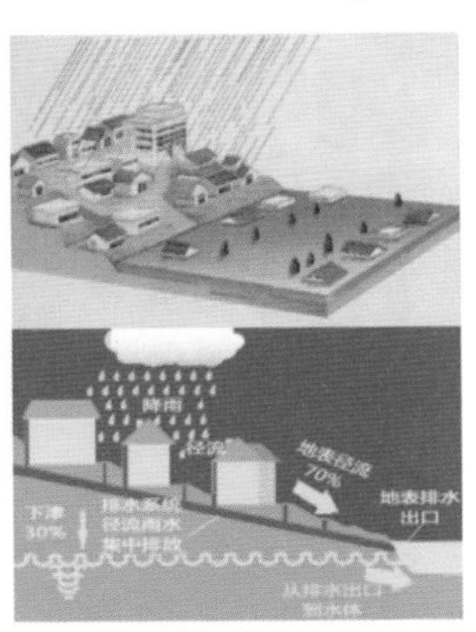

城镇化之前　　城镇化之后

图 10.1 城镇化前后降雨径流对比（引自章林伟，2015）

城市建设导致大范围耕地和天然植被被街道和各类建筑物代替，地面的渗透性很弱，对水的调蓄能力减弱，与郊外的水文特征明显不同。城市的热岛郊应和雨岛效应使城市的降水量增加5%以上，雷暴雨的次数增加10%以上。地表不透水面积比重很大，容易造成严重的内涝。大量的积水汇流到排水系统，导致地表径流迅速加大，使城市下游的洪水过程加快加重，洪峰出现时刻提前，增加了城市及其下游地区防洪的压力（图10.1）。

城市居民用水的消耗为农村居民的5～8倍，工业的耗水量更多。城市规模膨胀，人口高度集中，工业迅速发展，城市需水量也急剧增加，城市供水日益紧张。不少城市采取远程引水的措施，以缓解城市供水不足的问题。由此带来城市化效应的对外扩展，影响更大范围的资源调配。一些城市通过开采使地下水资源满足用水需要，其带来的地面沉降会形成更为严重的危害。

城市的工业废气进入大气会形成酸雨，严重危害土地酸碱平衡和地表水质量。工业污水和生活污水进入河流会造成水体污染，危及人类生活和生态系统健康，同时对下游城乡形成系统、广泛的污染危害。

城市水文效应是人类活动与水资源相互关系的重要命题，又与城市的气候效应、环境效应、社会经济效应密切相关。对它的研究既涉及多种学科的理论问题，又可服务于城市建设和社会发展。更为重要的是，城市水文效应促使我们对人类与环境的关系有更深层次的思考，对环境与社会的和谐发展有更为深刻的思索。

10.3 森林效应

森林的存在改变了降雨的水体运动，对径流、地下水等产生特殊的影响，同时还影响局地的蒸发和降水，这些影响统称为森林效应（forest effect）。我们需要注意这里的森林效应与社会上广为人知的森林效应有不同的内涵。“森林效应”一词已被作为一种社会学效应广泛使用，用以表征个体在集体的环境下为了争夺必要的生命资源，保持与周围环境一种和谐的竞争状态。在大气科学领域，森林效应主要由以下三个效应来表达：

图 10.2 林区的蒸发与蒸腾现象

（1）森林的湿度效应

林区的蒸发称为蒸发散，包括蒸发和蒸腾两个过程。蒸发是指树木的叶、枝、干表面，以及林地土壤的水分蒸发，属于物理过程；蒸腾是指森林中树叶气孔和皮孔散发出的水分，属于植物的生理过程。树冠是森林蒸发散的主体。树冠枝叶在降雨时截留了大量水分，然后几乎全部用于蒸发和蒸腾。在树冠的水分蒸发完毕后，树木还会从根茎输送水分到树冠用于蒸发，支持着森林较高的蒸发量。在降雨不是很多的地区，森林的蒸发大于其他固体地表。

林区蒸发量大，使上覆空气中水汽含量高，湿度大，形成湿润的空气，并常有雾气发生（图10.2），称为森林的湿度效应（humidity effect of forest）。由于湿度的扩散很弱，林内的湿度总是高于林外，白天林内湿度可以比周边地区高2%~11%。夜间的湿度差小一些。森林的湿度效应还包括林内土壤的湿度高于林外，有利于树苗和幼树的生长。

（2）森林的温度效应

森林的存在对森林的内部温度产生的影响称为森林的温度效应（temperature effect of forest），分为正效应和负效应两种。

正效应是我们所熟知的，森林的林冠大大削弱了进入森林内部的太阳辐射，导致白天森林内部的温度低于周边无林地区。由于森林内部的温度低，夜间森林的长波辐射也小于周边地区，导致热损失减少，林内的温度比周边地区高。正效应还包括森林气温的季节差异，夏季森林吸收的热量少，气温低于周边无林地区，进入森林感到凉爽。而冬季由于森林的保温作用，林区的温度高于周边旷野。正效应还包括蒸发过程对温度的影响。由于森林的蒸发量很大，将森林中的热量以潜热通量的方式带走，森林区域的气温有所下降，有利于在酷热的夏季保持凉爽。

反效应是属于保温效应，森林的存在削弱了风速，降低了与周边地区的热交换，对林内热量有很好的保温效应。白天温度高时森林起到保温的作用，即温度不容易降低；夜间温度低时森林起到了保冷的作用，即温度不容易升高，整体作用使森林对温度的响应有所滞后。对季节变化亦然，夏季保温、冬季保冷。

森林的温度效应是正负效应的组合。一般而言，正效应大于负效应。森林对气温有很好的调控作用，在城市热岛效应日益严重的今天，城市的设计理念中强调了森林的作用，城市中的森林成为调节城市气候的重要因素。

（3）森林的水文效应

我们都知道森林涵养水分、增加湿度、有利于水土保持，也有利于地球的水循环。森林的水文效应（hydrological effect of forest）泛指森林对水循环要素的影响，包括对蒸发、降水、土壤含水、径流、地下水等各方面的影响。森林的湿度效应也是水文效应的组成部分。

林下土壤的含水量一般大于无林地域，主要是由于林中植物根系发育、土壤团粒结构发育、林地落叶层丰厚，减缓地表水流动，增大渗入量。由于森林可以截留降水，森林的蒸发散很大，在降水量大湿润地区可能比不上地面水的蒸发量，但对于干燥地区森林的蒸发量要大于无林地区，这也是城市森林对空气湿度的贡献。森林空气中的水汽有利于形成降雨，但降雨需要空气的抬升过程来实现冷凝。通常，山区的气流会导致暖湿空气抬升，形成降雨，大面积的森林地区降雨量会有一定程度的增加。而在平原的森林上空，降雨量没有明显的增加。

森林对丰水期的水土保持意义重大，有降低洪峰强度，减少洪水流量，延缓洪水进程的明显作用。在枯水季节，林区的水流量会大于非林区，有调节径流分配的能力。一般而言，随森林面积增大流域的年净流量减少，而森林砍伐则会增大净流量。林区含水量的一部分会补充地下水，尤其山区森林对地下水的补充是显著的，而平原地区森林的作用目前研究不足。

其实，森林还有很多效应，例如森林的生态效应，森林的气候效应，森林对风场的影响（参见“林带效应”）等，这里不再介绍。

10.4 湖泊效应

由于水的比热和热容量与周边陆地有差异，导致水面温度变化迟缓，而陆地温度变化迅速。库区周围气温的日温差和年温差减小，使得夏天凉爽，冬天温暖。在太阳照射时，湖泊周围地面温度上升较快，而湖泊表面升温较慢，空气在周边上升而在湖面下沉，产生局部的垂直环流。由于水陆的热力差异，在较大的水库区域也形成类似于海陆风的“湖陆风”，白天风从水库吹向岸边，夜间风从陆地吹向水面。在这种环流的作用下，从湖泊蒸发的水源源不断地被输送到周边地区，形成降水。一般而言，湖泊周边地区降水较多，气候比较湿润，植被也比较繁茂。植被反过来增加了地面下渗和蒸腾作用，增加大气湿度、土壤湿度与大气降水。在比较寒冷地区的湖泊，会产生湖泊效应降雪（lake-effect snow)，在湖泊周边形成高降雪区。

湖泊效应（lake effct）的热力学作用与绿洲效应相似，但由于湖泊的蒸发量远大于绿洲，而且湖泊周边的陆地植被远好于荒漠，湖泊效应的作用会更加积极和有效。

（1）冷湖效应

夏季到达地表的太阳辐射很强。如果下垫面是陆地，则吸收的热量很多，并加热大气，导致气温升高。而如果下垫面是江湖等水体，水会吸收一部分太阳辐射，进入大气的热量减少，水面上空的温度较低。陆地上高温可以连续不断地提供水汽和上升气流，产生雷雨云团。当雷雨云团移到江河湖泊上空时，由于下垫面温度较低，会发生空气下沉。雷雨云团得不到上升的动力和水汽的输送，会马上减弱甚至停止。湖面低温对雷电云团的影响称为冷湖效应（cold lake effect）。在雷雨季节，雷雨云团在陆地上不断加强，一旦移动到大型湖泊之上时就会迅速减弱，因此，冷湖效应对天气和气候有可观的影响。冷湖效应在某些情况下与“冷岛效应”有相似之处。

冬季也有冷湖效应，一旦冷空气流入温暖的盆地，虽然没有湖，也会产生冷湖效应的气候。在我国新疆的南疆盆地四周都是高山，仅在盆地东北角有一相对地势较低的出口。在适宜的条件下，北疆的冷空气由此口进入南疆，发生降雪过程。当大面积的积雪形成后，南疆盆地将出现的“冷湖效应”，形成低温和持续降温。

（2）大湖效应

大湖效应（lake effect）是指冷空气遇到大面积未结冰的湖面时，从中得到水蒸汽和热能，然后在向风的湖岸形成降水、降雪、雾气等现象。美国五大湖地区沿岸的大湖效应最有代表性。在秋天到来时，五大湖区逐渐变冷，但冬季不完全封冻。南下的极地气团经过湖面时，温度极低的空气与相对温暖的水面接触，强烈蒸发的水汽进入气团，气团下部温度升高。暖空气上升形成层积云或大片积云。当气流越过湖区，来到寒冷的大陆上空时，地面摩擦导致大气移动速度减慢，来自湖面的暖湿大气在沿岸聚集，暖气团不断上升，云层加厚，开始大规模降雪，形成五大湖区特有的景观（图 10.3）。

图 10.3 湖泊效应示意图

在其他一些海域和湖泊也会产生大湖效应。例如：美国犹他州的大盐湖，加拿大的哈德逊湾和圣劳伦斯湾都会产生大湖效应的暴风雪。我国没有那么大的湖泊，只有在山东半岛威海附近会因为大型海湾的作用有大湖效应降雪，被称为冷流降雪。虽然威海的大湖效应很弱，但山东半岛的丘陵地形抬升作用会使其北部沿海降雪加强，甚至引发暴风雪。

大湖效应降雪的降雪地点取决于带动云移动的风向和风速。风速决定了暴风雪行进的距离，风越强烈，其携带的水汽走得越远，晚秋与初冬时节，其行进的距离最远。降雪量取决于冷气团与水面的温差，温差较大时，水温越高，冷气团温度越低，冷凝的水汽就越多，雪量就大，一般在12月和1月容易出现这种温差，也最容易产生暴风雪。如果水面结冰，水汽供给中断，大湖效应就会停止。

（3）水库的湖泊效应

水库湖泊效应是指人类修建大型水库而产生的相应的库区周围的气候改变。水库对气候的影响与湖泊对气候的影响一样。由于水体巨大的热容量和水分供应，可使水库附近的平均气温升高，气温日较差和年较差变小，并引起风、湿度和降水量的变化。

于20世纪50年代末建成的新安江水库发生的变化是湖泊效应的典型例子。主要发生了以下变化：水库周边降水量增加；年平均温度升高；湖面风速增大；无霜期延长；雷电减少；植被增多。这些变化表明，湖泊效应多是正面的，对于改善环境，增加降雨，调节气候有很多积极的作用。

三峡大坝建成以后，形成的水库对周围地区气候有一定的调节：年平均气温略有上升，冬季升温较明显，夏季气温略有下降，库区的平均风速和相对湿度可能增大。人们很担心三峡水库对重庆夏季高温的影响，现在从湖泊效应本身看，对周边夏季气温的原先影响是略有降低，而且影响的范围不会到重庆那样远。重庆高温应该不是三峡水库的负面效应，而是另有原因，需要深入研究。

10.5 冷湿效应

湿地是陆地与水系相互作用形成的特殊下垫面结构，具有多种功能的生态系统和显著的环境功能。

湿地和沼泽有着特殊的局地气候，与湿地积水深度和植被密切相关。湿地植被密度较大，太阳辐射被植被接收，产生强烈的蒸腾作用，加大了空气中的湿度，植物蒸腾作用在沼泽蒸发中起着决定性作用。湿地强烈的蒸发导致近地层空气湿度增加，空气中的水分要远大于附近农田。湿地因地表积水，热容量大，消耗太阳能多，地表增温缓慢，昼夜气温都比周边的农田低。沼泽湿地近地层（0.5~5.0 m）出现气温低、湿度大的现象，冷湿的程度随高度变化，越靠近地面，冷湿的程度越明显。观测表明，农田地温平均值高出湿地4 ℃以上，表明湿地的制冷作用很明显。

冷湿的空气随风向周边地区扩展，对周围地区的气温和湿度产生的效应称为冷湿效应（cold-humidity effect）。农田与湿地的距离越大，近地面气温越高，湿度越小。冷湿效应对周边的农田起到降温、增湿和改变小气候的作用。大面积分布的湿地对大气候也会产生一定的影响。冷湿效应在7、8月份气温较高、蒸腾作用较强时更为突出。冷湿效应也有日变化，在午后12:00—14:00期间更容易产生冷湿效应。

我国的三江平原沼泽湿地、长白山沟谷乌拉苔草沼泽湿地、林甸湿地、红树林湿地都是著名的湿地，有显著的冷湿效应。由于湿地的范围有限，冷湿效应有时也称为“冷湿岛效应”。

冷湿效应是湿地的典型气候特征。湿地的农田化开垦，直接导致冷湿效应减弱。据对黑龙江三江平原的研究发现，大范围农垦导致该区域降雨量明显减少，相对湿度降低，气温明显升高，平均风速加大，正在逐渐向“暖干”的方向转变。

10.6 冷池效应

当冷空气运动到暖湿地区时，下垫面对大气加热，形成上冷下暖的结构，大气稳定性很差，容易产生强对流天气。这种强对流天气可以产生雷暴、暴雨、冰雹、龙卷风等中、小尺度大气现象，有强大的破坏力。在很多时候，这些风暴是由多个风暴单体组成的飑线（squall line）。在风暴中，降水不断蒸发，吸收大气的热量，导致大气变冷而不断下沉，在地表形成冷空气团。由于风暴发生时地表的风不利于冷空气团的弥散，导致冷空气团在地表堆积，称为“冷池”。冷池破坏了原有暖湿下垫面的气温结构，增加了大气的稳定性，产生重要的动力学效应。

在强对流天气的形成过程中，与冷池同时产生了另一个现象——切变风。在强对流天气系统中的下沉气流是产生切变风的主要原因（如图10.4所示）。冷池对近地面的风形成了阻挡作用，二者之间形成阵风锋，有利于在冷池的前沿产生上升气流，促成另一个风暴的发展。冷池的这种作用称为冷池效应（cold pool effect）。

冷池效应在飑线的形成中是非常重要的。当单体风暴形成后会产生冷池，冷池效应诱发新的风暴单体，逐渐形成飑线。Rotunno等（1988）和Weisman等（1988）提出的RKW理论证明，冷池与低层垂直风切变的相互作用直接与飑线前沿气流垂直抬升的高度和垂直速度的大小相关，是飑线前方不断触发新对流单体最为重要的影响因子，决定了整个飑线系统的发展强度和寿命。飑线上的雷暴通常是由若干个雷暴单体组成的，因此可以产生剧烈的天气变化。飑线的长度通常为150~300 km，宽度0.5 km到几十千米，高度为3 km左右，寿命一般为4~10 h。当飑线过境时，地面上感受到的现象包括气压骤然上升、气温急剧变化、风向突变、风速快速增加等。过境时的平均风速可达10级以上，阵风12级以上。因此，冷池效应对飑线风暴的贡献是决定性的。

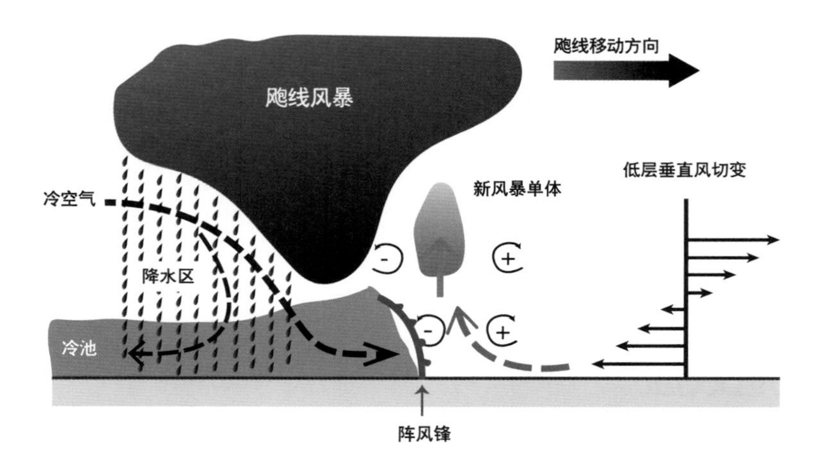

图 10.4 冷池效应示意图

图中“+”和“-”表示正负涡度，（引自陈明轩，王迎春，2012）

其实，在天气图上有一些相对冷的区域，其中心温度达到极小，有人也将其称为冷池。如果冷池在高空，表明该区域的稳定性极差，而在近地表的冷池温度会很稳定。这种冷池与风暴下方的冷池在机制上是不相同的。

10.7 覆盖效应

其实，覆盖效应原是关于行星光谱分析的效应，现在借用覆盖效应的名称来体现地膜覆盖产生的特殊效果。在现代农业中，地膜覆盖已经普及，蔬菜和水果大棚也大范围的存在。与原有土地面积相比，地膜覆盖率很高。由于地膜的使用，改变了下垫面的属性，产生了很多有利的变化，如：地膜覆盖下土壤湿度和孔隙率增大，提升了抗旱能力；地膜截留了更多的太阳能，产生了更好的保温作用；地膜减少了化肥的流失，增加了根系的防寒能力；地膜还减少了虫害。这些现象被称为覆盖效应（blanketing effect），包括：地膜覆盖的土壤热效应、水分效应、光效应等（康凤琴，1991）。实际上，有时用笼罩效应（cage effect）来代表更加广义的覆盖，似乎更加贴切。

除了上述效应之外，覆盖效应还特指下垫面被其他物质覆盖产生的气候效应。比如，地膜覆盖后进入大气的水汽会大幅减少，直接影响区域降雨和大尺度水汽输送，影响当地的气候。冬季大范围的降雪也会产生覆盖效应，对大气起到保温作用，对短波辐射起到反射增强的作用。因此，广义来看，覆盖效应也属于气候岛效应。

10.8 热虹吸效应

虹吸（siphonic）现象是由于管道两端的水柱压力差导致管道中的液体从高压端向低压端流动的现象。由虹吸管连接的两个容器中的液体会从高水位容器流向低水位容器，直到两个容器水面高度相等。虹吸现象的主要作用是用来将容器中液体抽出。

热循环运动被称为热虹吸现象。在容器中，底部加热导致热水上升，容器其他部分冷水下降，称为热虹吸现象。热虹吸也可以使相互连接的两个容器发生自然循环。太阳能热水器就是热虹吸现象的应用，冬季室内的供暖系统也是利用热虹吸原理提供热循环。

在大气中，存在更大尺度的热虹吸现象，即地表受热后加热大气，热空气上升，冷空气下降，形成局部或大尺度的对流。在热虹吸现象的发生过程中，也伴随着水汽的转移。高温地表加热大气使之上升的过程中，也将水汽带到高空，通过降雨过程回到地表，形成完整的水循环。因此，热虹吸现象包含了大气的垂向自然循环和水的自然循环。

热虹吸效应（thermosyphonic effect）是指在发生热虹吸现象的同时发生的异常水转移。当水汽上升到高空之后被输送到其他地方，使降雨不能流回到其发源区，导致区域性干旱。

中国北部沙漠地带的干旱体现为典型的热虹吸效应。北部夏季地表在强烈的日照下形成高温，将地表水蒸发并输运到高空，水汽到达青藏高原上空凝结形成降水。如果降水能流回北部地区，则形成良性的水循环。然而，由于青藏高原的地貌结构，地表水无法从高原流回中国北部，而是顺着高原的南坡流入印度洋和向东流入太平洋。因此，青藏高原除了以其高度阻隔印度洋的暖湿空气进入中国西北之外，还以热虹吸效应将中国北部的水分虹吸到印度洋和太平洋，直接加剧了中国北部的干旱。

北部的塔里木盆地虽然得不到南方的暖湿空气，但在地表还是有些河流注入盆地，使塔里木盆地曾经是水草丰美的地区。而现今，塔里木盆地严重沙漠化，盆地中的水消失，有的学者认为这就是热虹吸效应的结果。中国北方严重缺水，导致北方大范围的荒漠化，也被认为是热虹吸效应的结果。因此，没有完整持续的大气水循环，就不可能有持续的陆地生态平衡。

有人提出在青藏高原人工干预热虹吸效应的构想，即人为地将凝聚在青藏高原的地表水注回中国北部，使那里形成正常的水循环。回流的水有利于恢复北方的生态系统，减缓荒漠化进程。恢复的植被可以通过吸收二氧化碳减少大气的温室效应，而且使北方的地表得以冷却，有望减弱全球变暖的过程。可以说，这种大的人工干预气候的构想是很有科学基础的。

其实，热虹吸效应在较小的尺度上更加普遍。例如，干旱地区土壤的蒸发更加强烈，而蒸发的水分如果不能在当地形成有效的降雨，土壤就会进入干旱状态。农业的地膜覆盖技术就是阻滞地表水蒸发的实用技术，以防范热虹吸效应造成的干旱。

10.9 湿度效应

在高温条件下，地面河湖及海滨附近，水面面积较大会使空气湿度增大，进而影响到人们对气温的感觉。高温时，人体散热需通过汗液将热量排出体外。如空气湿度较大，汗不易挥发时，人就感到闷热，感觉温度往往比实际温度高。湿度的这种影响称为湿度效应（humidity effect）。

其实，在冬季也有湿度效应。冬季海洋比较温暖，沿海地区的空气湿度较大，在同样低温状态下，在沿海地区感觉更冷。尤其在有风的情况下，沿海的人对寒冷的主观感觉比陆地更低温度的地区还要冷。

● 雾凇现象

湿度效应会产生各种现象。例如，我国北方城市的雾凇现象就是大气湿度效应的结果。吉林市松花湖发电后的水排入松花江，这些水可以在不封冻的条件下流动上百千米。期间，由于冬季寒冷的气候，江水在江面形成大量的蒸发，产生浓雾，空气湿度呈过饱和状态。水汽遇到树木就凝结在枝条上，形成美丽的雾凇（图10.5）。

图 10.5 吉林雾凇

● 森林的湿度效应

森林中因林冠的遮掩作用，使林内湿度增大。林内风速小、气温低，水汽扩散不畅，致使林内绝对湿度比旷野高。通常林内气温通常低1~3 ℃，相对湿度比林外高2%~11%，最高值出现在午后，最低值出现在日出前。

森林的湿度效应（humidity effect of forest）是指林内湿度增大所产生的影响。较高的湿度有利于林下幼苗和幼树的生长。森林中土壤的湿度高，有利于森林涵养水分的功效，详见森林效应。

10.10 降雨效应

降雨效应（rainfall effect，effects of precipitation）是一个内涵非常丰富的效应，与海洋、大气、环境都有密切的关系，一些物理内涵是非常有趣的。这里，我们将关注的焦点放在海洋和大气中的相关效应。

（1）海面的降雨效应

到达海表面的降雨可以产生几个重要的过程，这些过程都可以归结为降雨效应。

海面存在着黏性边界层，是海洋的“皮肤”。降雨落下的水滴破坏了黏性边界层，并会携带空气进入水体形成气泡，改变了海洋黏性边界层的结构。雨滴降到海面上，对海面的波浪产生拖曳作用，较小的波浪会被降雨削弱。大雨会将大量的动量传递给海水，显著降低海浪的强度，削减白冠的覆盖率。小尺度波浪粗糙度的降低减少了波生流在长波波峰上分离的概率，因此减少了长波破碎的趋势。

当风暴在海面产生强大的湍流时，同时发生的降雨可以削弱上面几米海水的湍流强度。这是由于降雨在海面形成淡水层，雨水的密度低于海水，湍流混合必须克服重力做功，因而湍流混合被抑制。上层水体湍流的减弱事实上将下部水体与风的作用隔离开来，下部水体获取的动量要少很多。在直接的风强迫消失之后，海洋中存在的湍流将继续混合流体，直到由于黏性耗散而消失。耗散的时间尺度是浮力周期N-1。

由于降水产生的层化抑制了垂向混合，上层水体只能被约束在海洋上层，不能进入海洋深层。

（2）大气中的降雨效应

大气降雨会将大气中的小颗粒物去除，使空气得到净化，称为降雨效应，又称雨洗效应（rain out effect）。降雨效应主要发生在云中或云下。

在云形成过程中，主要有两种原因形成云滴。由小水滴凝结而成的云称为水成云，有冰晶核凝结而成的云称为冰成云。云滴在发展过程中不断长大，最终形成降雨。在云滴生长的过程中，云滴会与云中的颗粒物凝结在一起，形成雨滴，随降雨一起来到地面。降雨消除了云中的这些颗粒物，将这些颗粒物带到地表，这就是为什么有时降雨特别“脏”。雨水离开了云层在下降过程中，仍然可以裹挟或吸附大气中的颗粒物，使之随降水离开大气，同样发生了净化空气的作用。

大气中的颗粒物有自然产生的，比如沙尘；也有人为产生的，比如各种污染颗粒物。如果大气中的颗粒物有酸性成分，就会产生酸化的雨滴，形成酸雨。如果含有碳黑，就会形成脏雨。

大气降雨不仅会吸附颗粒物，还会吸收一些微量气体。与颗粒物不同的是，气体分子在雨滴中存在扩散过程和化学反应过程，形成特殊的解离平衡或化合物。污染的气体成分也会被雨滴吸收，使空气得到净化。

10.11 湿气效应

土壤的湿度是一个重要的气候因子，对于了解土壤中的水分含量，估计土壤与大气的湿度交换，对分析蒸发和预测降雨有明确意义。同时，土壤的湿度也是重要的农业要素，对了解土壤的墒情，对植物不同生长阶段的保墒作用，预测农作物的生长水平很有价值。在雨季，土壤的湿度还与陆地水文的条件有关。因此，大范围的土壤湿度监测非常重要。

监测土壤湿度的有效手段是卫星遥感，土壤发射各种辐射，包括红外和微波谱段的辐射。由于天空中时常有云，红外辐射被云层阻挡，但微波谱段（1~1000 mm）的电磁波可以穿透云层，到达卫星，被星载微波辐射计捕捉到（图10.6）。按照斯蒂芬-玻尔兹曼定律，微波辐射计可以直接测量土壤表面的亮温。在同样的气温情况下，干燥土壤和湿润土壤的亮温是有明显差别的，由此可以通过观测到的亮温数据反演土壤湿度（毛克彪 等，2007）。土壤湿润程度导致的亮温差别称为湿气效应（effect of moisture）。

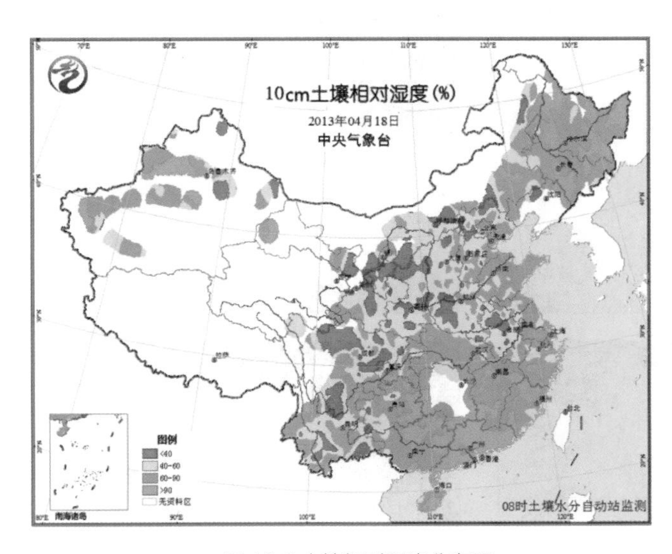

图 10.6 土壤相对湿度分布图

发生湿气效应的原因是由于土壤中的水分引起的。水分导致土壤的介电常数发生很大的变化，因而导致微波发射率的变化。介电常数为相对介电常数与真空介电常数的乘积，其中，真空介电常数的量值为8.854×10^{-12} F·m^{-1}。因此，仅考虑相对介电常数就可以分析湿气效应。空气的相对介电常数接近1，干燥土壤的介电常数约为3~5，而水的相对介电常数约为81。可见，水分多的土壤相对介电常数会变大很多，可以在8~15范围内变化。

10.12 列车效应

在大气中，有时在某个区域会频繁地生成较小尺度的对流单体，向特定的方向移动；当对流单体移出后，在同一区域又生成新的对流单体，向同样的方向移动。这些对流单体接续地排列起来，像列车一样向下游移动，对相关的区域接连产生影响，被称为列车效应（train effect）。

列车效应的主要影响是在其下游不断产生降雨，形成累积的强降水。列车效应经常产生极端雨量的降水过程，造成严重的洪涝灾害。例如：2010年湖南“6.19”暴雨就是由列车效应引起的，造成11个地区163万人受灾，直接经济损失7.3亿元（路志英等，2015）。早期基于气象台站的观测对列车效应的理解有限，多普勒气象雷达的问世大大提高了对降雨环境观测的时空分辨率，成为研究列车效应的有效手段（俞小鼎，2011）。

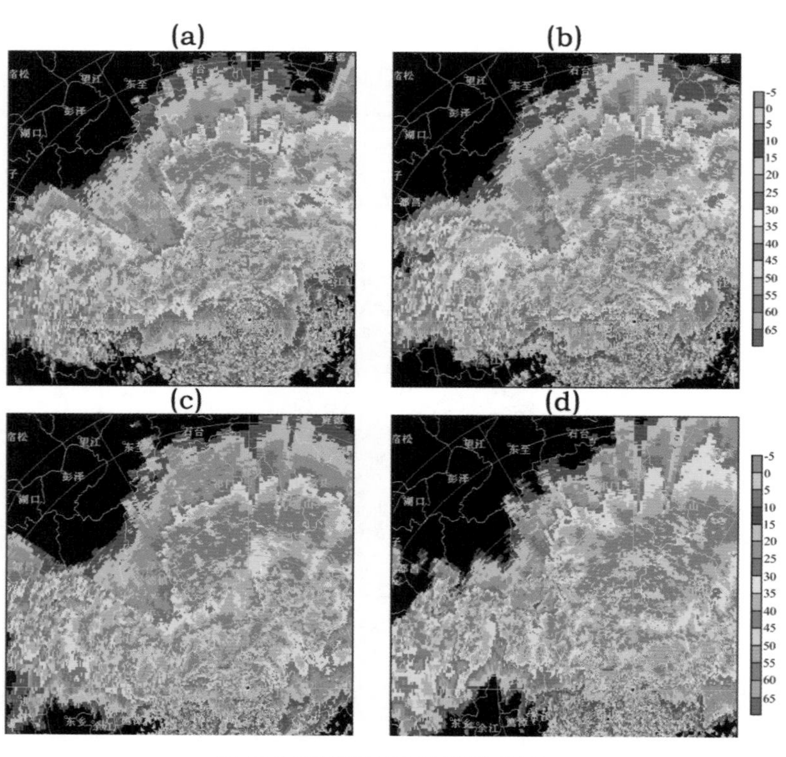

图 10.7 列车效应引起的强降雨过程

图中 2011 年 6 月 15 日上饶多普勒雷达组合反射率因子（单位 :dBz），(a) 03:33，(b) 03:52，(c) 04:16，(d) 05:02

大气中的强对流

系统由局地适宜的气象条件产生，并在低空急流的作用下发生移动。一旦低空急流比较稳定，而且下垫面的强迫长时间维持，就会发生列车效应。列车效应一旦产生，其维持和发展是大气系统对接续降雨过程的整合，由接踵而来的中尺度大风核组织成有效的次级环流（黄小玉等，2010）。图10.7是2011年6月15日江西北部一次强降水过程，图中的反射率因子表现为强回波，代表了垂直发展旺盛的大气过程，具有明显的后向传播特征。在这个事件中，干冷空气入侵形成地面辐合线，暖湿急流输送方向与地面辐合线平行，孟加拉湾的水汽被源源不断地输送到辐合线上空。这种大风速区和辐合区的发展有利于中小尺度对流单体及其次级垂直环流的维持和发展，并在下游规则排列，产生列车效应，使空间范围不是很大的降雨区接连发生，产生了超历史极值的强降水过程（孙素琴等，2015）。

10.13 冷斑效应

在海洋中，如果来自极区的冷水在某一区域积聚，则称为冷斑（cold blob）。由于冷斑的水体来自极区，比周围的海水要冷，自然会有气候效应，关键是这种效应有多大。2014—2015年，北大西洋大范围的表层海水相较于常年偏暖，但是在格陵兰岛南部的北大西洋中，有一个区域的海水温度低于常年（图10.8）。这些冷水处于低温低盐状况，分析认为这些水体来自冰川融化的增量。虽然这部分冷水的范围不大，但伴随冷水生成的海面高度增大将导致北大西洋海面高度场的异变，使得湾流减速。湾流速度的变化会改变北大西洋海面温度场，会对北半球的天气和气候产生显著影响，是一件不可忽视的效应，称为“冷斑效应（cold blob effect）”。其实，在海洋中类似的冷

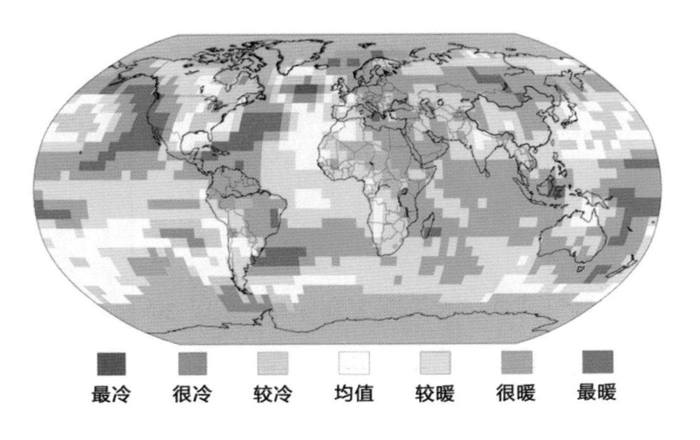

图 10.8 2014 年 12 月至 2015 年 2 月发生在北大西洋的冷斑
（引自 NOAA 气候数据中心）

斑效应还有很多，只是大多数没有这么强。

海表温度的变化会影响海洋和周边陆地上空的气温。例如，在加拿大的纽芬兰沿岸，通常是由拉布拉多寒流带来的冷风所控制，当海流减弱后，当地水温出现正距平（偏暖），海面出现特殊的海风（sea breeze）。这种变化不仅影响局部的气候，而且影响更长时间尺度的变化，比如：大西洋多年代振荡（AMO）。

10.14 热斑效应

热斑效应（hot spot effect）是与上节冷斑效应相对的效应，主要指海洋表面出现异常温暖的现象时对大气环流产生的影响。海洋的热容量是大气的近千倍，同样温度的海水比大气储存的热量多得多，因此，海洋蕴藏的热量是改变大气运动的关键因素之一。即使一个体积不大的温暖水体向大气释放热量，足以引起大气结构和运动的显著变化。从这个意义来讲，海洋的热储存决定了大气的热惯性，支配着气候系统的结构。这种海洋暖区域称为热斑（hot spot），热斑对大气运动的影响称为热斑效应。

海洋中各种热斑的尺度有很大差别。最大的热斑是亚热带西边界流，西边界流将热带的温暖海水向中纬度海域输送，形成同纬度海洋中异常偏暖的区域，区域的宽度100~200 km。暖水的影响范围不限于西边界流的流域，会因不稳定性形成大量涡旋，将暖水扩展至周边海域，形成更大范围的热斑群。一个暖涡可以形成直径30~60 km的热斑。

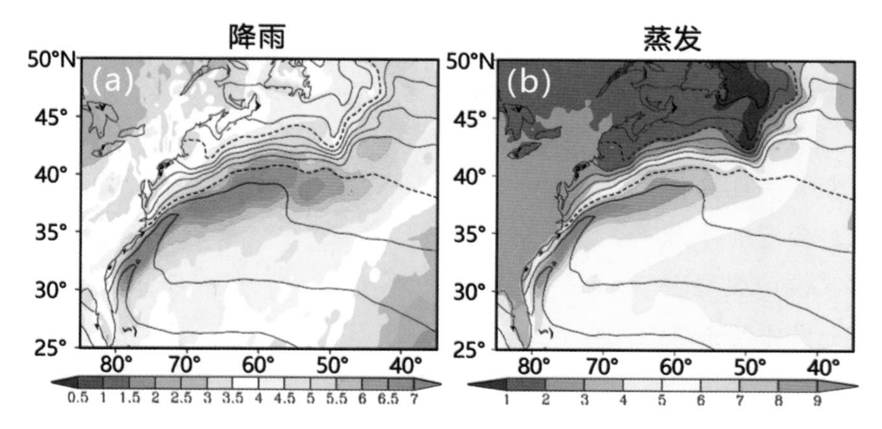

图 10.9 年平均气候态的降水（a）与蒸发（b）(引自 Minobe et al., 2008)
蒸发与降水的单位是 mm /d；等值线为表面温度（10~20℃），间距 2℃

热斑效应是指温暖的海洋通过海面热通量的释放加热低层大气，降低大气运动的稳定性，改变区域性气压场分布，从而影响更大尺度的大气环流。图10.9是热斑效应引起的降水与蒸发过程，形成的区域性的海洋气候。这种影响的物理机制如图10.10所示，而湾流锋的向岸一侧发生高压引起的风辐散，在湾流锋外侧发生低压引起的表面风辐聚，产生跨越温度锋的风场，冷空气进入温暖的辐聚区后发生驻留，造成降水的增强。与此同时，暖空气产生向上的运动，并受到上层的水平辐散的带动，到达对流层的上部，并且频繁生成高云（Minobe et al., 2008）。湾流流域的暖信号向上传递，一直影响平流层底部的大气运动。因此，海洋的热斑效应对气候系统的重要性是不可低估的。

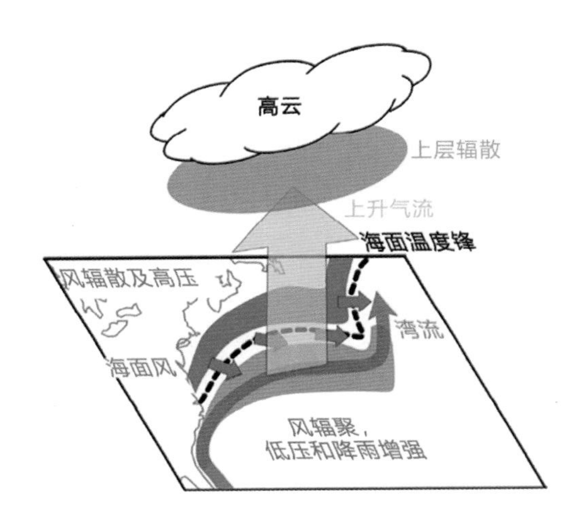

图 10.10 气候对湾流的响应（引自 Minobe et al., 2008)
绿色曲线箭头是湾流，黑色虚线是湾流的温度锋，蓝色阴影为表面风辐散区，红色阴影为表面风辐聚及降水区，灰色箭头跨越温度锋的风，黄色箭头为向上的运动，蓝色椭圆为上部水平辐散区，上部白色区域为高云

最近的研究表明，全球海表升温最显著的区域是大洋亚热带西边界流区域及其邻近海域，与全球增暖导致的西边界流增强有关，直接导致热斑效应的增强，对大气运动产生额外的影响，并通过非线性作用影响大气环流。热斑效应增强对气候系统的影响还不是很明确。根据气候动力学原理，热斑效应会对区域性大气环流、冬季风暴的生成和夏季的降水区域产生影响，而且会通过非线性作用产生全球效应，激发出气旋加强、降水增强等极端事件。

10.15 雷诺效应

我们熟悉的与“雷诺”有关的内容是雷诺数和雷诺应力，而雷诺效应与这二者无关，主要涉及云的微物理过程。早期人们非常关注降雨的原因，因而关于云的液滴生长过程得到人们的持续关注。云中的液滴可以同时卷入两个静态过程：一个是通过凝结形成更大的液滴，是形成降雨的必要条件；另一个是蒸发，液滴的蒸发会削弱潜在的降雨。一般而言，较暖的液滴更容易发生蒸发，较冷的液滴更容易发生凝结，据此，O.雷诺在研究时提出一种构想：在云中，较暖的云滴发生净蒸发，而较冷的云滴发生净凝结，蒸发产生的液态水无需被输送到云体之外，而是直接凝结在较冷的液滴上，这样，一团本来并没有降雨的云层会通过这种蒸发与凝结的转换形成降雨，人们将这种液滴生长过程称为雷诺效应（Reynolds effect）。雷诺效应的价值在于，它充分考虑了云内部的物质循环与平衡，在认识降雨形成的研究中发挥了重要作用，也是人工降雨技术的认识基础。

后来的研究表明，真实的降雨形成过程更加复杂，涉及到凝结核是否充足、湍流运动强度、云的环境温度、过冷却液态水含量等因素。雷诺效应可以作为关于降雨的启蒙认识而保留其价值。

10.16 域外效应

这个效应的提出与人工降雨有关。人工降雨分为冷云降雨和暖云降雨。冷云降雨通常需要播撒冰核物质，如干冰、液氮、碘化银等。而暖云降雨需要播撒稀释型盐类。不论采取哪种方法，人工降雨的播撒范围还是非常有限的，如果只在播散范围内发生降雨，人工降雨的意义将大打折扣。事实上，人工降雨的影响范围远大于播撒范围，其原因就是域外效应（extra area effect）。

统计表明，域外效应引起的降雨正比于播撒区域的降水量，其原理与人工降雨物质的扩散有关。扩散的原因有：第一，播撒的冰核物质可以在大气中悬移，随气流移动，被输送到相当远的距离，在其运移范围内发生作用，使降雨范围扩大。第二，大气中的湍流扩散发挥作用，将影响扩展到风的侧向和下游地区。因此，域外效应涉及到云层周边的输运和扩散过程，这些过程将使人工降雨的作用得到扩展。

10.17 滑脱效应

海洋与大气都与岩石圈接触，岩石孔隙中的渗流是流体的运动空间，对地下水、咸潮、氧气排放等领域都有意义。

气体在岩石孔隙介质中的低速渗流特性不同于液体。图10.11a为液体渗流的流速断面分布，在孔道的边缘受摩擦的影响产生吸附层，流速减弱。而气体在岩石孔道壁处不产生吸附层，气体分子的流速在孔道中心和孔道壁处无明显差别（图10.11b），因而，气体有较高的流量，其渗透率大于液体，这种特性称为滑脱效应（slippage effect），也称为克林肯-伯格效应（Klinken-Berg effect）。实际上，气体在细小毛管或低渗多孔介质中流动时，气体相对于毛管壁的切向流速不等于零，但也不是完全不受壁面的影响（闫健等，2009）。

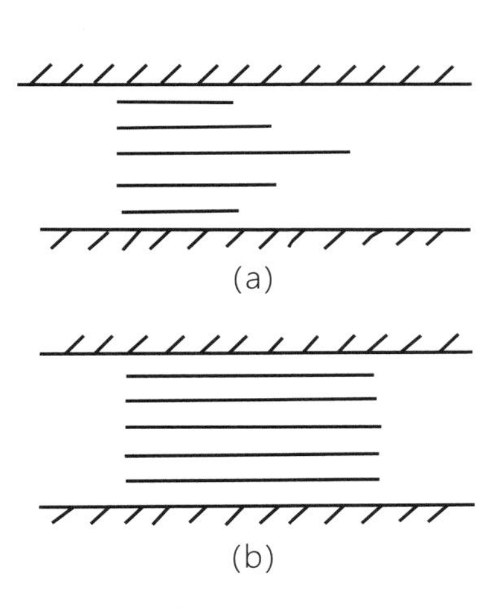

图 10.11 克林肯伯格效应示意图
（a）液体的流速断面，
（b）气体的流速断面

当压力极低时，气体分子的平均自由程达到孔道尺寸，气体分子扩散可以不受碰撞而自由飞动，这一原因导致渗透率增加，气体的渗透率大于液体的渗透率。实验证明：岩石渗透率越低，滑脱效应越大；压力越低，滑脱效应也越大。

也有人怀疑克林肯-伯格效应的存在性，认为气体滑脱要求岩心孔隙中存在着无穷大的剪切应力，这实际上是不可能的。

第11章

边界效应

Boundary Effects

狭义的边界是固体边界，对大气和海水的运动产生实质性的约束，是边界效应的主体。山体、岸壁、通道、岛屿等都会约束运动，形成各种特殊的效应。尤其对于海洋，任何固体地貌都会影响海水的流动。这类边界效应是很容易理解的。大气下垫面的地貌对于气流有很多重要的影响，是众多大气现象的形成机制。

在海洋中，海底地貌对海洋的水团、环流和结构有重要影响。由于海洋存在固体侧边界，还多了很多与侧边界有关的效应，称为地形效应。大气中虽然没有侧边界，但高大的山脉和冰川也有类似侧边界的效应。

边界有时也泛指一些要素的分界面，比如：海洋和大气的锋面，海气之间的分界面，海水内部的跃层等。这些边界通常称为边缘，形成各种边缘效应。这类边界未必是固体，而是在海洋和大气内部，产生广义的边界效应。

因此，本章介绍的边界效应既包括狭义的固体边界，也包括广义的边界引发的各类效应。

11.1 边界效应

边界通常被理解为系统受到硬性约束的因素，是众多信息汇聚的地方，与系统具有异质性，是变化最显著之处，容易产生特殊的现象，受到人们的关注。边界效应（boundary effect）则强调系统受到硬性约束后不得不发生的变化。由于广义的“边界”具有宽泛的内涵，涉及众多领域，在社会学、心理学、经济学等领域很重视边界效应。

陆地是海洋的边界，海水不能穿越边界进入陆地，陆地对海水起到实质性的约束作用，因而极大地影响海水的运动。陆地约束作用产生的效应称为边界效应。海洋中的边界效应非常多，许多现象都可以归因于边界效应。海洋中由于海岸线的约束，风造成的向外输送不能从水平方向获得补偿，只能从海洋深处补偿，发生近岸上升流是典型的边界效应产物。海洋中的波生沿岸流和裂流是波动在海岸反射时产生的运动形式，使波动的能量转换为流动的能量，并产生真实的输运过程，构成沿岸流的重要组成部分。海洋中的风暴增水现象是海岸对水体约束的结果，涌来的海水会使近岸水位升高，严重时会形成风暴潮，造成自然灾害。海底地震发生会产生海啸波，当海啸波传到近岸浅水区时会造成能量积聚，发生高达几十米的波动登陆，对陆地上的一切造成毁灭性的破坏。泥沙输运更明确地体现了边界效应，因为泥沙无法登陆，只能沿着边界约束的范围输运。在海底的油气层中，存在着渗流场的各种边界，包括等势边界和不渗透边界，对采油生产产生明显的影响。

总之，边界效应是一大类效应，海洋和大气中的许多现象与边界有关，有些效应不叫边界效应，而是另有其名，实际上也应属于边界效应。鉴于边界效应易于理解，这里不多解释。

11.2 边缘效应

边缘效应（marginal effect）是指在两个不同性质的系统分界处由于某些因子或系统属性的差异而引起的变化。边缘效应可分为动态边缘和静态边缘两种。动态边缘效应是移动型系统的边缘，外界有持久的物质、能量输入，这类边缘效应相对稳定，长期存在；静态边缘是相对静止型边缘，外界无稳定的物质、能量输入，此类边缘是暂时的，不稳定的，会被混合过程所破坏。在很多科学领域都存在边缘效应，有些领域称为边际效应（fringing effect）。

在陆地上，地理学特征导致的边缘效应很明显。地理上的边缘有：沙漠与绿洲、海洋与陆地、山地与平原、城市与乡村等。在边缘上，由于区域分布、物质成分和能量结构的差异导致的各种特殊的分布与变化，如变异、扰动、增强、减弱等。例如：作物群体的边缘地带由于辐射、通风、养分等条件较作物群体内优越而产生的一种增产效应，也称为边际效应（大气科学名词审定委员会，2009）。边缘效应只发生在界面的一侧或两侧，一般不再向更深处扩展。边缘效应通常体现为强度、规模、方式与类型的不同，体现了不同系统之间的相互影响和相互渗透，体现着非均衡性。这里我们主要介绍在海洋和大气系统中的边缘效应。

（1）大气中的边缘效应

在大气中，边缘效应主要体现在大气锋面两侧大气物质与能量相互交换与影响。大气锋面是冷暖气团的分界面，锋面处的温度和湿度有明显差别，锋面可以发生在整个对流层，锋面的长度有几百千米到几千千米，甚至环球存在。锋面两侧的气团性质有明显差异，空气运动活跃，气流稳定性差，常造成剧烈的天气变化。锋面过渡带在地面的宽度为几十千米的量级，到高空可达200~400 km，向冷气团一侧倾斜。锋面的边缘效应很多，以下是一些例子：

上升气流。由于冷空气下沉，导致暖空气抬升，形成上升气流，也就是我们常说的对流天气。

锋面云带。锋面上升气流携带水汽到达高空，形成特殊的云层。从卫星上可以清晰地看到长数千千米，宽数百千米的锋面云带。

锋面雨。暖湿气流在上升过程中，气温不断降低，水汽就会冷却凝结而降雨，称为锋面雨。锋面形成系统性的云系，但并不是锋面云带都能形成降雨，形成降雨的上升气流需要有较高的湿度和温度。锋面降雨带会随锋面的移动而摆动。

锋面气旋。锋面上会因某些原因形成波动，由于斜压不稳定性，波动会产生气旋。在冷暖空气交汇的大尺度锋面上，产生气旋性的温带气旋。温带气旋与热带气旋相比强度较弱。

锋面逆温。在锋面冷空气一侧向上可以观测到逆温现象，即高处的气温高于地表，这是由于锋面向冷空气一侧导致的现象。远离锋面处鲜有这种逆温现象。

北极霾。在北极存在一种从地表一直到10 km高度的带状区域，集聚了大量的非气体的颗粒物质。这些物质有自然形成的，更多的是人为产生的，很多物质是污染物质。产生北极霾的原因一是由于其位于大气的辐聚带，污染物质不容易被分散；二是因为冬季北极没有有效降雨冲洗，导致污染物质越积越多。

其实，大气锋面的边缘效应还有很多，这里就不再枚举。

（2）海洋中的边缘效应

海洋水团之间的分界面称为锋面，生成显著的边缘效应。

锋面混合。如果水团之间没有相对运动，水团之间的相互影响不大，边缘效应较弱，主要由湍流混合主导，锋面的范围不大。如果水团之间有相对运动，湍流运动会大大增强，导致较强的混合，锋面的范围也会展宽。边缘效应体现为锋面两侧水体产生相互交混，距离锋面越近，混合的程度越高。各种尺度的湍流运动是锋面边缘效应的主体。如果水团的分界面也是海流之间的锋面，流之间会发生强剪切，引起不稳定过程，在锋面处产生涡旋，例如：在西太平洋亲潮与黑潮的交汇处，赤道流与赤道逆流之间的分界处、南极绕极流的冷水与暖水的锋面等。涡旋产生的混合要比湍流混合有更高的效率，即相同的时间里扩展的空间范围更大。这些涡旋从主流获取能量，用来加剧两支流动水体的混合，使锋面的范围更广，以至于没有明显的锋面（图11.1）。

图 11.1 海洋锋

潜沉。当西风导致海面水体向赤道方向输送时，会与暖水相遇，形成亚热带锋。沿着锋面会发生暖水上升、冷水下沉的过程，称为潜沉。潜沉的水体可以到达温度跃层的底部。当潜沉水到达与其密度相当的水体中时将停止潜沉，向赤道方向扩展，形成所谓的模态水。

生物特性。由于海洋存在生态系统，边缘效应要更复杂一些。在不同水团中存在不同类型的生态系统，在两个系统的界面附近，物种之间发生强烈的竞争，最后会形成和谐共生的结果。各种生物由激烈竞争发展为各司其能，各得其所，相互作用，形成一个多层次、高效率的物质、能量共生网络。边缘效应带群落结构复杂，某些物种特别活跃，其生产力相对较高；边缘效应以强烈的竞争开始，以和谐共生结束，从而形成稳定的边缘效应。

海岸带。海岸带是陆地与海洋相互作用、相互影响的区域。如果将海岸带考虑为一个统一的系统，则陆海分界处产生的各种现象也可以考虑为边缘效应。陆海分界处的边缘效应非常丰富，包括：泥沙运移、径流扩散、物质输运、污染物扩散、岸线腐蚀、近岸沉积等等。

（3）古气候和古海洋学中的边际效应

对历史气候与海洋的研究属于古气候学与古海洋学的研究内容，主要是依据海底沉积物或冰芯中提取的参数开展研究。冰芯可以提供较高时间分辨率的信息，可以追溯到100万年前；而海底沉积物的年代更为久远，可以追溯到亿年之前，但是其时间分辨率要低得多。古气候科学对完整地认识气候变化过程是必不可少的。我们期待有更多的古气候学、古海洋学数据来揭示地球气候变化之谜。

然而，依托沉积数据对古气候与古海洋学研究的特点是，对每一个历史时期的现象有比较明确的结论，但对两个历史时期的分界期则很不清楚，误差都可以达到几万年至几百万年之多。这种无法准确确定分界的历史时期的现象被称为边际效应。边际效应提示我们，对待古海洋学的结果需要持理性和理解的态度，不能轻信一个沉积样品的分析结果，要对以科学猜想和推断为结果的古海洋学结论开展交叉验证。解决边际效应的方法是在沉积数据定年方面取得突破性进展。

（4）咖啡环效应

当一滴咖啡落到桌面时，就会在一定范围扩展，最后留下一个近乎圆形的污渍。污渍自内向外是不均匀的，边缘部分更加显著，称为咖啡环。咖啡环效应（coffee ring effect）是指污渍中的物质向边缘集中的现象。研究表明，咖啡环的形成与咖啡颗粒的形状有关，颗粒如果是球形的，就会发生咖啡环，而颗粒如果是片状的，就不会发生咖啡环。

咖啡环效应的产生仍是力学效应，咖啡滴落的瞬间形成了自内向外的压强梯度力，驱动咖啡颗粒形成了向外扩展的速度。然后压强梯度力消失，咖啡颗粒凭惯性继续向外扩展。桌面对咖啡颗粒有吸附力，吸附力的影响致使咖啡环的扩展越来越慢，最后完全停止。咖啡环内部颜色较浅的部分留在那里也是桌面吸附力的作用结果，吸附力扣留下一部分咖啡颗粒，使到达外环的咖啡越来越少。

咖啡环效应代表了流体在边界面上扩展的一般规律，与流体的力学特性有关，也与边界的吸附力有明显的关系。水是黏性很小的液体，如果边界的吸附力很小，就会发生咖啡环效应；如果边界吸附力很小，水滴也很小，在表面张力作用下就会发生莲叶效应。而如果边界吸附力很大，咖啡环效应就不是很明显。更大尺度的咖啡环效应理论上也是应该存在的，但并没有人引起注意。

（5）边界效应与边缘效应的异同

对海洋和大气而言，边缘效应与边界效应有明显的不同，边界效应是指固体边界产生的效应，而边缘效应是两个水团或气团之间的界面产生的效应。广义地看，边界效应是一种特殊的边缘效应。

近年来，有很多关于环境边缘效应机理的探索，认为边缘效应主要由另外三种效应所产生：加成效应、协同效应和累积效应。请参阅第16章介绍的这三种效应。

11.3 海面应力效应

海面应力定义为海洋与大气之间的动量交换，在湍流状态下也用动量交换来近似。海面应力是矢量，有水平方向的切向应力分量和垂直方向的法向应力分量。应用海面应力的定义，就可以研究海洋和大气之间动量交换。由于大气的风速远大于海流的流速，海面应力对海洋的作用远大于应力对大气的作用，因此，海面应力效应（sea surface stress effect）主要是指大气对海洋的影响。

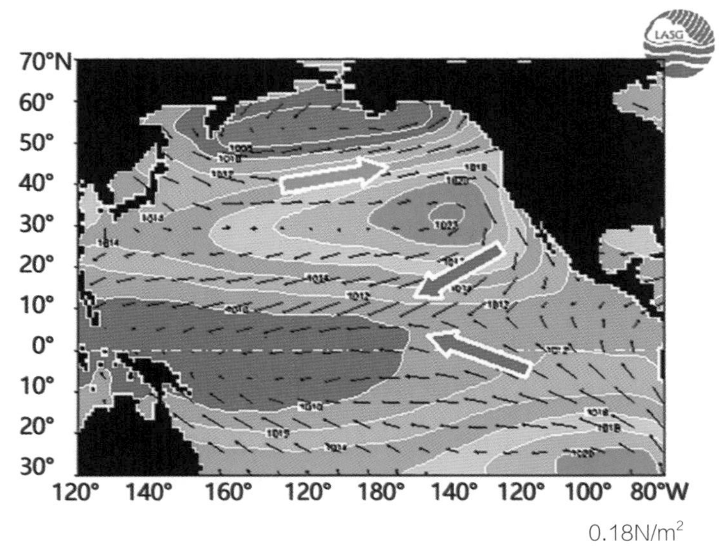

图 11.2 太平洋海面风应力场（Silva et al.,1994）
图中彩色区域为年平均海面气压（hPa），箭头为风应力矢量（N/m^2）

海面应力效应对海洋运动的影响范围是非常广泛的，涉及到与海面应力有关的各种运动形式。海洋的风漂流、风生上升流、风生大洋环流、海浪、内波、扩散、混合等过程都可以称为海面应力效应。早期在大气领域将海面应力效应称为海面切应力效应（sea surface shearing stress effect），实际上，海面的法向应力对海洋而言是一种重要的扰动形式(图11.2)，对海洋中一些波动的产生有不可忽略的贡献。因此，在此我们用海面应力效应来统一表达大气动量对海洋的影响。

海面应力效应强调了大气对海洋动量输送的特殊重要性，全球平均而言，以海面应力做功的形式进入海洋的能量只有60 TW，而以热通量形式进入海洋的能量达到3100 TW（Huang，2010），相对而言海面应力效应是小量。但是，以热量形式直接驱动的海洋运动很少，海洋接收的热量绝大部分返回大气。驱动海洋运动的主体是大气提供给海洋的动量，因此，海面应力效应对于大气而言只是损失了一小部分动量，而大气以应力形式输入海洋的动量却是海洋运动的主要动力源。

不过，海面应力效应因其内涵宽泛而缺乏针对性，导致提到这个效应时让海洋领域的人觉得不知所云，反倒是大气领域的人对海面应力效应有明确的理解，用其表达大气的动量损失，因此，海面应力效应更像是一种大气效应。

11.4 地形效应

山区的气候效应由三种主要效应来表达：地形效应、雨影效应和焚风效应。这三个效应是一个现象的三个方面，分别表现山区两侧气温和降雨的差别。

地形效应（orographic effect），也称山形效应，是指气流越过高大的山脉或其他高地导致气团向上移动触发的气团升高和积云形成的过程。当气团翻越升高的地形时，自动地向上移动，称为地形提升。持续的提升使气团发生绝热冷却，也就是在冷却过程中，气团中的热量没有增加或减少。随着气团位置不断升高，温度不断降低，最终发生空气的冷凝（condensation）。当相对湿度达到100%，产生云和降雨，称为地形降雨（orographic precipitation）。图11.3是山区被云雾笼罩，经常细雨濛濛的样子。与平原地区相比，山区接受了更多的降雨，地形效应起到了关键的作用。世界上，典型的地形降雨的例子包括，美国西北、西弗吉尼亚州的阿巴拉契亚山脉（Appalachian Mountains）、印度西高止山脉（Western Ghats）、澳大利亚东海岸等。山区往往存在与当地占优势的气象条件完全不同的区域天气条件。

然而，地形效应只发生在山的迎风面，雨水也都在山的迎风面降完，而在山的背风面则出现干热的天气。也就是说，在山的迎风面发生大雨时，而仅仅在几十千米外的背风面，降雨却相当少。例如：加利福尼亚的中央峡谷（Central Valley），夏威夷的考艾岛（Kauai Island），喀斯喀特山脉（Cascade Range）的东部地区等。

图 11.3 山区的地形降雨现象

因此，一方面，世界上的山区总是比沿海地区有更多的降雨；另一方面，山区迎风面通常有充沛的降雨和繁茂的植被，而山的背风面总是干燥和贫瘠的荒地。造成这种气象条件的主因就是地形效应。最简单的定义，地形效应是一种大气条件，是气团遇到山或高地的时候被迫向上运动，最终导致山的迎风面降雨，而背风面无雨。

地形效应主要强调地形引起的大气效应，暗指以地形为主体。如果考虑大气为主体，则有一个类似的效应，称为上吹效应（upwind effect）。上吹效应强调风受地形的影响而向上吹，导致障碍物基础的迎风面产生降雨，因为气流在到达障碍物斜坡之前被强迫向上运动。

在海洋中也有地形效应。海洋的运动以水平为主，遇到地形起伏容易发生绕流。但在有些情况下，海水不得不翻越海岭，发生水体爬升，将下层的高密度水体带到海洋上层，并通过混合变性留在上层。研究表明，来自北大西洋的径向翻转环流一直流向南大洋海域，在斯科舍海脊发生抬升，将深层海水带到更浅的水层。通过南大洋强大的湍流混合（强度是其他海域的10~1000倍）将深层水体带到海洋上层，解决热盐环流的闭合问题（Heywood et al., 2002; Garabato et al., 2004）。因此，海洋的地形效应是全球海洋热盐环流形成闭合循环的关键环节。

11.5 雨影效应

如地形效应所介绍，高大的山脉能阻挡气流；当气流上升时，在迎风坡一面降水增多，形成地形雨；当气流沿背风坡下降时，气温升高，相温度降低，空气难以达到过饱和，降水量明显少，这种降雨较少的地区称为雨影区（图11.4）。

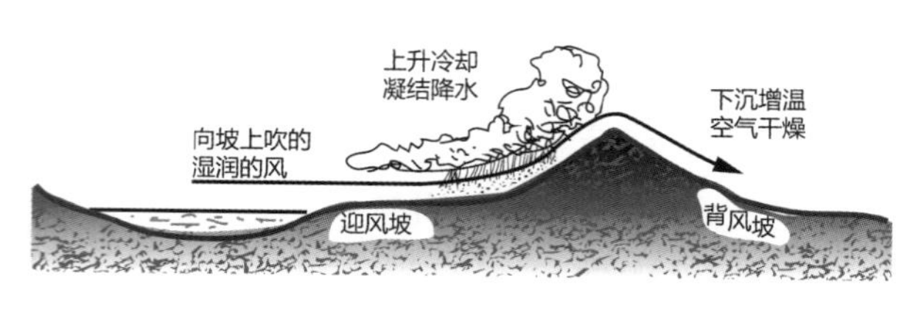

图 11.4 雨影效应示意图

雨影效应（rain shadow effect）是指山脉背风坡形成的干燥区域。因此，地形效应是指越山气流在山的迎风面导致的降雨现象，而雨影效应是指越山气流在背风面导致的干旱现象。典型的雨影效应是澳大利亚的大分水岭两侧不同的降水量。大分水岭阻挡了东北信风和东南信风，大分水岭的东面是悉尼和墨尔本，降水量丰富，形成了地形雨，气候湿润宜人；而西面是澳大利亚的沙漠，位于大分水岭的背风坡，降水量很少，气候干旱。背风坡常年不接受水汽，以至于蒸发量相对更大，使土壤相对干旱。

我国也受雨影效应的影响。由于喜马拉雅山阻挡了来自孟加拉国湾的暖湿气流，在喜马拉雅山以东形成雨影效应，致使中国西南部的河谷中气候干旱、炎热。大兴安岭大致呈南北走向，位于西风带范围，西风在越过大兴安岭时在西部发生丰沛的雨雪，滋润蒙古草原；而在东部的兴安盟一带则干旱少雨，体现为雨影效应。

11.6 焚风效应

焚风效应（foehn effect，burn wind effect）指气流越山后绝热下沉引起的气温上升和相对湿度降低的现象。当潮湿的空气在越过高山时，在迎风山坡上升而冷却，水汽凝结成云，发生降雨，到达山顶后空气变得比较干燥。然后沿着背风坡下沉增温，形成干燥而炎热的气流。这种干热气流被称为焚风。焚风通常以阵风形式出现，从山上向下吹（图11.5）。焚风所到之处湿度明显下降，气温迅速升高。

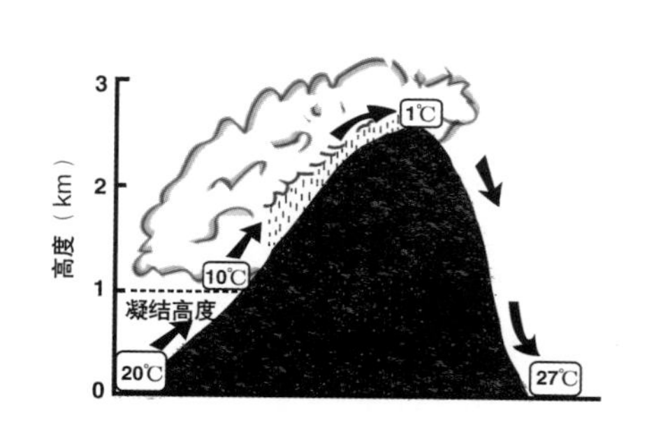

图 11.5 焚风效应示意图

当空气绝热运动时，每上升100 m气温大约降低1 ℃，每下降100 m气温大约升高1 ℃。空气沿山坡上升到凝结高度后，水汽凝结时会释放出一部分潜热，使山顶的气温比绝热上升形成的气温高很多，由每上升100 m降低1 ℃变为降低约0.6 ℃。而气流在背风坡下降时，降低到初始高度时气温上升了很多。例如，一个气温为15 ℃的潮湿气流在越过4000 m山脉后，变成27 ℃的干热气流（图11.6）。

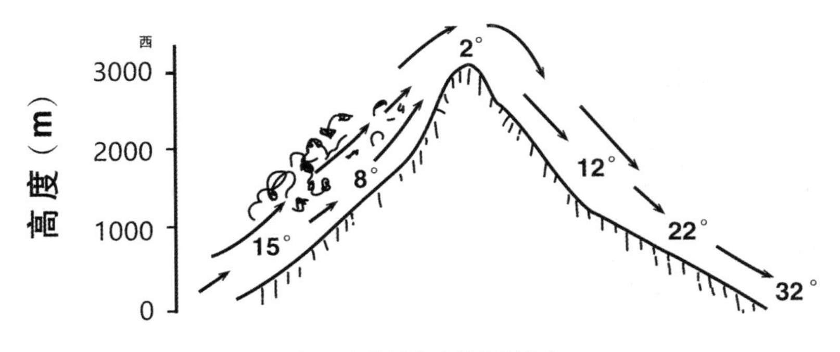

图 11.6 焚风效应的气温变化

焚风最早用来指越过阿尔卑斯山后在德国和奥地利谷地变得干热的气流。而世界上所有大型山脉都发生焚风现象，由于历史的原因，各地的焚风具有不同的名称。在洛基山脉，美国北部的焚风叫钦诺克风（Chinook），南部的焚风叫圣安娜风（Santa Ana），墨西哥的焚风被称为仓裘风（Chanduy）。在安第斯山脉，智利的的焚风被称为帕尔希风（Puelche），阿根廷的焚风被称为Zonda风。在欧洲，爱琴海岸的焚风称为布拉风。

我国是多山之国，有很多焚风。在太行山东坡的石家庄地区、天山南坡的吐鲁番盆地、大兴安岭东坡的地区、台湾的台东地区都有长期存在的焚风。其中，石家庄的平均气温比未受焚风影响的气温高10 ℃以上。

近年来，北京地区时常发生高温天气，有人认为也属于焚风效应，只是由于北京周边的山不是很高，气流也不总是有利于焚风的发生，北京的焚风效应即使有也是间歇式的。实际上，我国间歇式的焚风还很多，比如：越过南岭的夏季风在湖南形成高温。

焚风在寒冷地区是有益的，可以促进冰雪消融，增加局部气温，促使农作物和水果成熟。但焚风的破坏作用也不可低估。焚风可以使生长期的农作物枯萎，引发森林火灾，造成山区雪崩。焚风可以增大高山积雪融化，在下游引发洪水。当气流强大时，会形成焚风风暴，造成局部异常高温和风暴灾害，有强大的破坏作用。

11.7 岛屿效应

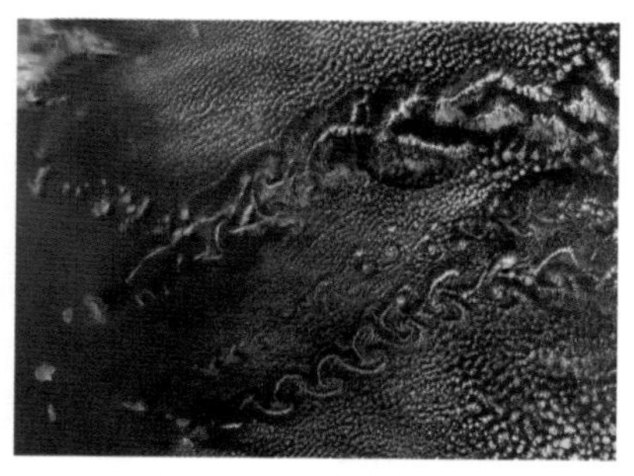
图 11.7 岛屿对气流的影响

在海洋中存在大量岛屿，岛屿效应主要是指岛屿绕流，水流在绕过岛屿时会产生很大的涡度，绕过岛屿后会形成背风波。在本章中，岛屿效应实际上表达了岛屿下垫面热力学特性导致的大气运动的改变。图11.7是2005年12月的NOAA卫星影像，体现了佛得角群岛的岛屿效应现象。从海域上空可以看到岛屿下风方向形成的卡门漩涡，这是由于岛屿效应产生干扰气流，导致流动的云层在绕岛的尾流处形成反向漩涡。岛屿的热力学特性对流经岛屿的气流产生类似于海洋岛屿的阻碍作用，称为岛屿效应（island effect）。其实，岛屿效应有更多的内涵，体现岛屿的孤立特性对生态系统的影响，由于这些效应不属于物理学效应，这里不多叙述。

关于岛屿效应内涵的认识并没有形成广泛共识，不同的人提到的岛屿效应有不同的含义。一般而言，有人认为岛屿效应就是热岛效应，有人认为岛屿效应就是对温度场的改变，因而在交流的时候务必搞清对方的意思。

11.8 山体效应

巨大的山体是气候系统的重要组成部分，也会对周边地区气候的形成起到关键的作用。山体对大气的动力学和热力学过程都有影响，山体对局域风场产生影响，山体吸热量的差异导致温度的变化也会对上覆大气有显著影响。实际上，山体对气流的影响归类于高原效应。这里，山体效应（mass elevation effect）主要指隆起地块的热力效应，山体的范围越大，山体效应越显著。凸起的山体使大气对太阳辐射的吸收减少，太阳辐射量增加，因而导致更强的长波辐射加热大气，使山区的气温高于同海拔自由大气的温度。山体会影响云、降水等各种气候要素。

山体效应特指山体对植被的影响。1904年德国科学家Quervain注意到，阿尔卑斯山雪线和树线的分布在山区内部比山区外缘高。进一步研究认识到，在山体内部，山的隆起产生了增温，温度比山外同样高度大气的温度要高，由此导致山区植被带更高一些。这种由山体导致的气温增暖及树线抬升现象是山体效应的主要内涵。山体效应对垂直植物带的影响在世界上普遍存在。在青藏高原，山体效应对垂直带分布的影响甚至超过了地理地带性的作用，使地带性规律发生巨大的改变。因此，山体效应是地理地带性之外在大尺度上影响垂直带分布的主要因素，对于认识欧亚大陆乃至世界山地生态结构和机理具有重要意义。

11.9 狭管效应

在流体力学中，当流体从管道截面积较大的地方S_1运动到截面积较小的地方S_2时，流体的速度v会加大，称为漏斗效应（funneling effect）：

$$v_1S_1 = v_2S_2 \tag{11.1}$$

在海洋和大气中，类似漏斗的地貌很少，但狭窄的通道还是很多的。当气流从开阔地带进入峡谷地形时，在峡谷中风速增大，风向常被迫改变为沿峡谷走向。当流出峡谷时，气流又会减缓。这种地形峡谷对气流的影响称为狭管效应（the effect of narrow，funneling effect），也称峡谷效应（canyon effect）。由狭管效应而增大的风，称为峡谷风。山区的自然峡谷会形成狭管效应，形成突发的狂风，强大的峡谷风甚至可以掀翻列车。城市高大建筑物之间也形成狭管，形成比较强的街道风，狭管效应会使8 $m \cdot s^{-1}$的风增强到20 $m \cdot s^{-1}$，对人和广告牌等建筑构成威胁。

与狭管效应相似的还有风洞效应（wind tunnel effect）。风洞是人造的试验装置，通过人工产生所需的气流，并控制气流的变化。将飞机、建筑等物体固定到风洞中，形成气流与物体的相对运动，模拟在各种风力条件下空气对物体的作用，并实现对环境变化和力学状况的精确测量。早期的风洞主要用于飞行器的实验，现在各种高大建筑、桥梁、抗风装置等都需要经过空洞实验，风洞正在成为空气动力学的标准试验。风洞分为低速风洞、高速风洞、亚音速风洞、超音速风洞等，满足不同类型和不同目的实验需要。风洞效应是指风在通过类似风洞的狭窄地貌时风速增强的效应，与狭管效应相似。此外，风洞效应还包括风速改变使湍流运动状态的改变、气压的变化、环境温度和湿度的变化等。

在海洋中也存在狭管效应。各种海峡为狭管效应提供了自然条件，流经海峡的海流如果由具有喇叭口形式的海域流入，海峡流将由于狭管效应而大大加强。我国渤海海峡的老铁山水道的海流具有狭管效应的典型特色。老铁山水道宽约41 km，水深50 ~ 60 m，潮流流速因地形缩窄而大幅增快，最大流速达2.6 $m \cdot s^{-1}$。

11.10 渠化效应

图 11.8 与渠化效应有关的抗风设计的城市结构

渠化效应（canalization effect）是指通过开凿沟渠的方式约束水流，并使水流按照设定的方向流动产生的效应。渠化效应与狭管效应的本质差别是：狭管效应是指狭管地貌对风的影响，而渠化效应是利用狭管效应来改变风场或流场。

在陆地上治理河流时采用开挖和硬化的水渠引导河水流动，称为渠化。这些水系的渠化一方面减少了自然河流对空间的占用，增加了景观功能，改造了自然生态，对环境产生正面的影响；另一方面渠化的空间范围不宜太大，否则会使河流自身比降决定的河床自然形态受到破坏。在水系复杂的地区，形成沟渠纵横的局面。各个自然居民区都希望加强渠化作用，改善交通和运输环境。然后这种渠化会形成各种效应，影响各个水道的水量分配、污染物的输运，甚至会影响地下水的咸潮。

人类除了通过渠化来改造水系之外，还有通过建筑的渠化功能改造城市风场。直布罗陀海峡的地貌决定了那里一年四季风力很大，人们希望能降低城市里的风力，生活得舒适一些。人们利用渠化效应来构建那里的城市。图11.8的照片是西班牙城市加迪斯的街景，那里的建筑都是楼挨着楼，四面闭合起来。每个闭合的楼群与另外的闭合楼群形成街道。在街道上，风仍然很大，形成走风的"渠道"，而闭合的楼群中风力很弱。这种渠化效应影响的城市形态已经成为欧洲的建筑文化特色之一，在很多风力不大的内陆城市也采用闭合建筑群的形式构建街区。

在海洋中，渠化效应主要体现在航道的开挖。由于有些大船吃水深度较大，建设港口需要开挖深水航道来提高海港的容纳能力。然而，由于海洋中存在潮流，会造成大规模的泥沙输运，将挖好的深水航道淤浅，这时就要疏浚，让航道加深。航道疏浚的费用很高，但航道形成的吞吐能力将补偿挖泥的损失。

11.11 连通器效应

物理上的连通器效应（connected vessel effect）表达的是，如果外界条件一致，相互连接的容器中的液体表面保持在相同的高度。一旦某个容器中的液体表面高度改变，连通器会自动调整水量交换，使各容器的表面平衡到相同的高度。连通器效应是在表面压力相同的条件下各个容器之间压力差趋向于零的结果。压力差的消失直接导致各容器的液面相同。

在海洋中，连通器效应表现为海峡的运动。当相邻的海域由海峡衔接，海峡作为连通器，自然发生着使所连接的区域海平面相等的作用，也就是使两个海域的压力差趋于零。一旦在某个海域发生破坏了这种平衡的过程，随后海峡中将发生响应，导致海峡流的发生，使所连接的两个海洋的海平面趋于一致。如果两个海域动力过程不同，可能无法达到海面的平衡，但所发生的海峡流的作用还是会使两个海域的海面趋于平衡。因此，连通器效应是指连通器两端的海域海面高度趋于一致的过程。美洲的巴拿马运河（图 11.9）连接着太平洋和大西洋，两大洋有各自的海洋环流系统，压力场存在着动态的差异。作为连通器的巴拿马运河不得不承载着使两大洋压力平衡的使命，致使运河内的流动在很大范围内变化，甚至不得不采用闸门来阻断汹涌的潮水。其实，苏伊士运河和马六甲海峡也都有显著的连通器效应。

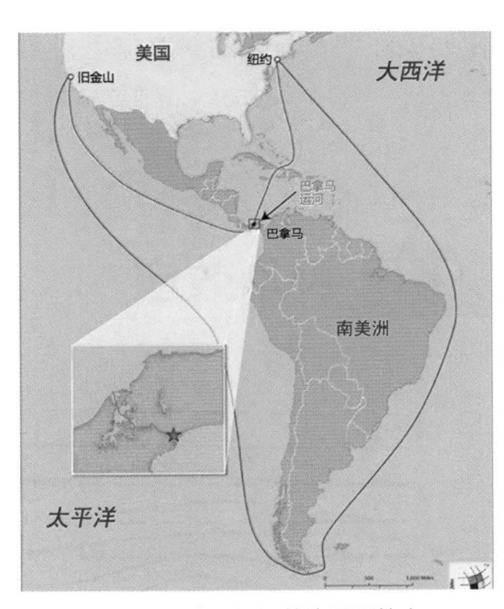

图 11.9 巴拿马运河的连通器效应

在大气中，狭窄的谷地通常形成了很好的连通器，将不同区域的大气连接起来。例如，我国西北的河西走廊是一个相对狭窄的峡谷，连接了新疆和西北地区的东部，其中的很多大气过程都可以用连通器效应予以很好的解释。在气压系统一致的情况下，两个相连区域形成稳定结构。如果连通器两端一端为高压，另一端为低压，两端的大气均处于稳定状态，则会在低压区产生上升运动，进而形成降雨。

当某个区域发生大气扰动，连通器效应会通过连通器中的气流使两区域的压力场趋于平衡。这种情况下如果连通器的尺度很大，容易使低压区的大气变得不稳定，称为遥迫不稳定，是重力不稳定中的一种类型。大气通过这些调整使两端的大气趋于平衡。

大气压力的变化会通过连通器效应形成大气涛动，或者称“跷跷板”现象。比如，某个区域的气压高于另一个区域，当外界强迫结束之后，高压区的空气会向低压区流动，使低压区气压升高，高压区气压降低。到达极限后，气流又会反向流动，形成涛动。在海洋中也存在这种涛动，在不同海域之间发生水体的往复转移，形成海平面的振荡。

当连同的通道非常狭窄时，连通器效应与狭管效应对风的影响一致。但狭管效应主要关注狭管对风的约束作用，而连通器效应具有更加宽泛的内涵，泛指连通通道发生的风、气压、涛动、降雨等多种运动。

11.12 岬角效应

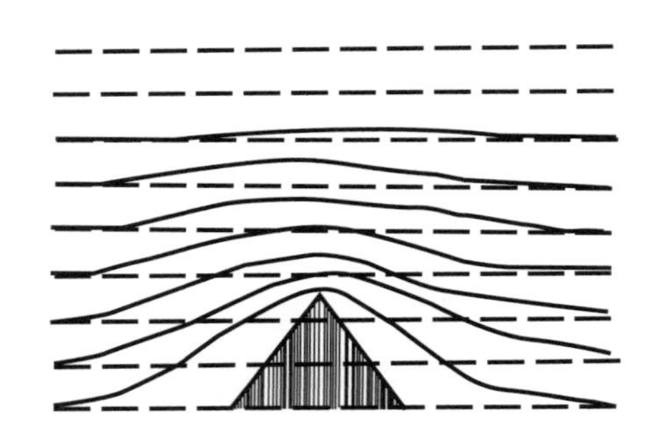

图 11.10 绕过岬角的流动（俯视图，三角形为凸出的岬角）

沿海的海岸线通常不是平直的，陆地向海中突出称为岬角（headland），陆地向内凹进的称为海湾（bay）。海岸线往往是由岬角和海湾交替组成的，这些岬角通常属于小岬角。有些岬角很大，例如各种半岛和陆地的转折处，陆地向海中长距离延伸。这些岬角对气流和海流都有明显影响（图11.10）。

绕过岬角的海流在岬角附近发生辐聚，导致海流截面变小；基于质量守恒的要求，海流速度将增大，以保证流量连续。大的岬角对海流影响很大，例如，成山头是山东半岛的顶端，形成显著的岬角，造成潮流因绕流而大大加强。成山头的潮流可以达到4 m/s，成为中国最强的潮流。同理，岬角对气流也起到类似的作用。因岬角高出海平面，将造成近海面气流辐聚，导致流线密集，风力大大增强。岬角导致风场或流场加强、辐聚辐散等绕流现象称为岬角效应（headland effect）。

如果仅仅涉及流速，则岬角效应可以理解为单侧的狭管效应。其实，岬角效应还有另外的内涵，即在岬角两侧的海湾中发生涡旋，在岬角两侧都产生流向岬角的流动，称为岬角余流。岬角余流会形成泥沙输运，致使岬角附近的沙滩全部消失。岬角余流还会将两侧海湾中的污染物质沿岬角向外海输送，形成污染物相对浓聚区。

如果陆地在流动的右侧，在迎流一侧的海湾中出现正涡度，而在背流一侧的海湾中形成负涡度，但一般只有背流一侧形成岬角涡。由于近海最强的流动现象是潮流，因此，伴随着涨潮和落潮，岬角效应的岬角流出现周期性强弱变化，而岬角涡则在两侧海湾交替发生。其实，岬角效应是水体守恒和边界约束的产物，不论是否考虑科氏力都会发生。但是如图11.11所示，不考虑科氏力时，岬角两侧的涡度是基本反对称的；而考虑科氏力时，则会发生岬角背流一侧海湾涡度大于左侧的现象，这也是背流一侧的海湾中容易发生岬角涡的原因。

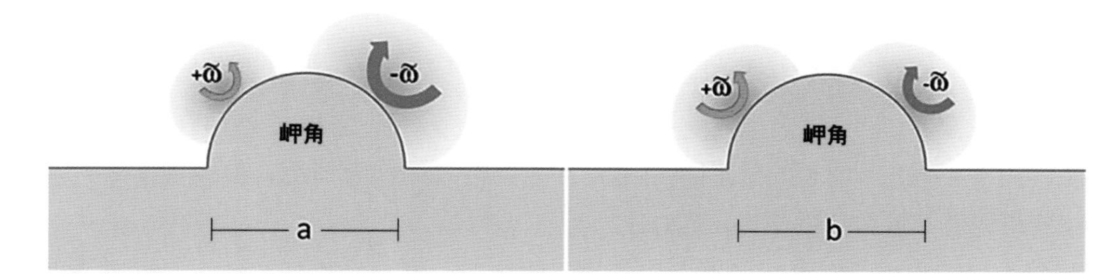

图 11.11 考虑科氏力（a）和不考虑科氏力（b）情况下的岬角效应（Yang and Wang，2013）

岬角效应是近海海洋学的重要内容之一。岬角效应的一个重要利用价值是其对海流和气流的加强作用，使单位截面积的能通量增大，成为潜在的可利用的能源。

11.13 凸堤效应

凸堤效应（groin effect），也称突堤效应，是指垂直于岸线向外突出的堤坝引起的特殊现象。突出的堤坝主要是港口建设的产物，堤坝向外延伸到深水区，以利于船舶的停靠。由于风浪的作用，海洋中存在平行于海岸的沿岸流，垂直于海岸的堤坝会阻断沿岸流，堤坝的迎流面会出现海砂堆积，堤坝的背流面会出现侵蚀的现象。海边沙滩的海砂处于动态平衡之中，侵蚀减少的海砂由沿岸流补充。堤坝阻断了沿岸流之后，背流面的海砂没有沿岸流的补充，将会越来越少，最终导致美丽的海滩消失。

青岛第一海水浴场位于汇泉湾底，曾经拥有大范围的沙滩。1956年青岛航海俱乐部在沙滩上构建了一个向外的码头，用于帆船停靠。刚开始时堤坝的两侧都有沙滩，随着时间的推移，堤坝东侧的沙滩逐步消失，最后变成了怪石嶙峋的砾石滩，而其西侧的沙滩得以保留。为此，第一海水浴场的沙滩长度大约减少了三分之一。由于堤坝建筑违背了海砂输运的自然规律，导致了沙滩消失的苦果。这个凸堤在汇泉湾2003年的改造中被拆除，但沙滩能否恢复原状尚未可知。其实，青岛引以为傲的栈桥也是早期在湾底建设的码头，由于年代过于久远，人们难以考证原来的湾底的沙滩情况，但栈桥东侧的嶙峋的礁石诉说着凸堤效应的作用（图11.12）。

图 11.12 青岛栈桥的凸堤效应

台湾宜兰的头城海水浴场也发生了类似的情形。因为兴建乌石港，产生了凸堤效应，直接导致海水浴场2 km的沙滩消失。曾经美丽的沙滩是当地的旅游热点，沙雕、沙滩排球、沙滩车等热闹非凡，而现在的海水浴场，已是一片石岸。

事实上，人类建设的海岸工程大都是向海凸出的，一般都有凸堤效应。凸堤效应可以产生海岸侵蚀，旅游性海滩变窄、变陡及粗化，三角洲的废弃，河口衰亡，海水入侵，土壤盐碱化，水污染及河口生态系统的破坏等方面。在海洋工程领域有时将这种凸堤效应称为海岸效应（冯金良，1997），不过似乎还是称为凸堤效应更加贴切。

人造凸堤效应主要强调人造工程对海洋环境的影响；在自然界，也存在海岸的突出物，产生类似的效应。看起来，凸堤效应与岬角效应几乎相同，其实二者有很大的差别：岬角位于海岸突出部位，因而岬角两侧都会有向外的余流，两侧都形成无沙的海岸；而凸堤位于海岸的凹进部位，受到潮流的影响很小，影响凸堤效应的只有沿岸流，因而只有一侧有向外的流动。

11.14 壁面效应

靠近垂直固体边界附近流体在速度、温度等与远离壁面的流体表现出显著的差异，这些差异导致的现象称为壁面效应（wall effect），也称壁效应。由于海洋和大气都受到各种地貌的影响，壁面效应的种类也很多，是多种效应的组合。壁面效应有以下几个类别：

（1）岸壁效应

当船舶航行于运河或狭窄水道时，船侧的水流变化剧烈，使得船舶的操控受到影响。当船舶在水道中央直线航行时，左右水体作用于船上的力是对称的。但是，当船偏向于航道一侧时，船将受到一个横向力，将船推向海岸，称为岸吸。船受到的岸吸的力是不均匀的，产生相反方向的转头力矩，使船首向航道中心侧偏转，称为岸推。岸吸和岸推统称为岸壁效应（bank effect）。距岸壁越近、水道宽度越窄、水深越浅、航速越大、船型越宽，岸壁效应越显著。反向行驶的船舶相遇时船就会偏离航道中央，发生岸壁效应的风险瞬间加大。操控船舶时应尽量远离岸壁，防止岸壁效应的发生，以策安全。

（2）斜壁效应

斜壁是指水下没有垂直岸壁，而是岸壁与水面成一定角度。这种情况比垂直岸壁更为普遍，尤其是人工开凿的水道斜壁条件更加确定。在斜壁的条件下，船受到向浅水一侧的横向压强梯度力，容易发生搁浅；同时，船首受到向深水一侧的扭矩，容易发生转向；这些现象称为斜壁效应（oblique wall effect），也属于岸壁效应的一种。

（3）狭航道效应

在狭窄的航道中，船体周围流场发生畸变较大，使船舶受力较开阔水域有很大不同。此外，受船的扰动，船周围的兴波（船行波，即船体航行引起的波）会加强，也会导致受力的变化。这些特殊的受力环境称为狭航道效应（restricted water effect），有时也称限制航道效应。

（4）船吸效应

两船并行时船之间的水流增大，压力减小，产生了两船之间相互靠拢的横向压强梯度力，这种现象称为船吸效应（suction effect），也称船间效应。如果两船的吨位和形状差异较大，这种船吸效应更加复杂，除了相互吸引之外，还产生额外的扭矩使船舶转向、产生波浪的共振（波荡）等现象。影响船吸效应的主要因素包括：船间距、船速、持续时间、水深、船的吨位等。如果两船体积相差很大，船吸效应将引起两船相撞的风险，在历史上多次发生船吸效应导致的海难。

（5）端壁效应

端壁效应（endwall effect）是指流体运动的前方受到阻碍在水道的端部产生的特殊现象。端壁效应很多，主要包括：在端壁附近水平流动减弱，湍流运动增强，海洋驻波现象形成等。端壁效应还包括那里污染物扩散减弱导致的污染加重等。参见“顶端效应”。

本节主要介绍的是垂直壁面引起的动力学效应，上述各种与流速变化有关的壁面效应都是伯努利效应在各种壁面附近的体现。广义的讲，各种边界效应也都属于壁面效应，下垫面的效应也可以归类于壁面效应。例如：附壁效应（wall-attachment effect）就是康达效应，见“康达效应”一节。地面效应（ground effect）在专门的一节介绍。另外，壁面的热力学效应也应该属于壁面效应的组成部分，我们将各种热力学效应单独列出。

11.15 活塞效应

当火车进入隧道时，会冲击原本静止的空气，像活塞运动一样，在火车前部形成较大的空气阻力，气压明显增大；而在火车的尾部产生一定程度的负压。火车这种压差增加了火车行进的阻力，称为活塞效应（piston effect）。火车的速度越快，活塞效应越明显，克服这种阻力要消耗更多的能量（图11.13）。因而火车行进在隧道中比行进在旷野中更加耗能。除了产生阻力之外，火车对静止空气的撞击会产生压力波，也就是声波。声速远大于火车的速度，因此，

图 11.13 火车的隧道效应

在隧道口可以容易地听到远方驶来的火车。高速行进的火车会推动隧道内的空气高速流动，从隧道口喷射出来，伤害行人和设施，故在隧道口附近不宜建造车站等设施。

对于列车上的乘客而言，活塞效应主要体现在强烈的噪声和明显的气压起伏引起的不适。现代的高速列车都将充分考虑活塞效应，通过增加火车的密闭性来减少噪声和气压的影响。但是，不论如何先进的车体，在隧道中行驶还是会受到活塞效应的影响。

活塞效应对地铁也很重要。虽然地铁的速度没有高铁快，但因地铁全程在隧道中行驶，活塞效应明显，需要有单独的风道缓解地铁行驶中压缩导致的风压。同样，地铁的隧道与地铁车站距离很近，活塞效应的声波会使候车的旅客不适，需要在设计时予以充分考虑。

类似于火车的活塞效应，电梯也有活塞效应（elevator piston effect），电梯运行的速度越快，活塞效应就越明显。在现代高层建筑中往往采用高速电梯，其活塞效应成为需要考虑的问题。电梯的活塞效应产生空气压缩，会影响运行速度的均匀性。活塞效应还会使电梯发生固有频率的摆动，抑制电梯的摆动成为高层电梯的关键技术之一。由于活塞效应的核心是前进方向的空气压缩、压力增大，在发生火灾时，活塞效应会使火灾的烟气快速进入电梯轿厢，使电梯中的人员窒息，这也是火灾时不能使用电梯的最主要原因之一。

11.16 木桶效应

木桶是由多块立板箍起来做成的。一只好的木桶需要所有的立板都一样高，如果立板高矮不一，木桶最多能装多少水取决于最短的那块木板，这就是木桶效应（cask effect，bucket effect）。木桶效应常被用在经济学和管理科学中，用以指存在的“短板”问题。

在海洋中，有一种现象叫做“溢流”。溢流是海盆中的海水越过海盆边缘的海脊从海盆中溢出的现象。溢出海水的最大深度取决于海脊上峡谷型水道的最大深度，大于水道深度的海水无法参与到溢流之中。当海盆的边缘出现几个水道时，各个水道深度不同，它们溢出的水体深度将不同，较深的水道溢出的水体较深，密度较大；较浅的海脊溢出的水体较浅，密度较小。图11.14是苏格兰-格陵兰海脊的地貌情况，其中最西

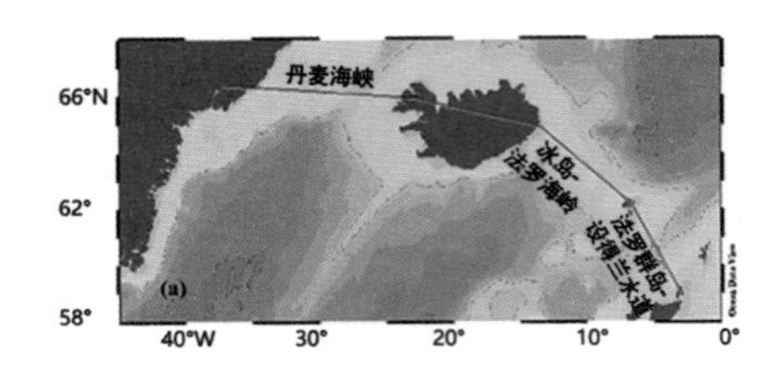

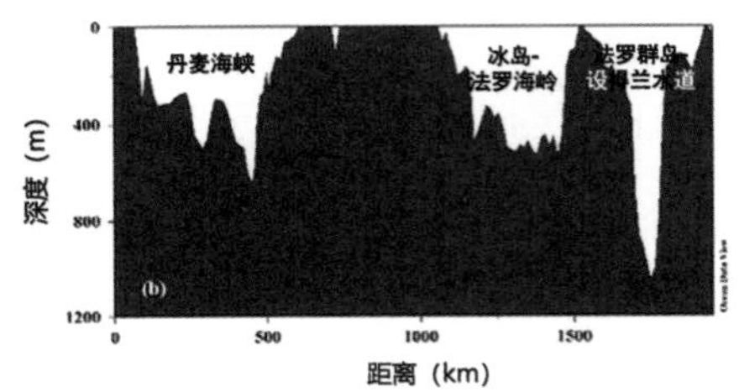

图 11.14 苏格兰－格陵兰海脊的主要溢流水道

DS 为丹麦海峡，IFR 为冰岛－法罗群岛海脊，FSC 为法罗群岛－设得兰水道

面是丹麦海峡（DS），海脊最大深度近640 m。中间的是冰岛-法罗群岛海脊（IFR），最大深度只有480 m。而最东面是法罗-设得兰水道（FSC），最大深度将近840 m。北欧海的海水从这三个海峡溢出。显然，深度大于640 m的海水只能从FSC溢出。由于北欧海的海水层化很强，深度越大的海水密度越大。由于木桶效应，FSC溢出的海水密度最大，成为北大西洋底层水的主要水源。海洋中的木桶效应决定了密度最大海水的溢流。

在大气中也存在木桶效应，在房间通风时，门、窗、护板等构件影响通风的效果。如果空气分层，下层密度大，上层密度小，最小高度的构件决定了通风的效果。因此，在炎热的夏季，需要尽可能降低构件的最小高度，确保空气通风良好；而在寒冷的冬季，需要将高度低的构件封堵起来，尽可能降低通风而保住温暖的空气。

大气科学中更为重要的木桶效应是通风对盆地气候的影响。我国有四大盆地：四川盆地、准格尔盆地、柴达木盆地、塔里木盆地。这些盆地地势很低，但仍然比沿海地区地势高，因此，这些盆地还是有可能会得到通风。根据木桶效应，盆地的通风不取决于周边的崇山峻岭，而是取决于山岭之间低矮的通道；通道越矮，通风的效果就越好。其中，盆地中流出的河流地貌就是盆地最好的通风通道。一旦拦河筑坝，对于水力发电和防洪减灾是有利的，但是对于通风是不利的。通风的木桶效应会导致盆地夏季更加炎热，冬季更加寒冷。

11.17 顶端效应

在其他学科，end effect称为端点效应，是一个应用相当广泛的效应，泛指到达终点时发生的特殊现象，例如：数学中在函数的端点发生的不连续现象；高考生在临近考试时的心理状态等。

在海洋中，这个效应被称为顶端效应（end effect），描述在一个半封闭海湾中的潮汐现象。半封闭海湾有开放端和封闭端，开放端称为湾口，封闭端称为湾顶（或湾底）。潮波从湾口传入海湾，在海湾中向内传播，抵达湾顶后会发生反射，反射波向外传播，一直抵达湾口。在海湾内，入射潮波与反射潮波相叠加，形成驻波系统。由于潮波系统受地转的影响，驻波的波节退化为无潮点，半封闭海湾中的驻波系统实际上成为旋转潮波系统（图11.15）。

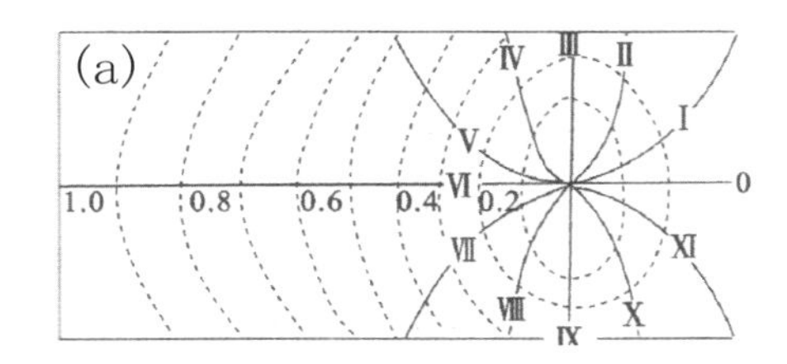

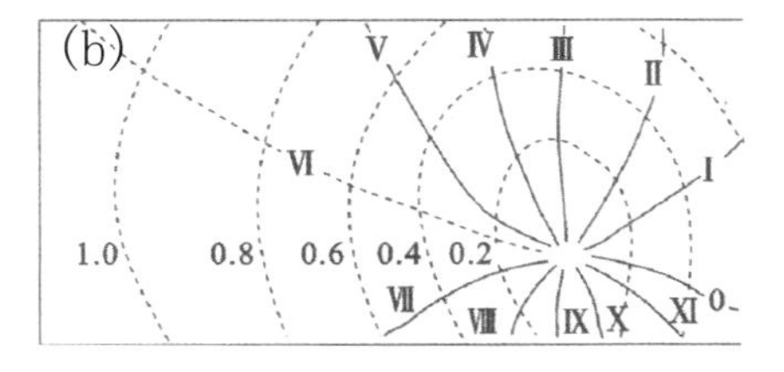

图 11.15 矩形海湾中的旋转潮波系统与顶端效应（引自陈宗镛，1965）

无摩擦（a）和有摩擦（b）潮波特征。虚线为等振幅线（单位 :m）；实线为同潮时线（单位 : 小时）

在狭长的半封闭海湾中，如果不考虑地转，湾顶的反射波与入射波位相相差180°，形成普通的波腹，没有特殊的顶端效应。但是如果海域尺度较大必须考虑地转效应，入射潮波和反射潮波都可以用开尔文波来近似。开尔文波受科氏力的影响在传播方向右侧海面升高，在湾顶发生反射时，反射潮波的海面在另外一侧升高。这样，开尔文波如何将其右侧的高水位的水体转移到另外一侧就成了问题，这一点用开尔文波理论自身无法解释。

实际观测表明，在湾顶发生一种强烈的横向运动，将入射潮波右侧的水体向左侧转移。这种横向运动只发生在湾顶附近，在远离顶端的海域不存在这种运动。这种发生在湾顶附近的特殊运动被称为顶端效应。在能够用矩形近似的海湾中，顶端效应可以用邦加莱波（Poincare wave）来表述。邦加莱波是一种专门描述横向运动的波族，体现了潮波的顶端效应。如果海湾的形状不规则，则不存在邦加莱波解，但也会在湾顶附近发生横向运动。在一些湾口狭窄，湾顶宽阔的中尺度海域，会形成自己的旋转潮波系统，湾顶的横向运动与实际的潮波没有明显区别。

考虑到潮汐是具有波-流二象性的运动，如果考虑潮汐的波动性，邦加莱波是波动形式的解来描述湾顶的反射过程。而实际上，从潮汐的流动性角度看，湾顶的横向运动实际上是为了满足水体质量守恒而发生的补偿形式的流动，实现了潮汐水体的横向转移。海洋的顶端效应实际上是周期性、补偿性的潮流运动形式。

11.18 破窗效应

破窗效应（broken window effect）是社会科学的一个重要效应。在犯罪学领域，破窗效应表示如果放任不良现象发生，会诱使人们仿效甚至变本加厉。例如：如果一处垃圾不被及时清理，很多人就会向那里倾倒更多的垃圾；一个人偷东西而不被惩罚，就会鼓励更多的人偷东西；一个人闯红灯不被制止，就会带动更多的人闯红灯。破窗效应在社会科学中普遍存在。破窗效应不仅影响了人的社会行为，而且影响了人的心理，在内心深处出现了“破窗”，对社会产生有害的负反馈，而清理这些破窗非常困难。

然而，破窗效应的得名却是由于大气中的地形效应。在大风中，紧闭的窗户会使建筑物是一个安全的整体。一旦一处窗户破损了，风就会透过这扇窗户破损的豁口穿过建筑物，威胁建筑物内部。同时，强大的穿行风还会加大对窗户的破坏作用，使窗户的破损越来越大，或使更多的窗户受到破坏。

破窗效应的原理是窗户受到的风的阻力。当完好的窗户受到风的作用时，窗户受到的力主要是压力，由于贴近窗户的风速不大，窗户受到的摩擦阻力不大。当风作用于破损的窗户时，不仅受到压力，而且还受到摩擦阻力，也称为形阻。摩擦阻力与风速的平方呈正比，当风速很大时形阻很大，因而窗户会受到更大的破坏。

11.19 流固耦合效应

流固耦合（fluid-structure interaction）是流体力学与固体力学交叉学科分支，主要研究受力变形的固体与流体相互作用现象。变形固体在流体载荷作用下会发生各种形变，形变后的固体又反过来影响流体的运动。

在海洋中，存在的流固耦合现象主要是海浪与不稳定沉积物的相互作用。流固耦合效应（fluid-structure interaction effect）是指利用流固耦合现象可以构建海浪变形与海底沉积物变形之间的关系，实现对浅海地形的探测。近岸浅海是人们生产、生活、旅游和军事活动的重要区域，然而，由于客观原因，浅海地形的探测非常困难，浅滩、礁石、暗礁、渔网、暗桩等因素都会妨害对浅海的探测。卫星遥感技术成为近海探测的有效手段，然而，波浪对海底地貌的遥感构成了影响。卫星遥感可以比较准确地测量波浪角频率和波浪波长。通过对海水和海床之间流固耦合研究，可以将波浪波长、波浪角频率和近岸海水水深之间建立明确的关系。通过流固耦合效应和遥感波浪数据，获取近岸水深的准确数据。这种技术优势是，不需要连续的卫星遥感数据，只需要使用单幅卫星遥感图像，不借助其他辅助参数，就可以反演出近岸海底地形（李济然，2016）。

11.20 屏风效应

屏风效应（screen effect）是指高大的山岗、林带、建筑物阻挡了风的流动，形成的局地小气候。现在特指城市密集高大的建筑对风的阻挡产生的效应（图11.16）。

城市土地金贵，房产商为充分利用土地，建筑物向高大和密集的方向发展，形成屏风一样的楼宇。城市密集的建筑物会阻挡近地面气流，使风转向绕过建筑物，在建筑物后方形成大范围的弱风区。建筑物的宽度越大，影响的范围越大。例如：香港地域狭窄，寸土寸金，不得不加大楼宇密度，盖起密不透风的“楼墙”，虽然解决了住房问题，却严重影响了香港市区的通风。

图 11.16 香港密集的楼宇

如果高大建筑物密集排列，阻碍自然风进出，将产生一系列效应。首先，城市内通风不畅，夏季气温升高，天气闷热。第二，加剧了城市的气候岛效应。第三，空气质量下降，加剧局地空气污染，导致居民患呼吸道疾病的比例增加，例如：鼻塞、喉干舌燥、鼻炎、头痛等。因此，在城市设计规范方面要充分考虑通风作用，尽量避免屏风效应的出现。

11.21 林带效应

林带的存在对减小风害和风蚀、减轻太阳暴晒、保持土壤水分有一系列积极作用（图11.17）。这些作用统称为林带效应（shelter belts effect）。林带主要有动力、热力和水文三个方面的作用。

图 11.17 林带对农田的保护

（1）林带动力效应

风力强大的地区，容易造成沙尘、土壤水分蒸发、农作物倒伏等灾害。种植林带能够有效消耗气流的动能，这使得风速减弱，起到了风速屏障的作用。这种现象称为林带动力效应（aerodynamic effect of shelter belts），也称林带的屏风效应。林带在其防护范围内引起的风速和风向的改变，可以有效地减弱风暴的强度，减轻强天气过程对农作物的损害。林带对风力的长期削弱可以减小土壤的风蚀。风速的减小将使大气边界层的湍流运动大大减弱，对由于湍流引起的气象因子和热力过程都有显著影响。

（2）林带热力效应

林带热力效应（thermodynamic effect of shelter belts）指由于林带的存在引起的气象要素的变化。林带热力效应主要体现在两个方面：

第一，在炎热的夏季，缩短了林带两侧的日照时数，对农作物起到有效的防护作用。在中纬度，东西走向的林带可以阻挡来自各个方向的太阳辐射，使到达的太阳辐射只有正常时的20%，而南北走向的林带可以使到达辐射为原来的80%。

第二，林带对气温的影响是很显著的，一般说来，林带降低了地表风速，削弱了潜热和感热的交换，使气温增高，对春秋季节防止冷害有重要作用，相当于延长了植物的生长期，但对高温干旱地区的农作物有一定的负面影响。对于湿润地区，由于水分充足，林带的作用可以降低气温。

林带的热力效应使得林带附近的太阳辐射收支和气温变化与旷野有明显差别，对高温干旱地区和早秋时节有重要防护作用。

（3）林带水文效应

林带水文效应（hydrographic effect of shelter belts）指林带在防止雨水冲刷，保持农田水分的作用。林带的存在依靠其植被形态对地表水流起阻滞作用，依靠其根系的固定作用防止土壤冲刷，使更多的水分渗入地下，增加土壤的含水量。另外，在夏季，由于林带降低了土壤接收的太阳辐射，减少了水分的蒸发；在冬季，林带引起风速减弱。减少了雪面的蒸发，使积雪厚度加大，也起到了增加土壤含水量的作用。林带的水文效应有利于保持农田水分，减少洪涝引起的水土流失。起到非常积极的作用。

11.22 阻隔效应

阻隔效应（blocking effect）是一种内涵非常宽泛的效应，各种可能的阻隔都会产生阻隔效应。阻隔可以是真实的物理分隔，也可以是动力特性差异引起的阻隔。

在大气中，与风向相同的山脉会形成阻隔效应，使山脉两侧的热力和动力条件迥异，形成隔山相异的天气条件。大气的锋面会阻隔暖空气和冷空气交换，形成独特的锋面天气现象。

在海洋中，大洋中脊阻隔了两侧深层水的交换，使得不同海盆形成的深层水几乎无法相互沟通。海洋中的密度跃层会形成障碍层，一方面阻隔跃层上下热量的交换，另一方面加剧了热量的水平扩展。

在海洋和大气中，各种具体的阻隔效应通常被赋予其他专用名词，由于阻隔效应可以顾名思义，易于理解，这里点到为止。

11.23 风影效应

风效应（wind effect）是一大类效应，主要展现了风对建筑物的影响，包括：结构的平均风静力反应、脉动风振反应、旋涡干扰风振反应及结构的自激振动反应等。风效应大多体现了风对建筑物的影响，因而不属于本书的范畴。这里只摘取风影效应和角隅效应予以介绍，因为这两个效应与建筑物附近大气风场的变化有关。

当风吹向建筑物时，会在其背风面一定范围内形成风速降低的现象，被称为风影。风影的长度相当于建筑物高度的6倍左右，显然越高大的建筑物风影范围越大。在大风发生时，人们总愿意到建筑物后面去避风，就是利用风影区风速减小的特点。风影效应（wind shade effect）就是指建筑背风面风速减小的现象对风场环境和其他过程的影响，其内涵很丰富。

风影区不仅风速减小，而且还会形成涡流，造成风中的一些烟雾被卷到风影区，造成空气的二次污染。如果建筑物建造在另一个建筑物的风影区，就会造成长期通风不足，影响生活质量。如果上风的高层建筑改变了风向，下风的高层建筑的一定高度上会形成风的停滞点，停滞点之上的气流向上吹并绕过楼顶，在背风面产生涡流；停滞点之下的气流向下吹，对上风建筑的风影区产生反作用。因此，风影效应是建筑领域的重要效应之一。

还有一个类似的效应，当建筑物阻挡了日照，使后排建筑的光线受到影响，会造成后排建筑附近温度和湿度的变化。在建筑的阴影区，气温要低于周边，相对湿度也降低一些，这种现象被称为阻挡效应，也就是上节的阻隔效应（blocking effect）。但有的人认为气温和湿度的变化都不是日照直接引起的，而是受到风力减弱的影响间接导致的，因而，这种阻挡效应应该属于风影效应的范畴。

11.24 角隅效应

当风吹过建筑物时，不仅会产生风影效应，而且会产生角隅效应（corner effect）。在英语中的“corner”和汉语中的“角隅”意思不完全相同。“corner”既包括外角（即建筑物的张角大于180°），又包括内角（即建筑物的张角小于180°），而汉语中的“角隅”以内角为主。这里，“角隅”主要是指外角，即建筑物各边相交的角，既包括建筑物侧面的角，也包括建筑物顶部的角。

当风在建筑物两侧和顶部产生绕流时，绕过角隅的气流会增强，即发生岬角效应现象。如果风速很大，会在背风面发生气流的剥离，风速沿着剥离流线得以加强，形成强风区，被称为角隅风，这种由气流剥离而发生的强风现象被称为角隅效应。

角隅风的强度很大，有时可以达到来风强度的2~3倍，这就是我们有时绕过建筑物时会遭遇到强风的原因。角隅风的尺度不大，人们通常选择快速通过。角隅风由于强度很大，也有更大的破坏力，影响建筑物上的广告牌和周边树木的安全。

11.25 浅水效应

在海洋中，浅水效应（shallow water effect）有两个主要内涵：一是指水深对海水运动的影响，水深变浅对海水运动有众多的影响，称为“变浅效应”，本书将其列为一种非线性效应。二是指水深变浅对船舶（或其他大型浮体）的影响，称为浅水效应。在浅水状态下，随着水深与船舶吃水深度之比的减小，其运动特性会发生较大变化，主要表现为水平漂移运动加大，垂直及横向摇摆运动减缓，船舶的操控难度加大。当船舶的吃水深度接近水深时，船速过高会引起船头下方的水速加快，压强减小，致使船头下沉而搁浅。因此，人们以浅水效应来定义航道。一般出现浅水效应的航道定义为浅水航道，反之则为深水航道。避免浅水效应的方法是降低船速，让船舶缓慢通过浅水航道。

11.26 爬杆效应

在杯子的水中插入一根圆柱形细长杆，并使之旋转，柱形杆将通过摩擦力带动周边的水体旋转。旋转的水体受到离心力的作用，将向杯子边缘移动，形成杯子边缘液面高，杯子中心液面低的凹形表面。然而这种现象并不总是发生的。奥地利物理学家Weissenberg在1944年演示了一个实验：在一只装有某种液体的杯子里旋转柱形杆，液体不但没有向边缘积聚，反而向中心积聚，并沿着长杆抬升，形成凸形表面（图11.18）。这种现象称为爬杆效应（rod-climbing effect），也称法向应力效应（normal stress effect）；在高分子液体的研究中也称包柱效应或韦森堡效应（Weissenberg effect），有时也译为魏森贝格效应、威森伯格效应等（Gooch, 2011）。

原来，爬杆现象与所用的液体有关。Weissenberg当时使用的是一种有黏弹性流

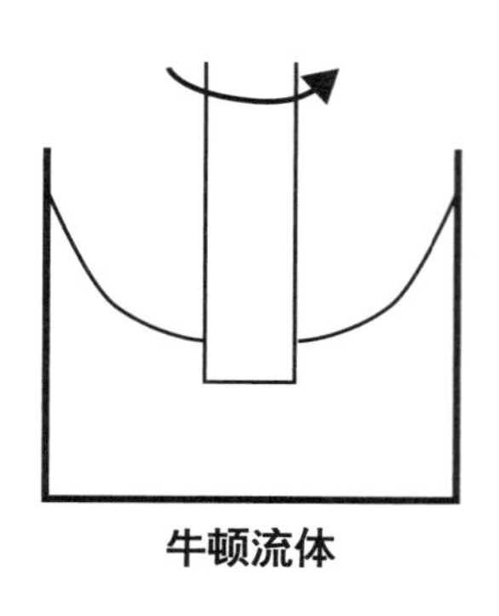

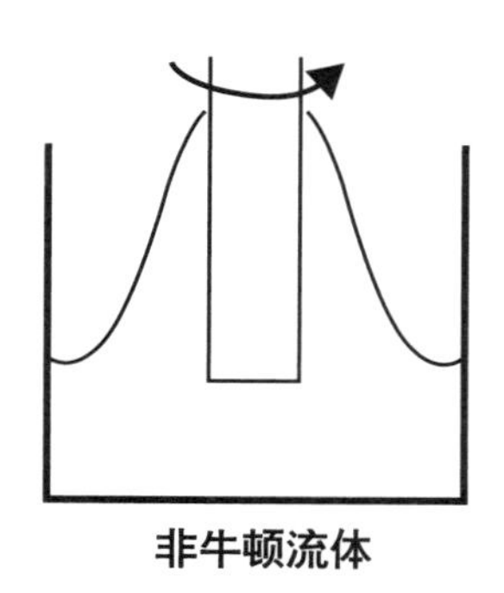

图 11.18 爬杆效应示意图

体，后来发现，大量其他液体都有爬杆效应。深入的研究揭示出，我们熟知的凹形表面都是牛顿流体中才有的，而对于非牛顿流体，都会发生爬杆效应。所谓牛顿流体，就是应力与应变率呈线性关系的流体。而二者之间的关系不是线性的所有流体都属于非牛顿流体。

爬杆效应是法向应力引起的。牛顿流体在转动时主要受离心力的作用向外运移，并通过凹形液面引起的法向压强梯度力与离心力达成平衡。而非牛顿流体具有弹性，在变形时有各向异性的特点，在搅动时有恢复原状的趋势，产生了额外的法向应力，推动流体向柱状杆积聚，并造成液柱拉伸，形成中心抬升的爬杆现象。

低速运动的海洋可以用牛顿流体来近似，可以不考虑爬杆效应。但是，在有些情况下，海水不属于牛顿流体。例如，在河口区域，水体中的含沙量很高，水体的性质偏离了牛顿流体。河口附近有很多旋涡，这些旋涡与我们熟知的中央低、四周高不同，需要考虑爬杆效应。盐度极高的水体（如死海）也不属于牛顿流体，也会有爬杆效应发生。还有的研究表明，即使在一些牛顿流体中也有爬杆效应（Bohn et al., 2004）。因此，应该对爬杆效应有足够的关注。

第12章

摩擦效应

Friction Effects

黏性是海洋和大气的物理性质，虽然二者都是弱黏性流体，但黏性效应是不可忽视的，因为是黏性导致了运动的传递和能量的耗散。然而实际海洋和大气的运动都是湍流的，湍流黏性系数要远大于层流时的黏性系数，因此，海洋和大气中的黏性效应实际上都是指湍流的黏性。

由于流体的黏性，在固体边界或海气界面就会发生摩擦现象，将边界的作用传递到海洋和大气内部，产生一系列与摩擦有关的特殊效应。本章将介绍相关的效应，增进读者对相关效应的理解。

摩擦效应的主要内涵是对运动的削弱，从而引发对运动本身的改变。摩擦效应还表达了对能量的削弱，促成了从机械能向热能的转换，是导致能量转化的重要机制。

12.1 黏性效应

黏性（viscosity）是流体的一种物理性质，体现为流体在流动状态下抵抗剪切变形的能力。当外力作用下流体发生变形时，流体有抵御变形的趋势；当流体之间发生相对运动时，流体有阻止相邻流体层产生相对运动的趋势。流体的黏性是由流体的微观结构造成的，是分子之间相互作用产生的，与分子之间的平均自由程有关。分子之间的相互撞击消耗了流体的动能，其宏观表现是流体内部的摩擦。因此，黏性有时被称为“内摩擦”。

对于使用“黏性”或是“粘性”有时有误用的情形，在本书中一律采用以下表达方式：与水体或空气物理性质有关的使用黏性；“粘性”是不准确的表达方式，应该表达为黏性。黏性也称为粘滞性，二者是等同的。与水中或空气中与黏性有关的力称为“黏滞”力。本节的“黏性效应（viscous effect）”也称为“粘滞效应”。

黏性由牛顿黏滞定律描述，单位面积受到的黏滞力与速度梯度du/dz成正比，即（窦国仁，1981）

$$\tau_x = \nu\left(\frac{\mathrm{d}u}{\mathrm{d}z}\right)_z \tag{12.1}$$

其中，ν为动力学黏滞系数或黏性系数，也称黏度，单位为泊（Poise），1泊= 0.1 kg·m^{-1}·s^{-1}。有些流体是非常稠黏的，因此黏性系数很大，比如甘油的黏性系数约为1.499 泊；而海洋和大气的黏度很小，是黏性很弱的流体，在1个大气压和20 ℃的条件下，水的黏性系数为1.01×10^{-3} 泊，仅为甘油的千分之一，而空气的黏性系数更小，仅为17.9×10^{-6} 泊。

黏性效应是指由于流体的黏性而对运动产生的影响。黏性效应有以下内涵：

第一，运动的传递。当流体内部的一部分发生运动时，相邻的流体微团会因黏性而被带动，导致运动会传递，从而导致运动的范围扩展。传递的效率取决于黏性系数，像海水和空气这种弱黏性流体，运动的传递效率不高，运动随传递距离的增大而很快衰减。流体运动传递的是动量，在流体内部，黏性导致一部分流体的动量减小，而另一部分流体的动量增大，总的动量并没有改变。

第二，能量的耗散。黏性对于一个系统内部的动量而言没有发生改变，而对于能量则不同，运动的传递会导致总的动能减小，因为动能与速度的平方成正比。因此，黏性是导致内部动能减少的重要原因，从能量角度看，黏性导致能量的耗散。

第三，在界面形成摩擦力。在流体与固体交界面上，流体会因自身的黏性而受到界面的阻力，这种阻力称为摩擦力。同理，如果界面上有力作用在流体上，比如海面的风应力，流体会因自身的黏性而将力的作用产生的动量向下传递，此时对于海洋而言，风应力就是从边界上施加给海洋的摩擦力。

第四，产生有旋运动。黏滞力是一种与运动有关的内部力，是对运动的响应。按照（12.1）式，黏滞力不能自动在流体内部生成涡旋运动，但当边界上的应力不均匀，边界应力的旋度作用于黏性流体，就会因黏性的传递导致流体涡度的改变。例如，如果作用在海面的风应力是有旋的，就会因海水的黏性而改变海水的涡旋运动状态。

总之，流体的黏性会导致上述效应，使得针对理想流体得出的结论发生偏移，引起微弱的作用。事实上，由于海洋和大气的黏性都非常小，黏性效应在大、中尺度的运动中都可以忽略。

海洋和大气处于强烈的湍流运动状态，分子黏性系数与湍流运动引起的混合和扩散作用要小很多倍，甚至可以忽略。应用湍流的半经验理论，湍流的雷诺应力可以类比于牛顿粘滞定律，得到相似的表达方式

$$\tau_{ij} = K_{ij}\frac{\partial \overline{u_i}}{\partial x_j} \tag{12.2}$$

其中K_{ij}为流体的湍流黏滞系数，是随运动强度改变的量。需要注意的是，黏性效应是流体的自身性质，是由分子之间的相互作用决定的。而公式（12.2）中的K_{ij}是由流体的湍流运动状态决定的，而不是由分子自由程决定的，因而与黏性没有必然的联系。基于二者形式上的相似性，应该将其称为湍流黏性效应。

虽然湍流的黏性与流体的黏性没有关系，但是湍流的黏性效应也满足上述的四种内涵，具有传递运动和耗散能量的能力。

有时，人们对于黏滞力和摩擦力有所混淆，认为二者是一回事。其实不然。摩擦力是外力，是一种物质施加给另一种物质的力，是发生在固体与流体（或两种流体）边界上的力。但是，摩擦力是由于流体的黏性而产生的，流体没有黏性就没有摩擦力。黏滞力是流体内部的力，如果把流体人为地分成两部分，黏滞力就是一部分流体作用给另一部分流体的力，大小相等，方向相反。如果把这两部分合成一个系统，黏滞力实际代表了动量在流体内部的传递，并不削弱整体的运动。换言之，黏滞力并不削弱系统的整体动量，而摩擦力改变系统的整体动量，正的摩擦力会使流体的动量增大，而负的摩擦力会使流体的动量减小。

海洋中的埃克曼螺旋就是湍流黏性效应的一个典型的例子（图2.5），很好地体现了摩擦力和黏滞力的差异。在风的作用下，海水因其湍流黏性受风的带动发生运动，这种

情况下表面风应力就是边界的摩擦力。运动受科氏力的影响向右（北半球）偏转，流动的速度向下递减，引起科氏力也向下递减，导致流动的方向向右偏转，自上而下形成不断向右偏转的埃克曼螺旋。由于每一层的流速都不一样，如果将任一层水体的运动都认为是由其上下两层流体作用的结果，上下层流体的作用力就是黏滞力。埃克曼螺旋是地转效应与黏性效应共同作用的结果。

12.2 摩擦效应

早期摩擦的概念来自固体之间的相互作用。当两个物体沿接触面的切线方向运动或有相对运动的趋势时，在接触面上产生阻碍它们相对运动的作用力，称为摩擦力。对两个物体而言，各自受到的摩擦力大小相等，方向相反。而在海洋和大气中，摩擦主要有三个方面的内容：一是流体不同部分之间的摩擦，二是流体与固体之间的摩擦，三是海气界面的摩擦。流体内部之间的摩擦往往不用摩擦的概念，而是用黏性来表达，参见“黏性效应”。这里的摩擦效应（friction effect）主要属于后两种摩擦。

（1）流体与固体的摩擦

流体与固体的摩擦主要是指海水与岸线或海底的摩擦，以及大气与下垫面的摩擦。当流体平行于固体表面流动时，因流体的黏性，固体对流体的运动产生摩擦阻力。固体边界处的摩擦力会作用于运动的流体，削弱流动的动量。摩擦主要发生在摩擦边界层，在边界层内形成较强的垂向剪切。在这种条件下，摩擦效应是指边界摩擦对流体的影响。以下是几个例子。

边界的摩擦力对流体的运动起到阻滞作用，是摩擦作用的基础效应。在流动很弱时，边界摩擦力很小。随着流速增大，边界摩擦力显著增大，摩擦效应愈加明显。当流速达到一定量值时，摩擦力可以与流体运动的驱动力具有相同量级。这时，驱动力的作用完全等于摩擦的作用，流速就不能继续增大了，达到平衡状态。例如：当大气中台风持续增强时，海面的摩擦会迅速增大，起到削弱台风的作用，使台风趋于稳态。因此，摩擦是稳定性因素，使得运动不会无限制增强而失控。这种对运动起到阻滞作用的摩擦效应也称为阻尼效应（damping effect）。

潮波是海水在日月引潮力的作用下发生周期运动的现象，并以波动形式传播。当潮波传入海湾中，在湾底形成的反射波与入射波叠加，形成驻波。在科里奥利力的作用下，驻波的波节不再是一条波节线，而是成为一个点，称为无潮点。如果没有摩擦，无潮点应该发生在海湾的对称轴上。在摩擦的作用下，潮波在传播过程中发生耗散，反射波要弱于入射波，形成的无潮点将偏离轴线，向入射波左侧（北半球）的海岸偏移。无潮点偏移是摩擦效应引起的现象。

（2）海气界面的摩擦

在海气界面发生海洋与大气之间的相对作用，其中动力学的相互作用就是湍流的动量交换，也称为湍流摩擦，是两种不同流体之间的摩擦。海洋和大气之间的切向摩擦力称为风应力，使大气的动量向海洋输送，驱动海水的运动。海洋与大气的密度相差1000倍，但海气界面的风应力是连续的，在风作用于海洋的同时，大小与风应力相等、方向与风应力相反的应力作用于大气，对大气运动起到阻滞作用。因此，大气对海洋的摩擦效应是驱动作用，而海洋对大气的摩擦效应是阻滞作用。

值得注意的是，很多场合提到的摩擦效应并不规范，只是表达了摩擦现象，而不是摩擦效应。比如：有的人研究“边界摩擦效应的参数化”，其实，作者想表达的是“边界摩擦作用的参数化”或“边界摩擦力的参数化”。实际上，摩擦效应是边界摩擦对流体运动的各种影响。

有人将黏性效应与摩擦效应混为一谈，但严格来说，二者是不同的。在海洋和大气中，摩擦效应是指外部作用通过流体的黏性对流体的运动产生的影响，也包括海气界面海洋和大气通过各自的黏性产生的动量传递。而黏性效应本质上是指流体的黏性对流体内部运动的影响，与边界无关。例如：图2.5中的埃克曼螺旋就是一个最好的例子，埃克曼螺旋是黏性效应的结果，而不是摩擦效应。准确地说，大气是因为摩擦效应驱动了海水的运动，而海水是由于黏性效应将边界的运动向下传递。只是因为黏性又叫内摩擦，有时都称为摩擦效应也未尝不可，只是在使用时应该明白二者的差别。

12.3 负黏性效应

从（12.2）式可以导出湍流的半经验表达式

$$\tau_{ij}\bar{u}_i = K_{ij}\frac{\partial}{\partial x_j}\left(\frac{1}{2}\bar{u}^2_i\right) \tag{12.3}$$

即内部黏滞力做功导致流体动能的变化。在这个式子中，湍流黏滞系数总是正值，得到的结果就是黏性效应。该项出现在湍流平均流能量方程中，平均流能量的耗散，实际上体现了湍流从平均流获取能量，从而削弱了平均流的能量。12.1节指出，黏性效应的本质是耗散的，体现为平均流向湍流脉动传递能量。黏性效应实际上体现为从有序向无序发展的过程，即一种不可逆的过程。在分子运动的情形，黏滞系数 ν 恒为正值，是流体的物理特性，因而在层流的情况下不会发生能量逆向传递的现象。

而在海洋和大气中，观测表明存在着湍流的能量向平均流传递的现象，即（12.3）式表示的能量耗散项会导致能量增大。只有K_{ij}为负值，才能够解释能量从小尺度向大尺度的能量传送过程。黏滞系数取为负值表达了湍流脉动向平均流场输送能量，湍流的消耗换取了平均运动加强，相关现象被称为负黏性效应（negative viscous effect）。负黏性效应只有在湍流状态才能发生。按照（12.3）式，K_{ij}为正值时体现了正常的能量级串过程，即从大尺度向小尺度传递能量，导致能量的耗散，而K_{ij}为负值体现了逆向的能量传递，也就是运动从无序向有序发展。

为什么湍流运动会发生负黏性呢？可以从两个方面去认识。在形式上看，是因为半经验理论的表达存在问题，只有将黏性系数取为负值，才能解释实际观测到的能量逆向传递的现象。因此，可以说只有采用半经验的湍流理论才会得出负黏性效应。然而，事情并不这么简单。在物理上，雷诺应力代表了湍流运动的非线性特征，用半经验理论表达湍流运动并没有很好地体现这种非线性过程。根据现代非线性耗散系统的动力学理论，负黏性表示系统由无序运动向有序结构的转换，对一个开放系统来说是完全可以存在的。因此，与其说半经验湍流理论是不完善的，不如说半经验理论可以用负黏性表达这种逆向的转换过程，是这种理论在应用上的拓展，也可以说半经验湍流理论带给我们的意外惊喜，体现了与一般的分子输送的传统概念完全相反的认识。

负黏性效应的真实背景是海洋或大气的层化。在垂向层化的条件下，湍流运动必须克服重力做功，削弱了湍流动能，垂向湍流黏性系数大幅度减小，湍流运动受到抑制。消耗的湍流动能转化为层化的势能，影响更大尺度的运动。关于这部分的详细内容参见“层化效应”。

12.4 消波效应

消波效应（wave attenuation effect），也称为消浪效应，是指海底泥沙或植物对海浪的削弱作用。在正常的浅海海域，波浪会随着水深变浅而发生变化，包括：水深变浅引起海浪能量积聚，波幅增大；水深变浅导致底摩擦增大，海浪被削弱；浅水处水深变浅会引起海浪破碎等。这一切都应该归类于波浪的浅水效应。在浅水效应发生的前提下发生的海浪被进一步削弱的现象属于消波效应。消波效应并不符合效应的原因表达法，应该称为消波作用更为合适，但由于消波效应应用广泛，在此仍作为一种类别效应予以保留。

（1）近底泥沙的消波效应

在近海海底附近，存在不稳定沉积的高浓度泥沙。这些泥沙通常颗粒大，不容易悬浮在水中，而是作为推移质在海底附近随潮流做往复运动。这些泥沙处于动态变动之中，有些情况下会被输送到更深的海域沉积下来，有时会因风暴引起的稳定沉积物冲刷而进入海水，增加海水中的泥沙含量。

近底泥沙有很强的消波作用，因为海浪到达浅海会扰动整个海水柱，海浪的一部分能量用于带动近底泥沙发生垂向运动，需要克服重力做功，消耗了海浪的一部分能量。当海浪过后，进入海水的泥沙会发生沉降，回复到近底泥沙层的局面。在沉降过程中，泥沙会与周围海水摩擦，将其势能和动能转化为热能，并不能回到海浪的机械能，因此，近底泥沙对海浪的消波作用是不可逆的。

（2）海底植被的消波效应

海岸带是容易受到波浪侵蚀的海域。在泥沙质海底，海浪的冲刷就不可避免。而如果海底有植被覆盖，一方面海岸带不容易受到冲刷，另一方面海底的植被会有消波作用。人们主要关注海底植被在抵御海浪、防止侵蚀、保护海岸等方面的功能；而对植被的消波作用研究尚显欠缺。近岸的海底只有耐盐的植物才能生长，有种类众多的植物在近海区域的真光层中生长，是一个物种丰富、色彩斑斓的世界。

生长在海底的植物都有消波作用。研究表明（葛芳，2018），植物增加了海底的摩擦力，大型的藻类可以使摩擦力增大几十倍，导致波浪的能量被迅速消耗。例如：在长江口附近，当波浪穿过约50 m宽互花米草植被区后，波浪接近消失。当波浪穿越约60 m宽的芦苇时，波浪的能量几乎衰减为0。消波效应与波浪在盐沼植被中传播的距离和植被密度密切相关。这种强烈的消波作用被称为海底植被的消波效应（wave attenuation effect of sea floor vegetation）。

（3）红树林的消波效应

红树林主要存在于东南亚近海，在我国也有一定的数量。红树林的主要作用是稳定滩涂，减少海岸侵蚀，并形成独特的生态系统，有利于海洋生物的繁衍。以往人们对红树林的科学价值有一定的认识，沿岸各国都逐渐增强了保护红树林的工作。然而，对红树林消波作用的认识来自于东南亚海啸，几次大的海啸都表明，在有红树林的海域，海啸受到很大幅度的削弱，灾害得到减轻，对沿海居民和植物形成了有效的保护（Kathiresan and Rajendran，2005）。从而人们认识到，红树林对海啸波这种具有巨大能量的波动有显著的消波作用（wave attenuation effect of mangrove）（陈玉军 等，2011）。

12.5 减阻效应

减阻效应（drag reduction effect，effect of resistance decrease）近乎是消波效应的反效应。消波效应是以增大摩擦阻力和形阻为前提的，而减阻效应是以减小阻力产生的作用。在海洋和大气中都存在减阻效应。

（1）泥沙减阻效应

在河口邻近的海域，入海的泥沙会沉积在河口附近。稳定沉积的泥沙一方面表面光滑，减小了摩擦阻力，使波浪和潮流受到的阻力减小；另一方面，海底的礁石除了摩擦阻力之外，还有地形阻力（形阻），而泥沙抹平了海底的起伏，消除了形阻，降低了海底的阻力（李薇等，2018）。泥沙从这两个方面减小了海底的阻力，统称为泥沙减阻效应。

（2）湍流减阻效应

在高速流动的管道中，湍流很强，阻力也很大。但若将物质中加入一些高分子物质，如聚氧化乙烯(PEOX)、聚丙烯酰胺(PAAm)等，则管道阻力将大为减少，这个效应被称为湍流减阻效应，又称Toms效应。这个减阻效应为船舶和海岸工程降低摩擦阻力有重要的借鉴意义。

减阻效应也不符合效应的原因表达法，应该称为减阻作用更为合适。在此实际上将减阻效应考虑为一种类别效应。

12.6 飞沫效应

海气界面在风速的激励下，一些海水的沫滴被带入空气，它们对界面附近的边界层动量输送产生明显的影响，对一些我们惯常使用的风应力算法和其他物理量的计算有着重要的修正作用，这种现象被称为飞沫效应（spray effect）。

● 沫滴运动机制

在风的作用下，一般海气界面上下形成二相混合层。在界面上方的主体是空气和沫滴，而在界面下方的主体是海水和气泡。风可以引起沫滴发生三种形式的运动：一是风切削波峰，使大量液滴进入大气边界层；二是波峰上方的空气动力学吸引，致使液滴离开水体；三是海面气泡破裂，带动泡沫进入空气中。资料表明，海面气泡的破裂是造成沫滴的主要原因。当风猛烈地作用于海浪会使波峰倒塌，将海浪背风面相对静止的空气卷入水中，形成一个个气泡。气泡的浮力大，在水中迅速上升，上浮至海面时骤然爆裂，向海面上方喷出较大的沫滴，喷射高度可以达到0.3 m以上。沫滴以一定的初速从海面出发进入空气，上升到最大高度后再落回海面。在沫滴往返行程中，必然受到风的影响，向下风方向运动一段距离。与此同时，沫滴也对风场形成了阻力。图12.1中给出了不同风速时沫滴的飞行轨迹。

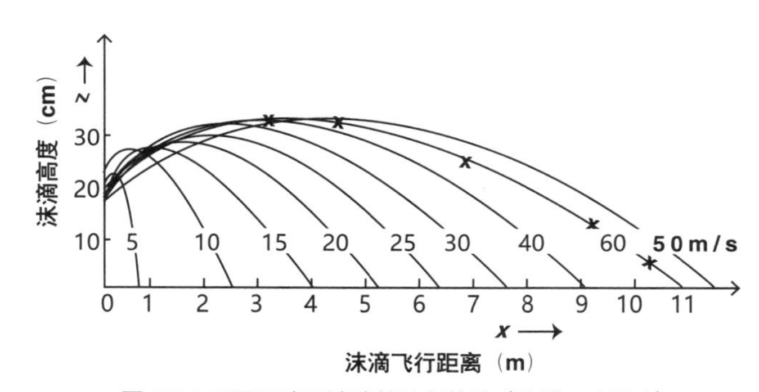

图 12.1 不同风速下沫滴的飞行轨迹（张淮，1981）

● 飞沫应力

当风速增大时，飞沫就会产生。沫滴飞出水面时水平分速很小，而落回海面时的水平分速却可以很大，说明沫滴在飞行途中从风中获得了动量。在落入海中时，沫滴把这部分动量交给海水，起到增加海水动量的作用。这种作用可以表示为由飞沫引发的切应力。当考虑飞沫时，不仅要考虑风应力τ_a（主要包括肤皮摩擦阻力和波形阻力），还要考虑飞沫切应力τ_d。飞沫切应力的经验算法是

$$\tau_d = \frac{\pi}{6}\rho_w d^3 uJ \tag{12.4}$$

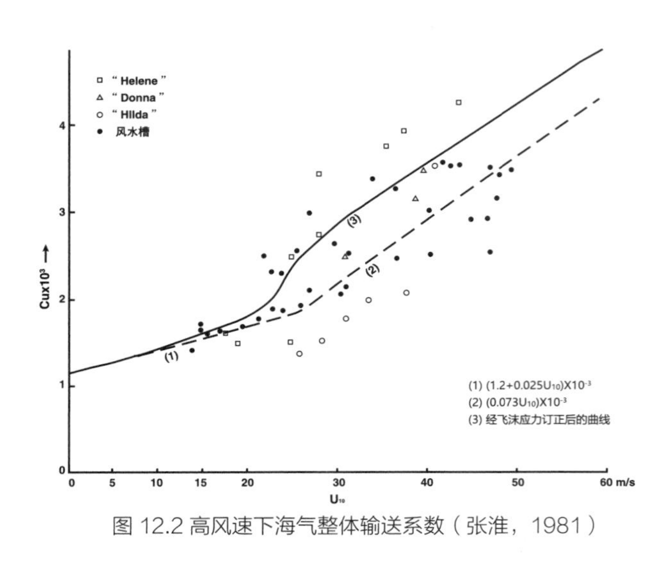

图 12.2 高风速下海气整体输送系数（张淮，1981）

其中，ρ_w为海水密度，d为沫滴直径，u为沫滴水平终速，J为沫滴的垂直通量。

从计算结果来看，在风速小于20 m/s时，飞沫应力影响不大；在大风情况下，飞沫应力可以很大。风速为25 m/s时，飞沫应力可以达到风应力的43%，具有不可忽略的影响。由此可见，在大风情况，必须考虑飞沫应力的作用。

图12.2表达了在大风情况下飞沫应力对风应力的订正作用。图中的虚线是不考虑飞沫效应时计算的海气整体输送系数，实线是考虑了飞沫效应时计算的海气整体输送系数。从图中可见，飞沫效应加大了表面应力的量值，考虑飞沫效应可以更好地计算海气相互作用的影响。因此，在一些比较好的风应力算法中都恰当考虑了飞沫效应的影响。

风应力是海洋运动的主要动力源。风应力的量值由于飞沫效应而改变，表明飞沫效应不仅直接影响风应力的值，而且间接地影响许多海洋过程，是一种意义深远的效应。

12.7 波浪效应

在海上活动的船只受到波浪的显著影响，波浪效应（wave effect）实际上是受波浪影响的一类效应的统称。在波浪强大时，也称rough water effect。在本书中，很多效应都属于波浪效应，如：波束效应、海面粗糙度效应等。这里，我们介绍风应力的波浪效应。

风生运动是海洋最基础的流动和输运现象，决定了风对海洋的影响。风应力没有理论关系，也不能直接测量，需要通过一些经验关系来确定。确定风应力的经验关系很多，典型的定义为：

$$\tau = \rho_a C_D \left| \boldsymbol{v}_{10} \right| \boldsymbol{v}_{10} \qquad (12.5)$$

其中，ρ_a为大气密度，C_D为大气拖曳系数，$\boldsymbol{v}_{10}$为海面以上10 m高度的风速矢量。（12.5）式表明大气的风应力与大气的密度成正比，与风速的平方成正比。C_D通常取为常数，约等于1.0×10^{-3}~2.5×10^{-3}。这个关系是假定大气边界层的风速存在对数廓线，用10 m高风速可以很好地表达对数风廓线底部形成的湍流应力。按照这个公式，风应力是按照摩擦应力的形式确定的。

当海浪发生后，会有形状阻力（形阻）出现。在波峰的迎风面，风的作用会产生额外的推力，使合成的风应力远大于仅考虑摩擦时的风应力。按照（12.5）式，只能通过改变C_D来补充形阻导致的风应力。然而，形阻与风的阻力面积的平方成正比，C_D注定是随波浪振幅和形态变化的，这些影响称为风应力的波浪效应。

关于C_D的确定也有各种线性的关系，即

$$C_D=(a+bU_{10})\times10^{-3} \tag{12.6}$$

其中，a代表摩擦阻力，b代表形状阻力。Wu（1982）给出的a和b分别为0.8和0.065，表明当风速达到12.3 m/s时形阻的贡献已经与摩擦阻力相当；在高风速情形，形阻的作用远大于摩擦阻力。当然，认为拖曳系数与风速呈线性关系也是一种近似，实际上随着风速加大，二者的非线性关系也越强，需要深入研究。

12.8 卷挟效应

卷挟是一种流体运动形式，指水体微团从一个水层进入另一个水层，不发生反方向的补偿性流动的运动。海洋中发生卷挟的基本条件是：海洋上层存在混合层和跃层。上混合层的运动会在跃层上下形成流动的差异，在界面上生成跨越界面的水体交换。如果上层流体的运动速度很快，界面水体交换的结果是下层流动较慢的水体微团进入上层流动较快的流体之中，这种运动就是卷挟，即下层最接近上层的水体被上层水流“卷走”。被卷挟走的水体离开下层水体后，后续的水体上升到界面处，继续着卷挟过程。这种卷挟过程形成向上的水体输送通量，下层水体籍此进入上层水体。因此，卷挟运动是大洋主温度跃层与跃层下水体的主要交换形式。

卷挟效应（entrainment effect）是指卷挟过程产生的特殊效果。卷挟过程导致跨越内部界面的体积和物质输送，对上层水体结构产生明显影响。同时，下层物质的不断向上输送，也必将影响下层水体的结构。以下是一些卷挟效应现象的例子。

● 大洋营养物质的垂向输送

在大洋上层，由于有充足的光线，适合浮游植物的繁殖，但是，远离海岸的大洋缺乏来自陆地的营养物质补充，上层水体中的营养盐将很快耗尽，成为营养物质贫瘠的海域。然而，在中低纬度大洋中，上层水体仍然能够得到营养物质的补充，卷挟运动是大洋上层营养物质的主要来源。从大洋垂直结构上看，营养物质主要是生物死亡后分解产生的，在海洋深层的黑暗条件导致营养盐很少被消耗。深层水体中的营养物质通过卷挟过程向上输运，最终通过卷挟进入海洋上层，成为上层海洋中非常重要的营养物质来源。

● 跨越等密度面的通量效应

卷挟运动产生了单向的水体体积通量，这些通量很大，削弱了水平方向运动的流量。这种卷挟效应也称为“跨越等密度面的通量效应（effect of diapycnal mixing flux）”。在赤道太平洋西部上混合层很厚，卷挟产生的向上通量并不显著；而在太平洋的中东部区域，主温跃层的深度变浅，更接近风力混合能够达到的深度，卷挟运动引起的垂向通量明显增加。与此同时，赤道潜流的流量显著减小，卷挟效应被认为是赤道潜流最终终止的主要原因（Pedlosky，1992）。卷挟效应可以发生在大洋中几乎所有上层流速较强的海域，但是，由于流速不同，跃层的深度不同，上层水体的辐散不同，卷挟效应产生的垂向水体通量也很不相同。由于垂向通量还不能直接观测，整个海洋的卷挟效应还远没有得到深入的研究。

● 溢流水体流量增大

实际上，卷挟运动不只是垂直方向上的流速剪切引起的，在水平方向的流速剪切也会引起强大的卷挟运动。以丹麦海峡溢流为例，丹麦海峡海脊处，密度>27.80水体的溢流流量约为2.9 Sv，测得下游160 km的Dohrn Bank处的这个密度水体的溢流流量约为5.2 Sv，溢流增加量的80%被认为是侧向卷挟的结果（Dickson et al., 2008）。当溢流沿着陆坡流下时，由于与周围水体混合，其体积增加而密度减少。这个溢流被稀释的过程也是由卷挟引起的。因此，卷挟运动在海洋中起着重要的作用。

12.9 风振效应

风振现象是高层建筑物在风的作用下发生的振动。风振可分为三类：抖振、涡激振动和自激振动。抖振是建筑物在顺风方向发生的受迫振动，由风的强弱变化及其风与建筑物的相互作用引起的。风的作用有各种频率，导致抖振也有不同的频率；当风的频率接近建筑物的固有频率时抖振会加强。涡激振动发生在横风方向，当风绕过建筑物时，会在建筑物后部形成漩涡；如果一侧漩涡脱落会使建筑物两侧的风速不对称，引起压强不对称压迫建筑物。由于漩涡是交替脱落的，压迫建筑物的压力方向也是交替变化的，产生建筑物的横向振动。自激振动就是具有弹性的建筑物在风的作用下发生变形，并在恢复的过程中发生振动（图12.3）。风振现象与风的强度有关，强风时的风振现象更明显。

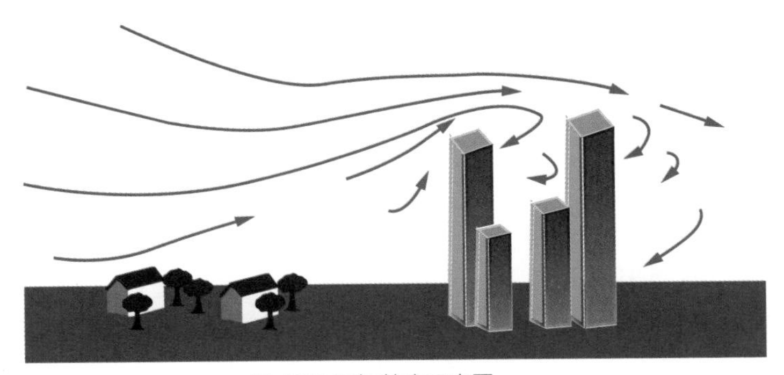

图 12.3 风振效应示意图

风振效应（wind vibration effect）是伴随风振现象发生的效应。最直观的感受就是建筑物在风中的摆动，使住户对建筑的安全性产生担心。风振效应深层次的含义是风振使得建筑物受力条件更加复杂，涉及结构受力情况和长期振动造成的影响，需要在建筑物设计时考虑风振现象，在建筑物结构、布局、建筑材料等方面全面考虑。

风振效应还要考虑风的情况，不仅要考虑建筑地区正常的风速风向变化范围和极值风速，还要考虑城市密集高楼“狭管效应”引起的风速增大，以及地面粗糙度对风的削弱能力。在有些高风速地区的城市，考虑到风振效应，不宜建造高层建筑。

第13章

冰雪效应

Ice and Snow Effects

海冰是寒冷海域海水自然冻结的产物。当气温降低到海水的冰点以下时，随着海洋的热量离开海水进入大气，海水中的热含量会逐步降低，水温会越来越接近冰点。热量耗尽的海水会在表层结冰，并逐渐向下生长，最后形成密集的冰层。

海冰阻隔了大气和海水，减少了海气间的热交换和物质交换，成为最重要的海洋现象之一。细思起来，海冰的存在确实是地球上的奇迹，如果没有海冰，海洋失热后温度会越来越低，生物无法生存，成为死亡的世界。因为有了海冰的覆盖，在漫长的冬季，海洋的热量得以保持，海洋的生命得以生存，海洋的循环得以延续，对海冰的任何赞叹都不为过。海冰对海洋和大气的运动有诸多影响，形成一系列重要效应。

13.1 冰雪效应

冰雪在海洋和大气中有很多效应，在各节中分别描述。这里，冰雪效应（ice-snow effect）主要指冰雪对太阳辐射的反射作用，也称为冰雪反照率效应（albedo effect of ice and snow）。

太阳短波辐射到达冰面和雪面时，会发生强烈的反射，夏季冰的反照率可达0.6，雪的反照率可达0.8，而春秋季节，冰的反照率可达0.8以上，雪的反照率可达0.9以上（图13.1）。因此，冰雪的反照率不仅远高于海洋（约5%~9%），而且远高于陆地表面（约10%~30%）。冰雪的高反照率来自其晶体结构。冰晶微观上由晶体生长而产生，在宏观上形成光滑的镜面，反射率高。

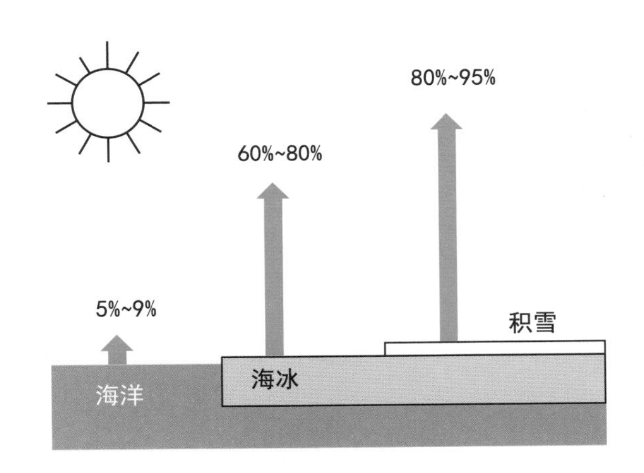

图 13.1 海洋、海冰和积雪对短波辐射的反照率

高反照率使到达地面的太阳短波辐射能量中的很大一部分直接返回太空，削弱了海洋和大气接收的能量。由于大气对短波辐射几乎是透明的，因而反射的太阳辐射能对大气的贡献很少，直接导致进入地球系统能量的减少。因此，冰雪效应是夏季两极地区寒冷的主要原因之一。在全球变暖之前，南北极由于冰雪覆盖率高，气候寒冷。在夏季极昼期间，太阳辐射量很高，高峰时达到中纬度地区的日均辐射量，但极区要比中纬度冷得多，主要是冰雪反照率效应产生的结果。

近年来，北极呈现增暖现象，夏季海冰的密集度和厚度大幅减少，开阔水域面积增大，导致海洋吸收了更多的太阳辐射能（Perovich et al., 2008）。这些增加的能量主要用于融化海冰，导致海冰进一步减少，呈现正反馈效应（见14.7节）。海洋吸收的一部分能量进入大气，导致气温升高。因此，海冰减少导致的反照率效应被认为是导致北极变暖的主要原因。

13.2 冰覆盖效应

上节提到，冰雪对短波辐射反照率的影响归于冰雪效应，而冰覆盖效应（ice coverage effect）是指由于海冰的存在对海气热交换的影响。由于海冰对海洋和大气的不少方面都有影响，因此冰覆盖效应的内涵很多，这里我们介绍一些典型的效应。

冰覆盖效应的主要内涵是海冰的存在对海洋的保温作用。冬季气温低于海水冰点后海洋就会生成海冰。气温越来越低，海冰就越来越厚。海冰的热传导性很差，对海洋起着保温作用。在冬季无冰海域，感热、潜热和长波辐射造成的热损失可以达到300 W/m^2以上，而在冰厚2 m的海洋上，穿透海冰的热量不足10 W/m^2。海冰形成海洋和大气之间的天然屏障，将寒冷的大气与温暖的海洋分隔开来，阻绝了海洋与大气物质与能量的交换，使海洋和大气成为两个差异明显的世界。大气中的严寒使冬季的北极成为死亡的世界，而冰下海洋的温度仍然维持在冰点附近，保护海洋的生物度过严寒的冬季。试想如果海水不会结冰，冬季北冰洋的水温会达到−40 ℃，甚至更低，海洋生物不能生存。

在冬季的无冰海面，海洋对大气加热，气压体现相对低压的特性。而在厚厚的海冰之上，由于来自海洋的热量很少，大气会呈现相对高压的状况。北极波弗特海冬季的海冰厚重，波弗特高压盘踞在厚冰之上，形成高压主导的气压场特征，决定了大气环流和海洋环流的结构。

海冰覆盖海域对气温的影响很大。由于穿透海冰进入大气的热量很少，冰面以上的低层大气处于低温状态，稳定度高。春季海冰开始融化，或秋季海冰尚未冻结，海洋的热通量将起主导作用，破坏大气的稳定度，引发低层大气的对流，这时的冰覆盖效应近于消失。

海冰阻隔了海面与大气的直接接触，也就阻隔了大气对海洋直接的动量输送。大气的风应力需要直接作用在冰面上，再通过海冰与海水的摩擦将动量传递给海洋。大气的风应力有多少可以传递给海洋取决于海冰的运动，海冰随风漂移时冰对海水的应力与风应力大体相当；而如果海冰不发生运动，则风应力不能影响海水的运动。

以上这些内容都属于冰覆盖效应，实际的冰覆盖效应更多，请参见其他相关章节。

在陆地上，冰雪覆盖产生的效应以对反照率的影响为主，归于“冰雪效应”。

13.3 锅盖效应

如果说冰覆盖效应表达了海冰对海洋的影响，则锅盖效应（pot-cover effect）主要体现了冰雪对陆地的影响。有人也将冰覆盖效应现象称为锅盖效应，这样表达虽然不准确，但也说明二者确有相似之处。

锅盖效应本意是指在土壤上修筑公路或机场跑道时，等于给土壤加上了一个盖子，导致土壤中的水分不能蒸发出来，而是在硬化路面下不断积聚，导致土壤含水量异常增高，土壤强度降低，导致承载能力下降，对公路或跑道的安全性造成威胁。这种锅盖效应与大气没有关系。

最新的理论研究将锅盖效应分为两类，第一类就是上面提到的水分累积造成的，第二类是冻结条件下由气态水迁移引起的（滕继东 等，2016），这种锅盖效应与硬化路面没有关系，而是由土壤结冰形成的“锅盖”。温带的冬季气温会很低，土壤表层的水会率先结冰。结冰后的土壤会减缓土壤的热量进一步释放，在土壤上层形成季节性冻土，冻土层之下土壤的温度得以保持。土壤结冰后会阻止土壤的水分蒸发，使土壤中的水分呈饱和状态，有利于春季植物的生长。这些特性与海冰对海洋的保护作用非常相似。

此外，土壤蒸发被阻隔导致大气非常干燥，形成北方干冷的气候。也正是由于空气的干燥，一旦下垫面有液态水的蒸发，就会形成湿度效应，产生雾凇现象（见10.9节）。

13.4 盐析效应

海水冰与淡水冰很不相同。淡水结成的冰是以结晶形式存在的，有着整齐的晶体结构。海水中存在氯离子、钠离子和其他溶解性物质，结冰时的情况要复杂很多。海水中纯水部分在结冰时仍然形成冰晶，并且不与任何其他物质混杂结晶。其他物质在结冰过程中逐渐离开冰晶体而积聚起来，以非结晶形式存在，体现为冰晶中的杂质。我们称这些浓聚的物质为卤水，其在海冰中的存在空间为盐泡，也称卤水泡。随着海冰温度的降低，海冰中的水分进一步结晶，导致盐泡中的卤水受到的压力增大，卤水破坏了海冰的晶体结构，从海冰的底部离开海冰。在适宜的条件下，卤水也会从海冰的顶部离开海冰，形成海冰表面的盐花。因此，海冰中的盐泡是在垂直方向上的细长管状结构。这就是海冰的排盐机制。

海冰刚刚生成时的盐度接近海水的盐度，在排盐机制的作用下，盐分陆续被排出，海冰的盐度逐渐降低。我国渤海的海冰都是一年冰，盐度范围在4‰~13‰，其中绝大多数在5‰~9‰。北极一年冰的盐度在6‰~12‰，盐度的垂直分布如图13.2（a）所示。在夏季，那些厚度大、面积大的海冰可以抵御夏季环境对其的融解作用，保留下来经历下一个冬季，成为多年冰。一般而言，多年冰的盐度在2%~6%，要明显低于一年冰，盐度的垂直分布如图13.2（b）所示。

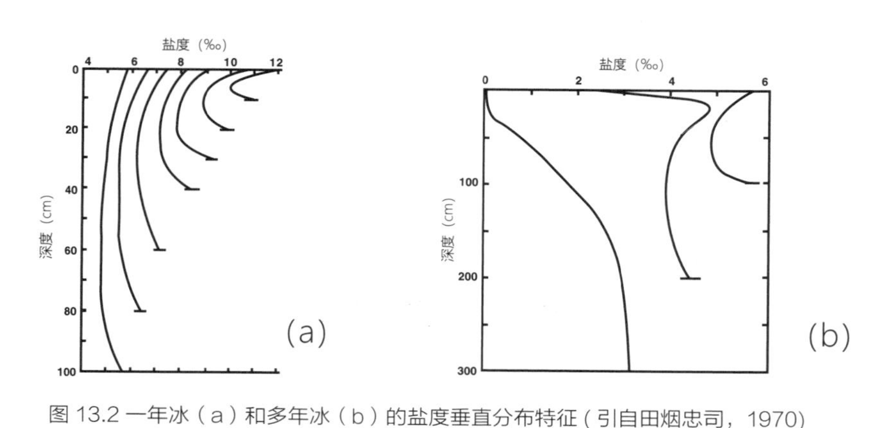

图 13.2 一年冰（a）和多年冰（b）的盐度垂直分布特征（引自田烟忠司，1970）

盐析效应（brine rejection effect），也称排盐效应，是指排盐后产生的各种现象。排盐产生的主要现象是发生海洋对流。海冰中的卤水以高密度液滴的形式排出，排出后在海洋中下沉，引起海水的对流，发生上下水层的水体交换。对流的过程导致形成温度和盐度均匀的对流混合层，并随着海冰的不断生成而加深。对流混合层的深度取决于结冰的厚度，也就是排出的盐量，另一个因素就是海水的层化程度。在北极，由于存在盐度跃层，一般结冰析盐能够产生的对流深度不是很大，只影响到30~60 m的水层。而在冰间湖中，由于结冰后的海冰被风吹走，不断冻结新冰，使排盐量大幅增加，可以形成穿透跃层的深对流，影响的深度可以达到1000 m以上，是大洋深层水通风的主要机制。而在渤海的辽东湾，由于水深浅，海水冬季散热彻底，对流混合可以直抵海底。

图 13.3 进入海冰内部的冰藻

进入海冰中的冰藻也是盐析效应的重要组成部

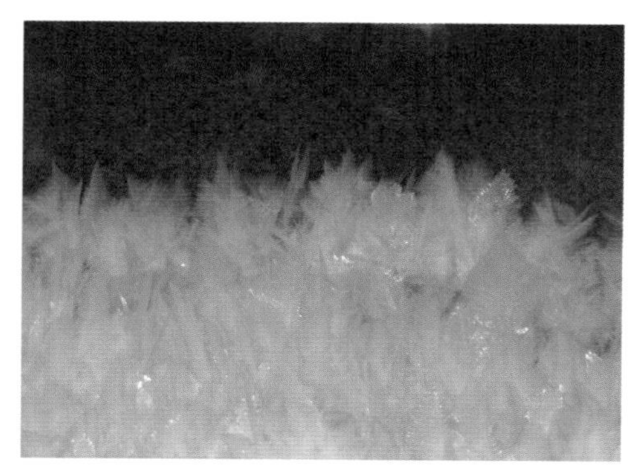

图 13.4 冰面渗出的盐花

分。由于一部分太阳辐射可以穿透海冰，春季在海冰底部一般都生长着冰藻。冰藻的尺度远大于冰晶的尺度，因而不能进入海冰。但是，盐泡的尺度较大，藻类的趋光特性使其能沿着盐泡进入海冰内部，形成普遍存在的冰内冰藻（图13.3）。

如果海冰冻结得较快，冰晶结构简单，冰面没有积雪，海冰内部的卤水可以从海冰上部渗出，冻结成盐花，形成雪花一样的结构，密集地覆盖着冰面，让人误认为是积雪（图13.4）。这时，只要尝尝就可以辨别出来，因为盐花的盐度很高。

13.5 融池效应

图 13.5 北极冰面密集的融池

近年来，发生在北极的变化正在成为全球气候变化的核心因素之一。北极的变化主要体现在北极海冰的大幅减退（称为“北极快速变化”）以及北极增暖（称为“北极放大”），分别发生在海洋和大气中。导致北极变化的因素很多，其中“冰雪反照率”机制被认为是最为重要的机制。由于冰雪反照率高达80%以上，而海洋的反照率只有9%以下，一旦海冰减少，海洋吸收的热量就会增加。这些热量会加剧海冰的消融，形成正反馈（Perovich et al., 2008）。

冰雪反照率机制考虑了冰雪和海水的反照率差异导致的热吸收的差异，但影响反照率的还有一个重要因素，就是积雪融化的水在冰面积累形成的水池，简称融池。由于冬季海冰在风的作用下发生相互挤压，形成凸凹不平的表面，春季积雪融化的雪水就会在冰面的低凹处累积起来，形成融池（图13.5）。在北极海冰融化季节，融池在海冰表面普遍存在（赵进平和任敬萍，2000）。随着北极增暖，融池覆盖率有增加的趋势，最大可以达到56%以上。融池的作用不同于海冰，也不同于海水。融池的反照率介于海水和海冰之间，会吸收更多的太阳辐射，这些热量一部分会贡献给大气，成为气候变化的因素；还有一部分会用来融化融池底部的海冰，使融池不断加深。融池的存在对海洋、海冰和大气都有影响，称为融池效应（melt pond effect）。

首先，融池是液体，具有很大的热含量，融池水对海冰的直接热传导远大于大气向海冰传输的热量，因而融池会不断加深，以致最后融化成通透的冰孔。其次，液体的融池允许更多的太阳短波辐射进入海冰内部，加热海冰气泡和盐泡中的空气，使海冰的孔隙率增大，形成粗大的冰孔。融池水会通过这些冰孔下泻进入海洋。穿透海冰进入冰下的水体盐度低于周边海水，不能顺利地向其他地方扩散，只能积聚在融池下方，形成低盐水池（图13.6）。加之融池水的温度较高，在海冰下面的低盐水池具有高温低盐的特征，其中的热量无处可去，只能用来融化海冰，促进了海冰的底部融化。

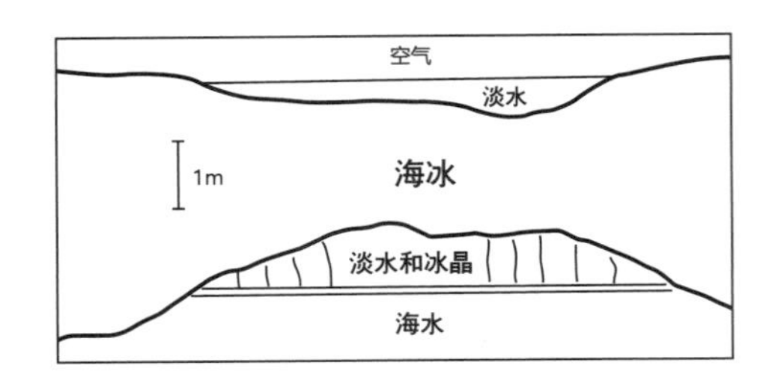

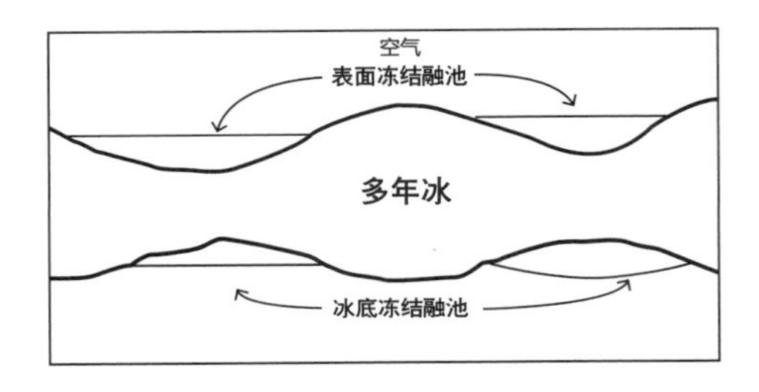

图 13.6 融池及其冲洗效应

据估计，有融池覆盖的海冰融化速度是裸冰融化速度的 2~3 倍（Stroeve et al.，2014）。因此，存在融池的海冰不仅上表面凹陷成为融池，下表面也会因融化加剧和抬升，形成凹透镜结构（图13.6）。在夏季后期，大部分融池已经融透，形成密集的冰孔，大大降低了海冰的强度，一旦大风降临，海冰很容易破碎。破碎的海冰比成片的海冰更容易融化，是造成海冰大范围融化和大规模减退的重要因素。因此，融池效应在北极海冰减退中是不可忽视的因素。

此外，融池会促进海洋对太阳辐射能量的吸收，加剧海冰融化，导致低层大气更加温暖，海冰融化提前，海冰更易破碎，促进了反照率效应的正反馈过程。

然而，现在对融池的认识还有很多问题。由于融池是小尺度过程，空间尺度较小、形态各异、难以通过卫星遥感获取融池的精确信息。即使能够从空中观测融池，也只能给出融池的形态特征，融池的结构才是热力学特征的基础，只有现场观测才能得到融池的结构信息。抛开现场观测的机会极少不说，融池结构在整个夏季都在不停地变化，一次观测很难给出融池的变化规律。在科学认识方面，对融池的特殊热力学过程尚未得到深入了解，融池各种时间尺度的变化并未得到全面认识。

鉴于上述原因，在大尺度数值模式中难以准确给出融池的参数。融池与海冰一起漂移，如果没有观测，模式对漂移模拟的误差足以导致热力学的巨大偏差，成为主要的误差源。融池的面积和形态取决于上一个冬季风对海冰的挤压，关于融池的预报非常困难。因此，对融池的深入研究仍是一个巨大的挑战。

13.6 冲洗效应

在海冰冻结过程中形成晶体结构，而裹挟在海冰中的盐分无法参与到晶体结构中，而成为杂质被排挤出来，也就是排盐效应。盐分的排出导致海冰晶体结构被破坏，形成纵贯海冰的狭长空隙，称为盐泡。海冰冻结过程中还会裹挟一些空气，在海冰冻结过程中无法排出，形成大量的气泡。春季来临后，积雪会很快融化，没有积雪的海冰反照率降低到70%以下，一个主要的原因就是有一些太阳短波辐射进入海冰内部。海冰的主体是固态水，具有很高的热容量，对太阳辐射的响应较慢，而气泡和盐泡中的空气则很快被加热。冰内热空气的热量向周边的海冰传递，导致海冰从内部融化。经过一段时间的加热，海冰内部的气泡和盐泡加大，孔隙率增大，被形象地称为海冰内部腐烂。与此同时，内部加热导致盐泡的上下端口开放，形成通透的管道。海冰内部的管道开通是一个重要的标志，导致海水进入海冰内部。海水吸收的太阳辐射能更多，加速海冰的融化。

但是，融池下面的海冰则完全不同。由于融池的液面高度一般大于海面的高度，形成一定的压力，称为“水头”。海冰内部的通道形成后，发生相反的作用，融池中的水会在水头的静压作用下渗入盐泡和气泡，穿透冰层进入冰下海水。由于融池水体的盐度极低，其穿透冰层的同时溶解了海冰中的一些盐分，使海冰中的盐分进一步降低。这一过程相当于对海冰内部的卤水进行了冲洗，结果导致海冰中的盐度降低，因而称之为冲洗效应（flushing effect，washing effect）。从这个意义上看，冲洗效应是融池效应的组成部分。

因此，在冲洗效应的影响下，使得海冰上部的融池、下部的低盐水池、中央的盐水泡结构融为一体，成为海冰的一种特殊结构。

13.7 过冷效应

在标准大气压下，淡水到了0 ℃就会自然结冰，海水的冰点低于0 ℃，与海水的盐度有关，会在与其盐度相对应的冰点自然结冰。这里提到的结冰也包括大气中水蒸气的凝结。但在有些时候，水在达到冰点时仍未结冰，称为过冷现象。研究表明，这种现象是水体中缺乏凝结核造成的；一旦形成充足的凝结核，水会迅速成冰，这就是过冷效应（supercooling effect），也称激冷效应（chilling effect）。

冰点是指水的内能等于同质量冰内能的温度，到了这个温度，在有充足凝结核的条件下水会冻结成冰。实验证明，没有任何杂质的纯水要在－42 ℃才结冰，原因是，当没有任何杂质的情况下，所有的水分子所处的环境都是对称的，没有哪些分子显得特殊而先结冰，水只好继续降温而不冻结。一旦出现了凝结核，就破坏了水分子的对称环境，围绕凝结核的水分子先结冰，这样的微观过程触发了宏观的结冰过程，水体就迅速成冰（图13.7）。

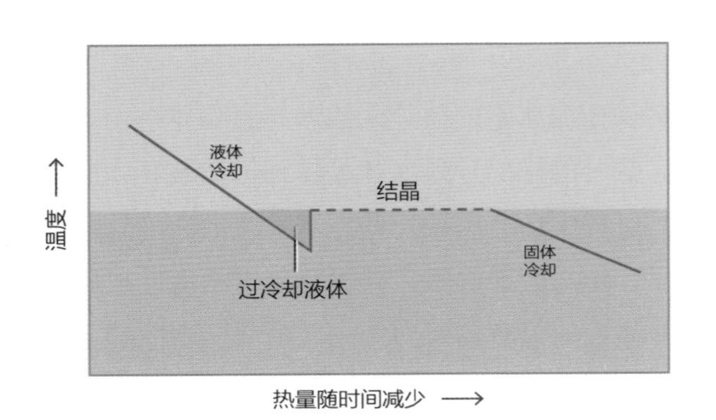

图 13.7 过冷效应示意图

过冷却水不只在缺乏凝结核的水体中发生，在海洋中，与南极冰架相互作用的水体也将形成过冷却水。冰架是南极陆地冰川探头深入海洋中的部分。当南极海面结冰时，海冰将盐分排出，形成低温高盐的高密度水体下沉。当这种水体到达冰架下面时，可以达到400 m以下，由于那里的冰点更低，下沉水体的温度仍高于冰架温度，导致冰架底部发生融化。融化后的水体由于盐度低，浮力很大，迅速上浮到表面。冰架融水的温度高于所在深度的冰点，但低于海面海水的冰点，一旦上升到海面就成了过冷却水。这是过冷却水产生的另一个来源。这些过冷却水不能长时间存在，一旦有足够的凝结核，海水会迅速形成冰针，漂浮到海面上，加入海冰的冻结过程。

13.8 冰晶效应

空气中含有的水汽所产生的压强叫水汽压。空气中的水汽含量不能无限制地增加，而是有一个极限饱和值，饱和值与温度有关。在一定的空气温度下，水汽饱和时的水汽压称为饱和水汽压。如果水汽含量超过饱和值，超出部分的水汽则要凝结成液态水。

在云中，既有冰晶、又有过冷却水的情况是常见的。在同样的温度下，冰晶表面的饱和水汽压较小，过冷却水表面的饱和水汽压较大。当空气的饱和水汽压介于二者之间时，实有水汽压比水滴的饱和水汽压小，对水滴来说是未饱和的，水滴就出现蒸发。但实有水汽压比冰晶水汽压大，对于冰晶来说是过饱的，冰晶上要出现凝华。因此，水滴不断蒸发而减小，冰晶因不断凝华而增大，这种冰水之间的水汽转移现象就称为冰晶效应（ice crystals effect）。这种效应是混合云形成降水的重要理论之一，比雷诺效应的关系更接近实际。

冰水共存对冷云（指云体上部已超越等0 ℃线，有冰晶和过冷却水滴共同构成的混合云）降雨是重要的，因为在相同的温度下，冰水之间的饱和水汽压差异很大，特别是当温度在－12~ －10 ℃时差别最显著，最有利于大云滴的增大。整个云体温度高于0 ℃的云称为暖云。暖云内不可能有冰晶效应。

冰晶效应主要应用于冷云的人工降雨。冷云的温度低于0 ℃。中纬度地区冬季经常出现大范围的过冷却层状云，夏季也经常出现积状云，这种云能产生自然降雨的不多，原因是云内缺乏冰晶，云滴得不到增长。人工降雨就是设法使云内形成冰晶，一种办法在云内投入冷冻剂（如干冰），在其周围薄层内形成冰晶。另一种方法是引入人工冰核（如碘化银）。冰晶大量形成后，出现冰晶效应，使水滴蒸发，冰晶凝结增长（图13.8）。

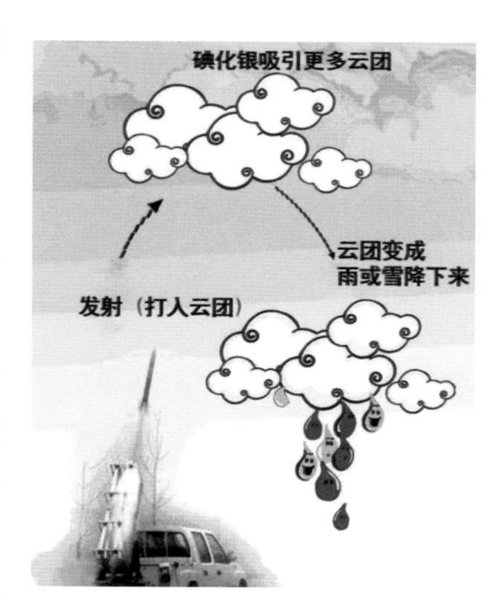

图 13.8 利用冰晶效应人工降雨示意图

但是，不论是凝结增长过程，还是凝华增长过程，都很难使云滴迅速增长到雨滴的尺度，要使云滴增长成为雨滴，还要有碰并增长过程。当冰晶长大到一定尺度后发生沉降，沿途不断凝华和碰并增长而变成大的降水质点，形成降雨。

13.9 屑冰效应

由于冰下海水的盐度较高，海水的冰点大约为 –2 ℃。一旦海水的温度达到冰点，就会发生结冰现象。冬季，气温降低，海冰在不断地增厚。海冰增厚是冰下海水结冰的结果，海水达到冰点温度之后就会结冰。海冰在结冰时需要释放热量，即凝结潜热。其实，两极海冰的冻结还有另一层意思，即海冰具有一定的导热性，有一部分热量穿过海冰进入大气。由于冰下海水的温度接近冰点，已经没有多余的热量供给穿过海冰的热量，只能通过结冰释放凝结潜热来支持穿过海冰的热量。因此，海冰的厚度会不断增大，直到穿过海冰的热量趋于零，海冰厚度就稳定在特定的厚度。全球变暖之前，北极冬季非常寒冷，海冰稳定的厚度约为4 m，而北极变暖后，冬季气温明显升高，海冰的稳定厚度只有2 m左右。

海冰都是向下生长的，如果冰下海水温度达到或者略低于冰点，而没有凝结在海冰上，就会形成碎小的冰屑，漂浮在海水上部、海冰下部，称为粥一样的冰层（greese ice）。这些屑冰能够维持的原因是冰屑的冰点是淡水的冰点，高于海水的冰点，因此，即使海水的温度略高于冰点温度，屑冰也不会融化。而且，受上方海冰的影响，屑冰的温度还会低于海水的冰点。

屑冰效应（frazil ice effect）是指这些屑冰对冰下热力过程的影响。首先，如果屑冰的温度低于海水冰点，就会吸收海洋的热量，形成新的屑冰。如果新的屑冰没有生成，屑冰的低温会造成海水过冷，即低于结冰温度，对海冰的增厚过程造成影响，这些影响包括延迟增厚、突发性增厚等现象。其次，毕竟穿过海冰的热通量和海冰冻结过程是两个不同的热力学过程，二者不一定同步进展；当海冰冻结释放的潜热不足以支持穿过海冰的热通量，海洋就会通过进一步失热来补偿热损失。在这个过程中，如果存在屑冰，就会削弱海水的湍流，阻隔海洋热量的释放，破坏稳定的热传导过程和海冰增厚过程。

大部分穿过海冰的热量损失都将导致海冰在原来基础上增厚，一部分热量的损失用来冷却冰下的海洋。观测表明，冰下海水边界层的温度结构非常接近冰点，以至于从海水进入海冰的热通量导致海水过冷和屑冰的生成。

13.10 临界点效应

临界点是指物质相变时的临界温度。例如：纯水在温度降到0 ℃时会结冰，冰在温度高于超0 ℃之后就融化为水，0 ℃就是水与冰相变的临界点。再如：水在超过100 ℃之后又变成了水蒸气，而水蒸气在温度低于100 ℃时又凝结成水，100 ℃就是水与蒸汽之间相变的临界点。其实，自然界有很多物质会在气体、液体、固体之间相变，也就有着各种各样的临界点。临界点效应（critical point effect）是指在温度接近物质的临界点时物质的形态发生很大的变化，如果说远离临界点时的变化只是量变，而接近临界点时的变化就是质变；在远离临界点时只是温度的变化，而在达到临界点时会产生新的物质；在远离临界点时温度变化很大也没有明显效果，而接近临界点时只要有温度微小的变化就会引起物相的转换。因此，临界点效应是温度在接近临界点时产生的物质相变现象。

在自然科学领域，临界点的定义更为广义，有时不是指温度，而是其他的量。临界点也不是指物质之间的相变，而是更为复杂的变化。比如：处于稳定的层流状态的流体会突然转变为湍流，转变的临界点就是临界雷诺数；这时的临界点就是雷诺数的临界值。因此，临界点效应也是内涵广泛的。

社会学家将临界点效应引入到心理学领域，认为人如有顽强的毅力，就会趋向于达到临界点，会得到从量变到质变的不同结果，这就是心理学领域的临界点效应。例如：当人在行走时筋疲力尽，但突然认识到已经快要到达目标，会顿时兴奋起来，疲劳顿消。相反的效应也会存在，当一切顺利的时候会因为一个环节的失利而崩溃。如果不能克服千难万险去达到临界点，就无法迎来灿烂的未来。

由于临界点效应部分内涵与阈值效应（threshold effect）有相似之处，有时也将其称为阈值效应，尤其在社会科学中，二者时常混用。实际上，阈值效应不同于临界点效应，其在经济学、社会学等领域有更为宽泛的内涵。

13.11 姆佩巴效应

如果把温度不同的两个同体积的水盒放入冰箱，温度高的水先结冰。这个现象被发现的年代已经非常久远，可以追溯到公元前300年。那时的人就知道，要想让水更快结冰，就将水先加热一些。1963年，坦桑尼亚的中学生姆佩巴把滚烫的牛奶倒入冰格中，并送入冰箱。一个半小时后，姆佩巴发现：他放入的热牛奶已经结成冰，而其他人比他更早放的冷牛奶还是液体。这种不符合常识的现象被称为姆佩巴效应（Mpemba effect）。

最早提出的合理解释是，热水比冷水蒸发要快，同样时间内失去的质量多，剩余的质量较少，因此要先结冰。这个解释是可信的，蒸发的确是很重要的一个因素。后来的实验将水放入密封的容器，排除了蒸发的因素，结果仍然是热水先结冰。还有些人进行了一些试验，表明体积相同、质量相同的同种液体，在同样的冷却环境下，姆佩巴效应不会出现。因此，很多人付出长期的努力试图解释姆佩巴效应的生成条件，得到许多认识。例如：（1）溶解物的作用。加了糖的热牛奶冰点较高，要比冰点略低的加糖冷牛奶先结冰。（2）散热速度的原因。热量从水中流失的速度取决于温差，在同样的低温环境里，温度相对较高的水比温度相对较低的水散热速度要快一些。（3）溶解气体的影响。沸腾的热水中气体大多逃逸，比冷水的溶解气体少。溶解气体会改变水的性质，使其较易冷却。迄今为止，有很多人研究姆佩巴效应，开展了形形色色的试验，得出各种各样的结果，但关于姆佩巴效应还没有完全确定的结论。

海冰的冻结速度对气候有非常显著的影响。姆佩巴效应的讨论非常有利于理解海冰冻结过程。到目前为止，还未见关于海冰姆佩巴效应的讨论。

13.12 形阻效应

海冰在风的作用下发生漂移运动，由于冰面存在冰脊，对风形成了形状阻力，简称形阻，增大了风作用的强度。因此，人们公认海冰的运动是风生漂移，受到冰面形态的影响。有些研究关注冰的漂移速度与风的关系。

然而，存在另外一个影响海冰漂移的因素，就是海冰下表面形状对海冰漂移的影响。海冰在成脊的时候，不仅在上表面发生海冰堆积，而且在下表面海冰发生更大深度的下探，

图 13.9 水面以下的海冰

下探深度往往是表面高度的10倍左右。已经探测到的最大下探深度达到45 m。向下堆积的海冰就像船桨一样，受到海水的阻力。当风驱动海冰运动的时候，下探的海冰就会产生巨大的形阻，让海冰漂移启动困难（图13.9）。下探海冰对海冰运动的影响称为形阻效应（form drag effect）。

形阻效应主要影响海冰与海水的动量交换（Steele et al., 1989）。风作用在海冰表面之后，不仅要驱动海冰运动，而且通过形阻效应，将风的动量传递给海水，形阻不同于摩擦阻力，摩擦阻力只是切向的动量交换，而形阻是法向的阻力，远大于摩擦阻力，从而带动与海冰下探深度同样深度的海水发生运动。因此，通常海冰漂移速度与风的关系并不是很好，海冰漂移需要风动量的累积，带动海水的运动，会有较长的时间滞后。因此，形阻效应是研究海冰运动必须考虑的因素。

然而，形阻效应的研究非常困难。主要是由于探测海冰的下表面非常困难。除非利用冰下潜器和仰视声呐进行探测，否则还没有什么手段可以探测海冰的冰下形态。现有的各种同化数据和数值模式的参数化方案都不能反映海冰的形阻效应。

13.13 冰山漂移效应

陆地冰川或冰架断裂脱离大陆进入海洋就成为冰山。在现代，南极大陆的冰川和北极格陵兰岛的冰川是海洋冰山的主要来源，还有一些近岸陆地冰川也会形成冰山。冰川的密度大约为900 kg/m^3，因而冰山都漂浮在海面上。依据阿基米德原理，冰山的五分之一露在海面之上，还有五分之四的体积潜没在海洋中。冰山的面积差别很大，最大的是编号B15的冰山，面积达到1.1万 km^2，略小于北京市的面积。冰山的厚度取决于原来冰川的结构，观测到的最高冰川海面之上高达450 m，估计全部厚度不小于2000 m。冰山既受到风的作用，也受到洋流的作用，在海洋上漂移。每年从格陵兰冰川产生的冰山就有约1万多个，南极的冰山数量更多，体积也更大。

不论这些冰山漂移到哪里，都会对当地的海洋环境和气候产生影响，这些影响统称为冰山的漂移效应（iceberg drift effect）。冰山的漂移效应首推对航行的影响，游轮“泰坦尼克号”首航就是因为撞击了海上冰山而失事，那座冰山只是一座不是很大的冰山。冰山的力学性质非常坚硬，与船舶撞击会对船舶造成巨大损害。尤其是冰山的漂移使其位置难以预测，随时会对船舶造成影响。在现代，船舶装有无线电雷达，可以探测一定范围内的冰山，但在海况恶劣时还会有较小的冰山难以被发现。

冰山的气候效应也日益被人们关注。巨大的冰山相当于海面的冷源，大量吸收上覆大气的热量，导致下沉气流，诱发反气旋环流和高层冷空气下沉。数量巨大的冰山在融化过程中需要吸收大量的热量，会产生显著的气候岛效应，这也是南大洋冷水圈失热的重要原因之一。

冰山的漂移效应也包括其对海水结构的影响。漂移的冰山一直在不断地融化，其产生的淡水会在其路径上累积，形成特殊的低盐水带。低盐水体在风的作用下会在海洋上层形成低盐水层，相当于浮力输入，对海洋环流结构造成影响（图13.10）。

13.10 冰山漂移效应（管鑫 / 摄）

冰山漂移效应还包括对生物的影响。在冰川形成过程中，冰川内部积聚了大量从大气沉降的物质，其中不乏富含营养物质的颗粒。随着冰川漂移和不断融化，不断有营养物质释放到海洋，为海洋浮游植物提供了养料，供养了大量磷虾、动物、鱼类和海鸟这样的食物链，甚至包括鲸鱼等大型哺乳动物。南极冰山周边的生物过程成为巨大的碳汇，是全球变暖的阻尼因素。

第14章 非线性效应

Nonlinear Effects

非线性效应是比较难以理解的效应，在数学方面、在现象方面及其在物理机制方面都是相当复杂的。而且，许多其他效应都与非线性效应相关联。在本章中，我们将力图使用最简洁准确的语言介绍非线性效应的基本概念，以便读者深入理解非线性效应的现象和本质。

非线性效应的特点是，一旦偏离了原来的运动，就不会恢复原状，而是进一步偏离。在这个过程中会发生能量的迁移和集中，导致正反馈的发生，产生意想不到的结果。很多我们熟知的非线性效应都以不可控、不稳定、难以预知为特点。

然而，如果非线性效应会导致系统崩溃，那么成千上万年以来海洋和大气中何以存在整体上稳定、和谐的运动呢？由此判断，非线性效应的现象不是使系统趋于崩溃，相反，是为了使系统趋于稳定。海洋和大气系统通过非线性效应快速摆脱不平衡，迅速完成系统内部的调整，通过局部的不稳定换来整体性的稳定和平衡，这是所有非线性效应的共同特点。

14.1 非线性效应

● 线性运动

线性运动是充斥我们周围的最普遍的运动形式，线性运动现象也是人们最熟悉的现象。在自然界的各个科学分支中，线性运动普遍存在，并被人们广泛了解。自然科学和社会科学中都有无法穷尽的线性运动。所有形式的线性运动都可以归纳为两大类。

第一类线性运动是，运动的物质不因其自身不同部分之间的相互影响改变整体的运动特性。比如刚体运动，刚体内部各部分之间没有相互作用，刚体只在外界的作用下才改变运动状态，这种运动就是线性的。

在广袤宇宙中飞行的飞船，在不受任何星球吸引的情况下，将保持匀速直线运动状态，在其他星球的吸引下，才改变方向或速度。这种运动就是线性运动。但是，如果飞船在飞行中启动了火箭发电机，飞船改变了运动状态，这种运动就不再是线性的了。显然，在哲学上，线性运动对应于简单的因果律，如果物质内部不同部分之间不发生对整体的影响，只要对外部作用清楚的了解，物体在运动中的状态是可以预知的；但物质内部之间的相互作用是无法预知的，因而非线性运动与因果律是相斥的。

第二类线性运动是，不同运动物质之间不存在相互作用。如果两种物质各个进行自己的运动，相互之间毫无关联，这两种运动之间存在线性关系。例如，人类和蚂蚁处于同一空间，人类社会有自己的发展规律，蚂蚁也有自己的组织和日常生活，人类和蚂蚁几乎互不影响，蚂蚁不会理会人类的文明，人类也无意改变蚁群的习性，所以人类和蚂蚁之间存在线性关系。两种没有关联的运动可以相互叠加。这样，如果研究这两种运动的合成结果时可以分别研究这两类运动，再将各自的结果叠加起来。

● 非线性运动

如果运动的物质自身各部分之间的相互作用改变了整体的运动特性，或者不同运动物质之间存在着相互作用，就是非线性运动了。世界上许多复杂的运动现象都是非线性运动。海洋和大气中的湍流运动就是一个明显的例子，进行有规律运动的流体当流动的雷诺数大于某一值时流体会突然地、毫无道理地一反常态变成紊乱的、剧烈卷曲的运动。湍流的形成并非是源于外部作用，而是由于自身运动的非线性。再比如，我们是不是可以将流动的河水与河中的涡旋分别研究，然后将二者叠加起来作为河流的整体特性呢？事实证明是不行的，河水整体与涡旋之间存在着强相互作用，河水的剪切为涡旋提供了动量和能量，涡旋又将能量向更小的涡旋传递，最后在一些很小尺度的涡旋中将这些能量消耗掉，从而河流整体动能减小，消耗的能量转化为热能。河流与涡旋之间，关系也是非线性的。

● 非线性现象的原因和意义

其实，一切事物之间都是相互影响、相互作用的，纯粹的线性运动是不存在的，线性运动是运动的非线性不太强时的一种近似。在哲学的高度上，对事物之间相互作用的认识是区分辩证法与形而上学的分水岭。表面上看，事物间存在相互作用，其实质是这种相互作用是物质运动本身的需要。世间万物的运动都要适应同一个特定的条件，只有靠非线性关系来相互调节和制约，达到某种得当的平衡。在一个无猫的岛上，老鼠会迅速繁衍，但这种增长不会是无限制的，达到一定数量后，食物就会不够，老鼠的增长就会减慢、停止、甚至下降。涡旋也是这样，某一个涡旋想快一点移动，而其他涡旋因妨碍了它而被迫加快，第一个涡旋只好减慢，最后演化成一种相互牵制又相互作用的混乱局面。岛上的老鼠与食物达到平衡，流体中的涡旋达到平衡，使运动再次处于平衡状态。这种平衡状态就是由非线性作用实现的。因而可以说，非线性作用是运动物质基本平衡的内部原因。

一切事物的发展也同样是由于非线性作用，一个线性发展的事物最终必然是保持现状或耗散，而运动的发展、生化的进化，宇宙的演变，能量的形式转换，无一不需要非线性的作用。可以说，地球的今天是由无穷的非线性作用形成的。非线性作用才是适应物质运动的运动特性，它既容许运动物质体系的局部不平衡，又维持整个体系的平衡；在某些部分，非线性作用甚至造成了不平衡。如果没有非线性作用，一切事物的进化和发展几乎是不可能的。非线性是一切物质运动的基本属性。

● 非线性作用的数学形式

现象的定量研究必须借助于数学，物质运动中的非线性作用在其数学形式中必然体现出来。体现非线性作用的数学形式称为非线性方程组。其中，包含非线性作用的项必然有物理量乘积项。物理量的乘积表现了同一场之间相互作用导致场的变化或不同场之间的相互作用对双方都产生影响。有时，非线性项与物理量的多次幂相联系，使非线性作用在形式上愈加复杂。有时，物理量与其自身的导数相联系，从而改变物理场本身。

海洋和大气中存在形形色色的非线性效应现象，是不可忽视的运动形式。但辨证地看，有时非线性效应非常微弱，可以用线性的理论来近似。本章主要讨论一些强非线性现象。

14.2 蝴蝶效应

美国气象学家爱德华·洛伦兹（Edward Lorenz）形象地介绍了蝴蝶效应（butterfly effect）："一只南美洲亚马孙河流域热带雨林中蝴蝶扇动几下翅膀，可以在两周以后引起美国得克萨斯州的一场龙卷风。"其原理是说，蝴蝶扇动翅膀的运动将导致其附近的空气运动发生微小变化，产生的微弱气流又会引起更大范围内空气运动的相应变化，这种连锁反应持续下去，最终导致遥远的其他系统发生巨大变化。人们将这种现象称为蝴蝶效应，也称为台球效应（billiards effect），类似的效应还有胡蜂效应（wasp effect）。

蝴蝶造成的微小扰动其能量是微不足道的，但最终产生的风暴却具有巨大的能量。显然，风暴的能量不是从蝴蝶传递来的，而是来自系统中能量的转换，是系统中的其他形式的能量通过系统内部的某些过程转换为风暴的能量，而"蝴蝶"不过是为这种能量转换创造了契机。系统内部的这些过程就是非线性过程。

在线性系统中不会发生蝴蝶效应。线性系统中也会有信号的放大，也会有能量的转换，但不会突然陷入无法解释的混乱过程。而在非线性系统中，信号可以被具有正反馈机制的过程所放大，发生类似共振性质的加强和突变，成为失控的状态和混乱过程。蝴蝶效应是非线性系统中可能发生的现象。

大尺度的大气运动以线性特征为主，全球大气的运动基本是稳定的，用线性系统近似可以很好地表达大气的绝大部分现象，也使得对天气的准确预报成为可能。日常经历的大气运动并没有蝴蝶效应那种强大的变化，蝴蝶效应也不是普遍发生的现象。但是，当大气处于不稳定性状态时，在一定范围内会产生强烈的非线性过程，导致更为复杂的大气运动。当大气处于稳定度很低的临界状态时，突发的微小扰动有可能触发大范围的不稳定性，导致大气发生混乱运动状态。在满足这种临界性条件时，有可能触发蝴蝶效应。

非线性过程描述了不同尺度运动之间、宏观和微观运动之间的复杂联系过程，甚至完全相同的初始条件和边界条件未必能获得相同的解，这些过程不能由简单的数学来表达。大气运动的非线性发生类似共振的机制造成物质与能量的非线性迁移，以致从稳定变化状态变为混乱运动状态。

人们将对初值非常敏感的混乱运动状态称为混沌系统，描述混沌系统的基础科学是混沌学。混沌是指发生在确定性系统中的貌似随机的不规则运动，一个确定性理论描述的系统，其行为却表现为不确定性，不可重复、不可预测，这就是混沌现象。混沌系统对初值非常敏感，初值的微小差异将导致结果的重大差异，是非线性系统在一定临界条件下出现混沌现象的直接原因。混沌性系统没有线性系统那样好的可预报性，其研究仍然很不充分。混沌系统的混乱运动恰恰表现了系统旺盛的生命力，表现了人类所不熟悉的那部分运动形式，表现了事物发生突变的可能性，也表现了系统内部能量积聚的能力有时比外界的作用更加强大。

蝴蝶效应也表明，一个微小的破坏性因素如不及时加以解决，最终会带来巨大的破坏。反之，一个好的微小的建设性因素也会产生重大的影响。因此，蝴蝶效应在社会学中应用得更为普遍。理解蝴蝶效应，将对海洋和大气的运动有更深刻的认识。

14.3 多米诺效应

在一个相互联系的系统中，输入很小的初始能量就可能产生一系列的连锁反应，这种现象被称为多米诺效应（domino effect），或多米诺骨牌效应。多米诺效应的本质是系统内部存在紧密联系的事物，会产生牵一发而动全身的效果。在社会科学中，多米诺效应可以是正面的，也可以是负面的，其社会影响可以是巨大的。

在海洋和大气中，多米诺效应更多地反映了自然界一些紧密联系的过程，会由于某个环节的变化而产生一系列连锁变化。应该说，这些变化很多，这里只给出几个例子。

全球变暖会在海洋中产生多米诺效应。全球变暖导致海水升温、冰川融化，海平面上升。海平面上升会使风暴潮加剧，威胁沿海地区的土地安全，加剧灾害。海平面上升会导致海水淹没的面积增大，陆地耕地和居住面积减小，带来一系列社会问题。海平面上升需要加高堤坝，增大社会发展的资金需求。

海洋污染的多米诺效应是最为显著的。污染物质进入海洋后，会使海水水质下降，危害海洋生物的生存环境，导致生物多样性被破坏。生物种类和数量的改变将改变整个生态系统，影响生态系统的健康度。海洋生态系统高端的海洋动物是人类的食品，受污染的海洋动物会破坏人类的健康。

大气中的二氧化碳升高也会产生多米诺效应。正常海水的pH值约为8.2，属于弱碱性溶液。大气二氧化碳含量增大，导致过量的二氧化碳溶入水中，造成海水中pH值降低，目前全球平均海水pH值已经降低了0.1左右，称为海洋酸化。预计到2100年海水表层酸度将进一步下降到7.8左右。酸化的海水将溶解海洋中的碳酸钙。钙质是海洋生物甲壳的重要物质，也是珊瑚礁的主要物质成分。海洋酸化将使大范围的海洋动物更难形成外壳和身体骨骼。

因此，多米诺效应也可以是一系列效应构成的。多米诺骨牌的接续倾倒基本是线性的，而海洋和大气中多米诺效应的很多现象是非线性的，包含了作用与反馈。多米诺效应让我们有可能从更宽广的视野看待一个看似孤立的效应，联想到效应的全局作用。

多米诺效应更为注重的是事物的不可逆性，振荡式协同变化并不被看做是多米诺效应，只有在可以预见的将来不会恢复的现象才会被看做是多米诺效应的结果。

14.4 共振效应

共振是系统中的某个频率振动振幅比其他频率更大的现象。按照力学理论，某个系统（如一个海域）会有多种固有频率。带有各种频率的振动传入后，与系统某个固有频率相近频率的振动会得到加强。振动加强意味着能量增大，共振现象发生能量迁移，即把没有共振的频率中的能量迁移到共振频率。共振现象可以是非常强的放大现象，会造成巨大的破坏。如著名的特斯拉效应（Tesla effect），就是应用一个很小的振荡器，可以激发出楼房震动、地震、建筑物倒塌等现象。

海洋和大气中有很多发生共振的运动，比如：发生在陆架海中的谐振潮、发生在海湾中的静振等。在海洋中比较强的波动背后都有共振的因素。在物理上，共振是一种非线性现象，把各种周期波动的能量向某个或某些个共振频率迁移，导致该共振频率能量加大，而非共振频率的能量减小甚至消失。真正意义下的共振是指能量的非线性迁移导致能量的无限制增大，而海洋和大气中的共振由于受到摩擦的影响不会无限制增大，而是呈现谐振现象，即既存在能量的非线性迁移，又存在有限的、稳定的运动。

共振效应（resonance effect）是指各种共振现象导致的特殊结果，这些结果会因共振现象的不同而不同。以下是共振效应的几个例子。

（1）谐振潮

浅海潮波是来自大洋的潮波在浅海的传播现象，浅海潮汐与深海潮汐主要分潮的周期完全一致。但是，在浅海中传播的潮波会受到浅海地形的影响，与浅海固有频率相近的潮波会因共振效应得到放大，而与固有频率相差较大的潮波成分会被削弱。因此，浅海潮波主要是谐振潮。谐振潮现象既体现了不同周期的潮波之间发生的能量迁移，又体现了潮汐过程平稳地发生。

（2）陆架共振效应

浙江沿岸是我国潮差分布最大的地带，按照输入潮波的振幅，潮差不应该有这样大。研究表明，半日分潮在这一海域存在发生共振的条件，而该海域的全日潮则不存在发生共振的条件，因而，导致陆架上半日潮波的增大。这一现象被称为陆架共振效应（shelf resonance effect）。共振效应使半日潮的振幅增大约4倍，可以用陆架共振效应给出与实测结果基本一致的解释（周天华和陈宗镛，1987）。

（3）太阳活动与潮汐的共振效应

太阳黑子活动有准11 a和22 a周期，地球上也有一些具有这些周期的运动。在海洋中，已经发现的具有11 a和22 a周期的现象有：厄尔尼诺事件、深海温度场变化、对流层大气温度场变化等。对我国地震数据的分析表明，地震发生的频度有准11a和22a的周期。最新的研究表明，地球上的潮汐也有11 a和22 a周期，如：1951（1963），1973（1983），1995（2006）年；1965，1976，1987，1998年。

尽管这些变化的周期与太阳黑子活动的周期相似，但不一定都有因果关系，因为太阳黑子活动只是影响热力学过程，而且提供的能量不够大。地震是地球上板块运动的结果，能够影响地震活动的运动能量一定要足够大，太阳黑子活动提供的能量不足以激发火山、地震等强过程。太阳黑子提供的能量也不足以引发海洋的运动。那么，这些周期性现象之间有没有机制联系起来呢？

迄今人们对这个问题的合理解释是：太阳黑子活动与潮汐的这些固有频率发生共振，产生具有太阳活动周期的强潮汐，驱动和激发地球上的准11 a和22 a周期的振荡。潮汐强度的周期性变化可以引发海洋和大气温度变化。由于潮汐发生在整个地球的海洋中，影响范围大，作用强烈，可以驱动气温、海温、地磁、臭氧等现象的11 a和22 a周期变化。潮汐的周期性变化也可以很好地解释厄尔尼诺事件11 a和22 a周期变化。这些现象可以称为太阳活动与潮汐的共振效应。

此外，海洋潮汐对地球上的板块是重要的载荷扰动，潮汐共振效应的载荷变化虽然不大，但可以通过触发效应引起临界状态的火山和地震活动发生。

因此，用共振现象解释强潮汐和太阳活动周期的一致性很可能是事情的答案，但这个答案正确与否还不确定。另外，关于共振的发生形式和机理还缺乏论证，有关机制还需要深入研究。

14.5 耦合效应

耦合是一个应用非常普遍的概念，在不同的领域有不同的定义和含义。从系统角度看待耦合更具有一般性：两个既有明显差异、又有紧密联系的系统在运动过程中相互影响，则二者具有耦合关系。在不同科学技术领域，两个相互耦合的系统具有各自的内涵，在有些领域还可以发生多个系统之间的耦合。

耦合的核心是相互影响，也可以称为相互作用效应（interaction effect）。确切地说，应该称为非线性相互作用效应（nonlinear interaction effect），因为线性系统之间只能相互叠加，而不能发生耦合。广义地讲，任何相互联系的系统之间都存在耦合，只是在大多数情况下，耦合很微弱，可以用线性关系来近似。例如：一个系统对另一个系统有很强的作用，而反作用却非常微弱，这种情况可以用单向的因果关系来近似。在这种情况下，可以将主导的系统作为外强迫来看待。

耦合主要用来体现具有很强相互影响的现象。既然是相互作用，耦合运动是没有因果关系的，而是作用与反作用的关系。在两个系统耦合过程中，各个系统对相互作用的过程进行自身的调整和响应，形成反馈。而耦合的两个系统之间不存在外强迫，而是相互影响。

耦合效应（coupling effect）表征由于耦合而导致的特殊现象。还有很多耦合效应有其自己的名字，未必用耦合效应来表述。下面我们简单介绍一些重要的耦合效应。

（1）海气耦合振荡

在海洋和大气中有各种各样的耦合效应。其中，海气耦合是最重要的效应，许多现象都与海气耦合有密切关系。海洋中有6个主要的振荡（大气中称为涛动）运动形式，包括：厄尔尼诺-南方涛动（ENSO）、印度洋偶极子（IOD）、太平洋年代际振荡（PDO）、大西洋多年代振荡（AMO）、北大西洋振荡（NAO）/北极振荡（AO）、南极绕极振荡（ACW）。这些海气耦合振荡都是海气耦合效应的结果。

（2）地气耦合效应

我国是季风气候，每年西太平洋副热带高压（简称副高）要北移或南退。在它的边缘上形成大规模降雨，甚至引发洪涝灾害。当西太平洋副高北边缘运移到长江附近时，长江流域会降梅雨，这是因为来自孟加拉湾、西太平洋和南海蒸发的水汽绕副高边缘运行，遇到北方冷气团时就会持续降雨。

除了来自海上的水汽之外，还有来自地下的水汽。研究表明，如果副高在500 km的半径内向地面均匀施压，则将引起地表的水平位移和垂直位移，位移的大小与距离副高中心的距离有关（图14.1）。可见，在副高边缘处有个水平位移的极大值，向内和向外都变小；而且该处的垂直位移梯度出现极大值，表明地面的倾斜最大。这两个因素在副高边缘的地层中产生一个微间隙增大的带，这个带被称为引张环（extension circle）。引张环中较大的间隙有利于水汽和温室气体溢出，因此引张环也就是地层的出汽环（郭增建等，2000）。

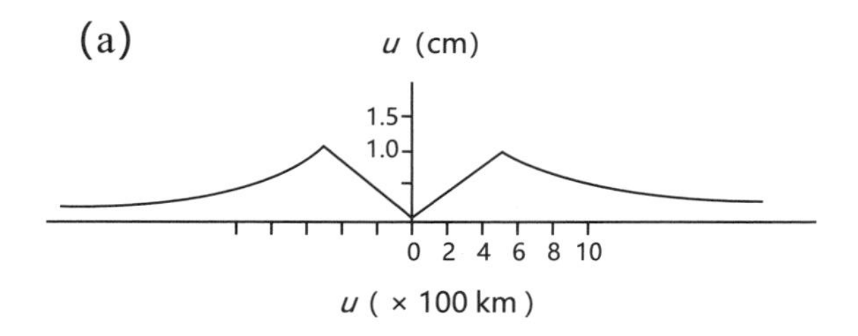

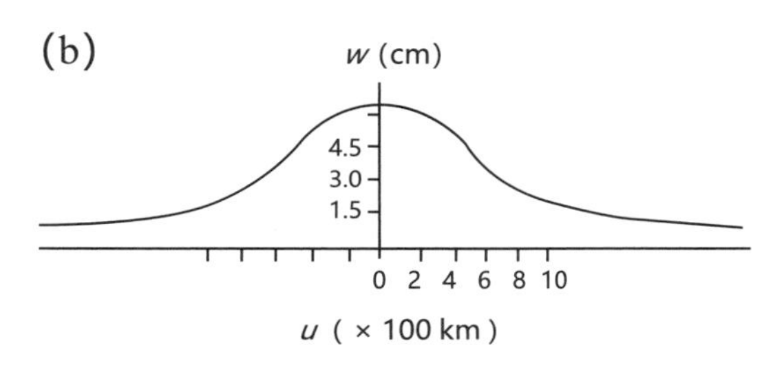

图 14.1 副高引起的地表水平位移（a）和垂直位移（b），零点代表副高中心

地下主要的气体是水汽和温室气体（二氧化碳、甲烷等），平时处于静态平衡状态而不发生溢出，一旦受到引张环的机理就会发生溢出。溢出的水汽会进入大气，叠加在梅雨中会增强降雨强度；另一方面，温室气体的释放有利于增强垂向对流，长期来看会增强温室效应。这种现象被称为地气耦合效应，更确切的称呼是副高的地气耦合效应。

如果副高边缘或其外侧有地震活动，则地壳内部水汽和温室气体逸出较多，地气耦合效应将更加强烈，也可诱使副高向地震活动区迁移。这是引张环对副高的反馈作用。

（3）青藏高原的地气耦合效应

其实，地气耦合效应有更加宽泛的内涵，固体地球与大气层的很多相互作用现象都属于地气耦合效应的范畴。很多地气耦合效应涉及地面的摩擦效应、形阻效应、热力效应、涡度效应等众多的效应，反而地气耦合效应这个名词并不常用。这里用青藏高原为例说明这类效应。

青藏高原是影响中国极端天气和气候事件的关键区，对天气预报和气候预测有重要影响。青藏高原的地气耦合效应包括：第一，青藏高原的大地形对全球大气环流的影响，形成独特的动力环境，促成亚洲夏季风系统，改变西风的运移路线。第二，造成来自热带的水汽抬升，构成“亚洲水塔”，成为众多河流的水源，形成独特的水汽循环机制。第三，青藏高原对气候的影响有明显的外溢效应，对我国的降雨量和雨带分布有支配性作用。第四，青藏高原的冰川和雪盖大量反射太阳能，对气候系统的能量收支产生重大的影响。这个效应的很多内涵尚不清楚，我国正在开展大量的观测和研究（赵平等，2018）。

（4）波流相互作用

在大气中，大气罗斯贝波与西风叠加起来，会形成罗斯贝驻波，成为中纬度的主要大气环流系统。如果仅仅是叠加，则是线性效应。但在很多时候，波动与流动之间会发生相互作用，形成二者之间的能量、热量和物质迁移。这种迁移如果是单向的，就是非线性效应；如果迁移是相互的，则称为耦合效应。

在海洋中，波流相互作用是普遍的，但比较强烈的波流相互作用是形成巨浪。在南非东部外海，来自北方的阿古尔哈斯海流与来自南方西风带的波浪相遇，发生强相互作用，形成风暴巨浪（Rogue waves）。巨浪的形成是因为海流的很多能量被转移到波浪中，形成几乎是世界上最高的海浪。

14.6 不稳定性效应

海洋和大气运动的稳定性是指，对随时间变化的运动增加了一个扰动信号，运动会逐渐恢复到平衡状态的现象。如果运动不能恢复到原来的状态则称为不稳定的。不稳定的现象都是非线性的，都会发生能量的非线性迁移，导致运动发生突变。海洋和大气运动的稳定性由稳定度来判断，一旦稳定度被破坏，就表明出现了不稳定性现象，称为不稳定性效应（instability effect），也称失稳效应（destability effect），或失稳非线性效应（destability nonlinear effect）。海洋和大气中有几种重要的稳定度，也有相应的不稳定性效应。

（1）层流的不稳定性

层流（laminar flow）是指运动是明显分层的，层与层之间只有分子之间的交换，没有流体微团之间的交换。当雷诺数大于某个临界值时，层流就会突然发生不稳定，变为湍流。因此，湍流现象就是层流的不稳定性效应。在海洋和大气中，湍流几乎无处不在，因而层流不稳定性效应是普遍存在的。

（2）静力不稳定性

海洋中的静力稳定度是指密度呈上小下大分布的特征，这时的运动是稳定的。静力稳定度由布伦特-维萨拉频率表达（见层化效应）。一旦发生密度倒置的现象，布伦特-维萨拉频率成为虚数，将发生对流现象，称为静力不稳定，也称浮力不稳定。对流现象是指位于上方的密度较大的流体下沉，同时带动密度较小的流体上升，形成局部不规则的运动。大气中的静力不稳定度不是以垂向密度梯度来确定，而是以位温梯度为判据。一旦不稳定性发生，大气会发生垂向对流。对流不同于上升流，上升气流或下沉气流可以用欧拉场来描述，而对流是以对流元的形式发生的，因此不能用欧拉场描述。对流导致物质和能量在垂直方向上的交换，并通过这种交换使运动恢复稳定。因此，对流现象属于静力不稳定性效应。

（3）正压不稳定性

海洋和大气还有另外一种稳定度，称为惯性稳定度，分为正压稳定性和斜压稳定性两种。

在正压海洋或大气中，流场的水平不均匀性会造成不稳定性。流动的不稳定性定义为

$$\frac{\partial}{\partial y}(f+\zeta)\geqslant 0 \tag{14.1}$$

设流体以东西方向的运动为主，上式可以近似表达为

$$\left(\beta-\frac{\partial^2 u}{\partial y^2}\right)\geqslant 0 \tag{14.2}$$

如果满足这个判据，流动是不稳定的。这个结果不涉及 f 参量，因此对各个纬度都是适用的。从图14.2可以看到，正压不稳定性（barotropic instability）是由纬向风的水平剪切造成的，当纬向风是西风时，流速极大值处的二阶导数是小于零的，满足（14.2）式，因而是不稳定的。也就是说，大气中的西风和海洋中的西风漂流都是正压不稳定的。西

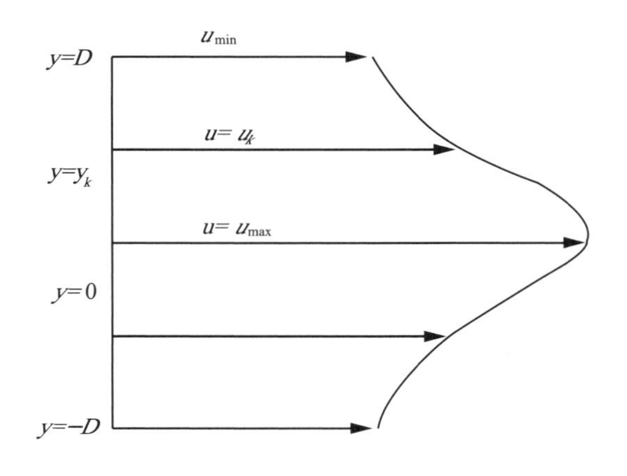

图 14.2 西风漂流的流速剖面

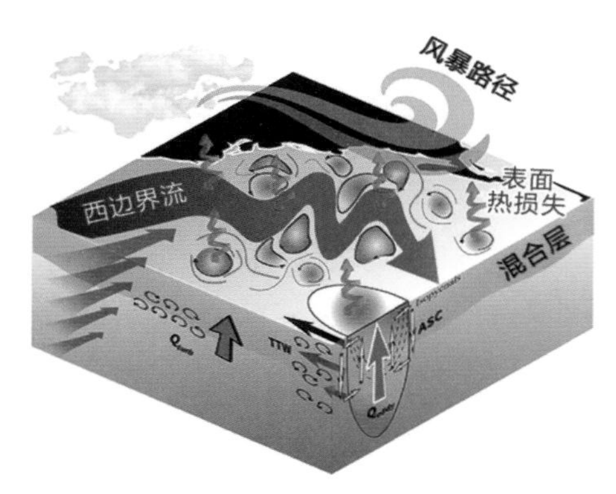

图 14.3 西边界流延伸体的弯曲和涡旋现象
（引自 *Jing et al*，*2020*）

风没有受到固体边界的约束，因而容易发生不稳定现象。流场正压不稳定的主要特征是流动的弯曲。图14.3给出了西边界流延伸体的弯曲现象，流场的弯曲和大量涡旋的产生是西风漂流的特征之一。

而对于赤道东风和赤道流的情形，流轴处的二阶导数为正值，这时是否发生不稳定就要看流速的剪切有多大。按照（14.2）式，如果流速的二阶导数不超过 β，则运动是不稳定的，否则是稳定的。在实际情况下，赤道流是稳定的，只有在南北赤道流的分界面上发生强烈的正压不稳定，出现赤道不稳定波现象。在两极地区，β 趋于零，极地东风一般是正压稳定的。

因此，正压不稳定性效应是指大气中的西风和海洋中的西风漂流发生南北方向不规则弯曲的现象，以及赤道东风和南北赤道流的不稳定波现象。研究表明，正压不稳定现象的发生与扰动的尺度有关，2000~8000 km尺度的扰动容易激发出正压不稳定过程，因而正压不稳定性效应是大尺度现象。

在实际海洋中，强流往往都是斜压的，因此，正压不稳定的适应范围有很大的局限性，其尺度与实际情况也不一致。例如，西风的南北振荡虽然属于正压不稳定性现象，但是受到海水斜压性的强烈影响。

（4）斜压不稳定性

正压不稳定性是由流动的水平剪切造成的，而斜压不稳定性则是由流动的垂直剪切造成的。1947年美国学者Charney提出斜压不稳定理论去解释大气中锋面、气旋等天气尺度扰动的存在和发展。此后英国学者Eady和Green进行了新的发展，使斜压不稳定理论成为动力气象学中的一个基本理论。用一个简单的两层模式来描述稳定性，得到

$$\frac{g}{k}\frac{\rho_2-\rho_1}{\rho_2+\rho_1}-\frac{\rho_1\rho_2(u_2-u_1)^2}{(\rho_2+\rho_1)^2}\begin{cases}>0 & \text{稳定}\\ =0 & \text{中性}\\ <0 & \text{不稳定}\end{cases} \tag{14.3}$$

式中，ρ_1和ρ_2、u_1和u_2分别表示上下两层流体的密度和切向速度，k为波数。上式中体现了三种不稳定性：

当流场没有垂向剪切时，体现为静力稳定性。

当流场有垂向剪切时，就要看二者的相对大小。当剪切作用超过静力作用时，不论流速怎样剪切都是不稳定的。这种不稳定称为惯性浮力型不稳定，又称对称不稳定。

当静力稳定度处于临界状态时，稳定度完全由流动的垂向剪切来决定。（14.3）式表明，当上下层密度一致时，只要存在垂向剪切，流动总是不稳定的，称为切变型不稳定，又称开尔文-赫姆霍兹不稳定（Kelvin-Helmholtz instability）。

斜压不稳定性以开尔文-赫姆霍兹不稳定为代表。流速的垂向剪切意味着上下层流动的差异，不稳定发生时层间界面发生流体微团的交换，彼此进入对方，形成典型的开尔文-亥姆霍兹波浪（Kelvin-Helmholtz billows），见图14.4，是我们经常看到的斜压不稳定性现象。

图 14.4 大气中的开尔文 - 亥姆霍兹波浪

在海洋中，斜压不稳定性效应体现为涡旋的分离。在西边界流中，会发生强烈的斜压不稳定性现象，流动的弯曲最终会导致涡旋从流动分离出来，使流动恢复稳定。产生的涡旋会在海洋中自由移动，最终被摩擦的作用而耗散。

上述的不稳定性只是一些典型的不稳定性现象。海洋和大气中还存在很多不稳定性现象，例如：纬向基流40~50 d低频振荡中的失稳效应（张可苏，1987），沿岸流不稳定性效应（任春平和邹志利，2008）等。不稳定性作为最为重要的非线性效应，我们对其认识还很不充分，需要更多的观测和研究。

14.7 正反馈效应

当一种作用产生的结果反过来影响作用因素时称为反馈。一旦作用因素使结果加强，而结果的反馈使作用因素减弱称为负反馈。负反馈也是非线性的，但由于负反馈使系统趋于稳定，其非线性特征被忽视。一旦作用因素使结果加强，而结果的反馈使作用因素进一步增强称为正反馈。反复的正反馈过程会使相关的过程处于不断加强和放大的状态，引起广泛的关注。一些正反馈过程会产生良性循环，而有些正反馈过程会产生恶性循环。所谓良性和恶性是站在人类的立场上判定的，就非线性的性质而言并无差别。

全球变暖过程被认为是偏离了正常状态的过程，地球海洋和大气中的正反馈效应会使全球变暖过程进一步发展，导致一系列特殊过程的发生，正反馈过程引发的现象称为正反馈效应（positive feed back effect），是科学界密切关注的效应之一。正反馈效应包括以下方面：

海冰反射80%以上的太阳辐射，而海水对太阳辐射的反照率只有9%以下，同样辐射条件下海水吸收的太阳辐射比海冰多9倍以上。一旦海冰覆盖率因某种原因减少，海水的面积相应增大，海洋吸收的太阳能增多，使气温和水温升高，使海冰融化得更严重。目前，北极正在显著增暖，夏季海冰大范围减退，正是由于海冰的这种正反馈效应。图14.5是作者在北极点上空拍摄的海冰照片，以往密集的海冰变得支离破碎，让人感慨曾经雄冠北方的厚重冰层何以变得如此不堪。

图 14.5 夏季北极点附近海冰的大规模减退

积雪对气候的影响也构成正反馈效应。积雪的反照率高达80%~90%，将绝大部分到达的太阳辐射能反射回太空。当积雪覆盖范围减小时，如果积雪之下是陆地，地表的反照率大大低于积雪；如果积雪之下是海冰，海冰的反照率也低于积雪。因此，积雪的减少导致地表吸收更多的太阳辐射能，释放到大气中的能量增加，气温升高，导致积雪进一步减少。

冻土融化也构成了重要的正反馈效应。西伯利亚和加拿大北部是大范围的永久冻土带，冻土中的植物（草、苔藓和地衣）产生的大量甲烷和二氧化碳被固化在冻土中，不参与地球上的气体循环。甲烷和二氧化碳是温室气体，有重要的气候效应；冻土的固碳作用是气候稳定的因素之一。由于全球变暖，北极的冻土层减退，近50年来，北半球冻土面积缩小了300~400多万平方千米，导致大量的甲烷和二氧化碳释放出来。西伯利亚的冻土层含有的甲烷多达七百多亿吨，占全球地表甲烷总数的四分之一。甲烷与冻土融化构成正反馈效应，对气候的影响是不可低估的（图14.6）。

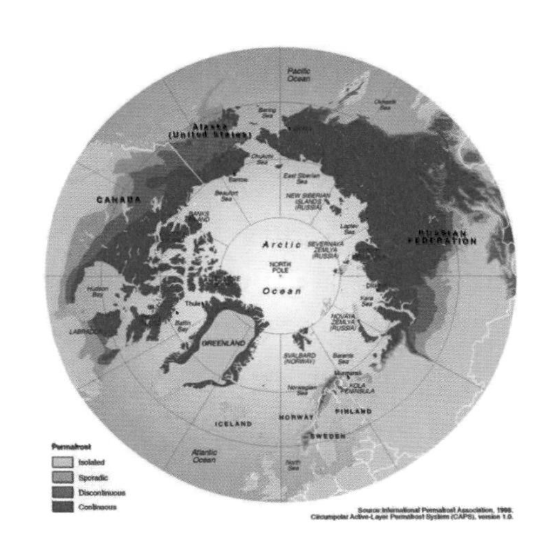

图 14.6 北极永久冻土区域（来自国际冻土协会）

热带雨林是一个巨大的“碳汇”，其吸收二氧化碳的能力仅次于海洋（姚星期和温亚利，2007）。热带雨林还是一个巨大的“碳库”，单是巴西亚马孙地区的树木就能储存490亿吨的碳，印尼森林储存了60亿吨的碳。很多碳固化在热带雨林下面的土壤中，成为非常重要的蓄碳池。还有的碳存储在地下泥炭地（peatland），其碳储量可以占到热带雨林的50%（Draper et al., 2014）。随着全球温度的上升，火灾风险增高，将导致这些蓄碳池释放大量的碳，会对气候变暖产生正反馈效应。

这些正反馈效应属于非线性效应的一种，指出了系统内部的非线性相互作用导致系统加强的的现象。这个效应也告诉我们，海洋和大气是一个复杂的非线性系统，一旦发生来自外界的作用，系统内部将进行非线性调整，有些正反馈效应使系统趋于崩溃。然而，海洋和大气系统却不会崩溃，因为系统内部不会有导致崩溃的能量迁移。因此，从旁观的角度看，非线性效应不是使系统崩溃，相反，是为了使系统稳定，这是所有非线性效应的共同特点。

14.8 远场效应

概括而言，远场效应（far field effect）是指来自相距较远的信号产生的影响。远场效应是内涵非常丰富的效应，在很多领域都有应用，在海洋和大气中的远场效应也很多。一般而言，只要是来自远方的作用产生的影响都可归类于远场效应，也包括来自远方的物质产生的影响。比如，来自远方的雾霾到达不产生雾霾的区域就是远场效应。在海洋和大气声学中，利用水听器获取声信号的同时也将获得与声信号无关的声音，这些声音叠加在声信号中，造成了对信号的干扰。这种环境噪声产生的干扰也归类于远场效应。远场效应可以是线性的，也可以是非线性的。如果远方的信号只是构成干扰，并没有被放大，则这种远场效应是线性的。而如果远方的信号在传播过程中得到了放大、加强，甚至共振，则这种远场效应一般是非线性的。信号的线性传播将使远场效应的内涵过于庞大，也减低这种效应的必要性。远场效应更多的是反映非线性过程，即远场信号通过非线性作用产生影响。

最为典型的是地震波的远场效应。当很远的地方发生地震时，按理说到达的地震波应该很弱了，但有些地方会产生明显震感。这是由于地震波在传播过程中与有些区域的建筑物发生共振，使地震波的信号加强。在不清楚地震源的前提下，这种远场效应会导致人们以为地震就发生在附近而造成恐慌。

海啸波的登陆也属于远场效应，在远方大洋上传播的海啸波振幅很小，但因整个水柱都参与传播其能量很大。当到达浅水处时，能量集中形成灾难性的后果。钱塘江的涌潮也属于这类效应，远方传来的并不很强的潮波信号被喇叭形海湾放大和加强。

地震前夕会发生一些异常的现象，利用远场效应可以用来预警地震。地震前夕，在震区以外的地下水液面高度发生明显变化，主要是由于地震前地壳形变，对地下水系统形成异常挤压或减压。例如，1996年3月19日新疆阿图什发生6.9级强震，地震发生前在远隔 2500 km外的四川地区观测到了多种前兆的突变事件。我们称它为强震的远场效应。显然，远场效应是指远场的信号的触发作用，一旦远场信号消失，远场效应也不复存在。

14.9 变浅效应

变浅效应（shoaling effect）是当海水运动到水深较浅处产生的各种特殊现象。由于海水中的运动是多种多样的，不同运动形式的变浅效应也有明显差别。对于波动而言，水深变浅直接导致波动的传播速度降低，势必导致波动振幅增大，称为浅水放大现象。对于流动而言，变浅效应主要是在质量守恒的条件下，海水的运动截面变小，水体趋于沿等深线流动。水深变浅导致水体的运动做出调整，使质量守恒得以保持，由此产生各种变异的运动形式。

● **波浪的变浅效应**

波浪的变浅效应是指各种表面波进入较浅的水域后波高发生变化的现象。这种现象导致波动的群速发生变化，因为群速与水深有关。在静态条件下，传输速度的减小一定由能量密度的增加来补偿，以此来保证能量守恒。变浅的波动将减小波长，而不减小频率。在等深线平行的浅水中，进入较浅水域的非破碎波将增加波高

● **海啸波的变浅效应**

海啸波的变浅效应与表面波的变浅效应性质相同，但是更加显著。海啸波的能量巨大，在接近岸线时波高大幅增加，造成灾难性的结果。

● **潮波的变浅效应**

任何潮汐进入浅水，都将发生变浅效应，潮波速度减慢，潮流的流速增大，以保持能通量不变。当然，如果水过浅，比如说小于2 m，摩擦效应将大幅增加，导致变浅效应被削弱。钱塘江的涌潮被认为是过潮断面收窄所致，但变浅效应也是发生涌潮不可或缺的原因。

● **波浪的近岸破碎**

在海岸边远眺，就可以看到一排排波浪在接近海岸线时发生破碎。在观看冲浪运动时，也会看到向岸传播的波动发生崩卷而最终破碎。这些现象显然与水深变浅有关。由于重力波的速度与水深有关，在很浅的水中，波浪上部的速度比下部的传播速度更大，导致波峰顶端超前于底部，形成崩卷现象，最终发生破碎。

● **流动的变浅效应**

流动与波动不同，在水深变浅时，流动有沿着等深线运动的趋势，而不是进入浅水区域。沿等深线流动是位涡守恒的需要，其背景是海水的质量守恒，沿等深线流动对运动截面的改变最小，容易形成更大尺度的循环。

各种变浅效应现象都是基于质量守恒的需要，海水必将对自身的运动进行非线性调整，以满足质量守恒的需要。

14.10 火山和臭氧相互作用效应

有一些科学家不相信全球变暖，认为全球变暖是一些其他过程引起的，其中最有说服力的是火山和臭氧相互作用效应（volcanoes and ozone interactive effect）。Ward（2015）出版了一本书，名为《什么引起了全球变暖，温室气体还是臭氧层枯竭?》。我们姑且不评论关于全球变暖机制的争论，而了解一下这个效应。

从火山气候学角度看，在地球历史上，火山对气候的影响是极其显著的，大型火山喷发可以根本改变气候系统（参见“阳伞效应”）。而臭氧的作用对于保护地球不受宇宙射线的伤害非常重要，一旦臭氧层减薄，就会发生“中层大气变冷效应”。我们下面将看到，这两种效应的相互作用对全球气候变化有重要影响。

火山喷发的类型有很多种划分，划分的着眼点也不一样。从对气候影响的角度看，火山喷发基本可以分为喷出式（effiusive）喷发和爆裂式（explosive）喷发。喷出式火山喷出的物质以熔岩为主，到达平流层的物质以氟和溴为主；爆裂式喷发喷出的物质以火山灰和含硫气体为主，可以到达平流层而长期存在。在对气候影响方面，喷出式火山喷发导致气候变暖，而爆裂式火山喷发引起气候变冷。

喷出式火山只喷出含氟和溴气体，这些气体可以破坏臭氧层，使臭氧浓度降低，到达地表的紫外辐射UV-B增强，引起地球变暖。因此，喷出式火山通过破坏臭氧层使全球气候变暖。喷出式喷发可以持续很长时间，足以引起气候变暖。从冰芯记录分析得到，冰岛大规模的火山喷发与末次冰期之后的地球变暖精确一致。

而爆裂式火山喷发将大量气溶胶释放到平流层，这些气溶胶颗粒反射和散射大量的太阳辐射，产生阳伞效应，引起全球变冷。虽然爆裂式火山喷发也有氟和溴的排放，但其气溶胶制冷效应大于臭氧层致暖的效应，总体上体现为全球变冷。

研究表明，发生在显生宙（古生代、中生代和新生代）的主要温度变化现象完全可以用火山喷发的两种类型来解释，喷出式火山占优势则地球变暖，而爆裂式火山占优势则地球变冷。。

然而，20世纪的全球变暖过程中并没有发生大量喷出式火山喷发，因而，火山的作用也最早被排除。人们意识到，全球增暖可能与氟利昂向大气的排放有关，到达大气平流层的氟利昂被太阳的紫外辐射破坏产生氟，进而破坏臭氧层，与火山喷发的作用有异曲同工之妙。成千上万的空调排放的氟利昂产生了与大型火山同样的效应，导致全球增暖。氟利昂排放是人类活动造成的，与历史上所有现象都不一样，可见，人类对环境影响是巨大的。1987年9月16日，联合国主持签署了“蒙特利尔破坏臭氧层物质管制议定书（Montreal Protocol on Substances that Deplete the Ozone Layer）”，自1989年1月1日起生效。蒙特利尔议定书终结了氟利昂的生产。随后，地球上发生了全球变暖停滞现象（1998—2013年）。也许这只是个巧合，也许在一定程度上体现了氟利昂对全球变暖有不可低估的影响。

综上所述，火山与臭氧相互作用效应引起的气候变化可以这样理解：（1）正常条件下（如1965年以前），紫外辐射中的UV-C温暖上层大气，UV-B温暖臭氧层，UV-A和可见光温暖地球低层大气。（2）喷出式火山喷出氟和溴，破坏臭氧层，导致全球变暖。（3）爆裂式火山排出二氧化硫和水，形成环球的气溶胶，反射和散射太阳光，引起全球变冷。（4）氟利昂（CFCs）释放氟破坏臭氧层，导致臭氧层变冷，地球表面变暖现象的发生，与喷出式火山的作用相似。

第15章

环境效应

Effects of Environment

环境效应是一大类效应，描述的不是环境的变化，而是环境变化所产生的影响。环境变化可以是自然过程，也可以是人为活动影响所引起环境系统结构和功能的变异。在海洋与大气中，有众多的环境效应，如：大气中二氧化碳增加导致的温室效应，城市及工业区引起的热岛效应，烟尘增加导致的阳伞效应，一些地区气候干燥、植被减少导致的沙漠化效应等。广义而言，本书与海洋和大气环境有关的效应都属于环境效应，有些效应揭示了环境的变化，有些与环境污染相联系。

地球的环境是人类唯一的生存条件，一旦环境污染问题变得严峻，将直接危害人类的安全，因此，环境效应越来越受到人们的关注，对其因果关系的研究，有助于防患于未然，为人类消灾造福。

15.1 环境效应与污染效应

在环境科学中有两个重要的且容易混淆的效应，一个是环境效应（environment effect），一个是污染效应（polluting effect，pollutionale effect）。环境效应主要是指环境变化导致的效应，可以是自然环境变化所引起，不一定涉及环境污染。而污染效应主要是指污染物引起的环境变化。因此，污染效应是环境效应的组成部分。

大气污染是指各种对生物有害的物质进入大气。气态的大气污染物质主要有：二氧化硫、二氧化氮、碳氢化合物、二氧化碳等；固态的污染物包括：烟、尘、雾、霾、气味等。大气污染效应（atmospheric pollution effect）是指由于大气污染物对自然环境的恶性影响使某一个或多个环境要素发生变化的现象。大气污染对环境的影响使生态系统受到破坏，产生结构与功能的变化。严重的大气污染还会影响人类的生存环境，对人类健康造成破坏。

海洋污染与大气污染有很大的不同。大气只能承载污染气体和细微颗粒状污染物，而海洋可以容纳各种尺度和重量的污染物。海洋污染物质主要有工业污染物、农业污染物、石油污染物、生活污染物等，其中工业污染物的种类最多，包括：重金属类污染物、非金属物质、煤与石油燃烧的废气转移入海、有机污染物、持久性有机污染物（POPs）等（赵进平和关道明，2014）。因此，海洋环境具有重要的污染效应（图 15.1）。

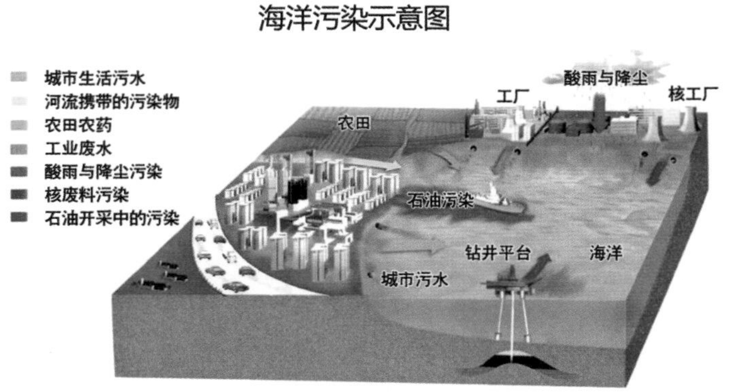

海洋污染示意图

图 15.1 海洋环境污染示意图

实际上，环境效应和污染效应都可以分为环境物理效应、环境化学效应和环境生物效应，因此在这里统一介绍。

（1）环境物理效应

环境物理效应是环境的物理变化产生的效应。在海洋和大气中，会产生大量环境物理效应。如：环境噪声有很强的效应，不仅会干扰人的思维活动和工作休息，而且还对人体健康有很大的危害。工业化导致大气中二氧化碳增多引起温室效应，导致全球变暖。城市大量排放热量产生城市热岛效应。工业区排放大量颗粒物形成凝结核，造成局部地区降雨增多。工业烟尘和风沙的增加，引起大气混浊度增大和能见度降低，进而和二氧化碳一起影响城区辐射的平衡。美国对8个城市1901—1970年的气象资料进行分析，发现有6个城市暖季降水量增加了10%~20%，雷暴增加了20%到30%，冰雹增加了100%~400%。

（2）环境化学效应

环境化学效应是在环境条件的影响下，物质之间的化学反应所引起的环境结果。在大气中，酸雨是重要的产生环境化学效应的现象，造成地面的水体和土壤的酸度增大，即环境酸化。环境酸化是重要的环境化学效应之一，会降低土地肥力，使农业和渔业减产。与环境酸化相反的环境化学效应是环境碱化。环境碱化是由于大量的可溶性盐、碱类物质在水体和土壤中长期积累，或者受到海水的长期浸渍造成的，这种效应能使农作物因生长受阻而造成减产，还会导致土壤和地下水的质量降低。光化学烟雾是大气光化学效应的产物，它会恶化大气环境，直接危害人体健康和生物的生长。

（3）环境生物效应

各种环境要素的变化会导致生物体变异的效果。中生代恐龙的突然灭绝，就是当时气候变化引起的生物效应。大气污染还会破坏生态系统，造成生态系统变异。大气污染首先危害植物，污染物进入植物体内，破坏植物的光合作用，导致植物不能健康生长甚至死亡。污染水体大量排入海洋，改变了水体的物理、化学和生物条件，会使各种海洋生物受到严重损害，致使数量减少，甚至灭绝。

环境与人的生存及发展关系密切，环境的生物效应也包括对人类的影响，食用污染植物和动物的人类受到各种影响，大气污染对人体健康的影响是最严重的环境污染效应，例如：光化学烟雾对人体眼睛的损害，污染物质对皮肤的伤害和对呼吸系统的损害等，造成各种急性或慢性中毒，甚至诱发各种癌症。

环境生物效应有时间和程度上的差异，分为急性的环境生物效应和慢性的环境生物效应。人类应该高度重视研究这种效应的机理及其反应过程。

在世界上，最重要的环境效应有以下几种。

● 全球气候变化

在地质年代上，地球的气候发生过显著的变化。近年来，世界各国出现了几百年来历史上最热的天气，厄尔尼诺现象也频繁发生，给各国造成了巨大经济损失，显示出人类对气候变暖所导致的气象灾害的适应能力很弱。科学家预测气候变化有可能加剧的影响和危害有：海平面上升导致的土地流失和盐碱化，农业和自然生态系统的变迁，旱涝灾害的加重，以及对人类健康的影响。

● 臭氧层破坏和损耗

在离地面20~30 km的平流层中，存在着臭氧层。臭氧层的臭氧含量虽然极其稀少，却可以吸收太阳光紫外线中对生物有害的部分，有效地挡住了来自太阳紫外线的侵袭，使得人类和地球上各种生命能够生存与繁衍。1985年，英国科学家观测到南极上空出现臭氧层空洞；1994年，南极上空的臭氧空洞面积已达2400 万km^2，导致到达地面的紫外辐射大增。北半球上空的臭氧层也在减薄。臭氧层破坏的后果是很严重的，如果平流层的臭氧总量减少1%，预计到达地面的有害紫外线将增加2%。有害紫外线的增加会使皮肤癌和白内障患者增加，损坏人的免疫力，使传染病的发病率增加。同时，会破坏生态系统，引发更多的环境问题。

● 生物多样性减少

生物多样性包括物种多样性、基因多样性和生态系统多样性。在人类出现以前，物种的灭绝与物种形成是自然过程，两者之间处于一种相对的平衡状态。物种自然灭绝的速度约为每百年灭绝90个。人类出现以后对生物多样性的影响逐渐增大，尤其是近百年来，人口的增长、工业的发展、环境的恶化都导致生物多样性减少。据科学家估计，目前物种丧失的速度比自然灭绝速度要快1000倍（Wilson，1988）。大量的物种从地球上消失已引起了国际社会的广泛关注，保护生物多样性已经成为人类社会的重要命题。海洋生态系统中的生物多样性也在不断丧失和严重退化，大量物种灭绝或濒临灭绝。减少的原因是海洋污染和海洋环境变化，使自然生态系统无法适应。尤其严重的是，各种破坏和干扰累加起来，会对生物物种造成更为严重的影响。

● 海洋污染

人类活动产生的大部分废物和污染物最终都进入了海洋，海洋污染越来越趋于严重，每年都有数十亿吨的淤泥、污水、工业垃圾和化工废物等直接流入海洋，河流每年也将近百亿吨的淤泥和废物带入沿海水域。海洋污染不仅是环境问题，而且直接威胁了水产养殖业、旅游业等，会产生一系列环境效应。

● 酸雨污染

酸雨通常指pH值低于5.6的降水，但现在泛指酸性物质以湿沉降或干沉降的形式从大气转移到地面上的现象。酸雨中绝大部分是硫酸和硝酸，主要来源于排放的二氧化硫和氮氧化物。20世纪60、70年代以来，随着世界经济的发展和矿物燃料消耗量的逐步增加，矿物燃料燃烧中排放的二氧化硫、氮氧化物等大气污染物总量不断增加，酸雨分布有扩大的趋势。一般的空气污染主要是人类大量燃烧化石燃料造成的，并主要分布在污染源集中的城市地区。但酸雨可以长距离输送，可以发生在其排放地500~2000 km的范围内，使酸雨污染成为区域环境问题和跨国污染问题。酸雨问题首先出现在欧洲和北美洲，现在已出现在亚太的部分地区和拉丁美洲的部分地区。酸雨的跨界污染已成为一个敏感的外交问题。欧洲和北美已采取了防止酸雨跨界污染的国际行动。

● 海洋酸化

地球科学联盟2006年会上发表的报告说，人类排放的二氧化碳有三分之一被海洋所吸收，这种海洋化学的变化已造成严重的后果。海洋吸收二氧化碳后pH值会降低，意谓着海洋酸化，进而产生海洋化学性质的变化，近10年来深海地区的海洋酸化程度已达到可被测量的程度。大部分海洋的珊瑚将会因海水逐年酸化而遭到侵蚀。礁石有机物和某些主要浮游生物群也会受到影响；海洋酸化对生态系统产生“脱钙作用（decalcification）”，持续下去会发生什么后果需要更深入的研究。科学家认为，有必要采取更多研究来观察生态系统对海洋酸化的反应和调整。科学家认为，减少二氧化碳排放，似乎是唯一的解决方式。

15.2 生物效应

虽然本书讨论的是海洋和大气中的物理效应，但物理环境的变化有时对生物有重要影响，尤其是对人类的影响，引起人们对物理环境变化的关注。本章主要介绍与物理环境变化有关的生物效应（biological effects）。

（1）海洋污染的生物效应

海洋环境污染对生物的个体、种群、群落乃至生态系统造成的有害影响，称为海洋污染的生物效应（biological effects of marine pollution），有时也称海洋污染生态效应。海洋生物通过新陈代谢同周围环境不断进行物质和能量的交换，使其物质组成与环境保持动态平衡，以维持正常的生命活动。然而，海洋污染会在较短时间内改变环境理化条件，干扰或破坏生物与环境的平衡关系，引起生物发生一系列的变化和负反应，甚至构成对人类安全的严重威胁。海洋污染对海洋生物的效应有的是直接的，有的是间接的；有的是急性损害，有的是慢性损害。高浓度或剧毒性污染物可以引起海洋生物个体直接中毒致死，而低浓度污染物对个体生物的效应主要是导致生物内部的生理、生化、形态、行为的变化和遗传的变异。

污染物质对生物生理、生化的影响主要是改变细胞的化学组成，抑制酶的活性，影响正常代谢，并进而影响生物的行为和繁殖。有些污染物还能使生物发生变异、致癌和致畸。比如,农药滴滴涕能抑制ATP酶的活性，石油及分散剂能影响双壳软体动物的呼吸速率及龙虾的摄食习性；低浓度的甲基汞能抑制浮游植物的光合作用、使鱼体神经系统受阻。有些污染物质能影响鱼类游泳能力和活动方式。

海洋受污染能改变生物群落的组成和结构，导致某些对污染敏感的生物种类个体数量减少、甚至消失,造成耐污生物种类的个体数量增多，从而降低了群落生物种类的多样性，使生态平衡失调。许多海洋生物对重金属、有机氯农药和放射性物质具有很强的富集能力，它们可以通过吸收而富集污染物，并在生态系统循环中积累并转移，破坏生态系统的结构和功能，甚至危及人体健康。例如：全氟化合物（PFCs）对人体的内分泌系统造成一系列损害（图15.2）。

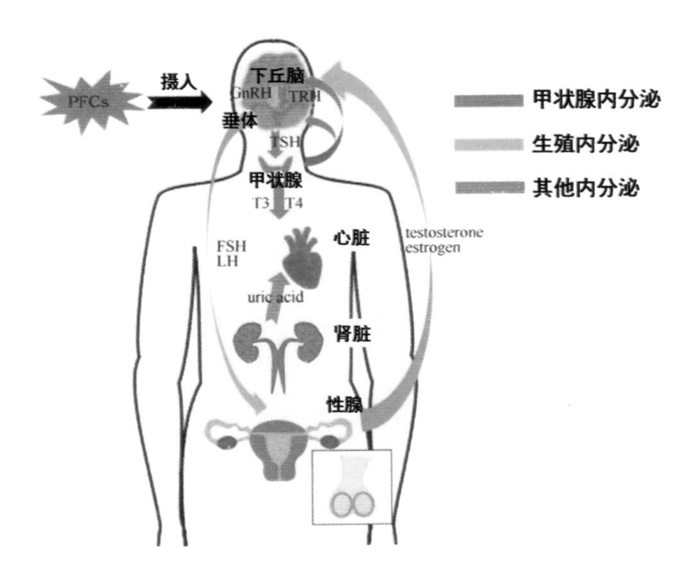

图 15.2 全氟化合物（PFCs）对人类健康的危害（引自周炳升 等，2018）
GnRH：促性腺激素释放激素；TRH：促甲状腺激素释放激素；
TSH：促甲状腺激素；FSH：卵泡刺激素；LH：促黄体生成素；
testosterone：睾酮；estrogen：雌激素；uric acid：尿酸

对生物的损害程度主要取决于污染物的理化特性、环境状况和生物富集能力等。海洋污染与生物的关系是很复杂的，生物对污染有不同的适应范围和反应特点，表现的形式也不尽相同。研究海洋污染的生物效应是认识和评价海洋环境质量的重要依据，对于防治污染、了解污染物在海洋生态系统中的迁移、转化规律和保护海洋环境均具有重要意义。多年来，科学界对于高浓度下的生物效应有了比较深入的研究，但对于低浓度下慢性生物效应研究得不多。

海洋污染的生物效应主要有以下几方面的用途：

第一，生物的反应包括变味、变色、机能障碍、躯体损伤、病变以及死亡。生物的反应对生物群体造成伤害，改变了食物链的能量结构，甚至造成部分物种的灭绝，降低生物多样性水平。还有一些海洋污染物质可以导致某些海洋物种大量繁殖，如海洋中的赤潮、浒苔等，造成巨大的经济损失。通过针对主要海洋生物对各类污染物质的反应进行试验与研究，找出生物对污染物质的剂量-反应关系，确定环境保护的安全阈值。由于超出这个阈值，该类生物群体就会受到海洋污染的伤害，因此，要把这个阈值制定为环境保护的标准。

第二，最新的海洋监测技术的进步可以利用生物对海洋污染的反应制造生物传感器。通过筛选可以找出一些对某些污染物质敏感的生物进行培养。当把这些生物放到污染的海水中时，生物会因为对海洋污染状况的反应而发生某些变化，有些变化可以通过光学、电学等手段探测出来。生物传感器可以用来监测海洋环境的污染状况，尤其是可以解决有些不能用其它手段监测的污染物质。例如：生物耗氧量（BOD）是一个重要的环境污染参数，可以通过筛选出一些特殊的微生物菌株来发展生物传感器，通过标定，用以测量BOD。还有，有些微生物对某些农药反映非常敏感，也可以制成传感器，测量农药的浓度。海洋生物对环境污染的反应有时是很复杂的，虽然有时对单一污染物质反应不明显，但对众多种污染物质会有综合性反应，这类反应是难以用其他种类的仪器所监测的。海洋生物传感器可以反映海洋污染的综合效果，在海洋污染的监测中有良好的应用前景。

（2）电磁波的生物效应

电磁波是自然界存在一种物质形式，充斥在我们的生存空间中。将电磁波按照波长从长到短排列，电磁波划分为7个波段：无线电波(又称射频)、微波、红外线、可见光、紫外线、X-射线、γ射线。波长越短的电磁波频率越高，能量越大。在海洋中，电磁波穿透深度很小，在深海中几乎没有电磁波；而在大气中，电磁波的衰减很小，各种电磁波都可以自由传播，构成了人类生存的物理环境之一。电磁波有自然产生的，也有人造的。进入电子时代，人造电磁波的种类越来越多，影响着人类生活的方方面面。可见光频段之外的电磁波几乎不能通过人类的器官感知，而是要通过专门设备探测到。这并不等于说，电磁波对人类不产生影响，反之，电磁波对生物的影响是不可忽略的。我们将电磁波引发的生物变化称为电磁波的生物效应（biological effect of electronic wave）（吴石增，2010）。

电磁波的生物效应分为两种：电离辐射效应和非电离辐射效应。每种电磁波由于它们的波长、频率和能量的不同，其对生物体的影响程度也各不相同。高能量波段的电磁波产生电离辐射效应，低能量波段则产生非电离辐射效应。

● 电离辐射效应

高能电磁波或粒子流对生物体进行辐射时，分子内的原子在高能量的激发下会失去电子，分子的化学结构会发生变化，形成离子，这种现象称为电离辐射效应。人体的软组织是由细胞构成的，细胞核中基因物质的遗传密码在电离辐射的作用下会被打乱，细胞有可能向着无法预计的方向发展，产生不同程度的病变。大剂量的辐射会引起细胞大量死亡，而小剂量的电离辐射会导致细胞变异，诱发癌症、良性肿瘤、白内障、皮肤癌、先天性缺陷等疾病的发生。研究表明，电磁波的能量大于124 eV时就可以产生电离辐射效应。在7种电磁波中，X射线和γ射线对生物组织都具有明显的电离辐射作用。紫外线长时间的照射也会对生物造成损害。

● 非电离辐射效应

电磁波的射频、微波、红外线、可见光频段不会产生电离辐射，对生物体一般没有显著影响，人类的生存空间中充斥着这些电磁波，人类基本可以与这些电磁波和谐共存。在特殊的条件下，这些非电离辐射也会对生物体产生影响，称为非电离辐射效应。生物体在电磁波的作用下，可以由于生物的电阻引起加热（欧姆加热），也可以由于分子的振动而摩擦生热（波动能量加热效应），称为电磁辐射的热效应。热效应是生物组织吸收电磁波的能量，并转换为热能，使生物组织的温度升高。电磁波还有一些非热效应，主要包括对神经肌肉的刺激作用和其他生物物理效应。

生物体的器官和组织都存在微弱但稳定有序的电磁场，一旦受到外界电磁波的干扰，处于平衡状态的体内电磁场受到破坏，正常循环机能就会受损。短时间的电磁波干扰未必影响健康，但如果电磁波连续或频繁地作用于人体，其伤害程度就会发生累积，会诱发永久性病变。研究证明：长期接受电磁辐射会造成人体免疫力下降、新陈代谢紊乱、记忆力减退、提前衰老、心率失常、视力下降、听力下降、血压异常、皮肤产生斑痘、粗糙，甚至导致各类癌症等；男女生殖能力下降、妇女易患月经紊乱、流产、畸胎等症。

电磁波的生物效应不都是负面的，许多效应都可以用于医疗。电磁波的热效应对肿瘤有治疗作用。肿瘤组织含水量高，内部血管紊乱，电磁波辐射后发热快，很快形成高温。此外，肿瘤组织细胞对加热敏感，41～43 ℃即死亡。而正常组织在这个温度范围内不受损伤。微弱的电磁波热效应使皮下组织温度上升，毛细血管扩张，加速血液流动，改善微循环，促进病变组织的新陈代谢，达到治疗疾病的目的。以电磁波生物效应为理论基础的医用仪器很多，如：X射线成像疾病诊断仪、射频治疗仪、微波热疗仪、红外线治疗仪、紫外线治疗仪、伽玛手术刀、放疗机等。

（3）紫外线的生物效应

到达地表的太阳辐射包括可见光、红外线和紫外线。760 nm以上为红外线，760～390 nm为可见光，小于390 nm为紫外线。紫外线按其生物学作用分为三类：

紫外线A段（UV-A），波长320～400 nm（长波），其生物学作用较弱，但可使皮肤中黑色素原通过氧化的作用转变为黑色素，沉着于皮肤表层。黑色素对短波辐射吸收量很大，防止光线深入穿透组织，避免内部组织过热。被色素吸收的光能变成热能，使汗液分泌增加，增强了局部散热。

紫外线B段（UV-B），波长275～320 nm（中波），能使人体皮肤和皮下组织中形成维生素D2和D3。在这种紫外线照射下，由于皮肤毛细血管的扩张和表皮细胞受到破坏，使皮肤出现红斑。这种紫外线有很强的抗佝偻作用。

紫外线C段（UV-C），波长200～275 nm（短波），它对机体细胞有强烈的作用，也有较强的杀菌能力。能杀灭一般的细菌和病毒。波长越短，杀菌作用越好。波长253.7 nm杀菌作用最强。太阳辐射中的紫外线波长大于290 nm，所以杀菌作用远不如紫外线灯。

太阳辐射中的紫外线C段和大部分B段为平流层的臭氧层所吸收，到达地面的紫外线主要是A段和少部分B段（>290 nm）。其生物学效应以B段较强，A段仅相当于B段的1‰以下。

紫外线的生物效应（biological effect of ultraviolet radiation）除了包含上述正面效应之外，还有一些负面效应。由于紫外线的照射，人的皮肤从儿童期就开始老化，20岁以后容颜开始出现老化征兆，称为“光老化”。引起老年斑和肿瘤的是B段紫外线所致，皱纹的形成与A段和B段紫外线都有关系。夏季日晒30分钟后，B段紫外线既造成了DNA损伤，也往往使抑癌基因p53发生变异，诱发皮肤癌。紫外线照射下表皮细胞可产生O^{2-}，H_2O_2，OH^-，^-OH等活性氧，这些活性氧能使DNA受到损害，引发遗传因子变异。紫外线还可抑制免疫反应，降低人体的免疫机能。

15.3 集聚效应

集聚效应（combined effect），也称聚集效应，是与扩散效应相对的效应，其内涵是反映某些物质集聚所产生的特殊影响。集聚与积聚有相似之处，不同的是，积聚有主动的意思，而集聚可以不是主动为之的；集聚强调的是集中，积聚强调的是积累。因此，这里的集聚效应往往指自然过程中物质集聚产生的效应，而在“累积效应”中体现积累过程产生的效应。

在海洋和大气中，无源的扩散过程是不可逆过程，物质只能从高浓度向低浓度扩散，而不能自然地反向集聚。通常自然的集聚过程是有源的，即有物质排放源导致物质集聚。在有源排放的情形，排放与扩散起到不同的作用，排放使物质浓度增加，扩散使物质浓度减小，稳定状态是排放与扩散的动态平衡。一旦扩散过程减弱，就形成物质的集聚，物质的浓度就会升高。因此，海洋和大气中的集聚效应往往是扩散减弱造成的。比如，污染物质排放后会在大气中依靠自然过程而扩散。一旦大气处于高度稳定的状态，流动微弱，就会导致污染物无法向外扩散。在这种情况下，不扩散就等于集聚，造成污染物浓度的增大。污染物的集聚效应主要是对空气质量产生负面影响。发生在我国北方的灰霾引起的大气质量下降就是集聚效应的结果。

图15.3给出了渤海三大海湾湾底的污染物集聚状况，在湾底由于水体扩散不畅，造成污染物的集聚，产生严重的环境效应。因此，由于陆地的约束作用，海洋中水体扩散不畅的近岸海域很多，海洋环境污染比大气更加严重、更加持久。

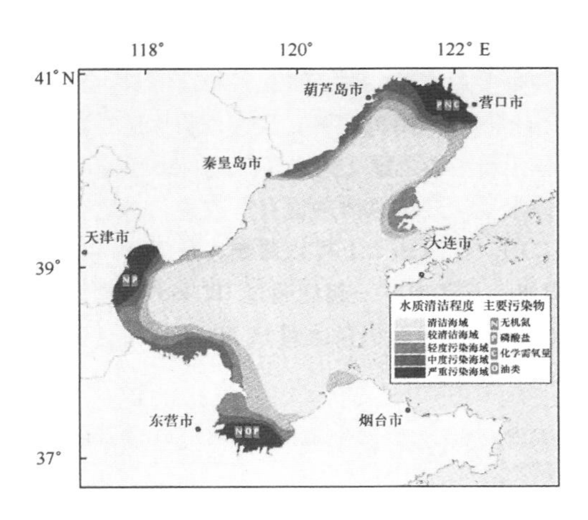

图 15.3 渤海污染物质在各个海湾的湾底集聚现象（引自李永祺，2012）

15.4 累积效应

累积效应（cumulative effect, accumulate effect, accumulation effect）是在自然科学和社会科学领域普遍存在的效应，表征了一些因素逐步累积而产生明显变化的过程，积少成多而从不重要变得重要，以及从量变逐渐发展成质变的过程。在有些学科，累积效应也称为富集效应或集富效应。在海洋和大气中有多种累积效应存在。

（1）环境污染的累积效应

环境污染的累积效应（cumulative effects of environmental pollution）是指由于环境污染累积作用而产生的综合影响，主要是指其负面影响。污染物累积会产生两个方面的效应，一个是污染因素持续发生而达到累积的影响，即本节介绍的累积效应。另一 个是多个污染因素共同导致的影响，亦称为叠加效应或协同效应，在下面两节介绍。

有些环境污染元素短期内没有什么显著的危害，一旦长期累积起来，就会发生从量变到质变的过程。例如，很多海洋生物吸收污染物质后不能很快排泄出去，在生物体内富集，使体内某种元素的含量提高千万倍，称为生物富集效应（accumulative effect in biololgical body）；例如：海洋贝类就富集海洋中的有毒物质，产生麻痹性贝毒和腹泻性贝毒等毒素。其他生物或人类一旦食用了这种生物，就会产生毒害。同样，污染物质在水交换不畅的环境中也会累积，形成严重的海洋污染，损害海洋生物和海洋生态系统，严重时会影响整个海产品养殖系统。最近研究较多的海洋微塑料会在生物体内富集，影响人类健康。

大气污染也有明显的累积效应。在空气流动不畅的区域，即使排污量不大，但由于不能快速分散出去，累积起来会形成较强的空气污染。例如，挪威的卑尔根是环境质量优良的城市，但到了冬季，当地会长时间无风，汽车尾气产生的污染会累积起来，使城市充满呛人的烟尘。研究表明，北京冬季从城区排放的污染物在当地有2~5 d的累积，对当地的环境质量和居民生活也有明显的累积效应（张睿等，2004）。有时，累积效应不仅发生在小范围内，我国冬季有时整个华北陷入雾霾天气，由于没有合适的风场疏散污染物，累积效应会使雾霾更加严重。

煤炭开发造成的粉尘是一种重要的大气污染，而这些物质在矿区周边沉降在土地上，不仅造成粉尘的累积，而且会根本改变土壤的结构和功能，造成不可逆转的损害。

除了时间上的累积效应之外，还存在空间累积效应（spatial accumulative effect），指某物质影响面积扩大而导致影响增强的现象。在某一小范围的污染容易被轻视，而大范围同样的污染就会被高度重视。空间累积效应也确实具有量变到质变的效果。

（2）气候变化的累积效应

气候条件是自然界中重要的环境因素之一，影响生物和人类的生存。气候变化的持续发生会使一些不太显著的影响累积起来，成为有重要影响的因素，被称为气候变化的累积效应（cumulative effects of climate change）。全球变暖是当代最为显著的全球变化现象之一。由于全球变暖的过程周期漫长，很多影响会逐渐累积起来，形成显著的变化现象。根据一般的认识，全球变暖本身就可以认为是温室气体排放的累积效应。

气候变化的累积效应不胜枚举，例如：气候长期干旱会导致植被退化，土地荒漠化；气候由湿润变为干旱会诱生频繁的山火；北极气候变暖会导致冻土层逐渐减退，冻土中的温室气体会释放，对气候变化形成正反馈；气候变暖会导致冰川的融化，其累积效应使一些古老的冰川消失等。

在北冰洋，会发生淡水的累积现象。由于风和海流的作用，2010年以来，输出到北冰洋之外的淡水减少，较多的淡水在北冰洋加拿大海盆累积起来，形成每年增厚1 m左右的淡水层。

累积效应也有正面的作用。人类的努力降低了温室气体的排放率会发生累积效应，减缓全球变暖的进程。抑制陆地污染物排放的累积效应会使海洋环境变好。

（3）生态累积效应

生态累积效应（ecological cumulative effect）未必与环境污染有关，而是各种因素的累积对生态系统形成的影响。例如：资源开发对生态系统的累积影响，水文变异对环境的持续影响，植被消失对水土流失的累积影响等。累积效应未必是消极的，有些累积效应有积极的作用，比如：绿洲的累积效应是正面的，不仅可以防止沙漠化，而且可以改善局地气候。

这些累积效应也出现在海洋中，例如：泥沙运动导致的河口演化对河口生态系统的累积影响，江河径流减少对河口渔场的持续影响，近岸水域发生的赤潮就是海水持续富营养化的累积效应，湿地可以通过累积效应影响区域性生态系统和局地气候，

放射性物质在生物体内的富集就是一种累积效应现象，人类因食用生物引起中毒。其他污染物在生物体内富集同样可以发生累积效应。

（4）工程建设的累积效应

海洋工程建设对环境有很强的累积效应，海港建设、防波堤建设、填海造地直接影响海洋环境，从而影响生态系统。不合理的码头建造将造成泥沙淤积，产生巨大的负面影响。海洋资源开发会改变水下环境产生累积效应。这里不再赘述。

15.5 叠加效应

自然界很多过程相互叠加，产生更为强烈的效果，称为叠加效应（duplicate effect, superimposed effect）。构成叠加效应的任何一个过程可能都是无害的和可控的，一旦叠加起来就会产生灾难性的结果。叠加效应和累积效应有明显的不同，累积效应是指同一种因素随着时间积累形成的效应，而叠加效应是指多种因素共同发生时的联合效应。叠加效应主要指简单叠加产生的效应，如果在叠加中发生非线性相互作用属于协同效应。

海洋中的风暴潮是风暴增水与天文潮的叠加效应。如果风暴增水恰值天文潮大潮，在高潮期会发生极值高水位，造成巨大的灾害。这种叠加效应是海岸防护系统的重要工程参数，避免海水在极值高水位发生时漫过堤坝。

很多自然灾害的强度和损失都与叠加效应有关。例如：地震导致许多人压在倒塌的建筑物中，而震后往往发生暴雨，使震后一息尚存者溺亡。再比如：暴雨产生的泥石流冲毁了村庄，急需救援；而暴雨产生的洪水同时冲毁了公路，使救援变得非常困难，这种不能及时到达的救援造成更多的生命财产损失。

空气污染的情况下叠加效应也很重要。在住房装修时，使用的任何一种材料都是达标的，但由于有叠加效应，装修后有些污染元素还是会超标。

人们主要关心叠加效应使作用加强的一面，其实，叠加效应还有使作用减弱的一面。如果近岸违法排放了大量污染水体，而同时风不利于污染水体向外海分散，势必加大海洋污染的程度，对海洋养殖造成灾难性的影响。在我国，养殖季节主要是夏季，而夏季西南季风有利于海面污染物向远海输送，是我国得天独厚的优势。冬季风不利于污染物向远海输送，而冬季的污染损失会小很多。

由于叠加效应非常容易理解，这里不过多介绍。

与叠加效应非常相似的是加成效应（additive effect, additional effect）。加成效应与叠加效应是完全相同的效应，是在不同学科发展时形成的不同的名称。在生物、化学、环境等领域，人们更倾向于用加成效应来表达。但是，二者也有细微的差异，叠加效应强调的是两种因素的叠加，而加成效应强调的是多种因素作用的叠加。叠加效应一般反映看得见摸得着的事物的叠加，而加成效应可以反映心理学、哲学、教育学等领域精神因素的叠加。

15.6 协同效应

这里需要明确的是，中文的协同效应在英文中有两种不同的表达，一种是“synergistic effect”或“synergy effects”，一种是“co-benefit effect”，二者的意义是不同的。“synergistic effect”表达的是两种或两种以上的过程叠加在一起，所产生的作用大于各种过程单独发生时作用的总和，是本节的主要内容。而“co-benefit”主要强调的是两种或两种以上过程的联合作用，强调不同过程的简单叠加，不属于协同效应的范畴，而属于叠加效应的范畴（参见上节）。

最早的协同效应用于研究化工产品各组分的组合，以求最终产品性能得到增强。在化工领域，协同效应又称增效作用，用于产生增效作用的物质称为增效剂。1971年，德国物理学家赫尔曼·哈肯提出了协同的概念，1976年系统地论述了协同理论。协同论认为整个环境中的各个系统间存在着相互影响而又相互合作的关系。因此，协同效应就是“1+1>2”的效应。协同效应在自然科学和社会科学的方方面面都有着广泛的影响。

在海洋和大气中，协同效应的作用也相当显著。协同效应在数学上都体现为非线性相互作用，线性系统中只能产生叠加效应，而非线性系统可以产生协同效应。以下是协同效应的一些实例。

● 畸形波

畸形波最早是几个世纪前由航海家观测到的，据他们描述，海洋在无任何征兆的情况下会出现一种巨浪，像水墙一样传播，会将船舶摧毁；而且波谷非常深，像海面上的洞，会将物体吸入，然后很快消失。海浪的最大波高在20 m左右，而记录到的畸形波最大波高可达35 m。现有的认识认为，通常是强流与波浪方向相反时发生畸形波。在南非附近，阿古尔哈斯暖流向西南流动，而盛行西风产生的浪向北传播，二者叠加后发生强烈的非线性波流相互作用，产生异常高的畸形波。在动力学上，强流使波长减小，波高发生畸变而增大（图15.4）。

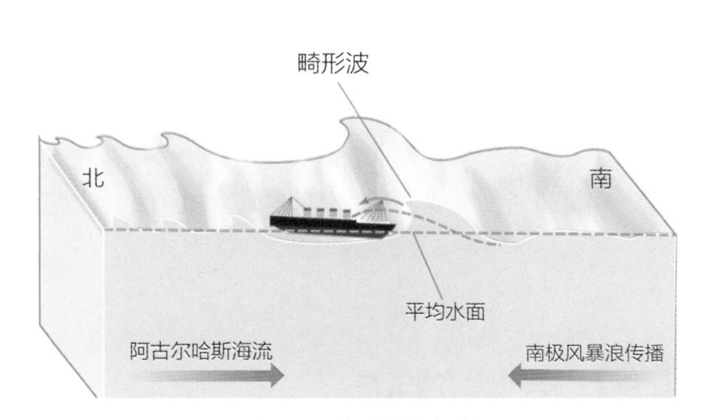

图 15.4 畸形波的生成机理

● **污染物降解**

在石油降解过程中海洋专性解烃菌之间存在明显的协同效应，不仅可以加快石油降解，还可以彻底降解石油中生态毒性较大的高分子量化合物。在清除海洋石油污染中，可以使用解烃菌来降解石油污染。采用两种或多种解烃菌来降解石油时会产生协同效应，大大增强了石油降解率。例如，以食烷菌22CO-6与海杆菌PY97S构建石油降解菌群使原油降解率从27.81%提高到64.03%，促进石油中烷烃、芳香烃组分包括高分子量多环芳烃chrysene及其衍生物的降解。

● **腐蚀防护**

在海洋腐蚀的研究中，通常会使用防蚀剂或者阴极保护等方法。如果同时采用防蚀剂和阴极保护方法，就会产生协同效应，有效阻滞钢在海水中的腐蚀，特别是局部腐蚀，旨在大大降低缓蚀剂使用浓度和减小保护电流密度，以寻求有效解决浓缩海水腐蚀问题的新技术和新方法。

● **环境与气候**

大气污染使环境质量变差，温室气体排放使气温上升，这两个过程可以各自独立发生。但是，如果二者同时发生，就会产生协同效应，气温升高导致空气携带污染物质的能力增强，空气质量会进一步恶化；有些污染物质有很强的吸收热量的能力，会加剧温室效应。如果努力减轻环境污染的同时促进温室气体减排，不仅将会使气候和环境同步得到改善，而且人类的生存环境有深层次的改善。因此，协同效应不仅可以应用到自然科学，也可以用到与海洋和大气有关的社会科学中。比如：考虑到气候与环境的协同效应，应同步改变中国的气候变化政策和环境政策（萧谦和刘宁，2012）。

协同效应的物理背景是各种过程之间的非线性相互影响，导致产生的作用大于二者之和。有时，协同效应也会体现二者的相互削弱。

15.7 毒性效应

毒性是指化学物质所具有的对生物体产生有害作用的能力，而毒性效应（toxic effect），也称毒效应，是指毒性物质对生物体健康产生的有害的生物学改变。在海洋中，有很多自然的和人为的毒性物质。自然过程产生的毒素主要有：麻痹性贝毒、腹泻型贝毒、肝毒性贝毒、神经性贝毒、记忆缺失性贝毒等，主要来自于海洋生物的排放和各种藻毒素，还有一些来自海洋生物死亡后分解。人为产生的有毒物质包括：重金属、石油烃、农药、阻燃剂、抗生素、内分泌干扰物等（顾谦群，1995）。各种海洋生物摄入这些物质就会产生中毒反应。这种毒性效应可以认为是化学效应或生物效应，而不是物理效应。

事实上，海洋很大，有毒物质在海洋中被稀释，海洋的毒性体现的不是化学的毒性，而是环境的毒性。一旦各种有毒物质在环境中发生累积或叠加，达到一定的浓度，就会对海洋生物造成毒害，这种效应属于环境的毒性效应。环境的毒性效应体现的不仅是毒素与生物的相互作用过程，而且体现了海水毒性物质浓度对海洋生物群落的整体影响。环境的毒性效应一方面涉及到污染物质的排放，另一方面还取决于环境对相关物质的自净能力。

很多时候，每一种毒素可能并不超标，但是叠加起来就有了很大的毒性，危害生物的生存，这种情况属于协同效应。还有时出现相反的效应，即不同物质的毒性作用相互抵消，称为拮抗效应（antagonistic effect）。因此，海洋环境保护对海洋毒性的理解是其综合的作用结果。

此外，毒性效应不仅取决于环境，还取决于生物对毒性物质的富集能力。例如：贝类摄食了有毒物质，就会在体内累积起来，形成累积效应。毒性物质的累积对贝类本身的伤害不明显，但人类食用了累积起来的毒素就会发生中毒。还有的情况下，健康的海洋动物如果食用了有较高毒性的生物，就会造成中毒现象，这种情况属于一种木马效应（trojan horse effect）。在海洋的食物链中，由于高营养级生物以低营养级生物为食，发生化学毒素以及其他难分解化合物的浓度随着高营养级的提高而逐步增大的现象，这种现象称为生物放大效应（biomagnification effect）。生物放大效应导致高营养级生物机体中毒性物质的浓度远超环境中该物质的浓度。这些效应属于生物与环境相互作用产生的效应。

环境的毒性效应不仅反映了毒性物质的污染程度，而且对于制定海洋健康的标准有重要意义。国家环保部门在制定海水和海洋沉积物的毒性标准时要依据生物的毒性反应，以保障海洋生物的健康，进而保障餐桌上海鲜不对人类健康造成危害。

15.8 延续效应

在各种效应中，有不少与推迟、延迟等现象有关，其中都有后延的意味，但具体的内涵有很大的不同。这里的延续效应（carryover effect），也称延滞效应或延期效应，是指某一因素的作用结束之后，该因素的作用仍然持续下去，对环境产生影响。海洋和大气中的这些效应很多。

（1）人工降雨的延续效应

现在，人工增雨技术逐渐成熟，在对抗干旱的过程中经常使用。人工降雨是指用飞机、火箭、炮弹等向云层中播散干冰、碘化银、盐粉等催化剂，增加云层中的凝结核，产生大量冰晶而生成降雨。一些研究表明，在某个地区播撒了碘化银之后长达几个月至1年的时间里，碘化银的作用保持存在，具体体现在这些区域的凝结核含量比没有播撒催化剂的相近区域明显偏高。有人怀疑这种效应的存在性，认为大气环流的作用不会让碘化银的作用保持在同一个地方，而且缺乏大气化学数据的支持。关于这种现象的原理需要更多的研究来支持。

（2）海洋污染物的延续效应

污染物排入海洋后，其浓度的变化取决于该海域的环境容量，一旦某种污染物的排放量超过环境容量，就会导致环境污染，水质变差，对环境和人类活动造成损害，称为污染物质的延续效应。延续效应意味着这类污染物不会较快地自然降解，其污染能力会得到保持，对环境产生持续的影响。

15.9 油膜效应

人类在石油开采和运输过程中有时会发生油品泄漏事故，导致海洋污染。石油的比重比海水轻，排入海中的石油总是漂浮在海面上。海上溢油往往以两种方式漂浮：如果海面水温低于石油的凝结温度，石油凝聚成一个个固体石油块，成片漂浮在海面。如果海面水温高于石油的凝结温度，石油不凝结，而是形成大片的油膜。这些溢油在开阔海域会逐渐通过蒸发、乳化、溶解、生物降解、风浪混合和湍流扩散等方式逐渐消散，海域得到自然净化。但是，如果海域是封闭或半封闭的，水交换不畅，或者溢油量太大，溢油可以长时间保留在海面。大面积的溢油会对气象和气候过程产生强烈影响。一旦石油泄露的规模很大，将对环境产生严重影响，统称为油膜效应（oil membrane effects）。油膜效应主要有以下内涵：

（1）海洋沙漠化效应

海洋沙漠化效应（sea desertification effect），也称海洋荒漠化效应，是指如果海水受到大面积的石油污染，会对大气产生类似沙漠所起的作用。海洋沙漠化效应的作用可以分为两类：

第一，对海洋和大气水循环的影响。海水蒸发对地球上的水循环是相当重要的。通过海面蒸发进入大气的水汽由于垂直对流和水平气压梯度的存在，被带到温度较低的层次，水汽就变得饱和而凝结出来，作为降水回到海面和地面。全球海洋平均年蒸发量为1 m，为全球气候的形成起着重要的作用。海洋的蒸发对局部气候起着重要的调节作用，为充沛的降水提供水源，并通过大气环流影响更广大地区的降水过程。油膜的覆盖使海水不能通过蒸发进入大气，使海面上空的气团与沙漠上空的气团一样干燥，海洋丧失了对气候的调节作用，使海洋影响的范围内形成更为干燥的气候变异。

第二，对海气热交换过程的影响。油膜大面积地覆盖了海面，把海水与大气隔绝开来，影响了正常的海气热交换过程。当阳光强烈照射时，油膜抑制了海水的蒸发，阻碍了海水潜热的释放，使海水温度上升，具有沙漠的高温特性，导致海面上方的空气升温；海温升高使海面的长波辐射增大，会对高层大气产生重要影响；油膜表面光滑，对太阳辐射的反射有镜面反射的特点，最大时反射率可以接近百分之百。油膜的这些作用都将使海面形成类似沙漠地区的特性，具有气温日较差大、表面反射率高等沙漠地区特点，显著改变大气环流，使沿岸地区气候变得更加炎热干燥，干旱面积将会扩大。

大面积石油污染的海洋沙漠化效应是不容忽视的。例如，在8年的海湾战争期间，交战双方频繁袭击对方油轮，造成大量原油外泄，生成大面积的、长期的石油污染。波斯湾地区毗邻沙漠，又处于低纬地带，气候属于热带沙漠型气候，年降水量只有50~60 mm，波斯湾对当地气候的调节作用是非常重要的，但波斯湾水面有限、出口狭小，发生大面积的石油污染后，由于水温高于原油凝结温度，海面上形成密实的油膜，无异于形成一片人造沙漠，对中东地区的气候和环境产生了严重影响。

（2）油膜效应的动力学作用

海面之上被大范围油膜覆盖之后，在动力学上的油膜效应（slicks effect）就是消波作用，消除了高频信号和波长小的波动（如毛细波和张力波），降低了海面的粗糙度，明显降低了海洋与大气之间的动量交换，随着风速的增大，风应力明显减少（Hill,

1962）。风应力的减少反过来影响了海面的湍流运动，进一步降低了风生运动。

（3）油膜效应的生态学作用

油膜效应还有另外的内涵，就是指石油对海洋生物生存环境的破坏。海洋中的动物靠溶解在水中的氧气生存，这些氧气大都是通过海面与大气的交换获得的。油膜漂浮在海面上，阻碍空气中的氧气进入海洋，使得海洋中的氧气迅速耗尽，导致海洋生物大量死亡，是油膜效应的典型现象。海洋生物的死亡会对鸟类的生存产生显著的影响，大量鸟类会因此迁徙，破坏了生态平衡。即使油膜存在的时间不是很长，但对生物群落的破坏有长期的后效，生物群落的恢复可能需要很长的时间。

图 15.5 海上溢油对生物的影响

当鱼类和鸟类陷入漂浮在海洋表面的黏性油膜中时，油膜会将生物的羽翼粘在一起，无法游动或飞翔，最终因丧失活动能力而死亡（图15.5）。油膜漂浮到海岸时，会黏附在海滩、岩石、植物上，而且很难清理，使沿海环境遭到破坏。

油膜效应是人类活动对自然环境的影响，至今没有有效的清理办法，需要加强研究。

15.10 酸雨效应

酸雨是大气污染最主要的效应之一，而酸雨降落到地面后，还会产生一系列次级效应，形成进一步的破坏。工业排放的污染物中，NO_2和SO_2在大气中可与水发生化学反应，生成硫酸、硝酸，溶液呈酸性，形成酸雨（图15.6）。酸雨效应（effects of acid rain）是指酸雨对生态和环境的影响。酸雨效应以负面效应为主，主要包括：

（1）酸雨中的酸性物质对植物页面产生直接的危害，使植物光合作用降低，抗病虫害能力减弱，导致农作物减产，以及林木生长缓慢或死亡。

（2）酸雨导致土壤酸化，抑制了土壤中有机物的分解和氮的固定，使与土壤粒子结合的钙、镁、锌等营养元素脱离，破坏土壤微生物的数量和群落结构，致使土壤贫瘠化，导致区域性的植物逐步退化。

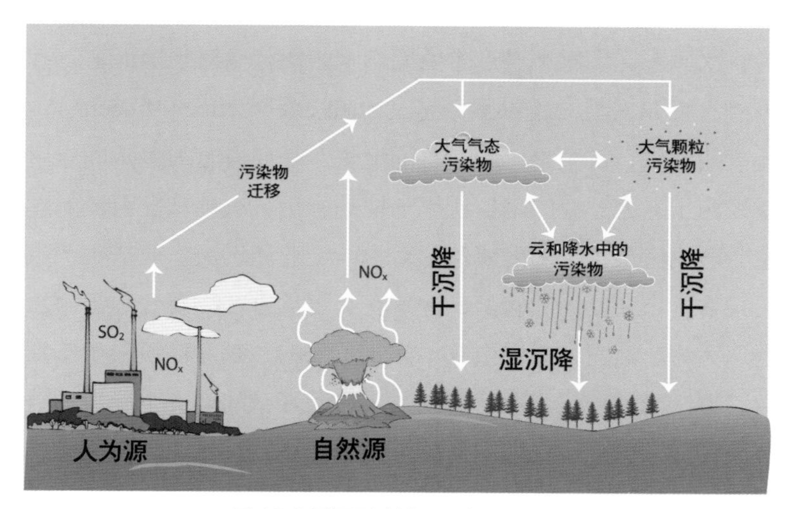

图 15.6 酸雨形成过程示意图

（3）酸雨破坏水体环境，使水体酸化。当水体pH值降低至5.0以下时，很多鱼类的鱼卵不能正常孵化。水体酸化导致很多甲壳类生物壳体软化。

（4）酸雨对地面建筑造成腐蚀，使铁路、桥梁、建筑、设备等维护费用大幅升高，使文物古迹保护变得艰难。

（5）酸雨还对人体健康造成危害。酸雨物质会有土壤渗入地下水，人们饮用会造成伤害。人们食用受到酸性物质污染的鱼类也会造成危害。

减少酸雨效应的最根本措施是减少酸雨，也就是减少硫氧化物和氮氧化物的排放。实现这个目标有以下几个途径：第一，减少对化石能源的使用，发展清洁能源，减少酸雨的形成。第二，加强脱硫技术等能源净化技术，降低能源使用对环境的伤害。第三，采用生物防治手段，可通过栽种一些对酸雨物质有吸收能力的植物来减轻酸雨的危害，如：洋槐、云杉、桃树等。

15.11 冲刷效应

在通常情况下，降雨之初，雨水将地表积聚多时的污染物质冲刷下来，带入地表水体。因此，初期降雨形成径流的污染物含量是最高的，随着时间推移，雨水中污染物的含量越来越少，这种现象被称为降雨的初始冲刷效应（initial flushing effect），也称初期冲刷效应（first flush effect）。在流域很大的江河中，初始冲刷效应会形成河流在一段时间污染物剧增，水质恶化，对下游产生负面影响。但降雨对土壤而言，并不区分初始冲刷还是持续冲刷，而是关注总的冲刷效应（flush effect, effect of scour）。冲刷效应造成土壤中营养元素的流失，甚至是土壤本身的流失，长期看有很多负面作用。在海洋中，很多污染物质来源于陆地，有的来自近岸陆地的排污，有些来自河流的输运。这些污染物质对海洋也会形成污染物浓度的峰值，对海洋渔业和近海水质产生严重影响。冲刷效应最显著的污染物是农业使用的农药，这些有显著危害的物质会由于雨水的冲刷而进入河流，最终抵达大海。然而，冲刷效应不都是负面的，其对环境和生态系统还有很多积极的作用。碳、氮、磷是自然界不可或缺的生命元素，陆地上土壤中的碳、氮、磷会由于冲刷效应进入大海，形成了富饶的河口海区。当然，过量使用化肥也会因为冲刷效应造成海洋的富营养化。

在海洋中也存在冲刷效应。在我国南黄海存在大范围的辐射沙脊群，是由陆架潮流沙脊与多条潮流通道相间的海底地貌组合体系。不同时期的海图有很大的差异，人们曾经认为是有些时期的海洋调查数据不可靠所致。但实际上，有些差异是由于辐射沙脊群的真实变化造成的，造成这些变化的机制就是潮流的冲刷效应（flush effect of tidal current）。

其实，潮流的冲刷效应是普遍存在的，河口海岸的岸滩是最容易被冲刷的海域，造成陆地面积流失。河口泥质海岸的冲刷是由海浪掀沙、潮流输沙的组合过程引起的，并随着潮流的涨落，形成泥沙的悬浮-沉积-再悬浮的过程。潮流的冲刷效应主要是指冲蚀、淤积、岸线改变等现象。

15.12 河口过滤效应

河口是陆源物质的重要入海口，大量陆地物质通过河口进入海洋，不仅直接影响近海的海洋环境，而且通过陆海相互作用向远海输送，影响大洋中的物质分布。因此，河口势必是一个陆源物质入海的必由之路。然而，河口还展现了另外一面，河口并没有让所有的陆源物质自由地进入海洋，而是形成了一个类似过滤器的作用，将很多陆源物质过滤下来，使进入海洋的陆源物质大大减少（胡方西 等，2002），这种作用统称为河口过滤效应（filtration effect in estuary）。河口的过滤效应有很多，人们在观测到某些参数通过河口区时发生骤减都会提到河口的过滤效应。按照过滤的机制，河口的过滤效应可以分为3大类：

（1）泥沙过滤效应

河流携带大量的泥沙入海，而这些泥沙一旦全部进入海洋，就会使大范围的海洋处于浑浊状态。而事实上，真正进入海洋的泥沙很少，绝大部分在河口区沉积下来。泥沙的沉积过程是河流的造陆运动，是重要的动力学现象，称为泥沙过滤效应（sediment filter effect），或称泥沙过滤器效应，是过滤效应的典型特征。

泥沙过滤效应的机制是海洋动力过程。水体携带泥沙的能力称为挟沙能力，与水的流速成正比，流速越大，携带的泥沙含量就越高。河流水流湍急，携带大量泥沙；河流入海后，受到海水的阻拦，流速骤然下降，导致挟沙能力大幅下降。水体中超出挟沙能力的泥沙只能脱离水体，沉降到海底沉积下来。泥沙的过滤效应主要是减少了海水中的颗粒物质，尤其是使颗粒较大的物质在河口附近沉积下来，同时并不直接影响溶解于海水中的物质。实际上，发生在河口的泥沙过滤效应远不止泥沙，一切不溶解的河流物质都将随泥沙的过滤效应而发生改变。

（2）地球化学过滤效应

早期的研究发现，河水中的重金属浓度在经过河口区之后有明显降低（陈沈良等，2001）。重金属是溶解于河水中的物质，其减少显然不是由于泥沙沉积过程引起的，而是由河口的地球化学过程造成的。河流和海洋的地球化学环境相差很大，主要的地球化学参数包括盐度、离子强度和pH值，导致河口区发生各种地球化学过程，如：絮凝、离子吸附及解吸、离子交换、氧化还原、化学沉淀和溶解等。这五种过程相互联系，导致地球化学参数的变化。最为重要的是，这些地球化学过程会使得海水中溶解物质改变存在的形态，例如：吸附过程会使金属离子吸附到微小的泥沙颗粒上，随泥沙一起运动；絮凝过程使微小的泥沙颗粒组合成大的泥沙团，有利于沉降。这样，重金属等溶解于水的物质在河口区会随泥沙一起沉降，称为地球化学的过滤效应。

（3）生物地球化学过滤效应

叶绿素、溶解氧和pH等参数在河口最大浑浊带之内是低值区，在最大浑浊带之外出现高值区。这些参数的变化不同于前两种效应，而是取决于生物地球化学过程。在最大浑浊带内，光的透射受到削弱，光合作用减少，初级生产力下降，导致叶绿素含量低；细菌分解有机物和生物遗骸消耗氧气，导致溶解氧含量降低；细菌在分解过程中释放一些酸性物质，导致pH降低。而在最大浑浊带之外的海域，海水光合作用增强，溶解氧含量相对较高，pH值也较高，而营养盐降低。前两种过滤都是使参数值降低，而生物地球化学过滤是使参数值增高的效应（Tian et al.，1991）。

上述3种过滤效应中，只有泥沙的含量变化是可以通过颜色分辨出来的，因此，过滤效应总是与海洋的泥沙锋联系在一起。河口有多重海洋锋，其中，与最大浑浊带相联系的是近口锋（一种泥沙锋），有时河口的过滤效应还被认为是河口锋区的特点。实际上，河口的锋面都是狭长的带状结构，而发生过滤效应的尺度要大得多。而且，锋面的发生有时受天气过程的影响，而河口的过滤效应不受天气的影响而永恒地存在。因此，这种过滤效应还是河口较大范围的现象，并不能认为仅是锋区的特点。当然，河口的大小不同，过滤效应的发生范围也有很大差异。

15.13 渔业效应

渔业效应（fisheries effects）是一种类别效应，泛指海洋输运过程和环境过程对海洋渔业的促进作用。海洋的渔业效应很多，也比较容易理解。海流携带丰富的营养盐输送，其流经的海域就成为生产力较高的地方，发生浮游植物的旺发，形成较大的渔场。近岸上升流也是输送营养盐的动力过程，风生近岸上升流将下层海水中的丰富的营养物质带到海面，形成较大的渔场。我国浙江沿岸上升流携带的营养物质是舟山渔场的主要生产力来源。

鱼类的繁衍不仅取决于食物，还取决于环境温度。因此，一旦海水温度发生变化，也会发生显著的渔业效应。最为显著的是太平洋年代际振荡（PDO），是一种以25年左右为周期的海温变化现象。在温暖时期，东太平洋渔业资源以沙丁鱼为主，而在寒冷时期，渔业资源以凤尾鱼为主，西太平洋正好相反。有经验的渔民通过测量水温来追踪寻找渔场。目前正处于从1990年左右开始的一个凤尾鱼丰富的阶段。

海洋锋也有很显著的渔业效应。由于海洋锋是物质扩展的边界，在海洋锋附近往往积聚了大量营养物质，也是渔业资源比较集中的地方。

其实，渔业效应的称谓不符合效应的定义，需要有定语，例如：上升流的渔业效应，温度的渔业效应等。

15.14 地气效应

地球从形成的时候开始，地球物质的间隙中就充斥着各种气体，这些气体是地球物质的重要组成部分。在地球冷却过程中，很多气体从地球中释放出来，形成了大气层。然而，地球内部的气体并没有释放干净，而是存在于地球内部的物质间隙中。地球内部的气体主要有三种形式：固体岩矿脱气（固体间的气体），液体汽化的气体，以及游离态气体。地气的主要成分包括二氧化碳、甲烷、硫化氢等。地球内部的气体在一定条件下会溢出地球表面进入大气层，这些气体被称为地气（geogas）。地气的溢出通常与地球运动造成的区域应力变化有关，分为微观释放和宏观释放。微观释放是指地气通过地壳结构缓慢地溢出或者渗出，宏观释放是指地气在地壳结构在火山爆发、地震等突然变化前后形成的排气。

地气效应（geogas effect）是指地气进入大气层后产生的影响，主要包含以下内容：第一，增加大气的电荷密度。由于地球内部气体长期处于还原环境，电离电位较低，活泼易燃易电离，进入空气后能快速氧化，增加大气中的电荷密度。第二，增加了大气凝结核。有些气体溢出时携带了颗粒状物质，增加了低层大气里凝结核的浓度，影响低层大气物理化学场，加强大气中的风、雨、雷、电现象，甚至造成发光、燃烧等现象。第三，能量的输入。地气大规模溢出会携带地球内部的能量，进入大气层后会影响局部的大气运动。第四，有害气体的危害。有些气体有各种毒性，可以毒害人类和动植物，造成伤害甚至死亡。

根据地气的排放特征，地气效应也分为微观效应与宏观效应。微观效应表示地气对大气稳定而持续的影响，而宏观效应可以造成大规模气体输入和迁移，对区域乃至全球天气和气候系统产生不可忽视的影响。

15.15 全球蒸馏效应

POPs为持久性有机污染物，主要是人类活动产生的。在南北极地区，人类极少使用POPs，但却经常观测到POPs。研究表明，地球上存在POPs从中低纬度地区向高纬度地区迁移的现象。全球蒸馏效应（global distillation effect）表达了大气中POPs的输

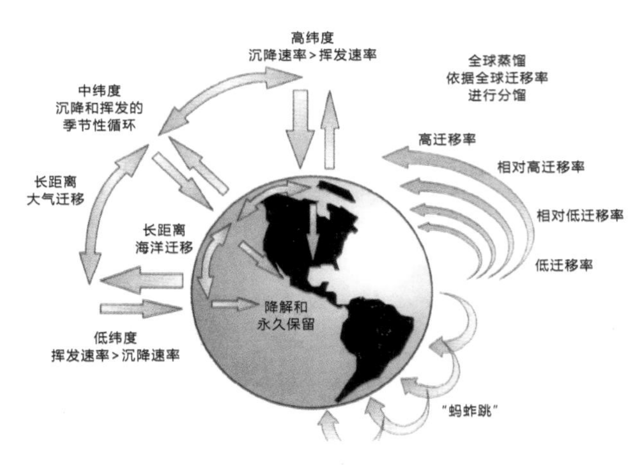

图 15.7 全球蒸馏效应示意图（引自江桂斌 等，2019）

运方式。地球就像一个蒸馏装置——在中低纬度地区温度相对高，POPs挥发进入到大气；到寒冷地区，POPs冷凝沉降下来，最终导致POPs从热带地区迁移到寒冷地区。虽然大气运动很复杂，POPs挥发进入的气团未必向两极运动，但只有到寒冷地带POPs才能沉降。因此，不管大气是如何运动的，最终体现的结果是POPs向极输运（图15.7）。

POPs的迁移受季节变化的影响。在中纬度地区，夏季温度较高，POPs易于挥发和迁移，而冬季气温较低，POPs沉降到地面。春季天气温暖后POPs再度挥发，向北迁移。POPs在向高纬度迁移过程中会发生一系列跳跃过程，描述这种全球蒸馏效应跳跃性输运也称为蚱蜢跳效应（grasshopper effect）。

因此，全球蒸馏效应是由于POPs受温度的影响从高温区域向低温区域扩展。这种扩展造成了一种特殊的物质输送特征，也成为污染物质的输送方式。实际上，还有一些在高温状态挥发、低温状态凝结的物质也会以全球蒸馏效应的方式输运，值得进一步关注。

15.16 二氧化碳施肥效应

日光温室（也称“大棚”）利用温室的保温效应，可以在寒冷的季节维持温暖的环境，使植物可以生长，是目前人类反季节蔬果供应的重要手段。温室可以透过日光，植物利用太阳的光能，同化二氧化碳（CO_2）和水，制造有机物质并释放氧气，称为光合作用。然而，光合作用会使温室中的CO_2浓度大幅降低，从而降低光合作用，成为制约植物产量的重要因素。因此，在大棚中要不断充入CO_2气体，维持光合作用，这种作用被称为二氧化碳施肥效应（CO_2 fertilization effect）。

实践表明，充入的CO_2不仅弥补了光合作用的消耗，而且增施CO_2还会起到增强光合作用的效果。在温室中增加输入CO_2气体，可使植物根系发达，茎秆粗壮，花芽分化节位降低，有利于壮苗形成，增加产量。在适宜的条件下，温室内CO_2浓度增加可使蔬菜产量提高20% ~ 40%。二氧化碳施肥效应不仅相当于增加了施肥量，而且也弥补了光照不足对植物生长的影响，成为促进植物产量和品质的重要因素。

二氧化碳施肥效应也发生在地球系统中。目前，全球温室气体增加，CO_2浓度已由工业革命之前的270 ppm增加到目前的440 ppm左右，是造成全球气候变暖的直接原因。大气CO_2浓度升高引起的温室效应对气候系统有很强的负面影响，但对植物生长却是有益的。大气中的CO_2浓度升高有利于植物光合作用增强，植物的生产率会有一定程度的提高。地球上二氧化碳施肥效应虽然不是很显著，但对全球农作物的产量有不可低估的影响，是全球粮食安全的重要因素。研究表明，目前CO_2浓度并不是植物生长的最佳浓度，如果CO_2浓度达到1000 ppm以上，植物的光合作用将更加强盛。

第16章 光学效应

Optical Effects

光在大气、海洋和界面传输过程中，会发生入射、反射、折射、衍射、干涉等现象，并由此产生一系列重要效应，这些效应产生的大尺度作用，又造成各种重要的光学现象，形成与常规概念差别很大的变异。理解这个因果链对于理解观测结果和实际光源的关系非常重要。

除了自然光之外，人造激光器在海洋和大气中的应用越来越普遍，很多激光特有的光学效应非常重要，与激光有关的效应日益得到重视。此外，光学遥感是重要的遥感手段之一，海洋和大气中光学环境的变化引起的效应也是光学遥感中必须注意的方面。

16.1 散射效应

波动传播到达物体表面时会发生反射、衍射（绕射）或散射。在光滑而且尺度很大的表面，波动以反射为主，主要的反射方向与入射波的方向沿反射面的法向对称。当物体的尺度与波长相当时，主要将发生衍射现象，很大以部分光将绕过物体，到达物体的后面。而当物体表面很大且不光滑时，由于不光滑表面的每一个微小单元都有不同的倾角，对入射波都会发生反射或绕射，宏观上看，整个不光滑表面就形成了在各个方向不同的二次辐射波，称为散射。散射符合统计规律，可以用一些统计参数来描述。各种波动都会发生散射现象，但散射的机理有所不同。

散射效应（scattering effect）是指散射现象发生后带来的一系列结果。假如一束光从我们面前自左向右照射，如果没有任何散射，我们是看不到这束光的，因为我们的眼睛没有在其直射或衍射的光路上。而实际上，我们却可以看到这束传播的光，是因为有散射光到达我们的眼睛。到达眼睛的光一般与原光束的光谱分布不同，因而感觉颜色是不一样的。比如，太阳直射光的颜色是白色的，而天空中被空气分子散射的太阳光是蓝色的，让我们看到蔚蓝的天空。再如，一束光照射牛奶时，从侧面看散射光是浅蓝色的。因此，对于光学而言，散射效应主要是指散射光的光谱成分与入射光有很大的不同。

散射光强度的空间差异是散射效应的另一个重要方面。下图是入射光来自左侧时海水的散射相函数分布图。海水的散射主要集中于前向散射，一般占总散射的90%以上，后向散射只占小部分，通常小于10%。在垂直方向的散射最弱（图16.1）。

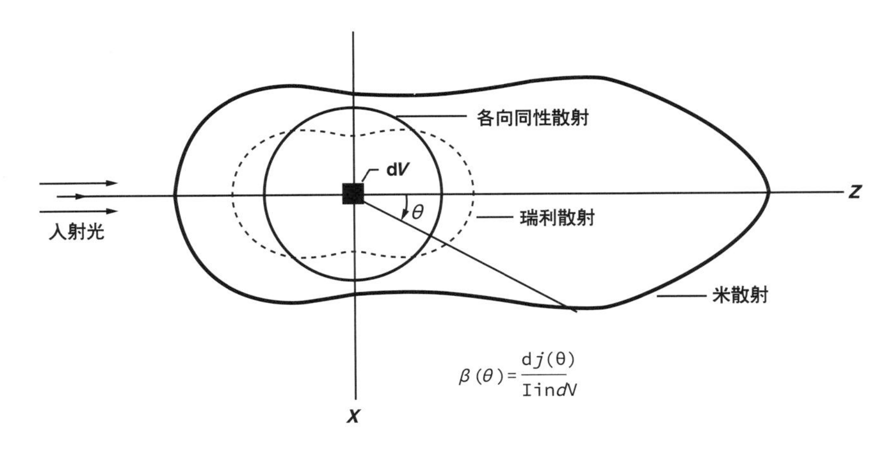

图 16.1 海水中不同粒子的散射相函数示意图（引自 Reilly and Warde, 1979)

（1）光的散射效应

在海洋光学中，散射分为两大类：弹性散射（elastic scattering）和非弹性散射（inelastic scattering）。在碰撞中，如两粒子间只有动能的交换，粒子的类型及其内部运动状态并无改变，则称为弹性散射。如果除有动能交换外，粒子内部状态在碰撞过程中有所改变或转化为其他粒子，则称为非弹性散射。在海洋和大气中，有些散射效应有独立的名称，弹性散射主要有瑞利散射和米氏散射，详见瑞利效应和梅氏效应；丁达尔效应也属于一种弹性散射效应。非弹性散射包括布里渊散射、喇曼散射、康普顿散射等，详见喇曼效应。在声学中也有类似的散射，只不过用听觉识别这些散射远不如光学灵敏，散射的声波有时被归类于噪声，或称为乱反射。

（2）无线电通信的散射效应

无线电通信与电离层对无线电波的散射有密切关系，电离层本身对电磁波形成散射，详见“电离层效应”。所谓无中继远程通信就是通过接收电离层散射无线电波信号实现的。无线电通信不仅使用后向散射信号，而且使用前向散射信号。对无线电通信而言，电离层散射的效应并不明显，而影响电磁波的主要效应是大气成分对电磁波散射的影响，如：雨云对电磁波的衰减，湍流区对电磁波的影响。这些效应主要发生在对流层和平流层，形成一些衰减峰。因此，通信时需要选用衰减峰之间的频率，以减少衰减导致的信号损失。

（3）多次散射效应

多次散射是指散射光在遇到其他粒子时会发生二次、三次、乃至多次散射。在实际的海洋和大气中，基本没有一次散射，各种散射都是多次散射。多次散射体现了总的散射效果，其效应称为多次散射效应（multiple scattering effect）。因而，散射效应基本上用于定性分析散射的作用。但要定量计算，则必须考虑多次散射才能建立可靠的计算模型。

多次散射效应有很多应用领域。云中水滴和冰晶粒子对雷达信号造成很强的散射，需要考虑多次散射来定量确定这些粒子的含量。海上雷达回波在船只密集的海域也会受到船只多次散射的影响，需要采取校正算法来获得准确的影像。地震波在非均匀介质中传播时时常遇到多次散射，只有充分考虑多次散射效应的模型才能通过到达信号准确确定震源。

16.2 瑞利效应

光在大气或海洋中的传播过程遇到气体分子或水分子，会发生散射。这种分子散射满足瑞利散射定律（Rayleigh scatting law）。在θ方向的散射强度I_s为

$$I_s = \frac{8\pi^4 NP^2}{\lambda^4}(1+\cos^2\theta) \tag{16.1}$$

其中，N为散射粒子的数目，P为粒子的极化强度，λ为光波波长。瑞利方程也称为波长的四次方定律。满足瑞利散射定律的散射称为分子散射。由瑞利散射定律得出以下重要结果：（1）散射沿0°和180°方向的散射最强；（2）前向散射与后向散射强度一样，呈前后对称的形式。对于瑞利散射的机制有不同的见解。Rayleigh（瑞利）认为是分子的热运动破坏了分子间的位置关系，使分子发出的次波不相干，因而产生散射光。Мандельштам则认为瑞利散射是由于介质中局部的密度起伏破坏了介质的光学均匀性，产生了散射光。尽管理解不同，各方对四次方定律是认可的，从量子光学理论角度认为瑞利散射是大气或海水分子对光子产生的弹性散射。在纯水中，分子的散射符合瑞利散射定律。在纯净的海水中，瑞利散射也是很好的近似。图16.2中的点划线是瑞利散射的理论值，体现了前向散射和后向散射的对称性，瑞利散射的特性也称为瑞利效应（Rayleigh effect）。

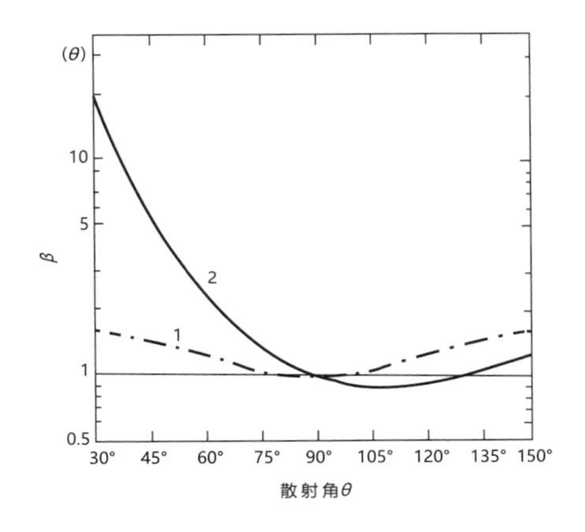

图 16.2 体积散射函数与散射角的关系
曲线 1：纯水的理论散射；
曲线 2：地中海 150m 层的海水散射分布

16.3 梅氏效应

梅氏效应（Mie effect），也称米氏效应，是由球形粒子引起的前向散射与后向散射不对称的现象。

海水中存在各种各样的悬浮粒子，包括各种有机物和无机物，如果粒子的半径小于光波波长的十分之一，其散射也能很好地满足瑞利散射定律。但是，如果悬浮粒子的大小远大于水分子的尺度，瑞利散射定律不再满足。大气中存在烟雾与尘埃（俗称“霾”）情形，尘埃的颗粒一般远大于气体分子的尺度，不能满足瑞利散射。Mie（米）发现球形非吸收粒子的散射强度前后不对称，而且$2\pi r/\lambda$越大，这种不对称性越严重。图16.2中的实线是地中海150 m水层实测值，从中可以看出，前向散射（θ=0°）明显大于后向散射（θ=180°）。我们称这种不对称性为梅氏效应。

产生梅氏效应的原因主要是粒子的散射机理有所不同。较大的颗粒引起的散射主要由于：（1）光遇到粒子的衍射；（2）光线在粒子内部的折射；（3）光在粒子表面的反射。显然，这些机制在前向和后向引起的效果肯定是不一样的。

在一般的气象学和海洋学研究中，往往更多地从能量角度考虑散射，并不仔细地考虑梅氏效应。但是，从遥感角度看梅氏效应是非常重要的。梅氏效应的主要应用在于利用后向散射探测海洋和大气的物质成分。由于不同的后向散射强度可以与粒子的尺度相联系，通过测量后向散射光的强度及其随散射角的变化规律可以反演粒子的成分及分布规律。

16.4 喇曼效应

喇曼效应（Raman effect）也是一种重要的光散射效应，是粒子散射时在入射频率的两侧出现伴线的现象。根据分子散射理论，大气或海水分子对光子产生弹性散射，散射光频率与入射光频率相同，这种散射称为瑞利散射（参见16.2节）。

1928年，印度科学家喇曼在研究液体和晶体散射时，发现散射光中除有与入射光频率ν相同的瑞利散射线以外，在瑞利散射线两侧还有频率为$\nu_0 \pm \nu_1$，$\nu_0 \pm \nu_2$，…等散射线，这种散射线称为喇曼散射，这种现象称为喇曼效应。

喇曼效应体现了以下几条规律：第一，原始入射光谱线两侧的都有散射光谱线，在原始光长波一侧的伴线称为斯托克斯线，在短波一侧的伴线称为反斯托克斯线，反斯托克斯线出现得较少，强度也比较弱。频率相同的两条伴线与原始光的频率差相同。第二，对于同一种散射物质而言，伴线与入射线的频率差与入射光波长无关，各种波长的入射光产生的频率差都相同。第三，每种散射介质有它自己的一套频率差ν_1，ν_2，…，它们表征了散射介质的分子振动频率（图16.3）。

产生喇曼散射的机制是，光线照射到散射介质上以后，一部分光子改变了运动方向，形成了瑞利散射；另有一部分光子将能量部分转移给分子，使分子处于转动—振动的激发态，或者是处于转动—振动激发态的分子将能量转移给光子，分子回到基态。分子的这种能级跃迁或能量辐射是按其固有频率进行的，因而出现入射光频率与分子固有频率联合而成的散射频率，因而喇曼散射有时又称为联合散射。如果分子有几种固有频率，伴线的数目将多于一对。

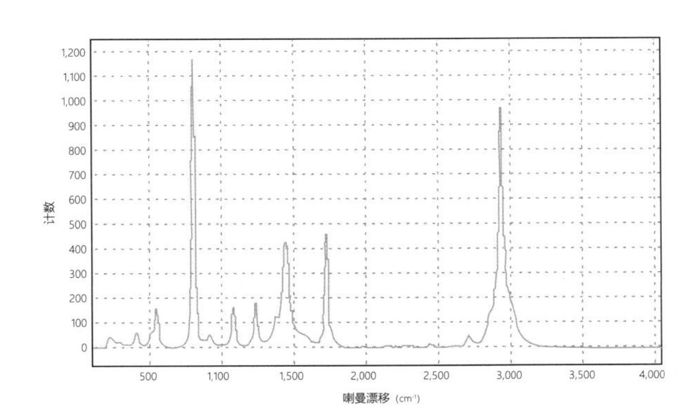

图 16.3 喇曼散射光谱示意图

喇曼效应的主要应用有：

● 物质成分分析

对于复杂的多原子分子或有机化合物，可以通过喇曼散射确定其固有频率。对于组成成分复杂的液体或气体，可以通过测定喇曼散射的频率确定主要的分子成分。利用喇曼散射还可以研究分子结构，比常用的红外吸收法有更多的优越性，成为分子光谱学的重要部分。

● 海表温度的测量

实验表明，液态水的喇曼光谱随着水温的升高，其谱带向着波长增加的方向偏移，在特定的水质下，喇曼散射的光谱特性和海水温度是相关的。由于光在海水中的衰减系数是波长的函数，在沿海水域内衰减系数时空变化很大，我们不直接研究光谱分布，而是通过研究退偏比的变化，确定温度分布。具体做法是通过起偏器使投射到海中的激光束成为右旋偏振光，自海中后向散射的喇曼散射的左旋分量和右旋分量随温度的不同而变化。左旋分量与右旋分量的比值称为退偏比，温度与退偏比的关系可由实验测定，大致为海水温度每变化1℃，退偏比变化1%。这个关系建立之后，就可由退偏比的观测来反演海表温度。

16.5 丁达尔效应

英国物理学家约翰·丁达尔（John Tyndall）首先发现当一束光线穿过含有胶体的液体或气体时，从光线的侧面（与光线垂直的各个方向）都可以观察这条光线清晰的散射光。图16.4就是光通过胶体溶液（0.1 mg/mL的水溶性碳量子点与2.0 mmol/L的十四烷基溴化咪唑，在水中混合得到）发生向光线垂直方向的散射，这种现象叫丁达尔效应（Tyndall effect），也译为丁泽尔效应、廷得耳效应。

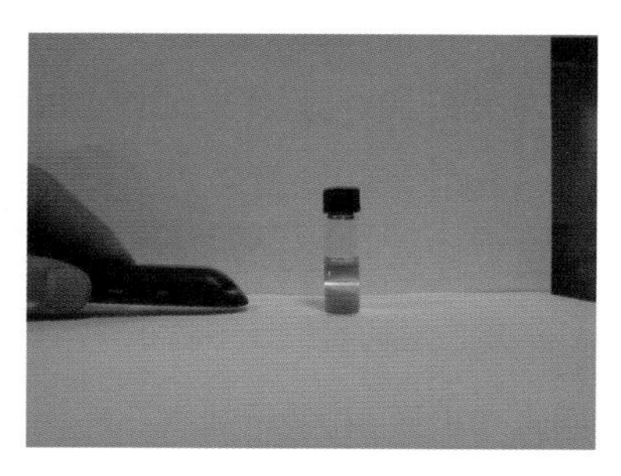

图 16.4 丁达尔效应（图片来自李洪光，详见 Sun et al.，2016）

光线在媒质中传播时是否发生散射主要取决于粒子的大小。在光的传播过程中，光线照射到粒子时，如果粒子大于入射光波长很多倍，则发生光的反射；如果粒子小于入射光波长，光波环绕微粒传播，除了继续向前的传播的光线之外，还向其四周放射光，这种光被称为散射光或乳光。散射光在各个方向光强的分布取决于散射相函数（图16.1），是一个与方向有关的函数。在实际情况，散射光强度与观察的方向有关，从不同的方向观测光散射，散射强度有很大不同。

可见光的波长在400~700 nm范围内，空气成分对可见光有各种散射。空气中的气体分子尺度要比光的波长小得多，这时发生的散射称为瑞利散射。我们通常看到湛蓝的天空就是空气分子的散射光。空气中还悬浮很多颗粒，这些颗粒与空气中的水分凝结在一起，形成比空气分子大得多的胶体（colloid）粒子，称为气溶胶。气溶胶的大小在1~1000 nm范围内。对于那些尺度较小的气溶胶粒子，很容易发生散射光；气溶胶浓度越大，散射光强度越大。丁达尔效应就是光的侧向散射现象。

气溶胶是液态或固态微粒在空气中的悬浮体，由天然的或人为的原因产生。气溶胶的种类很多，雾、烟、霾、霭、微尘和烟雾等，都属于大气气溶胶的范畴，是大气的重要组成部分。它们能作为水滴和冰晶的凝结核，也是太阳辐射的吸收体和散射体，参与各种大气化学循环。

空气中散布着气溶胶粒子，对光束有强烈的侧向散射作用。虽然散射光很强，但远不及太阳光强烈，在直射的阳光下观察不到侧向散射光；但是，只要直射光被遮掩，散射光就显露出来。例如，在凌晨的森林中，经常可以看到穿越树木枝叶的日光产生的侧

图 16.5 树林中的丁达尔现象

向散射光（图16.5）。太阳受到云层遮掩时泄露出来的光线也可以从侧向清晰地观测到。夜晚，可以在各个角度观测到城市景观的探照灯光束。这些，都属于丁达尔效应。

在海洋中也有大气沉降的或海洋中固有的气溶胶颗粒，也存在丁达尔效应。但由于没有人生活在海洋中而鲜有观测到。海冰是海水相变产生的特殊的固体，光在海冰中存在侧向散射，可以通过专门的实验观测到，也属于丁达尔效应。侧向散射光的强度虽然不大，但是，其携带了一定的能量，在侧向传播过程中被海冰吸收或进一步散射，涉及太阳辐射能量的传播。

16.6 菲涅尔效应

当光从一种介质向另一种介质传播时，若二者的折射率不同，在两者的界面上会同时发生光的反射和折射。菲涅尔导出了菲涅尔公式，建立了入射光、反射光和折射光强度的关系，是光学中的重要公式。

当人站在水面上垂直向下看，接收到的是垂直反射的光线，会发现反射很弱，水是透明的；但当人观看远处的水面，会发现看到的反射光很强，而且水几乎是不透明的，这就是菲涅尔效应（Fresnel effect）。大气中的雾也会有菲涅尔效应。当雾的浓度很大时，在飞机上向下看很暗，反射很少；但在倾斜观测雾时，雾呈亮白色，表示有很强的反射。

依据菲涅尔的光学理论，可以解释反射和折射与视点角度之间的关系。菲涅尔方程描述了不同光波分量被折射和反射的情况，也描述了波反射时的相变，体现了反射率随视角的改变。因此，菲涅尔效应成为最为大众理解的效应之一。

16.7 衍射效应

衍射（diffraction），也称绕射，指波动遇到障碍物时偏离原来传播方向的现象。衍射主要有两种内涵：一种是绕过障碍物的情形，一种是穿越狭窄缝隙的情形。第一种情况是物体的大小与波长接近时，波动会绕过这个物体，可以通过波阵面的描述得到波动方向的改变。当物体的大小远大于波长，波动就绕不过去了，就会发生反射。第二种情况就是指物体很大，波动绕不过去的情形，如果物体上有与波长相近的小孔或狭缝，波动可以穿过狭窄的通道向前传播，只是波形发生了很大的改变，形成对称于狭缝中心的环形波向前传播。研究表明，衍射的强度与障碍物的尺度a和波长λ有关，即ka值

$$ka = \frac{2\rho a}{\lambda} \tag{16.2}$$

ka越小，衍射强度越大；ka越大衍射现象越弱。当$ka<<1$时，衍射很强，波动会如同没有障碍物一样维持原有传播方向。当$ka>>1$时，衍射很弱，波动基本绕不过去。衍射是波动的基本特性之一，所有的波都会产生衍射现象，在海洋和大气中，声波、光波、海浪、海洋内波、大气波动等都有衍射现象。

衍射效应（diffraction effect）是指与波动衍射有关的现象（图16.6）。这种效应非常多，主要有下面几类：

（1）光衍射效应

光在均匀介质中按直线定律传播，当一束光到达有小孔的屏障时，在小孔之外的区域发生反射，而在小孔区域光继续向前传播。如果没有衍射，光将照亮小孔后面的几何照明区，其他被屏障遮掩的区域为几何阴影区。当$ka<<1$时将发生衍射，衍射效应体现在两个方面：一方面，光线的一部分可以绕过小孔边缘，到达按直线传播所划定的几何阴影区内，使阴影区得到照明，也使阴影区域照明区的边界变得模糊；另一方面，衍射效应使得几何照明区内出现某些暗斑或暗纹。光的衍射现象包括：圆孔衍射、单缝衍射、圆板衍射等。衍射时产生的明暗条纹或光环称为衍射图样。

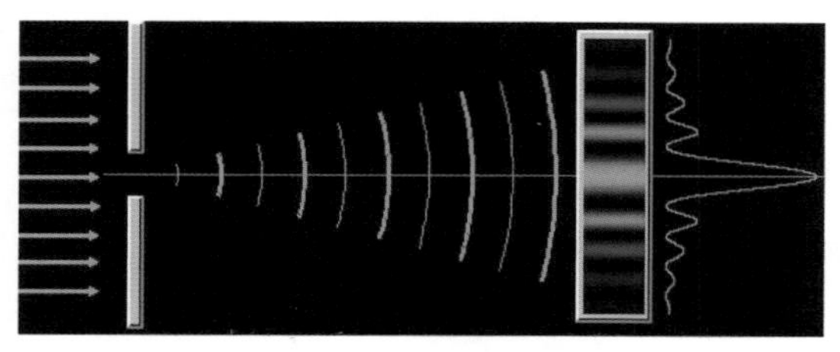

图 16.6 衍射效应示意图

● 圆孔衍射

当用一束强光照明带有小孔障碍物时，如果小孔尺度远大于光波长 λ，衍射效应不明显，光近似直线传播；而如果小孔尺度与光的波长接近时，衍射现象逐渐明显，在足够远的屏幕上会出现衍射图样，也就是光强分布的强弱不均现象。在恰当尺度小孔后方的屏幕上会出现强弱不均的同心圆（图16.7），而在同心圆的圆心处出现一个极小的亮斑，称为泊松亮斑。

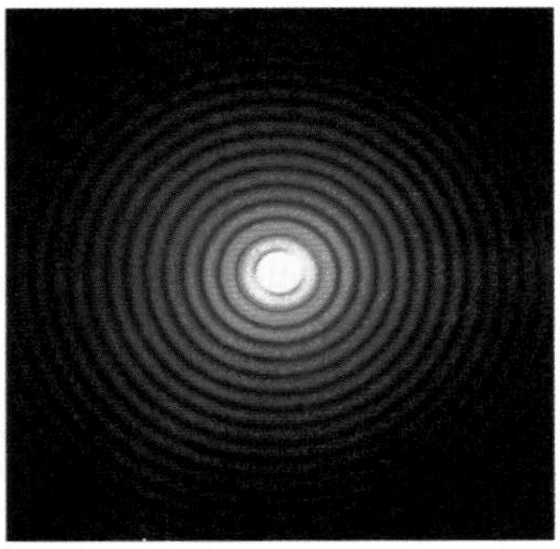

图 16.7 圆孔衍射和泊松亮斑中心的原点为泊松亮斑

● 狭缝衍射

将单色光照射到狭缝上，让狭缝由宽变窄。当狭缝的宽度远远大于光的波长，衍射现象不明显，光基本沿直线传播，在屏幕上产生与狭缝宽度相当的亮线；但当狭缝的宽度与光的波长相比拟时，光通过狭缝后就发生了衍射现象，光不仅明显偏离了直线传播的范围，照射到几何照明区之外，而且出现了明暗相间的衍射条纹。纹缝越小，衍射范围越大，衍射条纹越宽（图16.8）。由于衍射现象使光能分散，衍射条纹的亮度变暗。

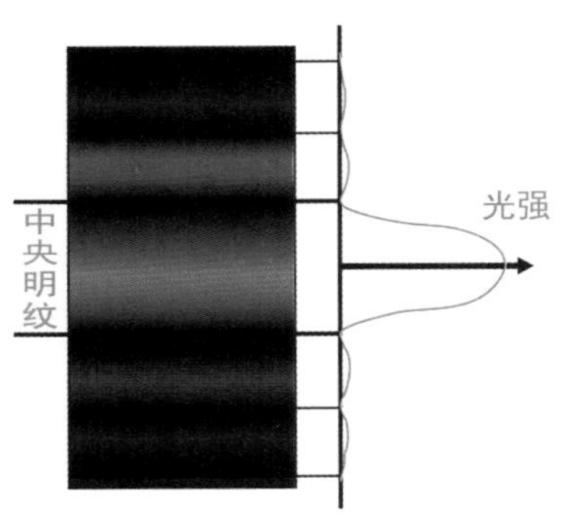

图 16.8 狭缝衍射

总之，衍射效应使得障碍物后的光强分布既不同于几何光学的光强分布，又区别于光波自由传播时的光强分布，而是发生衍射图样，衍射光强重新分布。光衍射效应有很多应用领域，如：用于光源的光谱分析，物质晶体结构分析，全息摄影，衍射成像等。

（2）声衍射效应

声波的波长比光波波长长得多，可以达到数米，因此其衍射更为显著。声的衍射效应主要是指其绕过障碍物仍能保持很强的信号；同样，与光波一样，衍射的声波相互干扰，衍射的声信号变得模糊。由于人耳有一定的容错能力，可以从模糊的信号中听到所需的信号，对衍射效应不是很敏感。如果用仪器测量衍射信号就会发现，相互干扰造成了信号模糊，增大了信号处理的难度。

另外，有时探测时采集的不是衍射信号，而是反射信号。衍射效应表明，衍射信号越强，反射信号就越弱。因此，要尽可能采用短波长的声波，以克服衍射效应。超声波的波长不大于1.7 cm，因而衍射很弱，反射信号最强。声的衍射效应表明，利用探测衍射波信号要用较低频的声波，而利用反射信号进行探测要用超声波。

16.8 晕轮效应

晕轮（halo）现象（图16.9）是指悬浮在大气中的冰晶把日光或月光折射或散射而形成的一种大气光学现象，视觉上看到太阳周围出现的一种光环，称为晕轮。太阳产生的称为日晕，月亮产生的称为月晕。晕轮通常呈环状，范围比太阳的范围大很多，有时被云层遮掩也呈弧状，晕轮内的天空显得较暗。晕轮有时有类似彩虹的七色分光，内圈为红光，外圈为紫光。

图 16.9 晕轮现象

产生晕轮现象的原理是，日光穿过由冰晶组成的卷层云时，经过冰晶时发生散射。冰晶一般是六菱体，具有很好的分光作用，使得日光被分解为从红光到紫光的分布，照射到人眼时已经成为七彩光。当然，人眼接收到七彩光与光线的强度有关，因此彩色条纹体现为围绕太阳或月亮的同心圆。晕轮并不总是存在，其出现与冰晶的排列有关。在卷云和卷层云中更容易出现晕轮现象，而在其他类型的云层中就不明显。另外，冰晶的含量越大，晕轮现象就越显著，晕轮的直径就越小，越容易观察到。其实，不止在日月周围，凡是在明亮光源周围都可以出现晕轮。这些与晕轮现象类似的光学现象称为晕轮效应（halo effect），也称光轮效应，光环效应。因此，晕轮效应是在特定光源照射下发生的与冰晶分光有关的光学现象。

图 16.10 晕轮效应引起的三日同辉现象

其实，晕轮效应有很多。当飞机在云层上方飞行时，照到云层上的日光会在云层中的冰晶和水滴上发生散射，在背向阳光的一面形成光晕。当云层的上表面非常光滑时，在飞机上会看到云层中也有一个太阳，与天上的太阳相映成趣。在特定的云条件下，会发生多日同辉的现象（图16.10），也是晕轮效应的一种现象。太阳照射到海面上时会观测到亮度很大的反射光斑点，称为太阳耀斑，也属于晕轮效应。一个人站在一座桥上看自己投射在平静水面上的影子，会看到从影子的头顶上散发出许多明暗条纹，这是太阳照射到水面上的光斑形成的现象。在摄影时，太阳耀斑发射的光向镜头传播时会被空气中的冰晶或水滴散射，从而形成明亮的条纹，或者多边形的斑框，这也是晕轮效应的现象。

总之，晕轮效应体现的是干涉条纹、幻日等非真实现象，在进行光学观测时必须予以充分考虑。

16.9 热晕效应

当高能激光通过大气传输时，空气中的分子和气溶胶会吸收激光的一部分能量，导致空气被迅速加热，气体以声速膨胀，气体密度降低，光学折射率下降，形成一个负透镜，使光束发散，被称为热晕效应（thermal blooming effect）。热晕效应包括各种影响光束质量的效应，含光束发散、畸变、弯曲等，因此，热晕效应有时又叫做热畸变效应（thermal distortion effect）。热晕效应导致激光束受到损害，使光束发生严重退化，是激光在大气中传输所遇到的最严重的问题之一。

首先，热晕效应制约了激光武器的破坏能力。理论上讲，只要空气吸收激光的能量就会发生热晕效应，但当激光能量较小时，空气热变化很小，效应不明显。激光能量越大，热晕效应越显著。当激光功率达到特定值时，到达靶面上的功率密度达到最大；这时进一步加大激光功率，功率密度不会增加，这就是所谓最大阈值激光发射功率，到达靶面上的功率密度不可能超过这个阈值功率。

随着激光在水下的应用，激光的能量在海水中会被水分子和水中物质吸收，引起热晕效应。由于海水的热容量远大于大气，短时间的激光照射不会产生明显的热晕效应，但大功率、长时间的激光照射就需要考虑这个效应。海水介质的吸收系数是影响热晕效应的主要因素，吸收系数越大，热晕效应越显著。此外，不同水深的海域海水温度结构不同，热晕效应的差别也越大。一般而言，在深海，热晕效应随海水深度增加而增强，而在浅海，开始时热晕效应随水深增大而减弱，随着时间推移，热晕效应会增强（张雨秋，2018）。

16.10 自聚焦效应

光在进入均匀的透光介质中时会发生折射，其折射率是与介质的物理性质有关的不变量。这种折射率也称为线性折射率。有些介质与光发生非线性相互作用，不仅有线性折射率，还会发生非线性折射率。某些介质在受到强光照射时，非线性折射率随光强变化，即光强越大，折射率越大。一般而言，光束都是中央强边缘弱，非线性折射率也呈现这样的特点，致使中央的光线向一侧边缘偏斜，波束变窄，能量变强，这种现象称为自聚焦（self-focusing）现象，也称自陷现象。如果介质对光的耗散很小，而且介质的厚度很大，自聚焦现象可以连续发生，最终光束可以聚焦为一条细丝，这种现象被称为自聚焦效应（self-focusing effects）。其实，光束的一部分在发生自聚焦的同时，光速的其他部分则与聚焦的光束分开，形成光束的分裂。

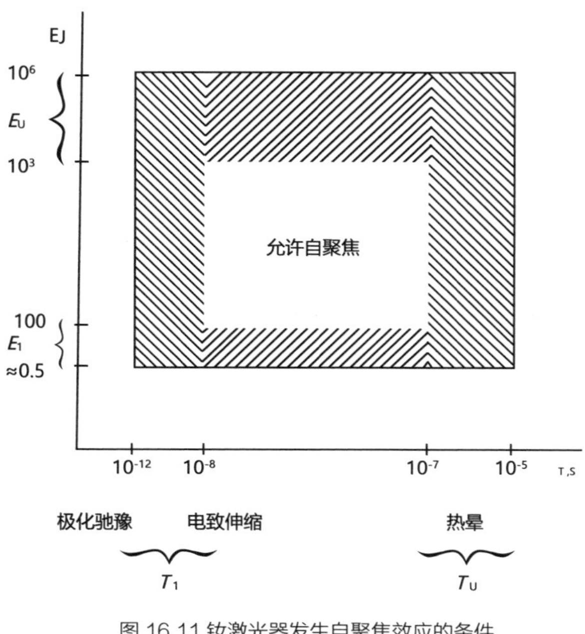

图 16.11 钕激光器发生自聚焦效应的条件（Miller and Roberts, 1987）

大气对于一般的自然光线虽然也会产生非线性折射率，但其量值非常小，可以忽略不计。能够使大气产生自聚焦效应的主要是激光，其中，钕激光器产生自聚焦效应的光强范围如图16.11所示，其横坐标为脉冲的时间尺度（负指数），纵坐标是激光的能量。对于钕激光器，当激光脉冲在飞秒（10^{-12}s）到微秒（10^{-6}s）之间，激光能量的下限是0.5~100 J，上限为10^3~10^8 J。对于其他激光器，产生自聚焦效应的条件会有很大的不同，需要靠试验确定。

前面提到，激光在大气中热晕效应使光束发散，而自聚焦效应使光束集聚，是不是可以使用自聚焦效应提高激光的应用效率呢？研究表明，在同样大气条件下，产生自聚焦的临界功率比产生热晕的临界功率大约高5个数量级，因此，对于微秒级的脉冲激光在大气中的自聚焦效应可忽略，而对于超短飞秒脉冲激光必须考虑自聚焦效应对传输的影响（Feng et al., 2006）。

16.11 干涉效应

干涉效应（interference effect），也称干扰效应。干涉效应与干扰效应在中文的意义上是不同的。干涉效应是指存在干涉现象的运动中发生的效应，发生干涉的现象可能来自同一个波源；而干扰效应是一个因素对另一个因素的干扰导致的结果，二者未必有相干关系。这里，我们讨论的干涉效应只涉及第一项内容。干扰效应很多，也很容易理解，这里不单独叙述，而是在相关的内容中体现。

干涉（interference）现象最早是在光学观测中发现的，人们时常可以观测到明暗相间的条纹，就是典型的干涉现象。在光的波动理论中，如果两列光波满足相干条件，也就是具有相同的频率和位相，就会产生叠加。叠加前两列波形成的光场都是均匀的，但叠加后就会形成不均匀的光场，在叠加区域某些点的振动始终加强，某些点的振动始终减弱，即在干涉区域内振动强度有稳定的空间分布，这就是干涉现象。形成干涉现象的原因是，两列光波在同一介质中传播时，介质的质点同时受到两个波的作用，质点的位移等于两个波造成位移的矢量和。若两波的波峰（或波谷）同时抵达同一地点，称两波在该点同相，干涉波会产生最大的振幅；若两波之一的波峰与另一波的波谷同时抵达同一地点，称两波在该点反相，干涉波会产生最小的振幅（图16.12）。其实，干涉现象不仅发生在光学之中，在声波、海浪、内波和其他波动中也有干涉现象，而且只要有相干波源的情况下都会发生干涉现象。

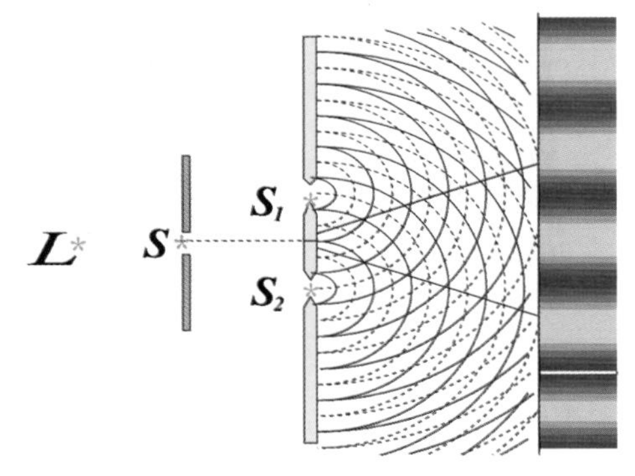

图 16.12 光波的干涉效应

干涉效应是指在感知波动时受到干涉现象的影响。比如，在光学中的干涉现象体现为明暗相间的条纹，如果用光学仪器去测量光强，在不同位置测量结果是不同的，这时如果用一次测量结果来表征光强会带来很大的偏差。在声学中也有类似的情形，对于发生相干现象的声场，在不同位置听也会得到不同的声强。因此，干涉效应是指波场被干涉现象扭曲，在单一位置测量的结果不能体现实际的波动情况。在海洋卫星遥感中，如果卫星对同一地点拍摄，先后两幅影像之间存在位相差的空间差异，合成影像会发生明暗相间的现象，也属于干涉效应，在影像判别和定标中要考虑这种效应。

16.12 莫尔效应

图16.13a展示了两组间距相同的等粗直线，一组是垂直的，而另一组有点倾斜（倾斜角小于45º）。两组直线的交叉处出现了波纹带，波纹带的间距随夹角的增大而减小。这种现象称为莫尔条纹。通过调整直线的参数，或者用不同的曲线进行交叉，就可以获得各种各样的效果，能产生有趣的几何图样，如图16.13b和16.13c。在日常生活中，我们隔着纱窗看另一扇纱窗背后的物体时，如果两扇纱窗不完全平行，就会观测到莫尔条纹。用手机拍摄电脑屏幕时也会出现莫尔条纹，因为电脑的点阵和手机CCD点阵的角度有微小差异。莫尔条纹的产生被称为莫尔效应或摩尔效应（moiré effect），也称为波纹效应、交叠效应（overlap effect）。

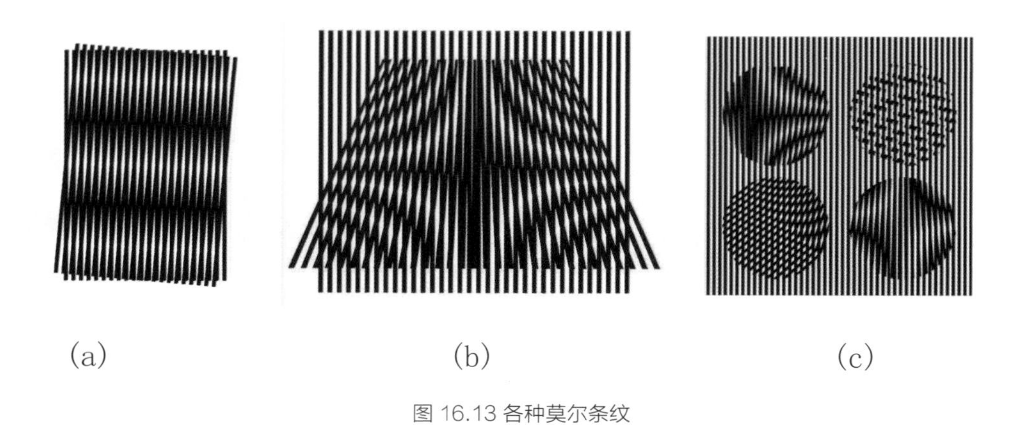

(a) (b) (c)

图 16.13 各种莫尔条纹

莫尔效应的基本原理就是几何原理，当点和线有规律地交叠时，就会产生异于原来点和线的斑纹现象。从物理上看，实际上是从这些条纹上反射的光以恒定的角度和频率发生干涉的视觉结果，涉及到遮光效应、衍射效应和干涉效应等多种原理。

莫尔效应的应用非常广泛。最为重要的是，莫尔效应是现代物理光栅的基础，利用莫尔效应，可以对物体的微小移动进行精密测量，形成了光栅位移测量技术领域。莫尔效应也是现代印刷术的关键，莫尔效应减低了图画的质量，歪曲了图画原来面目，需要通过精密处理才能避免莫尔效应。

莫尔效应在海洋和大气中的应用主要与可见光谱段的照相测量有关，照相机不同层次CCD之间的存储有时间滞后，动态影像的微小差异会导致莫尔效应，影响观测效果。

16.13 泰伯效应

1836年，泰伯（Talbot）发现了一种光学现象，用单色平面光照射周期性透明的物体（即等间距栅栏状物体），例如Ronchi光栅，在该物体后面特定距离的平面上会形成与物体相似的条纹或波样图样，这些平面被称为泰伯平面，平面上的图样实际上是光波通过光栅性物体的衍射场，这种现象称为泰伯效应（图16.14）。

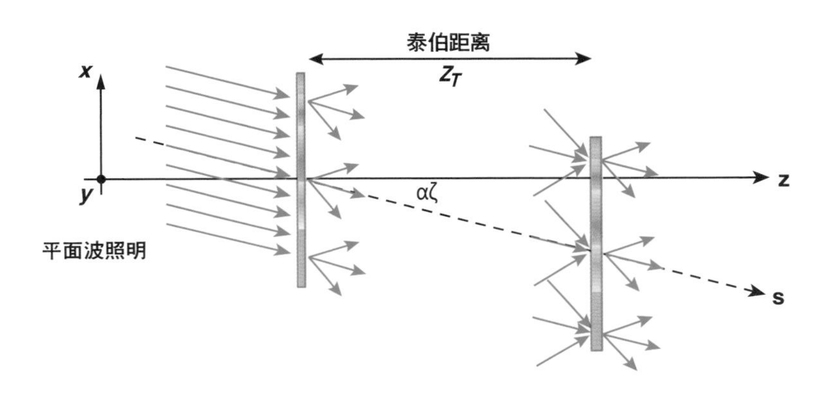

图 16.14 泰伯效应示意图

泰伯效应（Talbot effect）实际上是一种特殊的菲涅尔衍射现象。Ragleigh在1881年首次对泰伯效应做出了解释，认为在泰伯平面上发生的现象是物体的自成像，也就是无透镜成像。他发现Ronchi光栅的泰伯平面的位置是在距离物体nT的地方，$T=a^2/\lambda$（a为光栅狭缝之间的距离，λ为光波的波长，n为偶数）。

随着近代光学的发展，人们对泰伯效应进行了多年的深入研究，取得了一些深入的研究进展。首先，自成像需要符合形状、精细结构、横向位置和相位4个方面特性，而泰伯条纹不符合这些特性，泰伯效应不能定义为自成像。Tatimer提出，泰伯效应实际上是一种干涉效应，是菲涅尔衍射的一种结果，泰伯平面是条纹对比度达到最大的平面（陈然和郭永康，1996）。

泰伯效应已经在光学精密测量、光信息存储、原子光学、玻色-爱因斯坦凝聚等领域得到广泛应用。尤其是泰伯效应在照明领域有重要的应用价值，利用泰伯效应可以制作光学阵列发生器，产生高衍射率、大分束的光斑点阵。随着照明光波发散度的变化，光波点阵的位置和大小也发生了变化，满足了多种使用要求。

16.14 透镜效应

在光学中，凸透镜具有对光线聚焦的功能，因此，光线聚焦现象可以称为“凸透镜效应”。同理，凹透镜可以使光束发散，光线发散现象可以称为“凹透镜效应”。然而，这里透镜效应（lens effect）一词并非指凸透镜的聚焦功能或凹透镜的散光功能，而是泛指液体或气体呈现类似透镜结构时产生的光或声的聚焦或发散现象。当汽车玻璃表面存在小水滴时，在水滴表面张力与玻璃吸附力的共同作用下，水滴形成扁平的形状，具有凸透镜一样的聚光作用。当阳光照射时，其焦点的温度可高达800 ℃以上，可以灼伤汽车内的物体，炙毁电子设备的线路，破坏汽车的漆面和内部材料，这种特性被称为透镜效应。其实，当阳光强烈时，水滴会很快蒸发，其破坏作用有限，透镜效应更多的是体现累积的作用。

在海洋和大气中，有多种透镜效应发生。

● 大气透镜效应

大气的密度由温度和压力决定，当气团在垂直方向运动时，温度和压力都会发生变化，导致气团的密度与周围大气的密度产生差异。当光线穿越气团时就会发生折射，形成透镜效应。冷气团的密度比周边气体大，会产生凸透镜效应，导致光线在某个投影面发生集聚，有人甚至认为飞碟现象实际上是冷气团透镜效应聚焦的亮斑。暖气团的密度比周边小，会产生凹透镜效应，导致光线发散。当然，如果气团的密度与周边大气的密度差异很大，会形成垂向运动，因而透镜效应持续的时间很短。如果密度的差异微小，气团可以存在的时间较长，但透镜效应不很显著。

大气污染也会形成透镜效应。当大气中存在由污染物质的气溶胶颗粒组成的气团时，气溶胶会反射太阳的短波辐射，减少气团的热吸收，形成冷气团，导致凸透镜效应。还有一些污染物质，如碳黑，会增加气团的热吸收，形成偏暖的气团，导致凹透镜效应的发生，使人们在地面观测到气团引起的偏暗的背景。

● 热透镜效应

在热晕效应一节中介绍了高能激光迅速加热空气形成负透镜，使激光光束退化。可以说，导致光束退化的实际原因之一就是热透镜效应（thermal lens effect）。实验表明，没有热透镜效应时，光束遵循高斯光束传输规律；而存在热透镜效应时，光束偏离高斯光束的传输规律，并影响到激光束聚焦焦点的大小和位置（王智勇 等，1999）。

● 海洋锋的透镜效应

海洋锋是水团的分界面，有时是海流的分界面，从表面一直向下延伸。在诸多海洋锋中，有些是温度锋，锋面两侧温度的急剧变化影响海洋中声的传播。水平传播的声穿越温度锋时会发生折射，有时会发生透镜效应，影响接收方对信号来向和强度的辨识。另外，海洋锋附近通常是浮游植物和浮游动物的密集区，水中的物体对声信号也会发生散射，从而形成类似透镜效应的结果，因此，海洋声学对海洋锋的透镜效应格外关注。

在大型河口附近会出现海洋上层大范围低盐水体，在夏季，低盐水体会向外海输送，形成成片的低盐区，对声的传播有明显影响，被称为低盐透镜效应（low salinity lens effect）。低盐水体密度偏小，会产生凹透镜效应，降低水下接收到的信号强度，从而对声学观测产生负面影响。与此同时，低盐水体会在海洋上层形成声波导，降低了声传播的损失，若将声源置于声波导之内，有助于声音的远距离传播（屈科等，2019）。

16.15 背景光效应

背景光效应（bias light effect）是海洋遥感中的一种效应，是指反射面的背景光很强或随时间变化很大时回波探测困难的现象。

在可见光波段主动遥感中，由信号源发射探测信号。信号到达被探物时，部分信息反射回到探测器。同时被探测器接收的还有被探测物的其他信号。这些模糊的信息可以表示为

$$F = K_f + F_b + F_d \tag{16.3}$$

其中：K_f为发射信号的反射回波，是我们希望获取的部分；F_b是连续的背景光；F_d为其他噪声信号。区分这些信息有两个主要困难。首先，一般发射信号都是脉冲信号，而背景光是连续信号，后者对探测器的积分效果很强，使脉冲信号不能明显体现。针对这一问题，往往采用“光闸”，只是在有脉冲信号时光闸才打开，光闸与信号源同步运行。这样，背景光的积分效果就大大地削弱了，甚至只有没有光闸时的十万分之一。另一个困难是光闸打开时，随回波信号一起进入的背景光信号和噪声信号往往很强，在相当大的程度上掩盖了回波信号。针对这一问题往往采用交替读F和F_b+F_d的方法，即第一次打开光闸时发射探测信号，第二次打开光闸时不发射探测信号，第一次接收F，第二次接收F_b+F_d，用两次接收结果求出

$$K_f = F - (F_b + F_d) \quad (16.4)$$

这样，回波信号就提取出来了。

采用上述方法只有在两种情况下才可能实现：或者背景光比较弱，或者背景光比较稳定。像溢油一类的探测物表面有镜反射特性，在太阳直射的晴空，反射率可以接近1，而主动遥感探测又是正下方的海面，这时探测得到的背景光会很强，显然不满足第一种情况的条件。如果背景光比较稳定，还可以采用上述交替发射法求取回波信号。但海面很少是非常平静的，绝大部分时间存在海浪。海浪引起溢油面波动，使探测器接收到的背景光随时间变化很大，采用交替发射法两次读到的F_b+F_d可以很不相同，背景光波动成为另一种噪声信号，造成信噪比大大降低，使探测器无法工作，这种效应称为背景光增强效应（enhancement effect of background light）。

背景光增强效应体现了光照环境或动力环境对反射信号的影响，在海面主动遥感时是无法回避的问题。因此，在确定实施的探测方案时，必须考虑背景光增强效应。克服这种效应方法有：避开正午时间，待阳光斜射后再行探测，这时反射光弱得多；倾斜发射探测信号，避开阳光反射的主要方向；通过大量数据的平均消除背景光的波动。

16.16 激波效应

在大气中超声速飞行的飞机装备有光学头罩供飞行员对外观察。当飞机速度很快时，光学头罩与大气之间发生剧烈的相互作用，会对头罩外部的空气进行压缩，引起空气密度的变化。而且由于飞行状态的变化，空气密度的变化有很大的起伏。空气密度的变化导致空气折射率的变化，对光的传输造成影响，使进入光学头罩的目标影像的像差急剧变化，产生诸如模糊、畸变、跳动、偏移等使图像质量下降的作用，这种效应被称为激波效应（shock wave effect），也称冲击波效应。激波是波阵面突变的压缩波，只有超音速飞行的航行器才能产生激波效应。激波有不同的形状，例如：正激波、斜激波、离体激波、圆锥激波等，激波效应也是各种各样的。激波效应直接影响飞行员对目标的观察准确性和清晰度，进而会对攻击效果产生影响。

激波效应属于一种气动光学效应。其实，气动光学效应不止激波效应，任何影响大气密度的因素都可能引起光场的变化，如：大气中水汽含量的变化、液滴大小和浓度的变化、尘埃种类和浓度的变化等都会引起光学影像的变化，如与超音速飞行产生的激波效应叠加，可进一步加剧成像质量的下降。飞机搏击环境的变化可使气动光学效应发生大起大落而且不可预测的变化，在飞机设计和飞行员培训中都需要严格重视。

16.17 双折射效应

双折射是指光照射具有非立方晶体结构的晶体时发生的现象。双折射现象是丹麦科学家R. Bartholin在1669年最早发现的，他使用的晶体材料是方解石，这种介质也称单轴晶体，是各向异性介质最简单的一种，光在这种介质中发生两个偏振的光，两个偏振方向不同的光具有不同的折射率，因此，发生双折射现象。

双折射效应（double refraction effect）主要涉及两种不同的偏振光。一束自然光入射到单轴晶体时，会变成两束折射光，o光和e光，二者都是线偏振光。其中o光就是寻常光，也称普通光，其沿不同方向传播速度相同，而e光被称为非常光。二者的主要差别为o光的振动方向垂直于o光的主平面，e光的振动方向在e光的主平面内（图16.15）。

双折射效应在很多方面都有应用，例如在医学领域和图像应用领域。

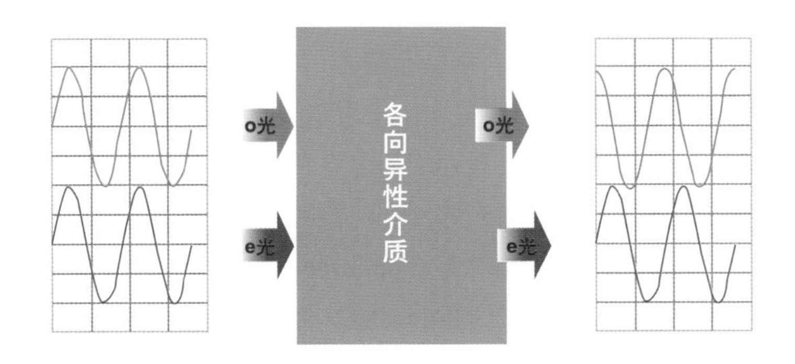

图 16.15 各向异性介质导致的双折射现象

16.18 弹光效应

各向同性介质不出现双折射现象。但是，有些各向同性介质受到外界的作用时，会发生密度的改变，从而发生双折射现象，具有各向异性的特点。在弹性介质中，机械的挤压作用会导致介质的密度改变，发生机械双折射现象。在非固体的弹性介质中，外界的作用会导致应力的变化，同样会引起光学双折射现象。这些与物质弹性有关的双折射现象被称为弹光效应（photoelastic effect），也称为光弹性效应。

海洋和大气都有一定的压缩性，因而会发生声波。声波是纵波，只能在传播方向通过引起介质的疏密变化而传播声音。在声和光同时测量时，声波会导致介质发生周期性疏密变化，因而介质的折射率也将发生周期性变化。这时同步测量的光信号将发生双折射现象，光学信号的这种周期性变化称为声光效应（acousto-optic effect）。声光效应是弹光效应的一种，反映了介质因声压的变化产生的光学效果。

弹光效应的另外的原因是由于压力场的变化，压力场的不均匀会引起密度场的变化，从而在海洋和大气中导致光发生双折射现象。

目前尚没有如何利用弹光效应的正面报导，但其负面效应却比比皆是，主要是使接收到的光信号变得模糊，用人眼来看物体会因此变得模糊不清；如果用仪器观测，信号会发生斑状弥散。

16.19 棱镜效应

观察雨后的彩虹就理解了分光作用，雨中有很多小水滴，当光线从人的背后照射时，就会发生一次反射和两次折射，看到的是七彩光。彩虹可以利用球形的小水滴实现分光，是反射光的分光，而对于透射光的分光则要用到棱镜。海洋和大气中起到类似棱镜的分光作用称为色散，也称为棱镜效应（atmospheric prism effect）。有人将棱镜效应称为色散效应，按照原因命名法是不恰当的，除非色散效应指的不是色散，而是另有内涵。

地球大气对不同波长光线的折射率不同，到达我们眼睛的光实际上已经发生了色散。比较容易理解的棱镜效应是在早晚时太阳是红色的，因为日光在低入射角照射时短波有更大的折射率而转向，只有折射率小的红光会被眼睛接收到。其实，在一般情况下也会发生色散，但由于色散不是很严重，平时一般并未感到明显的色差。加之大气结构随时在发生变化，正所谓气象万千，人们对光的色散习以为常。

但对于天文观测就不同了，色散会使得星体的影像发生误差。星体的光很接近白色，经过大气层一定会发生棱镜效应而发生色散。在天文望远镜中看到的星光是彩色的，称为色差。棱镜效应可以通过光学补偿法予以校正，即在望远镜光路中加一块棱镜，使它的色散作用和大气色散互相抵消。

由于不同谱段的光在海洋中的折射率不同，因而在海洋中也有很多棱镜效应的现象。不过光在海洋中传播的深度很浅，只有百米的量级，海洋的棱镜效应是上层海洋的现象。在日落和日出期间海上会出现绿色闪烁的现象，每次闪烁只有几秒钟，但会频繁发生，这种绿色的闪烁是大气棱镜效应作用的结果。在水下，光学仪器可以观测到光的色散，形成不同的水下光谱。例如，在录制水下影像时会发生彩色干扰的现象。

16.20 包裹效应

在海洋中，观察到的浮游植物呈现各种颜色，这些颜色就是从浮游植物中反射的光的颜色，承载这些颜色的物质称为色素（pigment）。对可见光吸收和散射的主要元素是色素。植物色素包括两大类，一类是叶绿素色素，另一类是细胞液色素。这些色素如果均匀分布在海水中，可以很容易地通过观测获取色素对光的吸收系数和散射系数。可是，这些色素并非在海洋中均匀分布，而是封装于浮游植物的细胞里。因此，对于可见光而言，浮游植物细胞中的色素在海洋中为离散介质，而不是连续介质。这种离散介质的光学特性与连续介质的光学特性有明显的不同。离散物质的折射率一般要大于融解物质的折射率，这种现象称为包裹效应（packating effect），也称封装效应。不同浮游植物有不同的色素，其吸收和散射的光谱特性有很大的差异。一般而言，浮游植物的包裹效应会导致光散射系数增加，以及光吸收系数降低。

早在19世纪人们就已经知道，离散介质的光学吸收和散射特性不同于具有相同物质组分的均匀介质。包裹效应的核心内涵是离散物质对光特性的影响，体现了散布于浮游植物细胞中的色素对可见光的响应呈现不连续介质的特征。

包裹效应也可以推广到一切不溶解于水的颗粒状物质，不连续的颗粒物质也可以看做是分别被包裹起来，例如：悬浮在海水中的泥沙、降尘、石油液滴等。因此其吸收和散射特性也异于连续介质。大气光学中也存在包裹效应，各种气溶胶对可见光的散射和吸收都与包裹效应有关。

包裹效应最显著的特点是吸收系数与散射系数呈反方向变化：吸收系数增加，散射系数将减小，反之亦然（Woźniak and Dera, 2007）。

16.21 回转效应

地球上的臭氧层吸收大量来自太阳的紫外线，使到达地表的紫外线强度不足太阳辐射量的1%，对保护地球上的生命居功至伟。但是，想要了解地球上臭氧的总量却是很不容易的，早期没有有效的高空探测方法。在地面可以观测来自天顶的紫外光的散射，可以据此了解紫外光在臭氧中的衰减，但因不了解臭氧浓度的垂直分布，只能测到已经经过臭氧层衰减的紫外线，并不能知道到达的紫外线是多少。

通常用Dobson臭氧光度计在地面测量两个单色光（311.2 nm和332.3 nm）的散射光强，二者的比值可以测量臭氧的垂向分布（Götz et al., 1933）。这种测量方式采用的是自然光，在无云的天气下才能实现观测，并且测量结果随太阳高度发生变化。当太阳高度很大（>85°）时，二者的比值发生逆转，瑞士科学家Götz对此的解释为，311.2 nm的有效散射高度在臭氧层上部，而332.3 nm的有效散射高度在臭氧层的下部，这种散射光强比值逆转的现象被称为回转效应（umkehr effect），也称逆转效应。

回转效应的光强比值逆转不是渐变的，而是突变的，即跳跃上升的，因此，回转效应成为测量高空臭氧层有效的间接测量方法，可以据此在地面上观测臭氧层的垂直分布，反演大气中的臭氧含量。经过近80年的应用，回转效应在臭氧探测中的作用长盛不衰，并为上世纪末南极臭氧洞研究做出了重要的贡献。

第17章

声学效应

Acoustic Effects

大气是声音的良好载体，声波可以远距离传输，爆炸的巨响可以传播几百千米。海洋也有良好的传声特性，声音可以从海面传到海底，成为海底探测的重要手段。在水平方向上，声音的传播会因海面和海底的损耗而衰减，但一旦形成波导，也会传播数百千米。因此，声的传播对海洋和大气都非常重要。

然而，声音的传播不仅与声源特性有关，还与传播特性和接收器的特性有关。传播特性表征了在传播过程中环境特征导致声音的变化，而接收器的性能决定了能否获得不失真的信号。声效应的内涵极为丰富，本章只给出了一部分与声探测有关的物理学效应。

17.1 聚焦效应

声波在大气中传播过程中不仅会逐渐衰减，还会发生会聚加强的现象。例如：1908年6月3日在俄罗斯的通古斯发生大爆炸，爆炸威力相当于1000～1500万t TNT炸药。爆炸声传得很远，有数百千米。但是，远处听到的爆炸声不是随距离递减，而是有些地方听到的爆炸声很强，有些地方很弱，甚至没有。这种现象就是大气中声波传播的特点，是因为爆炸产生的冲击波在适宜的气象条件下会发生折射，向地面会聚加强，称为聚焦效应（focusing effect）。实际上，聚焦效应称为会聚效应会更为合理。

聚焦效应主要取决于大气温度和风速随高度的变化。有时，大气对流层以下会出现温度随高度增加的逆温现象，即近地面是冷空气，高空是暖空气，声波将发生向地面的折射，有利于形成聚焦效应。而有时，地表是暖空气，而高空是冷空气，声波会向上折射，无法形成聚焦效应，如图17.1所示。

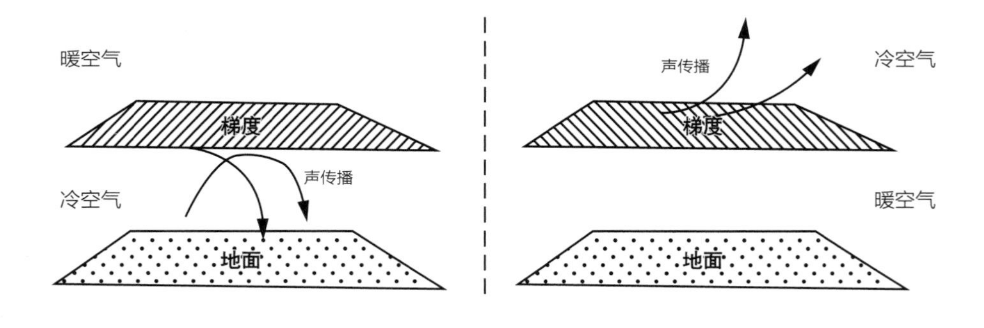

图 17.1 大气声传播的折射特性示意图

聚焦效应在实际生活中有很多应用。强烈爆炸形成的声波会聚可以产生大大超过正常情况下的冲击波超压，在聚焦区内产生震爆声，对建筑结构和玻璃形成较大的破坏。聚焦效应在大气的声探测中有重要的应用，体现为接收到的声波未必是简单的距离的函数，而是和大气的结构有关。即使是同一项观测，在不同的气象条件下也会有不同的观测效果。在设计高速公路时，需考虑高速公路汽车的噪声产生的聚焦效应对路边居民的影响，尽量使声波的聚焦区远离生活区；如果不能规避，则要加装隔音挡板改变声波的传播方向和聚焦特性。

利用声波在海洋中进行目标探测或声通讯时，声波需要在海水中传播一定的距离，声波在海洋中的聚焦效应与大气中很相似，复杂的海洋环境往往限制了声传播的距离。海洋中垂直方向的温度结构差异很大，称为海洋声场。如果海洋中的声传播是发散的，波动会很快衰减，海面和海底的存在也会消耗声波的能量，声的传播距离很小。

海水中声速c (单位：m/s)随着温度、盐度和静压力的增加而增大。当声速上大下小时，折射角就逐渐变小，使得声波的传播方向看上去是向下弯曲，逐渐往声速小的介质中变化（图17.2a）。当声速上小下大时，折射角就逐渐变大，使得声波的传播方向看上去是往上弯曲，也是逐渐往声速小的介质中变化（图17.2b）。如果有一个水层，中间的声速最小，上下的声速较大，就会形成一个声波的会聚带，称为波导（waveguaide），也称深海声道，这个深度对应的海深称为声道轴。沿着深海声道传播的声音不接触海面和海底，声波的弥散度大大降低，传播距离可以达到几百千米，甚至上千千米。

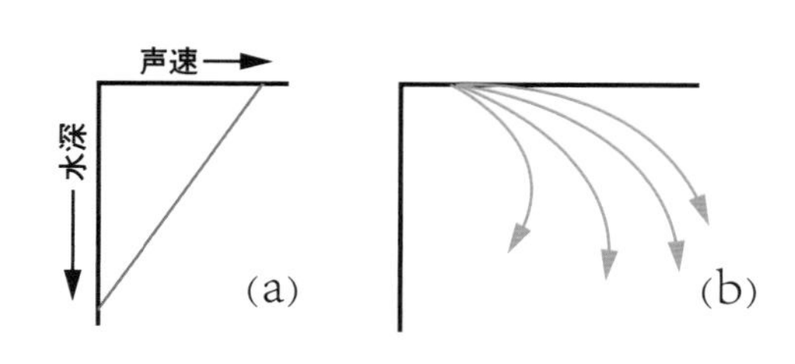

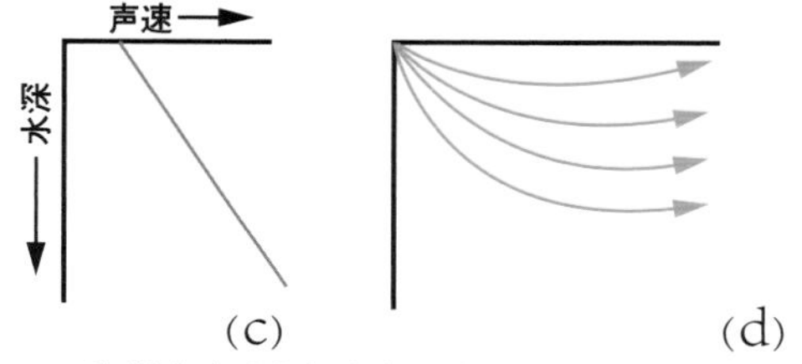

图 17.2 海洋中声波传播方向的变化及声波导的形成原理

除了深海声道之外，海洋声波还有会聚区传播的现象。根据深海海洋声学环境的特点，当声源位于海表面附近或接近海底时，距声源数十千米以外的海面附近会出现一个高声强的区域，这个区域称之为会聚区。随着距离的增加，还会出现第二个、第三个会聚区，会聚区之间的区域声强很弱，称之为声影区。会聚区的声强增益达到20 dB。因此，在海洋中，聚焦效应有重要的应用价值，主要包括：利用聚焦效应形成的深海声道实现远程通信；利用会聚区实现远程声探测；利用声波的远程传播特性实现海洋声层析等。

以上介绍的聚焦效应内涵是声波能量在一定区域集聚，导致听到的声强增强的现象。还有另外一类聚焦效应，英语为“highlights effect”，是指人对声音的选择性接收。例如，听乐队演奏时，人可以在众多乐器的声音中清晰地分辨出某种乐器的声音，而其他乐器的声音被弱化。在自然界中，很多动物对声音也会有选择性接收。选择性接收不仅具有主观的因素，也有声波的声强、频率、音质、音色等因素的影响。

17.2 午后效应

午后效应（afternoon effect）是一种由于海洋声学结构发生变化而影响声学仪器观测效果的效应。自从有动力的船舶问世以来，船舶螺旋桨的声音即可以从远距离测到，海水中声音的传播速度在1500 m/s，而航行速度为12节的船速约合6 m/s，因而，人们可以在船舶到达之前听到船螺旋桨的声音。尤其是对水下航行的潜水艇，“听”是最重要的手段，水听器就是被动侦听远方舰船的仪器，接收来自远方的声信号，与人耳的作用相当。同理，采用主动探测方式也可以探测远方的船只，而且可以探测不发声音的船只。声呐（sound navigation and ranging，SONAR）就是在战争中发展起来的一种主动的声导航定位的仪器。1918年哪里开始试验声呐，并使之成为海军的重要装备。

声呐的使用人员发现，夜间和早上声呐的效果很好，到了下午信号就变得很差，这种现象被称为午后效应。当时人们对海洋声学的了解十分有限，认为是声呐的可靠性不够。随着海洋声学的发展，午后效应的原因被揭示出来。原来，午后效应也与声射线的折射有关（图17.2）。用射线声学来描述声音的传播规律，如果声速在传播介质中是均匀的，声射线的传播是直线；然而，在海洋和大气中，影响声速的因素不仅有温度、压力，在海洋中还有盐度，这些因素的不均匀分布导致声速的分布也是不均匀的。在中低纬度大洋，海洋中盐度变化较小，对声速的影响比较微弱，温度和压力是决定声速分布的主要因素。

根据声学原理，温度增高导致声速增大，同样，压力增高也导致声速增大。但是，压力越向下越大，使得声速上小下大；而温度往往表面较高，使得声速上大下小。具体的声速要看二者共同作用的结果。在夜间和早晨，表面温度较低，声速的垂直分布往往由压力决定，越向下越大，如图17.2b所示；反之在午后，表面海温升高，形成声速上高下低的局面，如图17.2a所示。当声射线由声速高的介质向声速低的介质传播时，会向界面法线的方向偏斜；反之，当

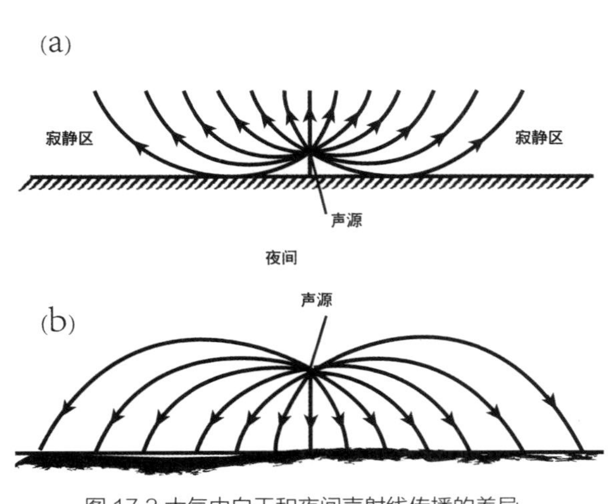

图 17.3 大气中白天和夜间声射线传播的差异

声射线由声速低的介质向声速高的介质传播时，会向偏离界面法线的方向偏斜。

因此，图17.2b相当于早晨的情况，声速上小下大，声射线向偏离垂线的方向偏斜，一些向下的射线逐渐转向水平方向传播，增加了水平方向上传播的声能，使得声呐可以收到较强的回波信号。图17.2a相当于午后的情况，声速上大下小，声射线向垂线的方向偏斜，使得一些本该在水平方向传播的声能偏向海底传播，大部份被海底物质吸收，声呐接收的信号要弱许多。如果在图17.2a的阴影区，则不能收到直达的声信号，只能接受到散射的信号。

午后效应使声的传播受到很大的影响，增加了声探测的难度。实际上，海洋的环境条件是多变的，不仅存在午后效应，季节变化、天气过程、云量变化等都会影响声音的传播。

大气中也存在类似的现象。白天地表温度高，向上递减，形成声速上小下大的局面。这时声射线发生向上的偏斜，如图17.3a所示。因此，白天声音传播的距离不是很远，在距离声源不远的地方就是收不到直达声的寂静区。反之，晚间地表温度下降，声速呈上大下小的状况，声射线向下偏斜，使一些向上传播的声能最终偏向地表，声音传播的要比白天远得多，如图17.3b所示，这也是我们感觉夜间声音传播得更远的原因。

大气的这种效应与海洋中的午后效应在原理上完全一致，表征了声在海洋与大气中传播时受到介质温度结构变化而产生的作用。

17.3 双耳效应

双耳效应（binaural effect）是日常生活中人类判别声音来向的一种效应。用两只耳朵听声音，不仅可以判断声音的强弱，还可以判别声音来源的方位。双耳效应主要依靠时间差和音量差来实现。

（1）时间差效应

人们的耳朵分辨声音的来向主要依靠时间差。如果左耳先听到声音，听者就觉得这个声音是从左边来的，反之亦然。这种现象我们称为时间差效应（time difference effect）。如果声音同时到达两耳，听者就觉得声音来自正前方。事实上，人的两耳间距只有20多厘米，对于大气中344 m/s的声速而言，时间差很小。但人的敏锐的听觉可以识别这种微小的差别。

（2）声强差效应

如果来自正前方的声音没有时间差，声强的差异就成为分辨方向的主要因素。如果左耳听到的声音比右耳的要响，那么，听音人会觉得声音来自左侧方向，反之亦然。对于左右耳听力一致的人而言，没有时间差的时候通常也没有声强差。而如果两只耳朵的听力不同，声强的作用就很可观，会认为声音来自听力好的耳朵一侧。这种现象称为声强差效应（sound intensity difference effect）。另外，声波到达两耳会出现位相差和音色差，这可作为大脑判断声音来源的信息。

在海洋中，探测海洋声音的仪器称为水听器。普通的水听器只能侦听声音的强弱（声压）和谱成分，不能探测声音的来向，而探测声音的来源有时非常重要，例如：探测鱼群、潜艇等。探测声源有两种方法，一种是用空间多个水听器组网，根据探测声音到达不同水听器的时间差来确定声源的位置，例如，地震波就是这样探测的，可以准确确定震源；另一种是用单一水听器接收声信号来确定声源，这样就需要用到双耳效应。采用双耳效应的水听器被称为矢量水听器。海水中的声音是纵波，描写声音的物理量主要有两个，一个是声压，一个是水质点振动速度。声压是标量，其变化可以用普通的水听器侦测。而水质点振速是矢量，需要矢量水听器才能获得。利用矢量水听器获取的声压与振速的联合信息，可以分析出目标的方位，并可进行多目标识别，因而，双耳效应对海洋目标声探测有重要应用价值。

由于在海洋中的目标探测距离比人耳的探测距离要大得多，声探测的定向精度与距离密切相关。在距离很远时，双耳接收到的声压和振速差异减小，一方面需要采用尽可能敏感的水听器，一方面需要采用精密的信息分析系统，才能保证定向的精度。高敏感的水听器可以检测微小的差异，但也会收集到更多的噪声；精密的信息处理系统采用高级的噪音滤除技术和信号分析技术，可实现水声信号的精准提取。

17.4 哈斯效应

如果有两个声源，先到达听者的称为先导声源，后到达听者的称为延迟声源，二者到达时间之差为Δt。哈斯通过实验表明：如果时间差Δt在5~35 ms以内，人耳听觉上无法区分两个声源，感到声音好像只来自先导声源，感觉不到延迟声源的存在。若Δt在35~50 ms时，听觉上可以感知存在两个声源，但只能感觉到先导声源的方位，无法感知延迟声源的方位。只有当Δt大于 50 ms以后，听觉上才能清晰分辨出来自两个方位的两个声源。这种双声源的不同延时给人耳不同听感的现象称为哈斯效应（Haas effect），有时也称为优先效应。

哈斯效应在声学应用中非常重要。从声音监测的角度看，哈斯效应使得人们可以分辨多个声源，判断各种声音的来向，识别所关注的目标。在剧场中，舞台上发出的声音只有一个，但剧场中的扬声器可以很多，不同的扬声器到达人耳的时间会不同，一旦到达的时间差大于50 ms，就会感觉到声音来自不同的声源，破坏了欣赏音乐的环境。因此，在高级的音乐厅设计中，一方面要充分考虑墙壁的吸音能力，一方面不使用扬声器，以避免哈斯效应。但在一般的会场中，需要有扬声器，甚至要有立体声，这时需要充分考虑哈斯效应，使到达听众的扬声器距离不大于16.7 m。在有些设计不合理的会场中，哈斯效应会引起听众的不适。

哈斯效应在声学观测中非常重要，不仅人耳有哈斯效应，声学仪器也有时间分辨率的问题，因而也有哈斯效应，但其灵敏度与人耳会有很大不同，在设计海洋和大气观测的仪器时要充分考虑目标识别的需要和仪器的哈斯效应，以满足观测的要求。

17.5 多普勒效应

多普勒效应（Dopple effect）是自然界中各类波动普遍存在的现象。当波源与观察者发生相对运动时，观察者接受到的波的频率与波源发出的频率并不相同。远方驶来的火车笛声显得尖细，即频率变高，波长变短；而离去的火车笛声变得低沉，即频率变低，波长变长，就是声学多普勒效应的现象。多普勒效应也出现在光学、波浪等波动传播过程中。设f为波源发射的原始频率，c为波速，v_0为观测者的移动速度（接近发射源取+号），v_s为波源的移动速度（接近观察者取一号），观测到的频率f'为

$$f' = f\left(\frac{c \pm v_0}{c\, m\, v_s}\right) \tag{17.1}$$

如果观测者不动，波源接近时频率变大，而波源远离时频率变小（图17.4）。上式表明，波的传播速度与波源的移动速度越接近，多普勒效应越显著。

多普勒效应现象最重要的价值是使我们可以通过测量频率的变化而了解速度的变化。在很多情况下，速度的变化是难以测量的，而频率变化的测量相对容易。例如，测

图 17.4 多普勒效应示意图

量天体的运动速度是非常困难的，而应用多普勒效应就可以将天体的速度精确地确定。

（1）声学多普勒效应

在海洋和大气中，多普勒效应的应用主要用声波来测量风速和流速。在大气中，有超声风速仪，可以通过接收声波频率的变化给出风速的变化。在海洋中，有一种仪器叫做声学多普勒流速剖面仪（ADCP）用来测量垂直剖面的分层流速。

（2）光学多普勒效应

光学的多普勒效应又称为多普勒-斐索效应（Doppler-Fizeau effect），是用多普勒效应测量恒星相对速度的方法。光波频率的变化体现为颜色的变化。如果光源远离我们而去，光谱向红光方向移动，称为红移；反之，如果光源朝向我们运动，光谱向紫光方向移动，称为蓝移。在海洋和大气中，微波雷达测速用到多普勒效应。

（3）波浪的多普勒效应

在海洋中，航行的船只会感受到波浪多普勒效应。当船只迎浪行驶时，感觉到的波浪频率增大，波长缩小；而背浪行驶时，会感觉到波浪的频率降低，波长加大。

17.6 近讲效应

近讲效应（close-talking effect），也称近区效应或临近效应，是指声源靠近传声器（也就是话筒，也称麦克风）时，低音会有较大的提升。图17.5中给出了随着到声源的距离缩短，低音发生强化的现象。近讲效应与传声器的原理有关。传声器大致分为三类：压力式、压差式和复合式。其中，压力式传声器没有近讲效应，而压差式和复合式传声器都有近讲效应。对于压差式和复合式传声器而言，到达振膜两表面的声波有声压差和振幅差。低频信号传播时，声压差变化不明显，振幅差起主要作用，因而受到距离影响很大，距离越小低频振幅越大，低音信号就越明显（俞锫和李俊梅，2003）。

近讲效应导致近距离播音时低音成分过分加强，音质与发声者的音质偏差较大，也会使语言变得不清晰。因此，好的传声器需要将低频信号进行衰减，以获得最优播音效果。而在文艺演出时，歌唱演员却会利用近讲效应，靠近传声器歌唱，使低频的比重增大，歌声听起来更加雄浑、柔和、饱满。

在大气声学观测中，会遇到声源很近的情形，甚至传声器就在声源之中，这时测得的声信号会在低频部分失真，需要考虑近讲效应。在海洋声学观测中，会有对声源近距离观测的情形，也需要选择适当的水听器，以避免近讲效应。

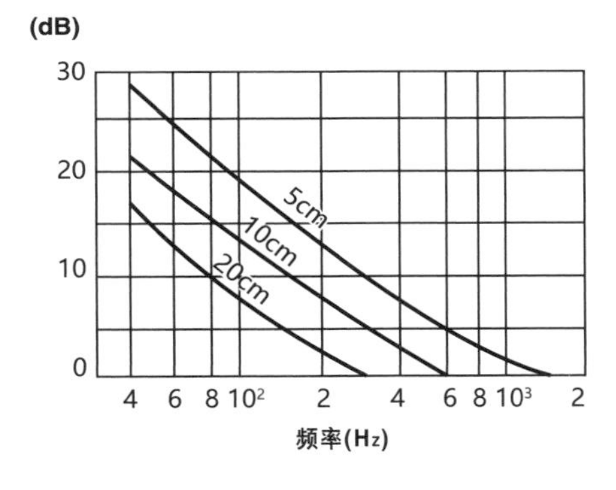

图 17.5 近讲效应示意图

17.7 掩蔽效应

当人们正常交谈时，如果突然传来出现一个很强的声音，则交谈的声音受到了干扰，甚至完全听不到，以致不得不提高声强进行交谈，这种现象被称为掩蔽效应（masking effects）。这种情况下，原有的声音被称为被掩蔽声，而干扰的强声被称为掩蔽声。掩蔽效应是由于掩蔽声的出现，提高了被掩蔽声的闻阈值，原来的声音强度低于提高了的闻阈值，因而不能被听到。人耳只对最强的声音反应敏感，而对较弱的声音失去敏感性。

（1）声学掩蔽效应

掩蔽效应分为频域掩蔽和时域掩蔽。如果某一个频率段的声音比较强，则人就对其他频率段的声音不敏感了，这种掩蔽就是频域掩蔽。频域掩蔽也称同步掩蔽（simultaneous masking）。在时间上相邻的声音之间也有掩蔽现象，称为时域掩蔽。时域掩蔽又分为超前掩蔽（pre-masking）和滞后掩蔽（post-masking）。产生时域掩蔽的主要原因是人的大脑处理信息需要花费一定的时间。一般来说，超前掩蔽很短，只有大约5 ~ 20 ms，而滞后掩蔽可以持续50 ~ 200 ms。

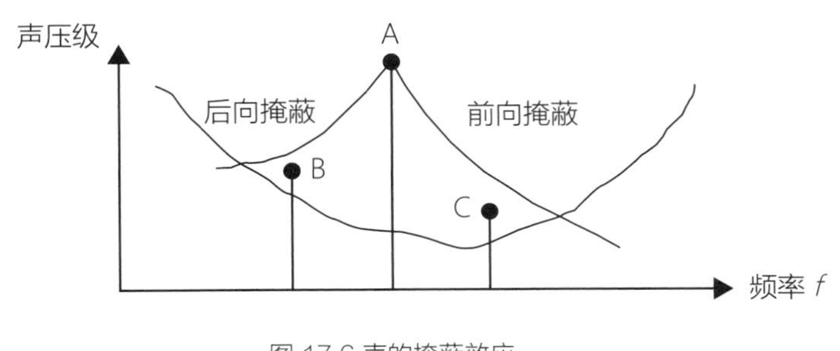

图 17.6 声的掩蔽效应

噪声的掩蔽效应是指海洋或大气环境中的噪声会掩

蔽需要探测的信号，在声呐数据中无法识别一个被掩蔽的信号。为了减少噪声对信号强度和识别准确度的影响，需要将声呐设计得非常灵敏，提高声呐的频域分辨率，也就是有较高的信噪比（图17.6）。

鸡尾酒会效应（cocktail party effect）是人耳掩蔽效应的一种。在鸡尾酒会嘈杂的环境中，尽管噪声很大，两人可以顺利交谈，两人耳中听到的是对方的说话声，似乎听不到谈话内容以外的噪音。该效应揭示了人类听觉系统中令人惊奇的能力，使我们可以在噪声中谈话。鸡尾酒会效应能够让多数人将很多其他无关的声音关掉，只选择听自己关注的那一个声音。

在声学观测中，掩蔽效应的消除属于数据分析的内容。如何在噪声存在的条件下获得准确的信号需要消除掩蔽效应。

（2）光学掩蔽效应

其实，掩蔽效应不仅是声学效应，还是一种光学效应。视觉的大小不仅与邻近区域的平均亮度有关，还与邻近区域的亮度在空间上的变化（不均匀性）有关。假设将一个光点放在亮度不均匀的背景上，通过改变光点的亮度测试此时的视觉，人们发现，背景亮度变化越剧烈，视觉阈越高，即人眼的对比度灵敏度越低。这种现象称为空间域中的视觉的掩蔽效应。在亮度变化剧烈的背景上，例如在黑白跳变的边沿上，人眼对色彩变化的敏感程度明显地降低。类似地，在亮度变化剧烈的背景上，人眼对彩色信号的噪声（例如彩色信号的量化噪声）也不易察觉。这些都体现了亮度信号对彩色信号的掩蔽效应。

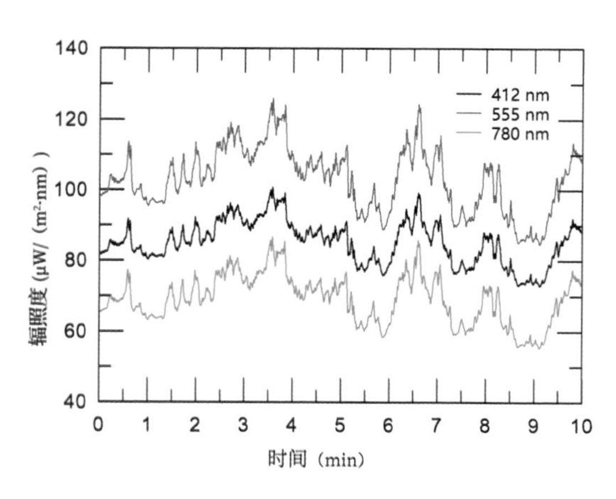

图 17.7 太阳可见光谱段向下辐照度的观测结果，其中信号的起伏为海浪引起的太阳耀斑反射到大气后对下行辐照度的影响（自赵进平 等，2010，改绘）

在海洋光学的观测中，当太阳辐射照耀到海面上时会产生镜面反射性质的耀斑，这时，用测量辐射强度的仪器观测到的反射辐射信号最强，遮蔽了通常海洋反照率信号中的水色信息。在研究光的掩蔽效应时，目标物或者出现在掩蔽光之前，或者同时出现，或者出在掩蔽光之后。在这些条件下，对目标的觉察都明显受到掩蔽光的影响。在船上观测向下的太阳辐射时，海面波浪的反射光信号会传到大气中，再散射到仪器中，导致记录的向下辐射信号受到强烈干扰（图17.7）。

17.8 跃层效应

跃层效应（thermocline effect）是声波垂向传播遇到温度跃层时的声强减弱现象。

温度跃层是海洋中常见的温度跃变现象，温跃层的深度和温度跃变的强度与季节日照强度和风平均混合强度有关。一般而言，浅海的温跃层有20~30 m的厚度，深海要厚一些。在温跃层上方是上混合层，在混合较强时混合层的温度比较均匀（详见“层化效应”）。

声波在海水中的传播速度（声速）随着温度的增加而加大，因而，温跃层以上海水的声速一般大于温跃层下面海水的声速。如果在一定的研究范围内声音的衰减可以忽略，则可以用射线声学来描述声音的传播规律。采用声射线理论，并根据声射线的折射原理，当声射线从声速大的介质向声速小的介质中传播时，声射线向两种介质分界面的法线方向偏斜。这种偏斜导致折射线的距离加大，也就是声能流密度降低，如图17.8所示。当声射线向下传播并穿过跃层时，声射线在跃层中发生偏斜，导致声射线间的距离增大，产生一定程度的分散，导致声强降低。在跃层下面收到的声信号强度要低于没有跃层时同等深度收到的信号强度。这就是声传播的跃层效应。

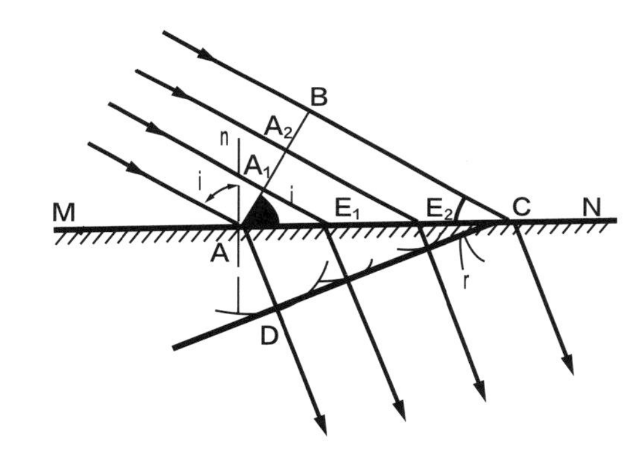

图 17.8 声射线在界面的折射
图中界面上部的声速高于下部声速

跃层效应在声探测方面有重要意义。在从海面探测海底时，有时采用侧扫的方式扩大探测面积，此时声波呈倾斜方向穿过跃层，需要考虑到跃层效应对信号强度的削弱，以便准确确定反射信号的强度。从潜水艇上探测水面声信号时，水面声源信号穿越跃层的减弱也需要考虑，以准确判定目标参数。其他各种水声侦听设备、水下通讯设备和各类依靠声波的探测仪器都需要考虑跃层效应。

17.9 气泡效应

海上地震勘探中，需要在海水中引爆震源，产生声波，探测海底的各项参数。震源在海水中会产生气泡，气泡在静水压力作用下将产生胀缩运动，这种效应被称为气泡效应（bubble effect）。例如：一个直径0.3048 m的球形炸药包在水中爆炸，起爆时气泡中心为高压而膨胀。随后，气泡继续扩大，但气泡内的压力持续降低。到爆炸后200 ms时气泡半径达3.048 m，但气泡内的压力只有1.43×10^{-6} Pa。这个压力低于周围的静止压力，气泡开始受到压缩。气泡的迅速收缩使处于压缩过程中的气泡内压力增加。到400 ms时气泡缩小到它的最小直径，然后又开始扩张。气泡的这种胀缩运动会形成重复冲击波，这是海洋地震勘探中一种特有的干扰波。在海上地震记录中，在初至波到达后的一定时间内，会再次出现与初至波的视速度及方向相同的振动，也就是重复冲击波，这种重复冲击波没有任何实际意义，是对探测记录的干扰。

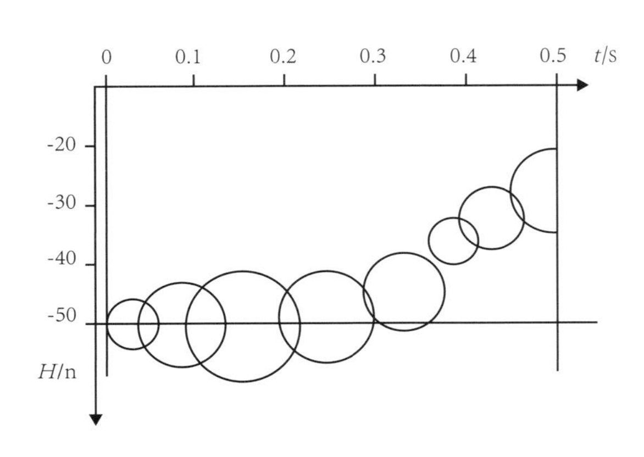

图 17.9 气泡半径在水中的位置随时间的变化关系

图17.9是气泡震荡循环过程的示意图。当气泡的直径为最小时，水的阻力也最小，气泡以最大的速度上升。当它的半径很大时，气泡的滞留深度几乎不变。因此，涨缩过程的特点是，缩小时上升，膨胀时滞留。如果没有摩擦损耗，这个胀缩过程将无限地继续下去，直到上升到海面。因此，海上地震勘探时，需要设法消除气泡效应，减小重复冲击波。可以选择在比较浅的深度进行爆炸，使气泡到达水面以后就破裂了，不会发生振荡。如果需要在较深处爆炸，则可以加大炸药量，使气泡能快速上升至水面发生破裂，以减弱或消除重复冲击波。

17.10 旁瓣效应

声源发射的声束向主体声源表面的法向传播，称为主瓣。主瓣周围对称分布着几对小瓣，称旁瓣。而反向传播的称为后瓣（图17.10）。旁瓣的辐射功率比主瓣降低一半，而且呈一定的夹角。旁瓣与主瓣同时在扫描和成像，这时主瓣对扫描区域的中心部分成像，而旁瓣对扫描区域的边缘部分成像（叶小凡 等，2014）。

首先，旁瓣的声轴与主瓣的声轴形成一定的角度，第一旁瓣的角度为10º~15º之间，后面的旁瓣角度更大。由于旁瓣的倾角大，回波信号弱，成像不清晰，导致探测区域的边缘模糊。其次，旁瓣的成像与主瓣的成像有交叠区域，旁瓣与主瓣的像存在重叠现象，形成虚图。因而，旁瓣效应（side lobe effect）系指第1旁瓣引起的成像重叠现象。

为了降低旁瓣效应，需要削弱旁瓣。旁瓣宽度越窄，干扰越弱，成像效果越好。旁瓣越弱，探测的方向性越好，作用距离越远。最有效的方法是，减小换能器的尺寸，使其小于半波长，这时将不会发生明显的旁瓣效应。

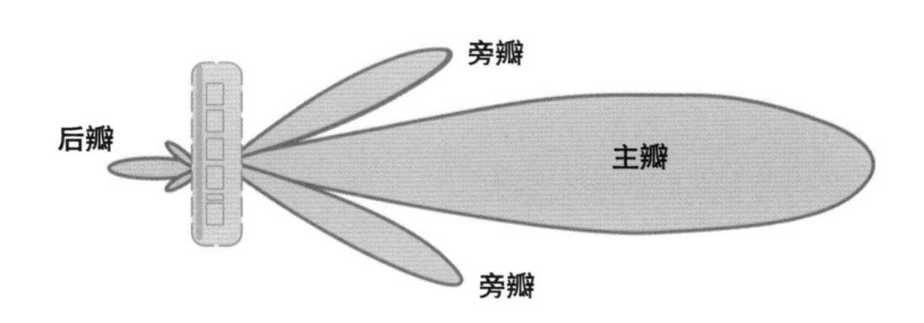

图 17.10 声学换能器的主瓣、旁瓣和后瓣

第18章

雷电效应

Effects for Thunder and Electricity

大气基本是绝缘的，但是大气中的电现象却非常多。在电离层，会因太阳活动产生很多效应，导致电离层电场和磁场发生变化，对卫星的安全产生影响。同样，太阳活动也会影响地磁场，或造成从地面观测到的电磁场发生异常，对通信产生影响。在云层之间和云层与大地之间会发生巨大的电位差，导致雷击事件。在电离层和大地之间会发生大气电场，对生物造成影响。大地基本是等电位面，但有时会产生电位差，导致大地电流，产生一定的危害。其中有些效应早已被认识和了解，在人们的日常生活中得到广泛的应用，而有些效应的研究还很稀少，需要更多的研究。

18.1 电容效应

由于固体地球中含有大量水分，除了极特殊的干燥条件之外，地球是一个巨大的导体，地球表面基本上是一个等势面。这个特点看似寻常，其实是非常重要的，因为各地的地表等位势，生活在不同位置的生物之间才没有电位差，才能安全地在地表生活。导电的地表相当于一个巨大的电极，地表上的其他生物都会受到大地导电特性的影响，称为电极效应（electrode effect）。大气中的电离层相当于另一个电极，带正电荷；引起地表带负电荷。因此，地球大气和地表之间形成了一个球形电容器。在电容器的两极之间，形成了大气电场。

大气电场可分为晴天电场和扰动天气电场。在晴朗天气下，地面带负电荷，大气带正电荷，产生向下的晴天电场（fair-weather electric field），电场强度在陆地上约为120 V/m，在海洋上为130 V/m。电场强度值在地表最大，随高度呈指数衰减。电场强度可随纬度、气溶胶含量等发生变化，因而也有明显的时间变化。扰动天气条件下大气电场要复杂很多，因为云可以携带大量电荷，形成特殊的静电环境，甚至可以发生雷电过程。在一般情况下，大气电场基本维持恒定，因为大气传导电流和云产生的降水电流都会中和电荷而使大气电场减弱。一旦发生云中大量带电和放电现象时，就发生雷暴效应（见18.4节）。

电容效应（capacitance effect），也称电容器效应，是指地球上的生物在大气电场的作用下发生的现象。大气电场是一种自然电场，是地球环境的要素之一。20世纪90年代人们发现，对于地球上的生物而言，除了光、温度、水分、空气、土壤、肥料之外，还有一个要素就是大气电场。根据已有的认识，对于植物来说，需要与大气同电位，植物的尖端会集中大量负电荷，对大气中的正电荷产生中和而发生化学反应，导致光合作用加强。植物的气孔和皮肤也都有积聚电荷的能力，电荷的中和过程对植物会产生复杂的影响。因此，大气电场对植物的发育有一定程度的控制作用。科学家还注意到，植物并不总是与大地同电位，当植物直立时植物两侧不存在电位差，而在植物倾斜时会存在10~50 mV的电位差。这个现象被称为地电效应（geoelectric effect）。此外，地球上的动物也受到大气电场的影响，从而影响到生物生理过程。人和很多动物一样是导电体，人体在电场的作用下会产生人体电流，被称为人体电容效应（body capacity effect）。大气电场是弱电，一般对人体没有伤害，但人生活在大气电场中不会不受影响，其正负效应需要深入研究。目前人们对大气电场的了解还相当有限，我们基本不知道大气电场在生物生存和进化中的作用。

18.2 雷电效应

雷电效应（lightning effect）是与雷电有关的一系列效应的统称。

（1）雷电流热效应

雷电流热效应（thermal effect of lightning current）是指强大的雷电流通过被雷击的物体时会发热的现象。雷电流通过的时间虽然很短，但电流相当大，遭受雷击的物体将在瞬间生成大量热量，这种有电流产生的热效应称为焦耳—楞次热效应（Joule-Lenz heating effect），也称电流的热效应（current thermal effect）。流热效应发生时热量不能在短时间散发出去，导致物体内的水分蒸发变成水蒸气，从而使得物体迅速膨胀而发生爆炸，对物体自身造成巨大的破坏，并殃及周边的物体。例如：旷野的大树很容易遭到雷击，而站在树下的人也会在雷击中受伤。

（2）冲击波效应/激波效应

雷电会产生激波效应，放电瞬间会使雷电通道的气温升高数千摄氏度，致使空气受热膨胀，强烈压缩周边的空气，形成激波，如同爆炸产生的激波。激波所到之处空气的密度、压力和温度都会突然增加产生巨大的瞬时功率，会使其附近的物体受到破坏，人员受到伤害。

（3）光辐射效应

强大的雷电流不仅使雷电通道的气温升高，也会使雷电通道内的气体分子和原子被激发高能级，由此产生光辐射。闪电就是雷电的光辐射效应，其辐射能量非常大，甚至对大气压力都造成显著影响。

（4）静电感应效应

闪电的静电感应效应称之为二次雷击效应，也称之为感应雷。建筑物上的金属构件和进出建筑物的电源线、信号线，在雷雨云临空时积雨云一旦放电，云下的电荷消逝，金属物上的电荷就自由运动，产生对地面物的高电位差，发生闪电造成危害。避免危害的办法是等电位连接，电源和通讯线路上安装避雷器。

18.3 沃克曼－雷诺效应

人们对雷电现象有相当长的研究历史，长期以来对云为什么会带电一直没有令人满意的结果，很多研究聚焦在云的起电机理。迄今主要的起电原理有三种：感应起电、对流起电和非感应起电。其中，感应起电是通过静电场对水成粒子感应极化，产生电荷分离。对流起电是由于云外电荷进入云层，并通过对流产生电荷分离。而非感应起电则可以用沃克曼-雷诺效应（Workman-Reynolds effect）来描述（Workman and Reynolds，1950）。

1950年沃克曼和雷诺观测溶液冻结时注意到，当溶液中有一些微量成分，很快就会冻结起来。这些微量成分主要是离子，有的带负电荷，一些则带正电荷。在冰生长时，进入冰中的离子很少，绝大多数离子保持在溶液中，固态和液态界面两侧形成离子浓度差，在冰水界面产生偶电层现象，即在固相和液相之间建立起强位势差，这个现象被称为沃克曼-雷诺效应，意指当有微量杂质的水结冰时发生的电荷分离现象。由于云层中的冰晶之间和液体之间会发生碰撞，导致分离的电荷分别集中，被认为是雷暴下沉部分雪丸或冰雹粒子雷暴电荷分离的可能原因。沃克曼-雷诺的实验指出了一种非感应起电的方式，认为液态水的存在是产生电荷转移的必要条件，该实验结果为此后对雷暴云起电理论的研究奠定了基础。

18.4 雷暴效应

雷暴（thunder storms）是伴有雷击和闪电的局地对流性天气，通常伴随着大雨或冰雹。在夏季，大气层结较弱，容易发生不稳定状态，产生强烈的对流而形成积雨云。正常的云中上部以正电荷为主，下部以负电荷为主。积雨云在形成过程中，某些云团带正电荷，某些云团带负电荷，形成电荷分离现象，导致云与云之间产生电位差。电位差很大时就会发生放电，就是我们通常看到的闪电现象。放电通道中的空气温度激增，空气体积增大，产生冲击波，导致巨大的雷鸣。大量的放电发生在云层之间，对穿行于云间的飞机构成巨大的潜在危害，但对生活在地面的人影响不大。但是，当云层很低时，云与地面之间也会产生电位差，从而形成云向地面放电的现象，就是我们所说的雷击现象。尤其是相对孤立的山头、树木、建筑物、甚至是旷野中的行人都会由于尖端效应（point effect）（见18.6）产生雷击，造成巨大的破坏。雷暴发生时的大雨、暴雪、冰雹都属于雷暴的伴随现象。我们熟知的避雷技术主要是通过释放电荷减轻或避免雷击的技术手段。

雷暴效应（thunderstorm effect）指强雷暴天气对环境的破坏。雷电会引起火灾造成损失。雷暴产生的冰雹会砸毁地面物体，造成农作物减产甚至绝产。雷电会影响无线电通信，造成通信的短时中断。雷电对飞机和导弹等飞行物体构成严重威胁，对高压输电线路也是巨大的威胁。雷暴效应也有有利的一面，雷电云中的带电现象使我们可以用雷达追踪云的位置和高度，大大提高对大气活动的监测能力。

18.5 麦基效应

大气具有很好的绝缘特性，其绝缘能力由介电强度来表达。介电强度被定义为单位厚度介质被击穿时的击穿电压，单位为V/m，介电强度数值越大，绝缘效果越好。干空气是近乎绝缘的，介电强度约为3×10^6 V/m。然而，空气中总是有水汽存在，表现为湿空气。湿空气的绝缘性能比干空气小很多，介电强度可以降为1×10^6 V/m以下。这个现象是由Macky发现的，被称为麦基效应（Macky effect），也称马盖效应。

最初呈球状的水滴在重力场的作用下发生形变，形成梭子状水滴，其对称轴与电场平行。最后发生电晕放电，并飞出一群细小的水沫，带有较多的正（或负）电荷，使空气的有效介电能力阈值降低，这就是麦基效应。麦基效应可能是云中出现大量带电粒子的重要机制，可能是沃克曼-雷诺效应的强化因素。

18.6 尖端效应

在同一个带电体上，尖端部位与平滑部位相比电荷密度大，周边电场强度大，因而更容易向周围空气放电的现象称为尖端效应（tip effect）。尖端是相对的，是指一个物体上曲率较大的部分，边角部分就比平面部分的曲率大；但尖端又是绝对的，尖端越尖，曲率就越大，尖端效应就越明显。只要尖端附近的空气中有少量离子，带电尖端的强电场就会驱动离子运动，离子与空气分子发生碰撞，导致空气分子电离，产生大量正负离子，进而产生更强的电离，致使发生尖端放电。

当导体带电量较小且尖端较尖时，放电只发生在尖端附近，这种放电称为电晕放电。当导体带电量较大、电位较高时，会向周边的接地体放电，形成放电通道，称为火花放电。火花放电能量较大，可以引爆周边易燃物品，甚至危害人身安全。此外，尖端放电还与周边环境的温度、湿度和气压有关：温度越高，离子的动能越大，越容易发生放电。湿度越低，离子的动能越大，越容易放电。气压越低，分子间距越大，电子和离子动能越大，越容易放电。

图 18.1 尖端效应放电

尖端效应（图18.1）的放电特点决定了其具有双面性。当静电电荷积累较多时尖端效应会造成强烈放电，引发燃烧和爆炸，造成重大损失。因此，在设计导体形状时要注意避免尖端效应的发生，使之安全接地，避免电荷累积，消除尖端放电的可能。

在自然界，云层向大地放电的危害时刻存在，而建筑物又无法做到没有棱角，则需要利用尖端效应，制造避雷针，以消除雷击危害。当发生雷雨天气时，云层大量带电，与大地建筑物之间产生很高的电位差，形成一个电容量巨大的电容器，一旦放电就会导致雷击事件，造成强烈的破坏。这时，如果安装了避雷针，避雷针与带电云层之间就形成了一个局部电容量很小的电容器，很容易被击穿；在云层电荷量没有积累到足以产生破坏作用的电量时就发生击穿，使避雷针与云层之间的空气成为导体，就可以将云层的电荷引向避雷针，并通过接地线将电荷导入大地，致使云层无法积累大量电荷，减小云层与地面之间的电位差，达到避雷的效果。因此，在城市中的建筑物普遍安装避雷针，在雷雨天气中确保安全；而在旷野中，由于没有避雷设施，树木、建筑物、高大车辆和行走的人都会成为尖端，很容易发生雷击事件。

18.7 瀑布效应

当人站在瀑布边或喷泉，就会有在雨后所感受到的那种令人清新的感觉，这就是瀑布效应（waterfall effect），也称勒纳德效应（Lenard effect）、陆那尔效应、列纳效应、喷筒电效应等。

图 18.2 瀑布效应

1915年德国物理学家勒纳德发现，当水变成雾状时，就会分离出正负电荷，雾中的水滴带正电，周围的空气便会带负电，空气中有了负离子。瀑布效应实际上是空气中的负离子引起的。负离子有利于身心健康，具有预防、治疗疾病、改善心肌功能、促进新陈代谢、增强人体免疫力的功效。另外，空气负离子还有去除尘埃、消灭病菌、净化空气的作用，被誉为空气维生素（Kondrashova et al., 2000）。空气负离子浓度是评价空气质量的重要指标。

自然界中空气负离子的产生有三大机理。一是大气分子受宇宙射线、放射性物质、雷电、风暴等因素的影响发生电离，产生空气负离子；二是森林的树冠、枝叶的尖端放电以及绿色植物的光合作用形成的光电效应也会促使空气电解，产生空气负离子（蒙晋佳和张燕，2004），三是水的瀑布效应使水分子裂解，产生大量的负离子（吴仁华 等，2011）。显然，只有瀑布效应是人工产生负离子的可能方法。

根据瀑布效应的原理，人们发明了负离子空气净化器，能自动产生丰富的负离子，使封闭的室内有像瀑布附近一样的清新空气。近年来，人们还将负离子发生器应用于空调，从功能上追求四季清新家居。

18.8 海岸效应

海岸对海水运动有多种效应，属于边界效应的内容都在第11章中介绍。这里的海岸效应（coastal effect）主要是一种影响无线电信号传输的效应。

地球磁场的强度会经常发生变化，尤其太阳活动引起的地磁暴是地球磁场全球性的显著变化现象。磁场的变化会在地球表面引起大地电场的变化，地面两点之间会出现电势差。如果地表物质的电导率不为零，就会产生感应电流。感应电流的强度与地表物质的电导率有关。陆地电导率较低，产生的感应电流较小；而海水的电导率较高，产生的感应电流较大。在感应电流从海洋流向陆地的过程中，在海水与陆地的交界处感应电流应该一致。因而，海洋中的感应电流在向岸传输时需要减少，最终与陆地上的感应电流大小一致。这样，在远海与岸线之间存在一个过渡带，在那里发生一个电势梯度，使海洋中向岸的感应电流分量逐渐降低。

感应电流是由电势差驱动的，在近岸过渡带发生的电势梯度削弱向岸的感应电流，同时会引起感应电流在沿岸方向发生强化，越接近海岸，感应电流越强。这种异常的感应电流会激发出大气中磁场的异常，异常磁场越靠近海岸越强，远离海岸处消失，这种感应电流引起的磁场异常变化被称为海岸效应。

海岸效应不仅发生在大陆沿岸，而且发生在大中型海岛周围。在海岛的情形，沿岸方向的感应电流将会环绕海岛形成回路，从而激发出环形异常磁场。

海岸效应产生的异常磁场主要影响无线电信号的传播。海岸效应对于多种频率的电磁波都会产生影响，如果仅仅影响通信质量，人们并不在意。而一旦需要无线电定位，则海岸效应必须予以考虑。在陆基导航的罗兰C系统中，无线电信号要从陆地进入海洋，为海上船舶提供定位信号。无线电信号受到海岸效应产生的地磁变化的影响，发生信号强度的变化和时延，是定位误差的主要原因（刘慧 等，2015）。在高频地波雷达技术中，通过主动发射电磁波和接收回波的多普勒效应测量海面流场，海岸效应将对电磁波的回波产生额外的偏转角，影响流场测量的精度。有时也将这种海岸效应称为海岸折射效应。

此外，海岸效应引起的磁场变化将在输电线路上产生额外的感应电流，造成电网运行的异常噪音。一旦这种感应电流非常强，将破坏输电线路上的设施，造成电网的中断。

由于地球磁场的异常变化是间歇式的，海岸效应也体现为间歇式特征，在地球磁场没有异常发生时，海岸效应可以很弱。一旦地磁暴发生，海岸效应可能会产生严重影响。由于海岸效应产生的问题直接关乎人类生活，正引起越来越多的关注。

18.9 日凌效应

太阳发射强烈的电磁辐射是地球上很多运动的能量源泉。地球赤道平面与太阳黄道平面呈23.5°的倾角，因此，太阳会在每年的3月21日（春分）和9月23日（秋分）经过地球赤道上空。在这两个时间前后，太阳直射赤道，穿过的大气层最薄，因而到达地球大气的辐射最为强烈，这就是天文学上的“日凌（sun transit outage）”现象。

如果仅仅考虑自然过程，日凌现象并没有特别强烈的效应。当卫星通信时代来临后，日凌对通信产生了强烈的影响。通信卫星大都位于赤道上空的地球同步轨道，高度大约为36000 km。当太阳在赤道上方时，太阳-卫星-地球处于同一连线上，太阳的电磁辐射与卫星下行的无线电信号重叠起来，导致地面接收到的信息含有大量干扰信号，甚至导致通信中断。这种春分与秋分时节太阳对卫星通信信号的干扰称为日凌效应（sun outage effect）。

日凌导致的通信中断每年2次，每次十几天，每天十几分钟。日凌效应最强烈时是太阳、卫星和地面站处于同一直线上的时候，因此日凌效应有明显的区域差异。纬度越高日凌发生时间和结束时间越早。日凌现象是卫星通信系统遇到的一种无法避免的自然现象。由于日凌现象可以准确预测出来，所以可以通过有效地应对和防范措施，降低对通信的消极影响。在日凌发生时，可以切换到位于另一个经度上的卫星进行通信，避免通信失败。

日凌效应主要影响卫星通信、卫星电视，对通过地面信号的手机通信几乎没有影响，对人体健康也没有影响。

18.10 电离层效应

从地球表面向上，先是厚度达10 km的对流层，然后是厚度达40 km的平流层。50

km高度以下的大气稠密，电离产生的离子和自由电子因频繁相互碰撞而中和，气体保持不导电性质。从50 km向上直到1000 km的大气层都处于电离状态，越往上空气越稀薄，分子的密度越低，逐渐向真空状态过渡。人们将60~400 km的部分电离区域称为电离层，而将400~1000 km的完全电离区域称为磁层。1000~70000 km为磁顶层。

来自太阳的高能粒子和来自银河系的宇宙射线到达电离层，致使空气分子发生电离，因此，太阳的爆发、地球磁场的变化都会影响电离层的结构。电离层大气稀薄，存在相当多的自由电子和离子，呈现导电的特性，也称为等离子体。电离层大致分为4层：D层（50~90 km）、E层（90~130 km）、F1层（130~210 km）、F2层（210~400 km），见图18.3。

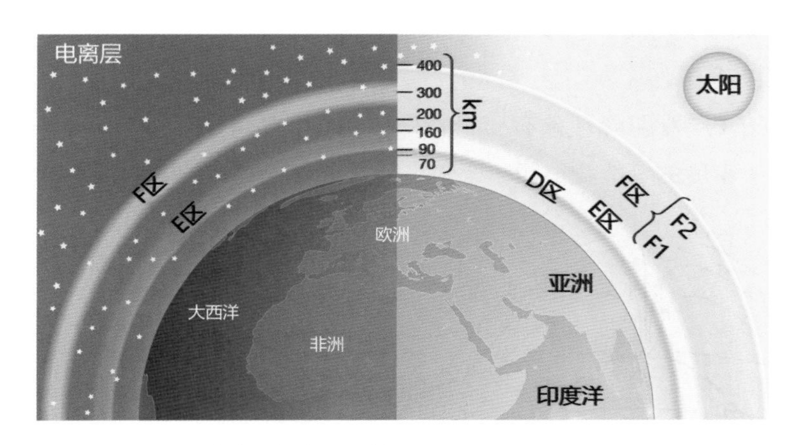

图 18.3 电离层的分层（引自 Encyclopaedia Britannica, 2012）

电离层的基本参数包括：电子密度、电子温度、碰撞频率、离子密度、离子温度和离子成分等。其中最主要的研究对象是电子密度随高度的分布，取决于自由电子的产生、消失和迁移三种效应。电子密度主要影响无线电波的传播速度、折射、反射、散射、极化、吸收等。电离层的发现使人们对无线电波传播的机制有了更深入的了解，并对地球大气层的结构有了更清晰的认识（Rishbeth and Garriott, 1969）。

电离层效应（ionospheric effect）包含了很多效应，这里简单介绍以下主要效应。

（1）电离层发电机效应

由于电离层中的气体具有一定的导电性，横向穿越地球磁力线的电离层气体会产生感应电流，与发电机转子切割磁力线产生电流的原理一致，被称为电离层的发电机效应（ionospheric dynamo effect）。电流的强度由电离层的电导率和电离层大气的运动速度决定。在白天，电离层的E层（约在90~130 km高度）导电率最强，被称为E层发电机，电流密度达到10^{-5} A/m^2。而夜间E层的导电率大幅下降，F层的导电率最高，形成F层发电机，电流密度只有10^{-8} A/m^2。电离层中的电流按流动方向分为3种：第一种是平行于磁场的电流，称为场向电流；第二种是平行于电场，但垂直于磁场的电流，称为佩德森电流；第三种是既垂直于电场又垂直于磁场的电流，称为霍尔电流。

电离层发电机效应是指电离层电流对地磁场的影响。由太阳引潮力引起的大气潮汐运动产生的电流体系称为S电流系，有周日变化和季节变化，并受太阳耀斑和日食影响。月球引潮力产生的大气潮汐运动在电离层中形成L电流系，有半日变化特性。S电流系和L电流系分别引起地磁场的太阳日变化和太阴日变化。电离层发电机效应还包括改变电离层的形态和运动状态，例如：在赤道地区，白天F层最大电子密度不在赤道上方，而是位于磁赤道两侧10°~15°的两条带上，称为F层双驼峰现象。

（2）喷泉效应

电子密度的F层双驼峰现象有一个特殊的名字，喷泉效应（fountain effect）。从图18.4可见，电子密度的等值线很像一个喷泉，这种现象存在的时间很短，主要发生在午前的一段时间。等离子浓度的最大值不在磁赤道，而在磁赤道±10º的范围内。由于喷泉效应与太阳的位置有关，喷泉效应的影响范围并不是环绕地球的，而是对称于磁赤道的“斑块”状区域。当等离子喷泉最强时，在F2层之上形成F3层，覆盖的空间包含等离子喷泉的覆盖区及邻近的较高纬度区域。在F3层中，等离子浓度最大值发生在550 km高度处，喷泉上升的最大高度可达1200 km，等离子体的温度减少100 K左右。

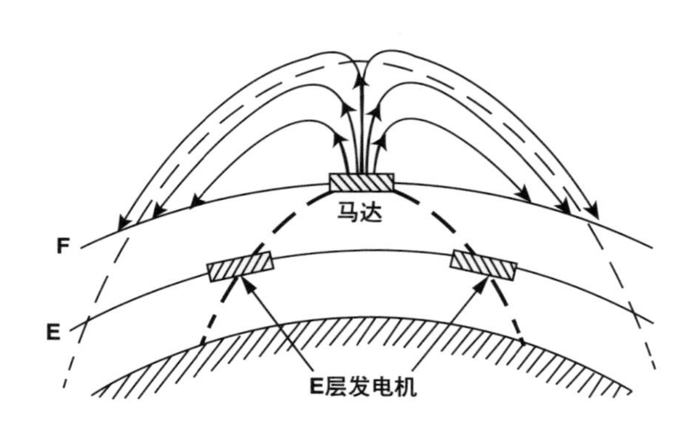

图 18.4 喷泉效应（引自徐文耀，2014）

值得注意的是，喷泉效应的命名不符合效应的命名原则（见本书导论），喷泉不是原因，也不是结果，而是一种形象的比喻。

（3）超快速开尔文波

在大洋中，赤道开尔文波最具代表性，是最重要的行星尺度波，其中体现了自西向东传播的特性。电离层中的开尔文波有3种，开尔文慢波、快速开尔文波、超快速开尔文波（ultra-fast Kelvin wave）。超快速开尔文波在电离层中普遍存在。卫星传感器根据电离层温度的波动观测到，超快速开尔文波在中间层高度处的周期大约为3.5 d，垂直波长约为40 km，纬向结构表现为波数为1。超快速开尔文波的纬向风分量在105 km的高度处最大，约为40 m/s，其温度的波动相对于赤道基本对称。超快速开尔文波常年都会发生，频率大概为每20~60 d发生一次。

由于超快速开尔文波有很大的垂直波长，可以影响很大的垂直范围，从平流层到电离层，是中性大气和电离层耦合非常重要的因素。超快速开尔文波的垂向振荡引起水平方向的巨大温差，形成电离层多个层温度虚高的现象。进一步的研究表明，超快速开尔文波的风场波动对电离层的喷泉效应有一定的调制作用，带来电子密度的额外变化。还有人认为，是“喷泉效应”导致开尔文波的异常传播。对于超快速开尔文波的形成机制还需要更多的研究。

（4）夜间效应

在白天，电离层的电离作用强，来自地面的无线电波几乎全部被电离层吸收，几乎没有无线电回波返回地面；只有在夜晚，电离层对无线电波吸收得比较少，就可以收到经由电离层到达的来自远方的信号。因此，夜间是无线电通信的最好时间。但是，在地面上的无线电测向工作受到电离层的负面影响。在白天，电离层没有回波，地面测到的就是地面无线电波的极化信号，测向精度很高；而在夜间，到达测向天线的无线电波不仅有地面的电磁波，还有由电离层反射回地面的天波。天波属于非正常极化，包含水平极化和垂直极化，严重干扰了地面测向精度。这种现象被称为夜间效应（night effect），指夜间天波最强时出现的一种特殊的测向误差，在夜间导致的测向误差约为10º ~ 15º，而在日出和日落前后天波不稳定时期，测向误差可达30º ~ 40º。

（5）经度效应

由于电离层的很多参数都与太阳活动有关，太阳正对的地球区域的各项参数最强，而没有正对的区域则要弱很多。因此，很多参数的变化与所在区域的经度与太阳所在经度之间的经度差有密切关系（Lemaître，1937）。这种现象被称为经度效应（longitude effect），电离层的很多现象都与经度效应有关，地面台站观测到的电离层参数日变化就是经度效应的结果。因此，时间变化和经度变化有紧密联系，经度坐标系和时间坐标系可以互换。也就是说，当分析电离层数据时，可以用地方时来代替经度。

（6）电离层闪烁效应

这里，“闪烁”并不是指可见光谱段的亮度变化。电离层闪烁是指当电波通过电离层时，受电离层结构不均匀性的影响，信号振幅、相位等在短时间内发生不规则变化的现象。闪烁的频率范围在10 MHz ~ 12 GHz。

电离层闪烁效应（ionospheric scintillation effect）是指电离层闪烁对电子信号的严

重影响。电离层闪烁会导致信号幅度的衰落，使信道的信噪比下降，误码率上升，严重时使卫星通信链路中断。通信卫星（UHF波段）受电离层闪烁的影响极为突出。

18.11 电离层暴效应

太阳爆发后会影响地球大气层，产生两个现象，一个称为电离层暴（ionospheric storm），一个称为地磁暴（geomagnetic storm）。二者是起源于同一个太阳爆发过程，但各自的影响范围不同。电离层暴是指电离层物理参量对正常状态的重大偏离。而地磁暴是太阳带电粒子引起的地磁场变化。

电离层暴是太阳扰动期间喷发的带电粒子流与地球高层大气相互作用，引起F2层状态的异常变化。太阳扰动发生后的1～2 d到达大气层发生电离层暴，持续时间由几小时至几天。到达电离层的电磁波有临界频率，即反射回波的最高频率，电离层暴使F2层的临界频率发生变化。电离层暴通常分为3类：第一，正相电离层暴，F2层的临界频率比正常值增大，多发生于赤道地区上空；第二，负相电离层暴，F2层的临界频率低于正常值，多发生于中、高纬度地区，强度大，持续时间长；第三，双相电离层暴，F2层临界频率有高于正常值的，也有低于正常值的。

电离层暴效应（ionospheric storm effect）主要体现为电离层暴期间，短波无线电通讯和广播可能遭受严重影响，甚至讯号中断的现象。以往的统计研究表明，电离层正、负相暴与纬度的关系最为密切，此外是与昼夜关系密切。在中、低纬度地区，在所有季节，主相发生在夜间的磁暴，通常导致电离层负暴。而主相发生在白天的磁暴，在冬季和春秋季通常导致电离层正暴。

电离层暴的复杂性导致对该问题的研究远不令人满意，电离层作为等离子体，受电动力学规律的支配；电离层作为热层的一部分，又受动力学和热力学规律的支配；电离层的电离气体在阳光下受光化学过程规律的控制。这些因素导致对电离层的研究分外复杂。在磁暴期间磁层、热层中各种物理化学过程与电离层扰动相互作用，电离层暴的研究仍是重大的科学难题。

18.12 磁暴效应

磁暴（magnetic storm），也称地磁暴（geomagnetic storm），是太阳爆发产生的等离子云到达地球空间后引发的地球磁场全球性的剧烈扰动现象，以地磁指数来表征磁暴的大小。虽然磁暴与电离层暴有密切关系，经常是电离层暴的伴随现象，但磁暴还是在地面上观测到的现象，与电离层暴有很大的不同。

磁暴的发生分为3个阶段：第一阶段，从太阳日冕抛射出来的高速等离子体云，携带着日冕磁场冲击地球磁层，致使磁层压缩变形。由于磁场强度与半径的三次方成反比，因此磁层压缩使得地球磁场会有所增强。第二阶段，更多的高能带电粒子（质子、电子）到达，大量带电粒子注入到环电流中，导致自东向西环形电流强度增大；电流产生的磁场与地磁场方向相反，致使地磁指数下降。第三阶段，地磁指数进一步下降，直到最低点。

其实，磁暴引起的磁场变化范围很小，没有发生磁暴时地球各地磁场强度都超过3万纳特，而磁暴发生只是引起几百纳特的起伏变化，需要用专门仪器才能测到。而且磁暴是频繁发生的现象，对地磁场的影响并不显著。磁暴在东西半球的分布和随纬度的变化多变，有很多观测和研究。

磁暴效应（magnetic storm effect）主要指磁暴对通信信号和地磁场的干扰，在以下方面有重要的影响：

● 磁暴对卫星的影响

当地磁场扰动时，磁场方向和大小的改变会影响卫星受力的力矩，改变卫星的姿态，使对地观测类卫星改变朝向，严重时失去观测能力，需要进行调整。通信类卫星也受姿态变化的影响，致使无法进行正常通信，以致通信中断。当磁层被压缩后，卫星会穿越磁层顶，受到太阳风的强烈冲击，是有些卫星提前失效的原因之一。此外，磁暴引起的高层大气增温会增加大气的阻力，降低卫星的使用寿命。

● 磁暴对电网的影响

地球表面基本是等电势的，但强磁暴发生时，地磁场会发生剧烈变化，在地表土壤中产生每千米几伏特到十几伏特的电势差。由于高压输电线路中电网变压器直接接地，地表的电势差会产生地磁感应电流。这种电流轻则降低变压器的使用寿命，重则导致变压器损毁。如果电网中多台变压器同时受到地磁感应电流的影响，会导致保护装置跳闸，引发大面积停电事故。

● **磁暴对通信的影响**

磁暴对地面到地面之间的通信影响不大，但对通过电离层的短波通信有明显影响，导致通信噪声、信号中断等现象。磁暴对穿越电离层的定位卫星对地定位信号的传输也有重大影响，导致长波信号相位异常，严重干扰卫星导航系统的精确性。

第19章

数据分析效应

Data Analysis Effects

认识海洋和大气中的运动需要依靠观测数据。而有些时候观测得到的结果并不是真实的现象，而是数据分析方法造成的虚假信号。形成虚假信号的原因很多，包括：数据采集的时间间隔问题、数据精度问题、数据间隔与现象周期不一致问题、算法适应性等问题。由于数据采集和数据分析产生不真实的观测结果统称为数据分析效应。在研究中，需要重视数据分析结果的真实性，如果发生数据分析效应，则需要消除这些效应，以获取真实、正确的结果。与数据分析有关的效应非常多，这里只介绍一些重要的效应。

19.1 湍流效应

湍流效应（turbulence effect）是大气或海水的湍流运动对其他参数的影响。比如：海洋和大气中的湍流运动导致物质的扩散速度加快，湍流运动会在海面产生扰动引发毛细波，湍流运动会导致大气携带的粉尘数量增加等。可以说，湍流效应是一个内容非常宽泛的效应，有些湍流效应有特定的名词。随着研究工作的深入，这类效应也越来越多。本节只介绍光学湍流效应。

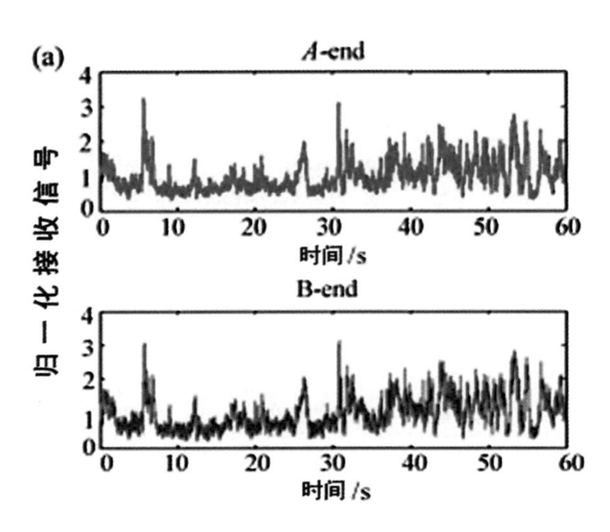

图 19.1 激光器接收信号受到湍流效应的影响现象（引自向磊 等，2019）

在大气中，有时会发生热空气上升，冷空气下沉，形成强对流。由于湍流的影响，对流中各点的温度和密度随高度和风速不同呈现无规则变化。由于大气的折射率取决于密度，故而大气的折射率也随空间和时间作无规则的变化。湍流效应主要表现为湍流运动对大气光学折射率的影响，从而对光束传输的影响，包括引起光束的强度起伏、相位起伏和方向起伏。强度起伏指光强随密度起伏而变化，体现为光强度的忽强忽弱；相位起伏指光束相位的不稳定，即相位的空间起伏和相位的时间起伏；方向起伏指光束在大气中传输时，发生偏离某一固定方向的随机性波动。向磊等（2019）在两栋大楼之间进行了双向光传输测量，得到了图19.1的结果，表明由于大气的湍流效应，光信号受到了很大的干扰。这种干扰在激光器的应用方面更为显著。

大气湍流会引起空气中任意位置折射率的随机变化，导致光束在同一路径的空气中传播却有着不同的折射率，使得接收到的信号存在着闪烁现象。当湍流强度很小或传输路径很短时，湍流效应的影响可以忽略不计。但通常大气湍流很强，当传输路径较长时，就会导致接收到的信号存在着较强的闪烁现象。分析大气湍流对图像带来的影响，可归为时域和空域两方面。在时域内，大气湍流引起接收信号强度随时间随机涨落，导致不同时刻采集到的图像具有不同的亮度，当接收视场比较大时表现为图像各个部分的明暗不均，类似于光照不均匀拍到的图像。空域的影响主要表现为由湍流引起的光束随机漂移，会导致像点的抖动，使得图像整体发生随机的漂移。湍流效应造成大气折射率的随机起伏，使接收光信号闪烁、漂移，相当于引入了随机噪声，获得错误的结论。

针对大气湍流效应引起的接收光信号闪烁，可以用多光束同步发射和大孔径光学接收天线来减少其影响。对信号的其他影响需要靠数据处理来消除。

湍流效应不仅会干扰光场，产生负面影响，也有积极的作用。可以利用湍流效应来实现对湍流强度的测量。

19.2 多普勒频移效应

内波是海洋中常见的现象。内波可以通过观测海面起伏、内部界面起伏、海水中温度和盐度界面的变化、海水流场的变化而被观测到。对内波的观测可以是在固定点上进行，如海岛、石油平台、潜标等，也可以用船只进行观测。在船只漂移的情况下，观测到的内波周期或频率信号受到船只漂移的影响发生频移变化，产生不真实的频率或周期，这种情况称为多普勒频移效应（Doppler shift effect）。这里讨论的多普勒频移效应不同于第17章中介绍的多普勒效应。多普勒效应讨论的是探测对象移动导致的回波信号的频率漂移，而这里的多普勒频移效应是船只运动对船舶观测数据的影响。

设船上测得的内波周期为τ'，内波相速为c，船只漂移速度为u，船向与内波传播方向的夹角为φ，则内波的真实周期τ为

$$\tau' = \frac{\tau}{\left|1 - \frac{u}{c}\cos\varphi\right|} \tag{19.1}$$

由上式可见，多普勒频移效应有以下特点：当船向与内波方向相反（船只迎向内波运动）时，观测的周期小于实际周期。当船向与内波方向相同时，如果$u < 2c$，观测的周期大于实际周期；如果$u > 2c$，观测的周期小于实际周期；如果船速与内波相速相同，观测到的周期趋于无穷大。当船向与内波方向垂直时，观测的周期与实际周期相同。因此，只有当船只漂移方向与内波方向垂直时才不存在频移，在其他情况下，观测到的内波周期可以从0到∞变化，远远偏离内波实际周期。多普勒频移效应是普遍存在于资料之中的现象，需要引起足够重视。

单船观测时可以确定船只漂移速度，如果事先知道内波的传播方向和相速，就可以通过上式计算真实周期。在有些海域，发生的内波主要是潮生内波，产生机理、传播方向、内波相速都清楚地了解，可以通过合理的考察方案直接消除多普勒频移效应。然而，一般情况下，内波的方向和相速都不清楚，消除多普勒频移效应并不容易，仅从分析方法上几乎无能为力。Krauss（1966）提出十字形航线配置的考察方案，可以计算或消除频移造成的虚假周期。这个方案并不理想，因为需要多船同步。迄今还没有很好的办法解决这一问题。由于船只漂移在海洋考察中属常见现象，了解并设法消除多普勒频移效应是十分重要的。

在大气中也应该存在多普勒频移效应，但由于流动性的大气观测平台很少，还没有构成明显的问题。

19.3 内波运动学效应

当从海面的船只向海中施放探测仪器对海水垂直剖面进行探测时，如果有内波过境，探测的数据就不是正常的海水结构，而是包含了内波的影响。内波对海洋垂直剖面探测结果的影响称为内波运动学效应（kinematical effect of internal waves）。

在一般海洋观测中，只要不是为研究内波而专门进行的观测，往往采用逐站进行观测，即“大面观测”。在一个大面站上，可以使用温度、盐度和深度剖面探测仪（CTD）进行观测，在仪器下降或上升过程中连续取样，取样间隔可以非常密集。在内波存在的情况下，连续探测的垂直分布数据就不可避免地受到内波的影响。内波使水层的位置升高或降低。一般来讲，内波在100 m左右的水深最强，振幅的特征值为15 m，所以，当内波存在时，我们探测不同深度时内波处于不同的位相，在某一深度探测到的数据实际上可能是其上方或下方水体的数据，内波的这种作用

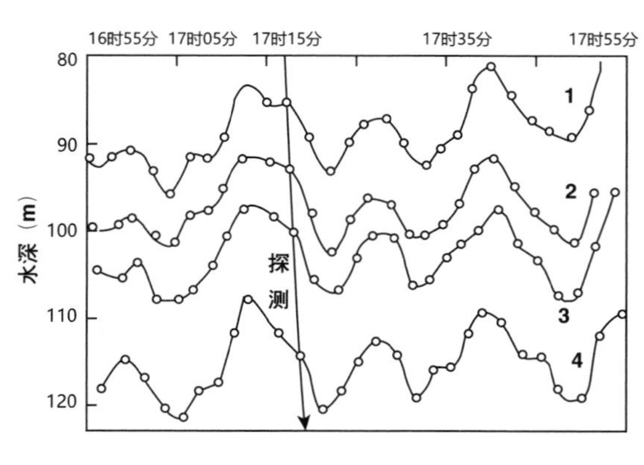

图 19.2 内波对水文数据的影响
（引自 Каменкович Монин, 1978）

可以使水层的位置发生十几米甚至几十米的变化。图19.2是在同一站位对海洋温度每隔2 min反复观测得到的结果。图中1，2，3和4分别对应于23.22 ℃，21.80 ℃，21.90 ℃和19.40 ℃的等温线。可见，内波引起的等温线变幅可达10余米，在一个小时内发生四次振荡。在较深的海洋中，垂直探测过程要经历一段时间，这段时间内内波的振幅和位相都将发生变化，导致不同等温线的不同步变化。这种变化不仅使水层升高或降低，而且使水层在垂直方向上伸展或收缩（图19.2）。

对于物理海洋学而言，温度、盐度和密度等值线的位置是至关重要的，可以用以计算地转流。由于内波的影响，这些等值线的位置可以发生大幅度地变化，而且这些变化在大面观测的条件下是不容易被发现的。由内波引起的偏差将对地转流的计算产生危害，对数据的使用和同化也有影响，可能得出完全不同的结论，降低数据的可靠性。有时，不加订正地使用包含内波运动学效应的数据会得出令人迷惘不解的结果。为了正确使用水文资料，必须了解内波运动学效应的特点和规律性，以消除这种效应带来的影响。

内波的这种效应是一种可逆的变化，是海洋运动对数据的影响。在一次观测的条件下，不能提供内波运动学效应的信息，因而不能进行有效的订正。可靠的订正需要对同一测站反复观测，这在一般的考察中是做不到的。因此，我们只能在考察中关注内波运动学效应的可能影响，对于强内波区，要考察仪器上升和下降两个过程的结果，避免因为资料中内波的作用得出错误的结果。

在大气的观测中也会遇到相似的情形。大气的等压面会发生上下振荡，有时可以有很大的振幅。对于高分辨率探空观测也应注意大气内波的运动学效应。

19.4 热滞效应

热滞效应（thermal hysteresis effect）是指测温元件从一个温度环境转移到另一个温度环境时，具有的热惯性使得温度测量需要一定时间才能达到可靠观测效果的效应。

温度环境变换时，温度计不能立即指示新的温度，而是逐渐趋近于新的环境温度。如果在温度计没有达到新的平衡温度时进行读数，就会产生误差，在气象学中称为滞差。观测的温度与观测时间的关系如下：

$$T = T_e + (T_0 - T_e)e^{-\tau/\lambda} \tag{19.2}$$

式中，T_e是需要测量的环境温度，T为τ时刻温度计的显示值，T_0为测温元件的初始温度，λ为热滞系数或热惯性系数，单位为秒。

热滞系数不同于温度计的导热系数，而是在特定的空气条件、通风条件、温度计形状等共同决定的，定义为（秦岭，1987）

$$\lambda = \frac{m_c}{hs} \tag{19.3}$$

其中，h为热交换系数，s为感温面积，m_c为温度传感器的热容量。温度传感器可分为裸装和铠装两种形式。对裸装传感器，测温器件位于流体之中，热滞系数可以很小。而铠装传感器由于受到包裹物的导热特性、受热面积等的影响，与被测流体达到平衡需要较长的时间。在海洋的情形，在万米海深测量温度，传感器需要耐受1000个大气压，必须采用铠装材料包裹。按照（19.3）式，热交换系数越大，感温面积越大，传感器的热容量越小，热滞系数就越小。而实际情况中，感温面积和热容量都是确定的，唯有热交换系数是变化的。热交换系数与铠装材料有关，也与被测流体的运动状态有关，因此在设计温度传感器时要充分考虑。按（19.2）式，热滞系数越大，达到热平衡所需要的时间越长。根据这个结果，温差达到初始温差的1/10时需要2.3 λ，达到1%时需要4.6 λ。比如：一个热滞系数为300 s的温度计，在初始温差为10 ºC条件下，滞差达到0.1 ºC需要23 min。再如：一个热滞系数为55 s的温度计，从室温20 ℃拿到室外－10 ℃观测，4 min后读数偏高0.4 ℃。因此，热滞效应在温度观测时是必须考虑的。

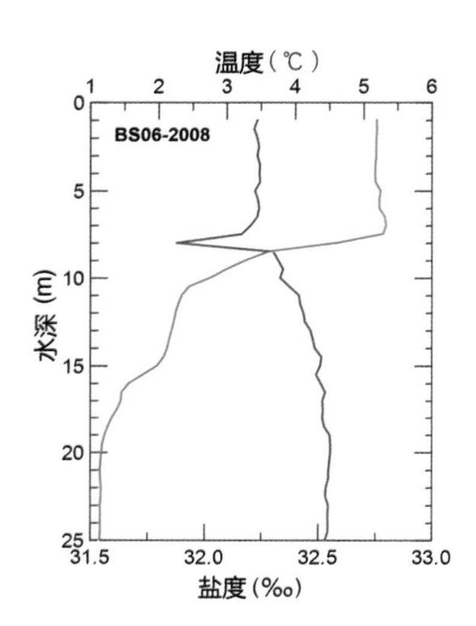

图 19.3 热滞效应引起的盐度异常
红线：温度，蓝线：盐度

为了使用方便，通常定义温度差达到0.1 ℃时的时间称为响应时间，也就是用$T-T_e$=0.1 ℃带入（19.2）式中，解出的τ就是响应时间。目前在海洋中使用的温度传感器的响应时间为60 ms，可以达到剖面观测的精度要求，但是在温度变化较大的海洋上层和跃层，仪器的下放速度要慢一些，以期获得更为可靠的观测结果。

在海洋中，不仅温度测量需要了解热滞效应，而且有些重要的参数是要用温度来计算的，也会受到热滞效应的影响。例如：海水中的盐度是通过测量的海水的电导率和温度计算得到的，电导率的变化可以瞬时测量，而温度的测量则需要稍长一些的响应时间。这样在温度发生突变的地方，如果仪器移动的速度较快，超过了热滞效应的响应范围，计算的盐度就会产生图19.3中蓝色线显示的极小值，这个值是不真实的。

因此，热滞效应是受材料的限制对测量数据的影响。有时在技术上没有办法消除热滞效应带来的副作用，只能通过增加对热滞效应的理解，同时在观测规范上采用恰当的规定，消除热滞效应带来的误差和危害。

其实，不止温度，很多其他的海洋和大气要素的测量时都会存在滞后现象，发生与热滞效应相似的效应，只是因为温度的观测频繁、广泛，影响也非常大，热滞效应变得突出，其他观测元件的滞后效应也是需要引起格外重视的。

19.5 栅栏效应

海洋和大气中的各种参数都是随时间或空间连续变化的，但是，我们对这些信号进行数字化处理的时候，只能对变化的参数进行一定时间间隔或空间间隔的采样。当然可以将采集密度加大，以尽量多地保持信号的信息，但采集密度加大既会受到采集设备的限制，也会受到数字处理能力和效率的制约。因此，使用一定的采样间隔是不可避免的，而且有时为了保证数据分析的效率不得不加大采样间隔。

有一定时间或空间间隔的采样相当于透过栅栏观赏风景，虽然可以观察到风景的全貌，但却会漏掉一些细节；有些细节是非常关键的，漏掉这些细节会导致观测不完整。这个现象如同栅栏的作用。例如：在图19.4中，实际发生的现象为绿线所描述，而实际采样如红色圆点所示，就漏掉了绿线的一些细节。漏掉的信息在分析结果中就不会出现，这时获得的数据分析结果会出现失真，即间隔采样导致的数据信号失真现象，被称为栅栏效应（fence effect，picket fence effect，barrier effect）。

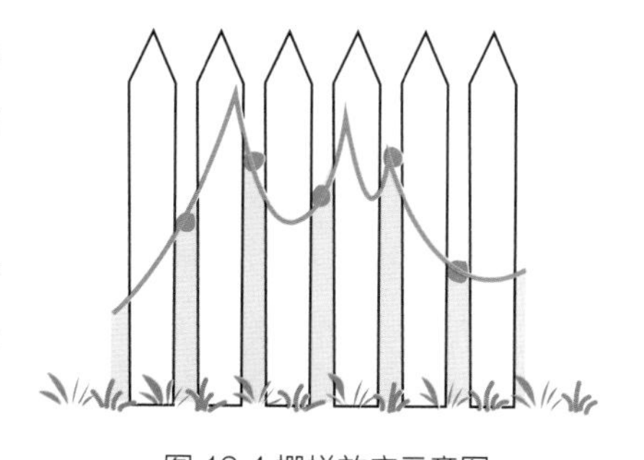

图 19.4 栅栏效应示意图

当采样周期大于密集的起伏变化信号的周期时，获得的信号与实际信号有明显的差别，甚至没有相似之处，这就是栅栏效应导致的后果。不管是时域采样还是频域采样，都有相应的栅栏效应。只有当时域采样满足采样定理时，栅栏效应不会有什么影响。而频域采样的栅栏效应则影响很大，挡住或丢失的频率成分有可能是重要的成分。可以用缩小采样间隔的方法来解决栅栏效应，但增加采样数会使计算工作量增加，并只能部分解决问题。解决此项矛盾可以采用频率细化技术（ZOOM-FFT，如：Regan and Regan，1988），或者把时域序列变换成频谱序列的方法。

对连续信号进行等间隔采样时，如果不能满足采样定理，采样后信号的频率就会重叠，即高于采样频率一半的频率成分将被重建成低于采样频率一半的信号。这种频谱的重叠导致的失真称为频率混叠（frequency fold-back），而重建出来的信号称为原信号的混叠替身，因为这两个信号有同样的样本值。为避免混叠的发生，可以提高采样频率，对模拟信号进行离散化时，采样频率 f_2 至少应2倍于被分析的信号的最高频率 f_1，即：$f_2 \geqslant 2f_1$，否则可能出现因采样频率不够高，模拟信号中的高频信号折叠到低频段。也可以引入低通滤波器或提高低通滤波器的参数，限制信号的带宽，使之满足采样定理的条件，这种低通滤波器通常称为抗混叠滤波器。

广义而言，对采样不足（欠采样）的离散数据进行图像重建时,都会在重建图像中引进了虚假的空间频率混叠，这种现象被称为交叠效应（overlap effect）或重叠效应（eclipsing effect），在光学中称之为莫尔效应。

19.6 悬崖效应

悬崖效应（cliff effect），也称砖墙效应（brickwall effect），是指接收的数字信号突然损失的现象。以往用来传输数据的无线电信号是模拟信号，在模拟信号情况下，随着信号强度降低和干扰因素增加，模拟信号的接收质量是逐渐降低的。而现在，数字信号以其抗噪声、抗干扰、保密性和传输质量的优势正在逐步取代模拟信号，成为数据传输的主体。而在数字信号情形，发生干扰后信号或是完全可接收的、或是完全不可接收的，二者之间没有过渡，称为悬崖效应。在电视图像中，突然出现的"马赛克"或者定格现象就是悬崖效应中的信号消失。而后，当干扰结束后这些信号又会突然出现。悬崖效应是数字信号传输的性质决定的，没有办法消除，只能在后续的数字信号处理中解决。

事实上，数字信号传输中的悬崖效应总是存在的，个别的信号消失是无法避免的。然而，在实际应用中，决定接收效果的不是个别的数据消失，而是信号的整体质量，用信号质量阈值来衡量。因此，我们可以通过编码方式或数据处理来弱化或消除悬崖效应。应对悬崖效应的方法很多，可以获得令人满意的效果。我们在电视中看到的节目质量已经是数据处理的结果，实际发生的悬崖效应已经大大消除了。一旦我们看到质量很不好的电视节目，说明干扰是非常严重的。也就是说，各种方法可以改善因悬崖效应引起的数字通信质量，但不能完全消除悬崖效应。

19.7 束内充塞效应

雷达是探测降雨云团的重要手段，雷达探测网对于天气预报非常重要，星载雷达更是由于其很好的空间覆盖率有更为广泛的应用（图19.5）。然而，由于技术原因，雷达的空间分辨率较低，波束尺度有十几千米至二十几千米，而降雨云团的尺度通常只有几千米，因此，在一个波束内既有降雨云团，又有非降雨云团情况时，用降雨云团在波束中所占的比例来描述，这个比例被称为波束充塞系数（beam filling coefficient）。波束充塞系数分为垂直充塞系数和水平充塞系数。垂直充塞系数为波束在垂直方向的充塞程度，只要在波束的某方位有一点降雨云团，这个方位就被认为是充塞的。考虑到降雨云团很大的垂直范围，垂直充塞系数很容易达到1。而水平充塞系数在降雨云团边缘附近时会小于1。一般应用时要综合考虑水平和垂直的充塞系数，建立反演算法。

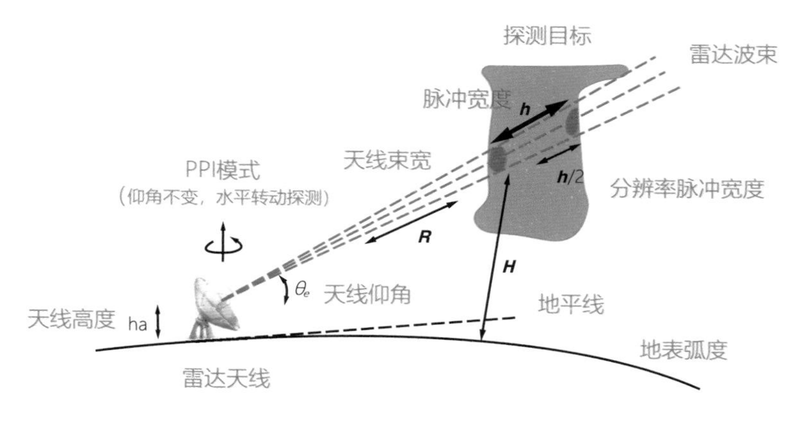

图 19.5 束内充填效应对降雨云团探测的影响

在降雨粒子充满波束时，雷达探测的降雨云团是很准确的；但如果波束充塞系数小于1，雷达的回波功率要比完全充塞时小，反演的雨强也会偏小，影响测雨雷达探测的准确性。这种波束充塞系数小于1时对探测精度的影响就是束内充塞效应（beam filling effect）。这个效应对于测雨雷达反演降雨强度的算法非常重要。实际上，只靠获取的雷达数据是无法给出束内充塞系数的，要用更高分辨率的数据才能给出。因此，束内充塞效应还没有很好的反演方法。

实际上，充塞效应应该有非常普遍的应用，各种空间分辨率小于现象的尺度时都会遇到充塞不足1的情况，只不过这些现象没有用充塞效应来表达。例如：NOAA卫星红外辐射计的地面分辨率为1.1 km，而冰面融池的尺度只有几十米至上百米，在一个像元中，既有由海冰冰面构成的部分，也有由融池水面构成的部分，冰和融池都没有完全充塞像元，充塞效应将影响对表面性质的识别和对辐射特性的定量反演。

研究表明，抑制充塞效应最有效的办法是提高探测的空间分辨率，这是谁都明白的道理，但受技术上的限制难以实现。研究充塞效应的最大价值是提醒我们时刻关注这个效应对反演结果的影响，去发展更好的算法。

19.8 海面粗糙度效应

海面作为热辐射体，除了发生红外辐射之外，还发射微波辐射。海水的微波辐射发射率首先受自身物理性质的影响，如海面温度、海水盐度、海水介电常数等。此外，海面粗糙度是影响微波辐射的重要因素之一。在有风的情形，海面会发生波浪，致使海面粗糙度增大。风速越高，海面粗糙度的变化越大。当海面粗糙度增加时，海面微波发射率增大，极化减弱，所测的亮温值增大（王振占 等，2008）。我们将这种现象称为微波辐射的海面粗糙度效应（surface roughness effect）。

海面粗糙度的影响主要体现在三个方面。一是波长比辐射波长长的表面波混合垂直和水平极化状态，改变了局部发射角。这时可以把海表面看成是一簇倾斜的小平面，每个小斜面的辐射可以近似为平面辐射，因而观测的亮温发生改变。二是波长与辐射波长相当或比辐射波长小的表面波（毛细波）也会微小改变海面的发射角，影响海面亮温。三是当风速增大到一定值时，会在海表面产生海浪破碎和海水飞沫，飞沫是海空气和水的混合物（参见“飞沫效应”），可增加水平和垂直极化的发射率，从而影响观测的海面亮温。

海洋表面的粗糙效应影响海水的辐射特性。平静海面的微波辐射是高度极化的，而当表面粗糙度增加时，表面的辐射增加（在入射角<60°），极化特性减弱。当风速低于7 m/s时，风浪使海面粗糙度增加；当风速继续增大，出现波浪破碎，形成白沫；当风速增大到25 m/s时，白沫覆盖可占海水面积的30%以上。无论风浪表面还是白沫表面，都会使海面的微波发射率增加，亮温变化可达30 K以上。

19.9 σ^0 温度效应

在主动式微波遥感中，空中发射器发射微波信号，接收在海面的后向散射信号。一般情况下，海水表面为随机粗造表面。当微波投射到海面上时，这些随机分布的起伏不平的微小面元造成微波的散射。向某一方向散射的微波量取决于造成向该方向反射的微小面元的总面积，也就是散射截面σ。定义σ^0为后向散射单位面积的散射截面。由于σ^0直接反映了海面的粗造度，反映了海浪的情况，因而间接反映了风场的强度。通过风场与海浪的关系，可以确定海面风场或海面风应力，这就实现了该项遥感观测的目的。将σ^0与大气或海洋的物理量建立起联系，称为建立解析模式。目前关于这方面的模式主要有镜面点模式、布拉格（bragg）共振模式、双尺度模式等。这些模式的物理构想和出发点不同，结果表达式的差别也相当大；但是，它们有一个共同点，就是可以将σ^0表示为地球物理参数F_1（入射角，方位角等），海水电磁参数F_2（反射系数或散射系数）以及海面几何特征F_3（波谱）乘积的形式

$$\sigma^0 = F_1 F_2 F_3 \tag{19.4}$$

σ^0温度效应（σ^0 temperature effect）是指海水温度变化对后向散射截面变化的影响，这个效应对海洋和大气的微波遥感数据反演有显著的订正作用。研究发现，地球物理参数F_1基本不受海水温度变化的影响，而电磁参数F_2和海面几何特征F_3都随温度发生变化。可以将σ^0在海面温度影响下的相对变化率表达为电磁参量与几何参量相对变化率之和

$$\frac{\Delta\sigma^0}{\sigma^0} = \frac{\Delta F_2(T)}{F_2(T)} + \frac{\Delta F_3(T)}{F_3(T)} \tag{19.5}$$

其中，电磁参量F_2中与海水温度有关的物理量主要为海水相对复介电常数ε。通过计算可以确定，$\Delta F_2(\mathrm{T})/F_2$项对$\sigma^0$相对变化率的贡献大约为1.5%。几何参量$F_3$与海水黏滞系数和表面张力有关，二者都随温度变化，影响毛细波的生成和耗散，从而影响海面特征。

当水温由0 ºC升高到30 ºC，黏滞系数下降55%，表面张力下降6%。二者共同作用使σ^0的相对变化率大约改变12.5%。这样，温度对σ^0的影响合计可达14%，是一项不可忽略的作用。

在通过σ^0计算风场的模式中进行海表温度订正发现，水温变化1 ºC，风速计算值可以差0.4 m/s。大洋中海水最大温差可达30 ºC，温度的作用是很可观的。

海面粗糙度效应与σ^0温度效应有明显的不同。海面粗糙度效应主要是海面粗糙度对海面发射的微波辐射的影响，而σ^0温度效应主要体现为温度对后向散射辐射的影响。其实，σ^0温度效应中很大一部分内容涉及到温度对海面粗糙度的影响。有人将σ^0温度效应也表达为海面粗糙度效应，在实际使用中需要注意。

19.10 波束效应

在海洋中，依靠声波对海底地貌和沉积层结构进行探测，不仅可以通过回声信号探测海底地貌分布，还可以通过从沉积层内部不同深度、不同物质的反射信号反演沉积层结构。目前，单波束回声探测设备在海底地形测量、大规模扫海测量及高精度港口测量中仍占主体位置。如果在平静的海面上向下发射声信号，会得到理想的探测结果；但如果船舶发生摇摆，不仅会使发生的声波产生偏向，还会使返回的声波偏移，使得波束信号严重失真，甚至完全收不到回波信号。船舶摇摆对返回声波的影响称为波束效应（beam effect），也有人将其称为波浪效应。波束效应有以下内涵：

（1）波束角效应

在海洋测深过程中，用发射信号和接收信号的时间差的一半计算水深。回声测深仪接收到的是在一定范围内的回声，而最先回来的信号是波束内距离换能器最近的信号，因此，波束角效应（effect of beam angle）首先体现为波束范围内的不平坦海底回波不同时到达，而凸起的地形会导致测深的误差加大。

此外，回声测深仪波束角会因船舶摇晃而无法返回规则的声波信号，使记录的测深图像失真。这种信号失真并不能分辨出来，有时会分辨不清到底是信号失真，还是真实海底地形的信号，这种现象也属于波束角效应。为提高海底地形的测量精度，应消除或减弱波束角效应影响。而对未知海底的倾斜角求解问题是解决波束角效应的难点之一。现有波束角效应模型应用分段解析几何的方法将其划分为3个作用过程：凸点的双曲线增伪、凹点的深度丢失和线性过渡段的平移。在此基础上，还应用微分几何的原理对波束角效应的空间结构及其数学原理描述进行理论分析，由此建立了波束角效应的改进模型及其改正算法（徐晓晗 等，2005）。

（2）波束宽度效应

上述海洋测深是垂直向下发射声波，引起波束角效应。而用多波束系统进行海底地貌观测就会发生波束宽度效应。多波束系统的地貌探测采用侧扫声呐进行。波束到达海底后形成具有一定宽度的波束覆盖带，亦称刈幅。在平坦的海底，波束宽度与水深有明确的关系，如果已知波束宽度和声呐的技术参数，就可以精确计算出水深。然而，如果海底不是平整的，虽然可以探测到波束宽度，但因海底起伏，波束宽度可能是由地貌引起的，如果仍然用波束宽度计算水深，就会得出错误的结果（邹永刚 等，2011），这个现象是波束宽度效应（beam width effect）。

（3）波束倾斜效应

用雷达进行微波谱段的探测时需要进行扫描式探测，例如：用于地面探测的相控阵雷达，用于星载的合成孔径雷达等。扫描式的探测势必要遇到波束不能垂直反射，而在扫描时总是有回波来自倾斜面的反射。这种情况下，只有采用窄带宽的雷达才能获得精确的结果，而宽带宽的情形会发生较大的波束倾斜，探测的误差增大，这种问题称为波束倾斜效应（beam-squinting effect），也称波束偏斜效应。在探测数据的处理中，需要在算法中精确考虑波束倾斜带来的影响，并努力消除波束倾斜效应，获得高精度的反演结果。此外，研究表明，采用相控阵天线系统可以有效地克服波束偏斜效应（徐晨，2016）。

19.11 多径效应

无线电发射机发射的是球面波，对于接收机而言，接收到的电波既有从发射基站直接到达接收机的直射波，也有从山脉或其他建筑物反射和折射而来的波，还有从电离层返回的电磁波，这种现象称为电波的多径传输。多径现象有两种：一种是分离的多径，也就是不同来源的多径，比如，来自直接接收的电磁波与来自电离层的电磁波之间的多径，这种多径传播时延差较大；另一种是微分的多径，由电离层不均匀体所引起，多径传播时延差很小（图19.6）。此外，对流层的湍流运动和层化对电磁波的传播也有

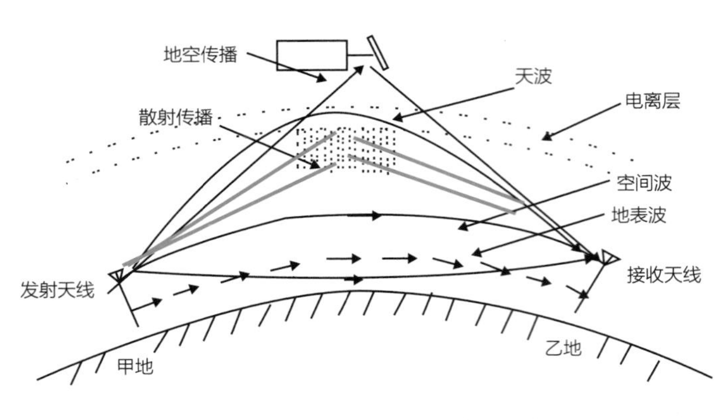

图 19.6 无线电信号传播的多径效应

明显影响，形成多径问题。不同路径传来的信号强度不一，位相也会有变化，导致不同路径信号的相互影响，产生随机干涉，形成总的接收信号的衰落。

多径效应（multipath effect）就是指电波传播信道中的多径传输现象所引起的干涉延时，导致信号出现衰落现象。多径效应主要指3种衰落现象，即：平坦衰落、时间选择性衰落和频率选择性衰落。因为多径合成波形有可能落在后续码元时间间隔内引起干扰，因此，频率选择性衰落对于高速数据传输危害最大。

多径效应对以下各个领域都有影响。

（1）数字通信的多径效应

在数字无线通信系统中，多径效应产生的信号间干扰会严重影响到信号传输的质量。对抗多径干扰有以下途径：第一，提高接收机的距离测量精度。第二，使用抗多径天线；第三，采用抗多径信号处理与自适应抵消技术等。实际上，多径效应是不可避免的，除了在硬件设计上尽可能减轻多径效应之外，主要通过数据处理来消除多径效应的影响，以提取出有用的信号。

（2）电视信号的多径效应

用天线接收电视信号时可以直观地看到多径传播对于信号质量的影响。多径会导致信号的衰落和相移。通过较长的路径到达接收天线的信号比通过较短路径到达天线的信号稍迟，迟到的信号会在早到的信号形成的电视画面上叠加一个稍稍靠右的虚像。有线电视的普及在很大程度上消除了电视接收机的电视信号多径效应，但在进入用户之前，电视信号的远程传输仍然会存在多径效应，影响电视的效果。

（3）雷达信号的多径效应

探测目标的雷达反射信号会由于地形反射在雷达接收机上产生一个或多个虚像。由于虚像的运动方式与它们反射的实际物体相同，表现为信号的重影，影响雷达对目标的识别。为解决这一问题，雷达接收端需要将信号与附近的地形图相比对，去除反射产生的信号。多径效应不仅是衰落的经常性成因，而且是限制传输带宽或传输速率的根本因素之一。

（4）卫星定位的多径效应

多径效应问题是卫星差分定位的主要误差来源。接收机天线附近的物体和地面很容易反射GPS信号，导致GPS信号来自多个传播路径。这些叠加在期望的直接路径信号上的反射信号总是具有更长的传播时延，可能对直接到达信号造成幅度和相位的较大干扰，产生测量误差，称为多径效应误差。多径效应误差与接收机附近的自然反射面的性质、天线结构和卫星仰角有关。一个没有多径保护的接收机，测距误差可能达到10 m以上。差分GPS对多径效应引起的误差没有处理能力，因为它同样受接收机天线附近的几何地形的影响。多径效应不仅使长码测距产生误差，同时可能严重地降低载波相位测距的模糊分辨率。

（5）水声传播多径效应

声波在海水中传播时，海水在不同跃层处发生折射，并在海面和海底发生反射，导致声源与接收点之间存在多个声传播途径。因沿多径传播的声波到达接收点的时间不同，所以会产生信号振幅和位相的起伏，在接收点处产生声波干涉，导致信号畸变。多径传播不仅破坏了信号检测时的相关性，还使接收器之间信号振幅与相位的相关性变弱，从而使基阵增益下降。

声传播的多径效应称为多途效应。来自同一个声源但经过不同途径到达接收器的声波信号会相互干涉、叠加，产生复杂的信号特性和干涉图像，对信号解译造成困难，甚至产生错误的信息（李海涛 等，2011）。从另一个角度看，多途效应有重要的价值，多途结构的声学信息中包含了大量海洋环境信息，可以通过信号反演，获取相关环境信息（陆娟娟和韩梅，2009）。多途效应还可以用于深海的匹配定位（张程 等，2011）。

19.12 潮汐效应

在引潮力的作用下，在海洋和大气中产生周期性运动，称为潮汐现象，分别称为海潮和大气潮。潮汐运动会产生各种效应，统称为潮汐效应（tidal effect）。潮汐效应不是指潮汐现象本身，而是指潮汐带来的附加影响。各类潮汐效应很多，这里我们只介绍潮汐效应对两类探测信号的影响。

（1）卫星测高的潮汐效应

应用卫星测高数据研究海平面变化和地球荷载时，都会受到潮汐的影响。由于测高卫星的轨道重复率低，潮汐变化对测高信号的影响体现为噪声，想要滤除潮汐的影响，需要用到长时间的重复轨道数据。然而，实际上潮汐不是随机现象，当做随机的噪声来处理会引起偏差。因此，有人用卫星测高和潮汐数值模式联合研究，以消除潮汐效应，获得精确的测高结果。

（2）地下水的潮汐效应

海岸沉积层中的地下水受到潮汐过程的影响，涨潮使压力增大，水井中的地下水水位升高；落潮时发生相反的变化。过去认为地下水产生潮汐效应是因为地下水层的边缘与海水连通造成的，而新的研究表明，即使是与海水完全隔离的地下水也发生潮汐效应，这是因为潮汐效应的实质是潮汐的起伏导致压力场的变化，从而影响地下水的压力平衡。其实，潮汐效应不仅影响地下水，还会影响潮汐变化。实际上潮汐也是地壳的荷载，对地壳内的压力场也有影响，有些强潮汐还是海底地震的诱因（杨学祥 等，2004）。

19.13 大气延迟效应

电磁波在大气中会由于传播路径弯曲引起传播时间的延迟，产生延迟的主要是水汽，及其他物质。在信号往返过程中，大气中的水汽会使雷达信号传播发生延迟。如果不需要成像，信号延迟的影响不大。由于电磁波传播很快，信号的延迟其实不大，但会导致干涉相位值发生变化（如：崔喜爱 等，2013）。应用卫星主动雷达INSAR遥感对地观测时需要获取影像，由于各点的延迟时间不同，成像的清晰度会受到影响，成为INSAR高精度观测的重要误差来源之一。这种现象称为大气延迟效应（atmosphere delayed effect）。

解决大气延迟效应的方法是同步获取水汽数据，当然最好在同一颗卫星上既搭载雷达，也搭载水汽传感器；也可以采用相邻卫星的数据。然后，利用水汽数据计算路径延迟相位，对INSAR干涉图的大气延迟相位进行改正，以提高遥感观测的精度。这样做虽然可以在一定程度上改善成像结果，但不能根本消除大气延迟效应。

第20章 航行器效应

Effects of Carriers

这里，航行器是指在海洋和大气中运行的机动装置，包括飞机、火箭、飞船、船舶、潜艇、气垫船、赛车等。航行器在海洋和大气中运动，对大气或海洋环境有特殊的影响，产生特定的现象。因此，我们将各种与航行器有关的效应提取出来，在这里统一表述。

有的航行器效应是航行器对气流或水流的影响，有的属于气流或水流对航行器的影响，还有的是航行器与气流或水流的相互影响。这些影响离开了航行器将不存在。还有一个重要的特点，航行器都是人造的，因而相关的效应都是人类对海洋和大气环境的影响。此外，航行器效应绝大多数都是积极的，只有少数是消极的。航行器效应体现了人类能够运用海洋和大气运动的原理制造装备来满足人类需要的智慧。

毋庸置疑，航行器效应种类非常多，本章择重要的内容加以介绍。

20.1 奥伯特效应

奥伯特效应（Aubert's effect）由德国科学家赫尔曼·奥伯特首先提出来的，他是太空探索领域的先驱者之一。他注意到，当火箭的推力作用在不同速度的物体上时，所做的功率是不一样的；物体的速度越快，火箭的功率越大。因而得出结论，若想获得最大的推动功率，就要在物体运动的速度最大时点燃火箭。

按照这个效应，从地面发射火箭是效率最低的，因为要推动几百吨的火箭低速移动，大量燃料都用来提高火箭的速度了。可是，这种低效率的方式是从地面发射火箭必须付出的代价。因此，科学家试图从高速飞行的飞机上发射火箭，发射效率大幅度提高，同样载荷的火箭可以小很多（图20.1）。在高速运行的宇宙飞船上启动火箭发射，只需要很小的推力就可以将火箭的速度提高很多。人们有时认为，这种情况是大气阻力小和地球引力小导致的，其实，奥伯特效应才是主要原因。

图 20.1 利用奥伯特效应从飞机上发射火箭

飞行的卫星变轨也要利用奥伯特效应。卫星的轨道一般是椭圆的，相对而言，卫星在椭圆的近地点附近速度最大，若要获得最大的推动效率，火箭需要在近地点附近点火，使卫星的轨道得到提升。能够利用奥伯特效应实现变轨，就可以携带更少的燃料，毕竟卫星上的载荷都是非常宝贵的。对于星际飞行的航行器，也要利用人造卫星接近和远离途经的每一个星球时速度的变化而选择点火时机。

不仅如此，从空中发生的导弹也用到了奥伯特效应，若要达到同样的攻击能力，空对地导弹要比地对空导弹个头小很多。

20.2 伯努利效应

瑞士科学家伯努利于1726年，发现了一个著名的现象：当流体速度加快时，与流体接触的物体表面压力会减小，也就是“流速快、压强低”的现象，是流体运动的基本现象。由这个原理导致的现象被称为伯努利效应（Bernoulli effect），也称边界层表面效应（surface effect of boundary layer）。伯努利效应可以从伯努利方程得出，

$$p+\frac{1}{2}\rho v^2+\rho gh=\text{常量} \tag{20.1}$$

其中，p为压强，ρ为流体密度，v为流体速度，g为重力加速度，h为高度。从伯努利方程可以看出，流速增大压强降低，高度增大压强也会降低。伯努利效应有很多实用的例子：

（1）飞机的升力

飞机的升力是伯努利效应的典型应用。飞机机翼的形状是下面是较平的表面，而上面呈凸起的弧形表面。气流被机翼切割发生绕流，上部的绕流距离长，下部的绕流距离短。显然，机翼上部的绕流速度会更大一些，根据伯努利效应，机翼上部的压强要低于机翼下部的压强，这个垂直方向的压强差就形成了飞机的升力（图20.2）。过去，用茅草覆盖的屋顶被大风掀掉也是由于伯努利效应，屋顶风速大到一定程度，向上的压力会将屋顶推向空中。

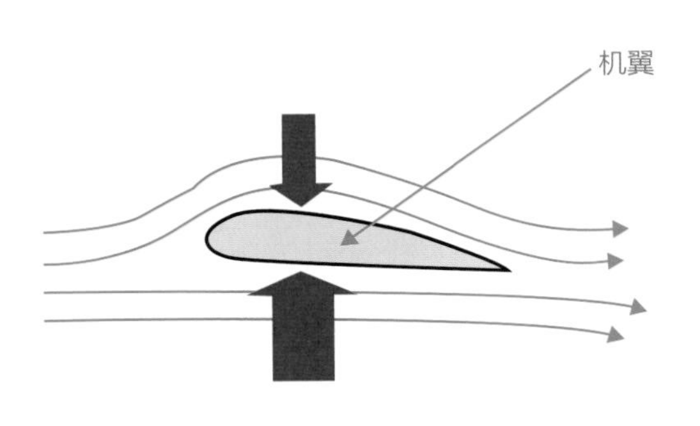

图 20.2 伯努利效应

（2）高速列车的吸力

按照伯努利定理，高速列车驶过时，列车附近的压力降低，这时，如果有人站在离列车不远的地方，就会形成压强差，将人推向列车造成伤害。当两列反向行驶的高速列车会车时，列车之间的相对风速要大于列车外侧的风速，因而列车之间的压强低于外侧，导致两列车相互吸引，内侧车轮的压力增大，外侧车轮的压力减小。会车时迅速形成压强差，会车结束后压强差旋即消失，导致车体明显的横向震动。两条船航行时如果距离太近，就会在船体之间产生较快的流动，来自两侧的压力将导致两船不断靠近，最后发生相撞的事故。

其实，伯努利效应的现象非常多，不胜枚举。伯努利效应是流体中非常重要的效应，极大地影响着流体中物体的运动。

20.3 文图里效应

当流体的通道突然变窄时流速会加快，这是常识性的现象。在大气中，当气流流过城市楼宇间的通道时风速加大。在海洋中，海流流过狭窄水道是流速也会增大。通道窄、流速快首先是质量守恒的需要，也就是为了保证流体运动的连续性而必须的响应。

在通道的最窄处，流速达到最大，但静态压力达到最小，正是这个流速快、压强低的特点，使得沿流方向产生压强梯度力，驱动流体通过狭窄的通道。在管道中流速加快产生的压力降低现象被称为文图里效应（Venturi effect），也称文丘里效应、文杜里效应、文氏管效应等（图20.3）。

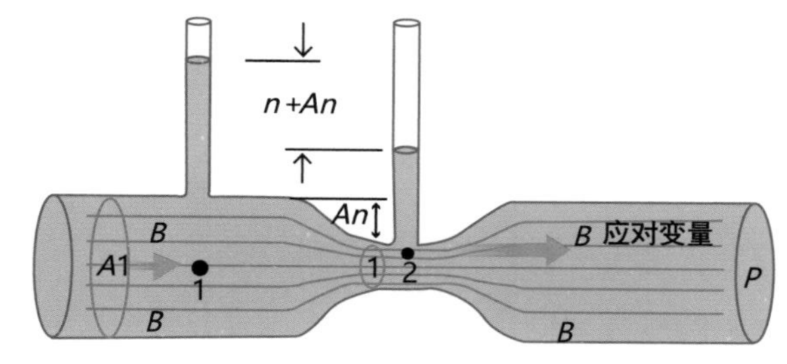

图 20.3 文图里效应

文图里效应的另一个作用是在障碍物背后产生低压。当风吹过障碍物时，障碍物的背风面气压相对较低，从而产生吸附作用并导致空气产生绕流。在海洋中岛屿的绕流也是由于岛屿背流面的低压引导产生的，可归因于文图里效应。

在大气中，可以利用文图里效应设计通风装备，用于高楼大厦的自然通风。在海洋中，则利用文图里效应的增速作用用于海流发电。

文图里效应实际上是狭管效应与伯努利效应在特定边界约束下的组合效应。利用文图里效应可以制作真空发生装置文图里管（也称文丘里管、文氏管）。用高压空气注入一个逐渐收窄的管道时，在管道的出口处发生低压，形成一定的真空度，从而产生吸附作用。此外，文图里效应在工程中有大量的应用。

20.4 烟囱效应

烟囱效应（stack effect，chimney effect）是指室内空气上升或下降运动，造成空气对流的现象。最常见的烟囱效应是火炉产生的热空气沿着烟囱内部上升，在烟囱的顶部离开。烟囱中的热空气排出而造成补偿气流，将室外的空气吸引进来，增加了燃料燃烧所需要的氧气，使火炉更旺。烟囱效应的强度与烟囱的高度、室内外温度差以及空气流通度有关。烟囱起到了拔火拔烟，改善燃烧条件的作用（图20.4）。其实，不仅火炉，凡是下部加热、可以产生对流的物体都可以产生烟囱效应，例如暖气片。暖气产生的烟囱效应不排放烟尘，其他与火炉的作用基本相同。而依靠辐射热供暖的地暖系统不产生烟囱效应。烟囱效应亦可以是逆向的，夏天使用空调时，室内的冷空气密度较大，会自动向外溢，烟囱可以将室外空气从烟囱抽入室内。

现在提到的烟囱效应更多的是指高大建筑物设计时考虑通风因素而设有的建筑结构。高大建筑物容易发生通风不畅的现象，导致建筑物内空气质量差。如果加装通风设备将消耗大量资源。建筑物有自然通风的结构是理想的选择，利用烟囱效应可以实现这一目标。建筑物的贯通性中庭、竖向通风道、楼梯间等从底到顶具有通畅空间的部分都可产生烟囱效应，空气靠密度差的作用沿着通道排出建筑物。目前，这种利用热空气上升，有拔风作用的烟囱效应，在建筑结构设计领域被广泛应用。

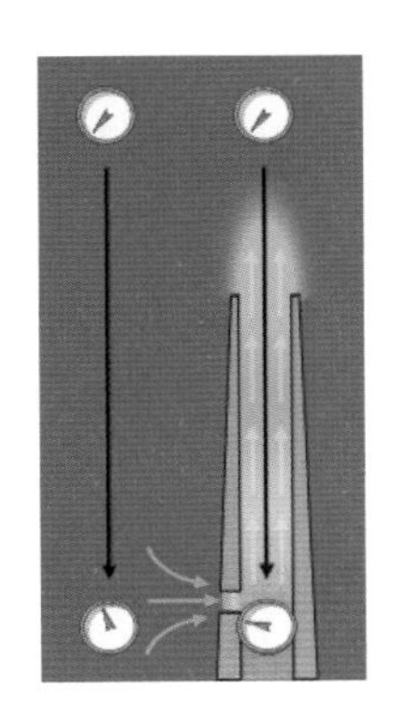

图 20.4 烟囱效应

然而，烟囱效应也有严重的负面作用。通风良好高楼大厦发生火灾时，热空气迅速上升，新鲜空气不断补充，使火势更加猛烈。一旦火焰沿对流的空气向顶层扩展，会危及楼内人员的生命安全。有资料显示，烟气在竖向管井内的垂直扩散速度为3~4 m/s，意味着高度为100 m的高层建筑，烟火由底层直接窜至顶层只需30 s左右。各种竖井成为拔火拔烟的垂直通道，是火灾垂直蔓延的主要途径，从而助长火势扩大灾情。因此，建筑还要采取有效措施减弱烟囱效应产生的负面影响。

20.5 马格努斯效应

马格努斯效应（Magnus effect），亦译为马格纳斯效应。德国科学家H.G.马格努斯于1852年发现，在静止黏性流体中匀速旋转的圆柱会带动周围的流体作圆周运动，流体的速度随着到柱面的距离的增大而减小。绕圆柱流动的流体的运动称为有环量流动，可以用圆心处的点涡来模拟。当圆柱发生平移运动时，旋转圆柱产生的有环量运动与平移运动相叠加，在切向运动与平移方向一致时合成流速大，切向运动与平移方向相反时合成流速减小，根据伯努利原理，在圆柱的两侧就会形成压强差，形成指向合成流速大一侧的横向力。更为广义地说，当旋转物体的旋转角速度矢量与物体运移速度矢量不重合时，在与这两个矢量相垂直的方向上将产生一个横向力。这个力称为马格努斯力，也称马氏力。在马格努斯力的作用下物体运移轨迹发生偏转的现象称作马格努斯效应。

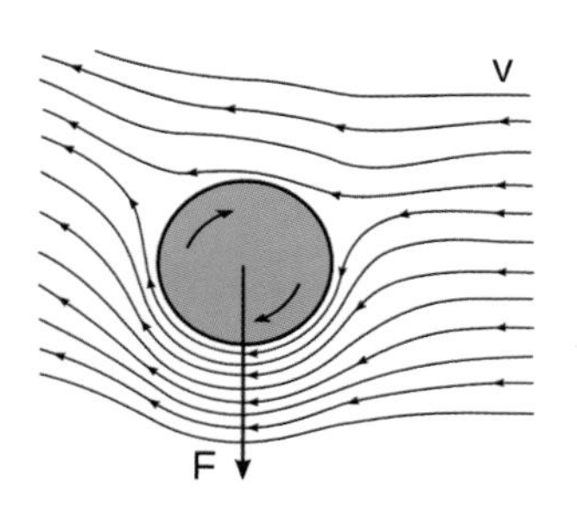

图 20.5 球类的马格努斯效应

马格努斯效应主要出现在球类运动之中。以足球为例，图20.5中足球向右方飞行，并顺时针旋转，在球上方的切向速度与相对风速v方向相反，下方的切向速度与风速一致，上方的压强大于下方的压强，产生向下的推力F。这个推力将使足球偏离向右运动的正常轨迹。足球的旋转轴可以是不同方向的，会产生不同的效果。如果旋转轴是水平的，即绕着水平轴转动，会产生向下的横向力。在乒乓球运动中，往往使用绕水平轴旋转的“上旋球”，产生向下的横向力，增加轨迹的弯曲度，增大接球的难度。在高尔夫球运动中，旋转的球可以获得额外的升力而飞得更远。如果旋转轴是垂直的，即绕着垂直轴旋转，产生的横向力是水平方向的。在足球运动中，任意球绕过人墙射入球门的“香蕉球”就是通过让足球绕垂直轴旋转形成的弧形轨迹实现的。

马格努斯效应的另一个应用是对弹道的影响。为了避免力矩不平衡，枪炮内部都设置膛线，让子弹和炮弹在飞行中快速旋转，利用旋转稳定性来保持弹体的姿态。如果弹体的转轴与弹体的飞行方向完全一致，就不会发生马格努斯效应，因为环流的方向与弹体的方向垂直而不受伯努利效应的影响；然而，如果弹体飞行时与旋转轴有一定的夹角，称为迎角，弹体高速旋转就会发生马格努斯效应，产生横向的马格努斯力（丁则胜等，1981），对射击精度有显著影响（Silton, 2005），狙击手需要考虑这种效应。大型的导弹在飞行中也要旋转增大稳定性，也受马格努斯效应的影响。尤其是长距离飞行的弹道导弹，会受马格努斯力的作用产生很大的偏差，需要在导弹中配备纠偏的装置来纠正弹道的偏差。

虽然马格努斯效应理解起来并不困难，可简化为平均流与点涡运动的叠加，但其动力学是复杂的非线性力学原理，在定量计算时必须考虑流体相对运动的非线性特点。

20.6 陀螺效应

陀螺效应（gyro-effect，gyroscopic effect），也称回转效应，就是旋转着的物体具有像陀螺一样的特性。陀螺有两个特点：进动性和定轴性。旋转的物体有保持其旋转轴向的惯性，即定轴性。当陀螺倾斜时，重心偏离垂直轴，产生额外的重力力矩。但重力力矩不能使陀螺倾倒，而是通过小角度的进动（即旋转轴绕垂直方向旋转）来保持平衡。推广到更一般的情形，如果在高速旋转的陀螺转轴上施加一离心方向的力，陀螺不会倾倒，而是通过进动保持平衡（图 20.6）。

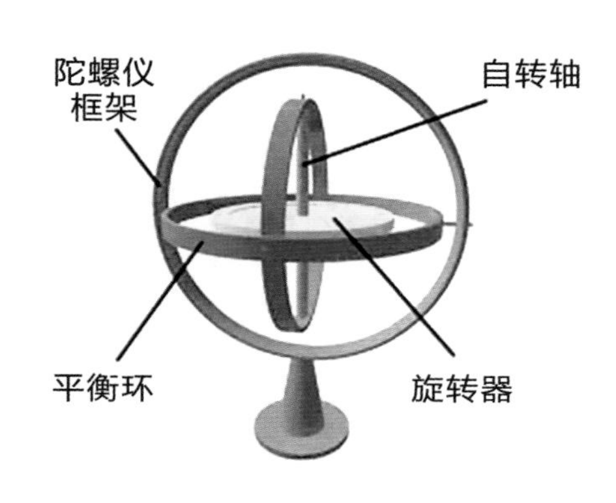

图 20.6 陀螺仪示意图

陀螺效应最重要的特点是高速旋转的物体有保持旋转方向的特性。因此，如果能保持物体旋转，就可以使其指向某一个不变的方向。利用这种效应制造的陀螺罗经可以起到指南针的作用。指南针是靠地球磁场的磁力线来保持方向的，在地磁场的不同位置，具有不同的磁偏角，在远程航海时需要不断地考虑磁偏角的变化。而陀螺罗经不受地磁场的影响，可以真正指向正北。因此，人们研制出特别精致的陀螺罗经。

陀螺罗经又称电罗经，是利用陀螺仪的定轴性和进动性，结合地球自转矢量和重力矢量，用控制设备和阻尼设备制成以提供真北基准的仪器。按对陀螺施加作用力矩的方式可分为机械摆式与电磁控制式两类陀螺罗经：机械摆式陀螺罗经按产生摆性力矩方式分为用弹性支承的单转子上重式液体连通器式罗经，和将陀螺仪重心放在支承中心以下的下重式罗经；电磁控制式陀螺罗经是在两自由度平衡陀螺仪的结构上，设置电磁摆和力矩器组成的电磁控制装置，通过电信号给陀螺施加控制力矩。

在GPS问世之前，陀螺罗经是最可靠的航海仪器。现在，在水下没有GPS信号，水下运动的潜艇、自航器、深潜器等还要靠陀螺罗经来导航，称为惯性导航。除了用于航海导航之外，陀螺仪器可作为指示仪表，可作为自动控制系统中的一个敏感元件或传感器。陀螺仪器能提供准确的方位、水平位置、速度和加速度等信号，用于飞机、导弹、卫星的导航，还能作为摇摆条件下相对稳定的工作平台等。

20.7 风切变效应

风切变通常是指风向和风速在空中水平或垂直方向上的变化。风切变分为：水平风的水平切变、水平风的垂直切变、垂直风的水平切变。引起风切变的因素有以下几种：锋面风切变、逆温层风切变、雷暴风切变、地形风切变和地面摩擦风切变。风切变现象具有时间短、尺度小、强度大、预报难的特点。图20.7为风暴下击气流引起的风切变示意图。

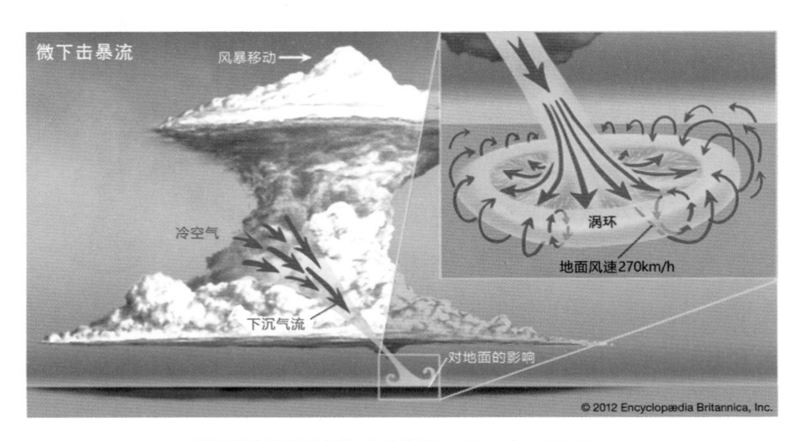

图 20.7 风切变效应 (引自 Britannica, 2018)

风切变的强度可由风切变指数α来描述。设在高度在z_1和z_2的风速分别为v_1和v_2，风切变指数为：

$$\alpha = \frac{\log_{10}(v_2 / v_1)}{\log_{10}(z_2 / z_1)} \tag{20.2}$$

风切变指数表征风速随高度的变化程度，其值大表示风速随高度增加得快，风速梯度大；其值小表示风能随高度增加得慢，风速梯度小。由于地形与大气层稳定度等因素的不同，风速随高度变化的程度不同，因此风切变指数的大小也各异。

风切变对飞机和建筑物的影响称为风切变效应（wind shear effect），特别是指300 m以下的低空风切变对飞机起飞和着陆的严重影响。水平风切变能使降落中的飞机偏离机场跑道，垂直风切变会导致飞机与空气的相对速度减小，使飞机的升力损失，导致飞机下降率增大。速度减小使飞机产生自然低头趋势，造成进一步的高度损失。这一切都发生在很短的时间内，一旦飞行员反应不及时，或应对措施不正确，很容易发生飞行事故。遇到风切变时，飞机如具有机动能量就可以通过加速克服风切变的影响。若飞行高度很低时遇到风切变，加之机动能量不足，飞机则会发生失速坠机。

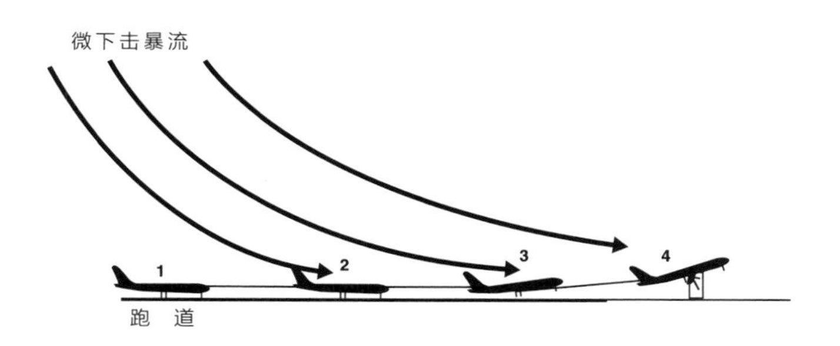

图 20.8 跑道起飞过程中遭遇风切变

图20.8描述了一起典型的起飞滑跑过程中顺风增强的切变事故。在位置1时开始滑跑一切正常；到位置2时飞机遭遇持续增强的顺风切变，空速增加缓慢；到位置3时飞机接近跑道尽头才达到起飞速度；到位置4时为飞机离开地面后顺风持续增强，阻碍了飞机加速和上升，导致飞机撞到跑道末端障碍物。

风切变是自然过程，除了在机场选址和飞行安全方面关注风切变效应之外，如何正视和合理利用风切变也是需要关注的问题。在建筑设计中，需要根据风切变的观测数据来设计建筑物的抗风能力。在有风切变的地区建设风力发电站时也要考虑风切变效应，需要根据风切变指数的情况确定发电机的高度，以期获得最优的驱动风速。

20.8 空气动力扭矩效应

扭矩是使物体发生转动的力矩，或者说是物体受到的使其旋转的力矩。汽车发动机输出扭矩，通过动力转换带动汽车运动。在直升飞机的情形，发动机带动旋翼旋转，相当于输出了扭矩，旋翼通过摩擦作用将扭矩作用给空气。与之同时，空气也以大小相同、方向相反的反扭矩作用于旋翼，再通过旋翼将这一反作用力矩传递到直升机。这个反作用力矩会使直升机逆旋翼转动方向旋转。这个扭矩被称为空气动力扭矩（图20.9）。为了平衡这个扭矩，一般的直升飞机要配备尾桨，以防止机体旋转。

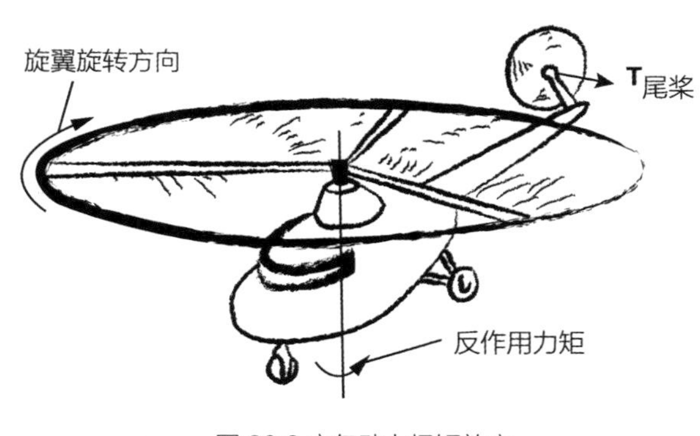

图 20.9 空气动力扭矩效应

空气动力扭矩效应（aerodynamic torque effect）是指旋转机翼会导致飞机反向旋转的现象。人们根据这个效应，发明了多种方案减小机体的旋转，并消除直升飞机的尾桨。比如：可以将直升飞机配置双层旋翼，二者旋转方向相反，使二者的空气动力扭矩相互抵消。也可以配置两个分开的旋翼，反向旋转，也达到空气动力力矩相互抵消的效果。现在，小型无人机大都采用4旋翼的，其旋转方向两两相反，也能消除空气动力扭矩效应。

20.9 涡环效应

当直升机在静止空气中悬停时，大量的气流从主旋翼向下流过，桨叶尖部的一部分气体从旋翼下方向上卷起，绕过桨面重新进入循环，这就是桨尖涡环。涡环效应（vortex ring effect）是指涡环消耗了直升机的功率但是不能产生升力，导致直升机升力下降的现象（图20.10）。一旦涡环越来越强，升力下降导致直升机输出最大功率时还会垂直下降，直升机就会抖动、摇晃、严重时操纵失控，陷入险境。飞行员要及时判定并迅速脱离涡环状态。

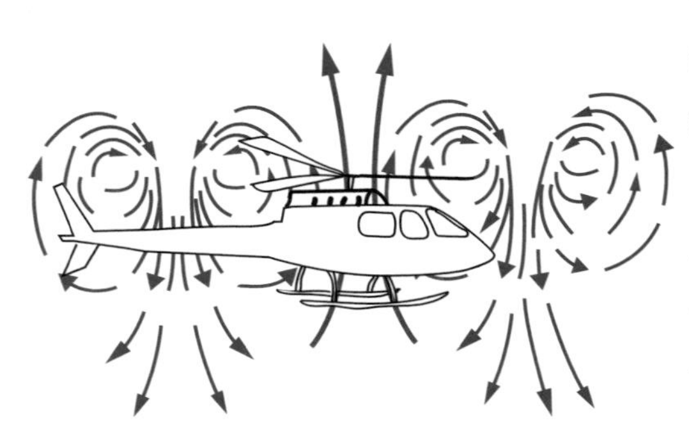

图 20.10 旋翼的涡环效应

20.10 地面效应

当飞机飞行高度降低到距地面很近时，飞机的升力会突然增加，这种现象称为地面效应（ground effect），亦称为翼地效应（wing-in-ground effect）或翼面效应（wing-in-surface effect）。当飞机贴近地面或水面飞行时，气流流过机翼后会向后下方流动，这时地面将产生一股反作用力，使得飞机的诱导阻力减小，上下压力差增大，获得比空中飞行更高的升阻比。在同样的速度和推力下，近地飞行产生地面效应时，飞机会获得更大的上扬力（图20.11）。

飞机在起飞和降落阶段受到地面效应的影响。在起飞阶段，地面效应使飞机获得更大的升力，在降落阶段也使飞机更加平稳。但负面的影响也不小，主要是容易导致飞机失速。地面效应对高速行驶的赛车也有影响，赛车不需要上扬力而是需要下向力，使赛转弯时提升速度。因此，需要将赛车的车底采用特殊设计，来减小地面效应的影响。

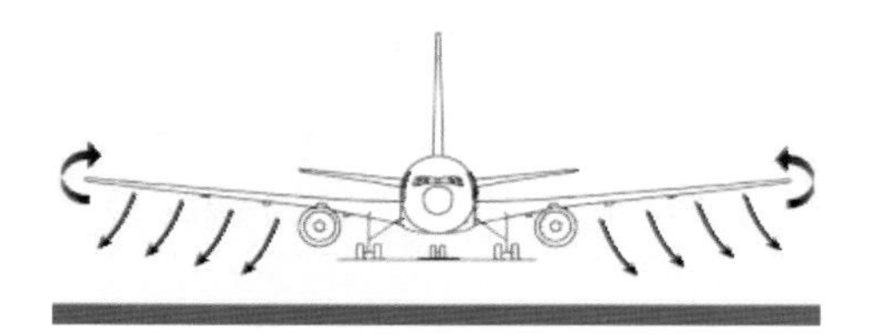

图 20.11 地面效应示意图

一般认为，地面效应的原因是因为气流在机翼和地面（水面）之间形成了一个高压气垫，由此产生了更大的上扬力。风洞实验的数据证实了高压气垫的存在，同时表明，地面效应中，地面的主要作用是扰乱和削弱了翼尖涡流。在没有翼尖涡流的情况下，飞机更有效率。

人们利用地面效应研制出地效飞行器，是介于飞机、舰船和气垫船之间的一种新型高速飞行器。地效飞行器主要在贴近地面的地效高度内飞行，而飞机主要在地效高度以外飞行。与气垫船不同的是，气垫船靠自身动力产生气垫，而地效飞行器靠地面效应产生气垫。地效飞行器速度快，在水上飞行的航速是普通舰艇的10倍以上，是气垫船的3倍以上。地效飞行器在距离水面1~6 m的高度飞行，一旦出现紧急情况，可随时在水面降落。地效飞行器在海面飞行具有较好的抗浪性，波浪对其影响很小，在陆地上，地效飞行器可以轻易飞越沙漠、沼泽、雪地，在军事与民间应用具有巨大潜力。

地面效应还有一个名称，就是气垫效应（air cushion effect）。需要注意的是，这个名称事实上不符合效应的定义，见本书导论的介绍。

20.11 山谷效应

在山谷中，由于温度的差异会生成山谷风。白天，山谷两侧山坡在太阳照射下而升温，表面空气温度升高，空气密度减小，形成局部的上升运动；而山谷中间空气远离山坡，升温少，会为了补偿周边的上升气流而形成下沉运动，在山坡与山谷之间形成一个热力环流。这种由山谷沿山坡向上吹的风称为谷风。夜晚的情形与白天相反，山坡附近地表降温快，形成冷空气沿山坡下沉，暖空气从山谷中央上升的局面，这种断面流环称为山风。山谷风是昼夜交替发生的局部大气环流。由于太阳照射不均匀，山谷风一般是不对称的，有时甚至只有单环的流环。山谷风也不一定发生在山谷，在一侧为山、另一侧为平原的情况下也会发生单环的山谷风。此外，山谷风的强度与山谷的朝向、坡度、深度等因素有密切关系（图20.12）。

图 20.12 山谷风的示意图（取自鹏芃科艺）

山谷效应（valley effect）是山谷风对直升飞机的动力学影响。直升飞机在狭窄的山谷中飞行时会尽量保持在山谷中央以策安全。白天山谷中以谷风为主，直升飞机在山谷中部飞行时，会额外受到下沉气流的影响。下沉气流作用在飞行器上会产生向下的力，直接削弱了直升飞机的升力。在这种情况下，如果直升飞机升力不足，就会导致飞机异常下降以致坠毁。由于山谷风的强度复杂多变且很难预测，山谷效应的影响很难判断。在我国西部山区，山谷效应是直升飞机驾驶员必须充分考虑的因素。

有时飞机在山谷中失事并非因为山谷风，而是因为山谷中风速加大，导致顺风起飞或飞行的飞机失速。这种情况不能称为山谷效应，而属于峡谷效应或狭管效应。

20.12 雷诺数效应

在流体中，雷诺数定义为，

$$Re = \frac{\rho v D}{\kappa} \tag{20.3}$$

其中，ρ为流体的密度，v为流速，D为物体特征尺度，κ为黏性系数。雷诺数是无量纲数，适用于海洋和大气，主要用于判断流体的运动状态，当雷诺数大于某临界值时，流体从层流变为湍流。

雷诺数的另一个重要作用是计算物体在流动中受到的阻力。阻力是物体在流体中相对运动所产生与运动方向相反的力。由于阻力与流速有关，因而与雷诺数有关。当流速不同时，阻力的形式也不相同。对于小球等规则形状的物体，其在流体中的阻力可以用简单的公式表达，而对于复杂形状的物体，阻力与雷诺数的关系只能靠实验获得。即使物体有非常简单的形状，其阻力在不同雷诺数的情况下的表达式也不相同。因此，不同的雷诺数有不同的阻力，这个现象称为雷诺数效应（effects of Reynalds number）。

人们关心的主要是人造建筑物在风力作用下的安全问题。在大气中，桥梁受到风的很大影响，不同的雷诺数会产生不同的阻力，涉及到桥梁的结构设计。桥梁的静力三分力系数、表面压力系数及其分布、Strouhal（斯特劳哈尔）数等参数是随雷诺数而变化的，因而在桥梁设计时特别关注雷诺数效应。尽管国内外学者针对桥梁断面雷诺数效应开展了大量研究，但已有研究主要集中于澄清桥梁断面中是否存在雷诺数效应，尚未触及雷诺数效应发生的机理，未能将雷诺数推到实桥雷诺数上去，与实际桥梁的工作环境有相当大的差异，许多与雷诺数效应有关的现象和机理未能完全揭示。

海上石油平台的雷诺数效应与桥梁相似，石油平台的上层建筑在强风中的阻力是必须考虑的设计参数。由于有些石油平台是漂浮在海面的，雷诺数效应还会影响平台的稳定性，从而影响钻井作业的安全。

对于飞机而言，计算雷诺数所用的速度主要是飞机的速度。变速度的飞机会产生不同的阻力，也是一种雷诺数效应。尤其在超音速条件下，雷诺数效应对于翼型设计非常重要，直接影响激波位置、激波强度、超声速区和分离涡结构等，最终影响飞机的宏观气动力特性。

其他空气中的物体都程度不同地受到雷诺数效应的影响。比如：气象站、桩体、风力发电机、电缆、导弹等。

20.13 密度效应

密度效应（density effect）通常是指动物和植物种群密度引起的种群内部相互关系的变化，包括植物的繁殖能力、动物的活动能力、生产率、死亡率等与密度的关系。在经济学领域也有由于同行聚集产生资源争夺和内部竞争导致的密度效应。与海洋和大气物理过程有关的密度效应与环境密度的变化有关。海洋和大气的密度都是高度的函数，上面密度小，下面密度大。停留在某一密度层的物体体会不到密度效应，而进入密度不同水层的海洋生物会受到密度变化的影响，到达不同高度的飞行器也会受到密度变化的影响，这些影响被称为密度效应。

飞机在飞行时主要受到4种阻力：摩擦阻力、压差阻力、诱导阻力和干扰阻力。摩擦阻力是在飞机附面层中速度剪切形成的阻力；压差阻力是机翼后缘气流分离引起的阻力；诱导阻力是飞机为产生升力导致的翼尖涡流引起的阻力；干扰阻力是飞机各个组件通过空气相互干扰产生的额外阻力。这些阻力都与空气的密度有关。在低空飞行的飞机受到的空气阻力很大；而喷气式飞机的巡航高度10000多米，那里空气稀薄，空气密度只有地面的30%。空气密度变化对飞机产生一定的影响，主要是空气密度降低直接导致大气对飞机的阻力减小，因此，在巡航高度飞行的飞机会大大减少燃料消耗。

航天飞机飞行高度要比普通客机更高，通常在340 km以上，理论上飞行高度可以不受限制。因此，航天飞机比普通飞机受到的密度效应更为显著。在340 km的高度上，已经进入电离层，大气分子稀疏，形成的阻力极其微小，以至于航天飞机可以关掉主发动机长时间滑行。尤为重要的是，在这个高度空气极为稀薄，分子的平均自由程甚至比航天飞机还要大，适用于连续介质的动力学方程不再适用，而阻力也无法用经验公式计算，需要通过航天飞机与逐个分子碰撞产生的动量交换来计算。由此可见，航天飞机受到的密度效应已经从量变发展到质变。

以上介绍的内容符合密度效应的基本概念，就是物体到达不同密度的大气或海水中受到的特殊影响。我们注意到，上述内容没有包括海水或空气自身密度变化产生的效应。海洋和大气中，密度变化导致的运动比比皆是，比如：大气温度变化导致的热成风，海水密度差异导致的密度流，水体流动到另外的海域发生的深度调整，淡水入海导致的浮力环流等等。这些海水或空气密度变化产生的效应在本书中被归类于层化效应。

20.14 边界层分离效应

固体在流体中运动时，或流体绕过固体时，会因为流体的黏性在固体表面附近形成边界层，边界层可以是层流的，也可以是湍流的。边界层通常定义为达到相对流速低于99%的流体层。一般而言，黏性边界层是稳定的，边界层消耗流体的动量，形成摩擦阻力。然而，一旦在流动的下游形成流体的积聚，会产生较高的压力，形成与流向相反的压力差，对流动起到抑制作用。这种反向压力差使边界层内的动量减小，形成“失速”，破坏了边界层的稳定性，促使边界层内的流体从固体表面脱离，进入流体内部。这种现象称为边界层分离或边界层脱离。图20.13中给出了边界附近失速和流速反向的现象。

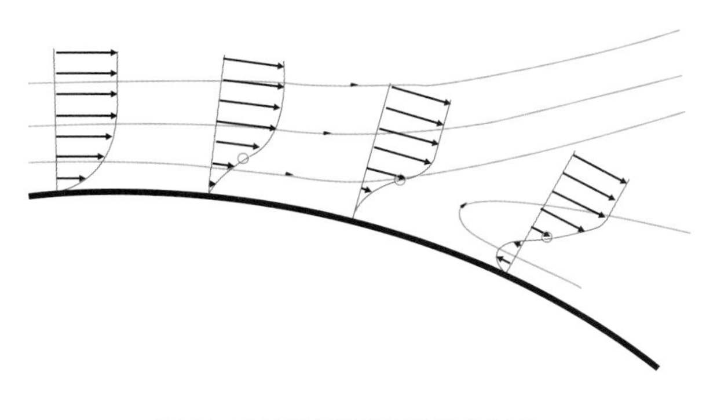

图 20.13 边界层分离时的速度剖面

边界层分离效应（boundary layer separation effect）是指边界层从固体表面脱离后产生的效应。脱离后的流体形成两种现象：回流和涡旋。回流是指流体向反方向流动，涡旋是指局部的闭合流动，这两种运动都会导致消耗大量的能量，使固体表面的阻力显著增大。在机翼的情形，边界层分离会使机翼阻力大幅增加，导致飞机失速。

20.15 再入效应

当宇航器（飞船返回舱、导弹等）返回时需要以高超音速重新进入大气层，与大气层发生激烈的相互作用，产生一系列特殊的现象，称为再入效应（reentry effect）。

图 20.14 宇宙飞船返回舱再入大气层产生的高温

首先在减速过程中出现强烈的摩擦，并且还有显著的激波效应，导致宇航器的温度大幅升高（图20.14），即使通过反推减速削弱了摩擦，温度也会达到1000 ℃以上，一般的自然材料都会被烧毁，需要开发复合材料抵御高温。因摩擦作用导致的高温也称为减速效应（见5.11节）。

再入大气层的另一个重要效应是有一段时间的通信中断，也称黑障。黑障区出现在地面以上35~80 km的大气层中。当时航天器的高温导致周边气体电离，形成等离子体，屏蔽了各种频段的电磁波，宇航员无法与地面建立联系，也不能正常进行测控。这种效应普遍发生，迄今尚无解决办法，只能有待于通信技术的发展。好在黑障的持续时间很短，只有4 min左右，在这段时间航天器处于下降轨道，自动控制“盲降”。当航天器降低到稠密大气层中，打开降落伞减速，黑障旋即消失。

再入效应在空间探测和军事上有重大意义，在民用方面涉及到卫星回收、探测器回收、空间站人员与物资往返、深空探测器返回等众多领域，在军事上涉及到对各类高超声速飞行器的识别、监视、探测的物理基础。

20.16 弹弓效应

宇宙飞船接近行星时，在行星引力的作用下，宇宙飞船会不断加速绕过行星，这种现象被称为引力弹弓效应（gravity slingshot effect）。在航天技术中，可以利用弹弓效应增大宇宙飞船的运动速率，减少宇宙飞船携带的燃料消耗，或延长飞行距离。质量越大的星球，其引力弹弓效应就越强（图20.15）。

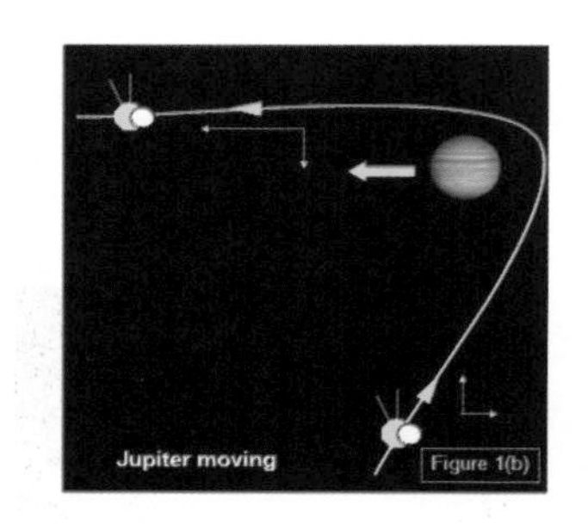

图 20.15 弹弓效应示意图

这里介绍的弹弓效应与赛车时的空气动力学有关。赛车在高速行驶时，会向前推开空气，在赛车前方形成瞬间的高压区，在赛车后方形成低压区（负压），赛车要消耗额外的动力来克服这种压差阻力。这时，如果后车接近前车，前车的负压会对后车产生额外的牵引作用，使后车获得额外加速，被称为弹弓效应。车手通常会利用弹弓效应超车，因为这时超车获得的动力相当于自身动力加上前车的牵引力，可以获得更大的加速度超越前车。当然，弹弓效应对后车也是危险因素，加大了撞车的风险，经常会造成车毁人亡的悲剧。

20.17 漩涡效应

当我们在无风的环境中投掷纸飞机时会看到，只要有轻微的不对称，纸飞机就会在空中盘旋下降，盘旋的速度不断降低，盘旋半径不断减小，最后在靠近圆心的位置坠落。这种现象感觉好像纸飞机陷入一个漩涡时才发生的现象，被称为漩涡效应（whirlpool effect）或涡旋效应。产生这种现象时大气并没有做涡旋运动，主要是纸飞机受力的平衡造成的。做圆周运动的纸飞机受到的离心力为

$$m\frac{v^2}{r} \tag{20.4}$$

其中，m为质量，v为切向运动速度，r为旋转半径。纸飞机在飞行过程中受到阻力，切向速度不断下降，飞行的半径也就不断减小，形成新的平衡。

漩涡效应对于做滑翔运动的飞行器有重要的指导意义。失去动力的故障飞机在盘旋时可以增加滞空时间，但如不能及时排除故障，最终会因漩涡效应而坠毁。

20.18 莲花效应

图 20.16 莲花效应

科学家观测荷叶时发现，荷叶的叶面非常干净，具有一种自清洁功能。深入研究发现，莲叶的叶面有一层茸毛和一些微小的蜡质颗粒，表面结构与粗糙度皆为纳米的尺寸，具有不吸水的功能，称为超疏水功能（superhydrophobicity）。落在叶面上的水会因表面张力的作用而形成水珠（图 20.16）。叶面稍有倾斜，水珠就会滚动离开叶面，同时将叶面上的细颗粒泥土带走，达到自清洁的效果。这种自清洁的效应称为莲花效应（lotus effect）或荷叶效应，也称为自清洁效应（self-cleaning effect）。人们努力发明具有莲花效应的服装面料，以期达到免于清洗的效果。莲花效应无法用传统的化学分子极性理论来解释，也无法从机械学的光洁度或粗糙度来解释，而是取决于荷叶表面的超微纳米结构。

莲花效应提示我们，可以开发具有莲花表面一样的材料，喷涂在海水中物体的表面，比如：海洋仪器、海底电缆等，这对于降低泥沙附着和生物吸附将有非常好的效果。

20.19 水锤效应

当供水管道中水在平稳流动的时候，一旦突然关闭阀门，接近阀门的水停止了，但后面的水还在继续向前涌，使阀门附近的压强迅速升高，对阀门和管壁形成很强的冲击，这种现象被形象地称为水锤效应（waterhammer effect）。

水锤效应是水运动惯性造成的，水锤的作用强度由冲量定理来确定，即

$$F=\frac{mV}{t} \tag{20.5}$$

也就是说，水锤的作用强度（冲击力）与水体的体积和水流的速度呈正比，与作用的时间呈反比。管道越长、直径越大，受到的冲击力就越大；阀门关闭得越迅速，冲击力就越大。因此，缓慢地关闭阀门是减轻水锤效应的手段之一。水锤效应不仅发生在管道中，在水利工程的水渠中也会发生，在闸门设计时要充分考虑水锤效应的因素。

随着海洋开发的不断深化，陆地使用海水的需求越来越多，引水工程也越来越普遍，在引水阀门上也会产生水锤效应。同理，潮汐发电站的阀门、潮流发电机的叶片也会受到水锤效应的影响。

20.20 康达效应

康达效应（Coanda effect），也称柯恩达效应，就是边界层附壁效应（boundary layer attachment effect），也称附壁效应或射流效应（jet attaching effect）。如果平稳流动的流体经过具有一定弯度的凸表面的时候，有向凸表面吸附的趋向。例如：池中溢出的水流受重力的作用向下流动，这时，如果用手指接触水流，部分水会脱离向下水流，改为沿手指流动（图20.17）。这种现象带有普遍性，即流体有离开本来的流动方向，而沿凸出的物体表面流动的倾向。

康达效应是由物体表面的摩擦引起的。当流体与物体表面之间发生摩擦时，流体的速度会减慢。依据流体力学中的伯努利原理，流速的减慢会导致流体被吸附在物体表面上流动。

康达效应对飞机的升力是非常重要的。飞机机翼的上凸下平结构是产生飞机升力的

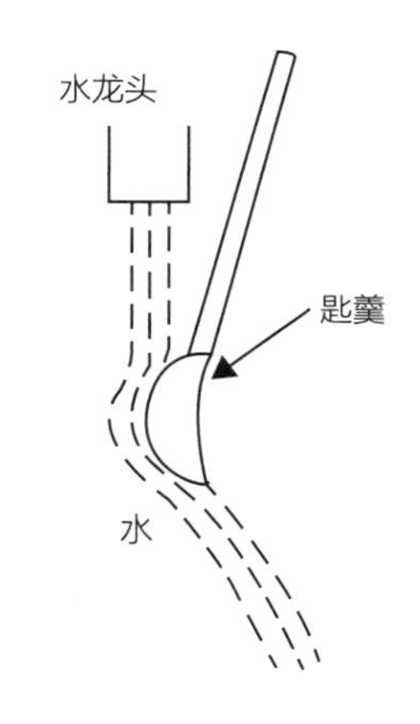

图 20.17 康达效应

主要因素，理论和实践都表明，上面气流的速率较快。风洞实验和数值仿真结果都表明，机翼上部的气流要比底部的气流快很多到达机翼后边缘（Nolan, 2005; Dobson et al., 2002）。按照文图里效应，气流速率的差别导致压力差，构成飞机的升力。然而，设想如果气流不趋附于机翼，又何来高速绕流而产生升力呢？显然，升力的产生需要康达效应。

当飞机高速飞行时，有足够强的附壁作用保证机翼周边空气的绕流和保持飞机的升力。但是，当飞机低速飞行时，气流与机翼间的摩擦减弱，导致附壁效果不佳，飞机会突然失速。现在，大飞机降落时的速度仍然很高，没有因康达效应减小而失速的可能。而早期低速飞行的飞机，会因附壁作用的突然消失而失速坠毁。康达发明的一架飞机（康达-1910）就曾因这种效应坠毁，促使康达本人研究了这种效应。康达效应有若干方面的应用，主要有：

（1）使用诱导气流

如果能在低速时保持附壁效应，飞机就可以飞得更慢，对于飞机的降落有更高的安全性，也有利于重载飞机以较经济的速度飞行。因此，部分飞机设计为将发动机置于机翼上方，使用吹出的气流来增加附壁作用。这时，吹出的气流不仅可以按照文图里效应提高低速时机翼的升力，而且可以按照康达效应提高附壁作用。这就是利用康达效应通过诱导气流而产生的应用。

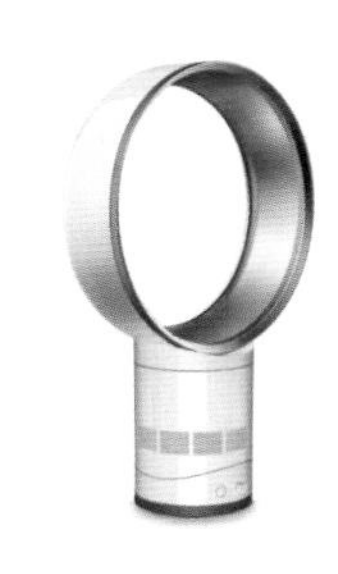
图 20.18 无扇叶风扇

无扇叶风扇的问世也利用了康达效应（图20.18）。其原理是在圆环中部产生高压诱导气流，带动周边的空气流动，并利用康达效应形成风的扇面，达到空气流动的效果。

（2）使用喷气射流

加拿大仿造飞碟的结构用康达效应实现垂直起降。飞碟像一个下平上凸的圆形结构，上部周边有很多小喷嘴，高压空气从喷嘴喷出，利用康达效应产生绕流，即使在飞碟静止时其上方也会产生很强的绕流，形成升力，达到垂直起飞的目的（图20.19）。

图 20.19 加拿大康达效应飞行器 Avrocar

20.21 塔影效应

图 20.20 塔影效应示意图

在稳定气流中，上游的风力发电机均衡地运行，而位于下游的发电机会受到上游发电机塔架的影响。塔架对气流有一定的阻塞作用，到达下游发电机的风速大小和方向均发生了改变。塔影效应（tower shadow effect），是风力发电机在发电的过程中对下游发电机的一种负面作用。风速的改变直接影响叶片附近的风场，引起叶片与塔架相互作用下气动载荷的周期性波动，导致疲劳载荷的增加，激励固有频率，使发电机的性能有所降低，影响风机寿命。此外，塔影效应还是气动噪声的重要组成部分（图20.20）。为了消除塔影效应，需要在叶片设计方面进行改进。

20.22 尾流效应

由于风力发电机的叶片消耗了风的动量，到达在下风向的风电机组的风速低于上风向的风电机组的风速，称为尾流效应（wake effect）。风电机组相距越近，前面风电机组对后面风电机组风速的影响越大。尾流效应与塔影效应有一些差别，尾流效应主要是强调上风向机组叶片对风的削弱，而塔影效应主要强调上风向风力发电塔对下风向发电机组动力学的影响。

尾流效应同样发生在潮流发电机组，上游的潮流发电机叶轮将削弱潮流流速，导致下游发电机发电效率降低。

第21章

探测技术效应

Effects for Measurement Technology

对海洋和大气中各种现象的了解需要现场的测量技术，很多测量技术都与已经发现的各种物理学效应相联系，是海洋和大气研究的必不可少的手段。为此，在本章简要介绍各种相关的效应，供对相关工作有兴趣的读者参考。

其实，海洋和大气中的很多参数都是不可直接测量的。最常见的就是温度，温度至今无法直接测量，而是通过传热、辐射等各种原理实现间接测量。而各种间接测量的手段都与力、电、热、光、磁的相互作用、相互干扰、相互影响等有密切关系，应用这些效应使很多参数得以巧妙地实现测量，成为认识海洋和大气环境的有力工具。我们也许不需要深入了解这些技术类效应，但这些效应启发我们的创新意识，了解事物之间关系的奥妙。

21.1 电流热效应

导体通电时会发热，电流做功而消耗电能，产生了热量，这种现象被称为电流热效应（current thermal effect）。1841年，英国物理学家焦耳发现载流导体中产生的热量Q（称为焦耳热）与电流I的平方、导体的电阻R、通电时间t成正比，这个规律叫焦耳定律，是定量说明传导电流将电能转换为热能的定律。电流的热效应广泛应用于发热器件的制作。

21.2 热电效应

热电效应（thermoelectric effect），也称温差电效应，是电流热效应的反效应，指当受热物体中的电子随温度梯度由高温区向低温区移动时，所产生的电流或电荷堆积现象。在一个热电装置的两端有温差时会产生一个电压，而当一个电压施加于其上，也会产生一个温差，这个效应可以用来产生电能、测量温度，冷却或加热物体。因为加热或制冷的方向决定于施加的电压，热电装置让温度控制变得非常容易。热电效应包含了3个效应，塞贝克效应、帕尔帖效应与汤姆孙效应。

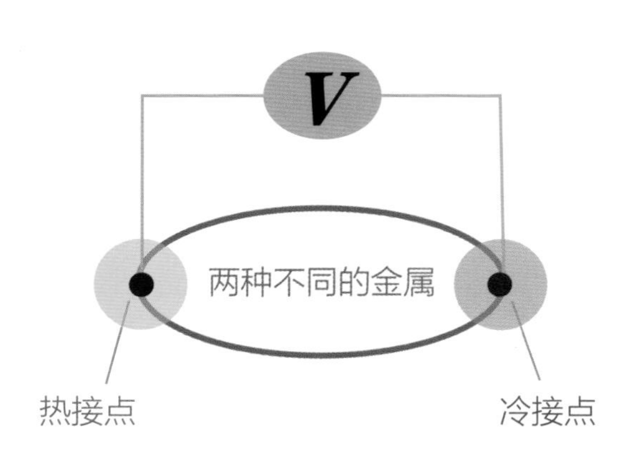

图 21.1 塞贝克效应示意图

（1）塞贝克效应

在两种不同金属构成的回路中，如果两种金属的结点处温度不同，该回路中就会产生一个温差电动势，称为塞贝克效应（Seebeck effect）。形成塞贝克效应的原因是，不同的金属导体（或半导体）具有不同的自由电子密度，当两种不同的金属导体相互接触时，在接触面上的电子就会扩散以减小电子密度的差异。而电子的扩散速率与接触区的温度成正比。只要维持两金属间的温差，就能使电子持续扩散，在两个端点形成稳定的电压（图21.1）。由塞贝克效应产生的电压可以表示成：

$$V = \int_{T_1}^{T_2} [S_B(T) - S_A(T)] \mathrm{d}T \tag{21.1}$$

其中，S_A和S_B分别是金属材料A和B的塞贝克系数，取决于温度和材料的分子结构。T_1和T_2是两种金属材料结合处的温度。

塞贝克效应通常应用于热电偶，用来直接测量温差，或者将金属的一端设定到已知温度来测另一端的温度。当几个温差电偶连接在一起时叫做热电堆，用来制造更大的电压。由此产生的电压通常每开尔文温差只有几微伏。

（2）珀尔帖效应

1834年珀尔帖发现，当在两种金属材料组成的回路中加入电压后，有电流通过回路，除产生不可逆的焦耳热外，在不同金属材料的两个接触点会形成温度差，出现吸热、放热现象，这种效应称为珀尔帖效应（Peltier effect）。显然，珀尔帖效应为塞贝克效应的反效应，也可以用图21.1表示。有人将这两种效应合称为珀尔帖-塞贝克效应（Peltier–Seebeck effect）。

如果电流从自由电子数较高的一端A流向自由电子数较低的一端B，则B端的温度就会升高；反之，B端的温度就会降低。接头处吸收/放出的热量与通过接头处的电流密度成正比

$$Q = \pi \cdot I = a \cdot T_c \cdot I \tag{21.2}$$

式中，Q为放热和吸热功率，π为珀尔帖系数，I为工作电流，a为温差电动势，T_c为冷接点温度。珀尔帖系数与接头处材料的性质及温度有关。这一效应是可逆的，如果电流方向反过来，吸热便转变成放热。因此，珀尔帖效应用来描述热电致冷和致热现象。采用珀尔帖效应，可以制成半导体致冷器，也叫热电致冷器或温差致冷器。

与塞贝克效应不同的是，珀尔帖效应应用的材料范围更广，不仅可以产生在两种不同金属的交界面，或者一种多相材料的不同相界间，也可以产生在非匀质导体的不同浓度梯度范围内。

（3）汤姆孙效应

1856年，汤姆孙利用他所创立的热力学原理对塞贝克效应和珀尔帖效应进行了全面分析，并将本来互不相干的塞贝克系数和帕尔帖系数之间建立了联系。汤姆孙发现，在绝对零度时，珀尔帖系数与塞贝克系数之间存在简单的倍数关系。在此基础上，他又从理论上预言了一种新的温差电效应，即当电流在温度不均匀的导体中流过时，导体除产生不可逆的焦耳热之外，还要吸收或放出一定的热量（称为汤姆孙热）。或者反过来，当一根金属棒的两端温度不同时，金属棒两端会形成电势差。这一现象称为汤姆孙效应（Thomson effect），成为继塞贝克效应和珀尔帖效应之后的第三个热电效应。

这3种效应分别描述了热电效应的不同侧面，塞贝克效应描述的是两种不同导体端点存在温度差时将产生感应电动势，称为温差电动势。珀尔帖效应描述的是电流流过两种不同导体的界面时，将从外界吸收热量或向外界放出热量，称为珀尔帖热。这两种效应描述的都是发生在两种导体连接点上的现象。汤姆孙效应描述的是电流通过具有温度梯度的均匀导体时，导体将吸收或放出热量，称为汤姆孙热。在电制冷中，通常忽略汤姆孙效应的影响。因此，在有些教科书上，热电效应也被称为珀尔帖-塞贝克效应。

在海洋和大气中，热电效应主要应用于两个领域，一个是温度测量，一个是温差发电。用于海洋和气象仪器的温度传感器都是用两种不同金属组成的热电偶，精度高，工作稳定，这里不再赘述。温差发电是利用海水的温差进行发电。海洋不同水层之间的温差很大，一般表层水温度比深层或底层水高得多。温差发电的原理是：温水流入蒸发室之后，在低压下海水沸腾变为流动蒸气或丙烷等蒸发气体，推动透平机旋转，启动交流电机发电；用过的废蒸气进入冷凝室被海洋深层水冷却凝结，进行再循环。其主要组件包括蒸发器、冷凝器、涡轮机以及工作流体泵。据估算，海洋温差能约15×10^{8} kW，热电效应在海洋和大气中仍有广阔的应用空间。

21.3 热释电效应

在某些绝缘物质中，由于温度的变化引起极化状态改变的现象称为热释电效应（pyroelectric effect）。对于具有自发式极化的晶体，当晶体受热或冷却后，由于温度的变化（ΔT）而导致自发式极化强度变化（ΔP_s），从而在晶体某一定方向产生表面极化电荷的现象。热释电效应满足

$$\Delta P_s = P\Delta T \tag{21.3}$$

式中，ΔP_s为自发式极化强度变化量；ΔT为温度变化；P为热释电系数。晶体的热释电效应也称焦电效应（crystal pyroelectric effect）。

与压电晶体一样，晶体存在热释电效应的前提是具有自发式极化，即在某个方向上存在着固有电矩。但压电晶体不一定具有热释电效应，而热释电晶体则一定存在压电效应。热释电晶体可以分为两大类。一类具有自发式极化，但自发式极化并不会受外电场作用而转向。另一种具有可为外电场转向的自发式极化晶体，即为铁电体。由于这类晶体在经过预电极化处理后具有宏观剩余极化，且其剩余极化随温度而变化，从而能释放

表面电荷，呈现热释电效应。能产生热释电效应的晶体称为热释电体，又称为热电元件。热电元件常用的材料有单晶($LiTaO_3$等)、压电陶瓷(PZT等)及高分子薄膜(PVF2等)。

热释电效应被用于热释电红外探测器中，广泛地用于辐射和非接触式温度测量、红外光谱测量、红外摄像中。此外，由于生物体中也存在热释电现象，故可预期热释电效应将在生物，乃至生命过程中有重要的应用。

21.4 压电效应

对某些电介质施加压力时，会在介质表面产生电荷；如果在介质表面施加电场，也会导致介质变形，这种现象称为压电效应（piezoelectric effect）。压电效应分为正压电和负压电。

正压电：某些电介质在沿一定方向上受到外力的作用而变形时，其内部会产生极化现象，同时在它的两个相对表面上出现正负相反的电荷。当作用力的方向改变时，电荷的极性也随之改变。晶体受力所产生的电荷量与外力的大小成正比。当外力去掉后，它又会恢复到不带电的状态，这种现象称为正压电效应。

负压电：相反，当在电介质的极化方向上施加电场，这些电介质也会发生变形，电场去掉后，电介质的变形随之消失，这种现象称为逆压电效应，或称为电致伸缩现象。对这些电介质施加交变电场可以产生机械振动。

能够产生压电效应的材料称为压电材料。压电材料的种类很多，大致可分为3种：第一种为无机压电材料，分为压电晶体和压电陶瓷，压电晶体一般是指压电单晶体；压电陶瓷则泛指压电多晶体，也称铁电陶瓷。第二种为有机压电材料，又称压电聚合物，如聚偏氟乙烯（PVDF）及其他为代表的其他有机压电材料。这类材料以其材质柔韧、低密度、低阻抗和高压电电压常数(g)等优点为世人瞩目，且发展十分迅速，在水声超声测量、压力传感等方面获得应用。第三类是复合压电材料，是在有机聚合物基底材料中嵌入片状、棒状、杆状、或粉末状压电材料构成的。

压电效应在海洋和大气中有广泛的用途。换能器是将机械振动转变为电信号或在电场驱动下产生机械振动的器件，这些器件有很多声学应用领域。在海洋中，水听器就是基于压电效应的探测仪器，由压电聚合物制备的水听器可以放置在被测声场中，不使被测声场受到扰动，感知声场内的声压。声呐是压电效应的重要应用领域，利用石英压晶体管作为声波产生器，使其振荡频率降到50 kHz，外加一电脉波讯号，则经换能器转换成声波传至海底；换能器接收到由海底反射的回波，由来回时间及波在海中行进的速度，可决定换能器到海底的距离。这个原理同样可测潜艇的位置。压电式压力传感器是压电效应在海洋中的另一种重要的应用领域。压电式压力传感器的优点是具有自生信号，输出信号大，较高的频率响应，体积小，结构坚固。利用压电效应还可以制作压电式加速度传感器，测量仪器设备的摇摆，浮标的晃动等。基于压电效应原理制作的超声波传感器可以广泛地用于物体探测。

21.5 压阻效应

压阻效应（piezoresistive effect）是指当半导体受到应力作用时，由于载流子迁移率的变化，使其电阻率发生变化的现象。压阻效应的强弱可以用压阻系数π来表征，定义为单位应力作用下电阻率的相对变化。压阻效应有各向异性特征，沿不同的方向施加应力和沿不同方向通过电流，其电阻率变化会不相同。压阻效应与压电效应有明显的差别。压电效应是某些介质在力的作用下产生形变时，在介质表面出现异种电荷的现象。而压阻效应是在半导体的某一轴向施加一定的应力时，其电阻率产生变化的现象。

利用压阻效应可以制造各种半导体传感器，如压力、应力、应变、速度、加速度传感器等，其中很多应用于海洋和大气的探测仪器。

21.6 磁效应

物质的磁性与其力学、声学、热学、光学及电学等性能均取决于物质内原子和电子状态及它们之间的相互作用。因此这些性能相互联系、相互影响。磁状态的变化引起其他各种性能的变化；反之，电、热、力、光、声等作用也引起磁性的变化，这些变化统称为磁效应（magnetic effects）。

物质的磁效应具有基础研究的意义，它提供了物质结构、物质内部各种相互作用以及由此引起的各种物理性能相互联系的丰富信息。例如磁光效应可用来探测磁性物质内磁性电子的跃迁及其能级；磁电效应则反映传导电子与导致宏观磁性的电子之间的相互作用。磁效应在技术领域中已经获得重要应用，为各种需要提供了性能优良的新器件、新材料和新手段。如磁-力效应与磁声效应分别用于制造电声换能器及延迟线；磁光效应被用于观察磁化强度的分布，研制磁光器件及磁光存储器件；顺磁盐或核磁的绝热退磁为获得超低温的有效手段；磁电阻效应则用于检测磁场而制成新型磁头及磁泡检测器。在工程技术上有特殊应用的恒弹性材料及低膨胀系数材料则基于磁-力效应及磁热效应，均与磁致伸缩效应有关。

（1）**磁-力效应**

磁-力效应（magnetomechanical effect）是一系列效应的集合，是指强磁体在磁场作用下发生形变，以及在外力作用下强磁体的磁性也会改变的现象（Jiles，1995）。磁-力相互密切关联的现象总是互易地存在于同一强磁体中。这些效应多发现于19世纪，一般称为广义磁致伸缩。磁-力效应的表现形式主要有（王威 等，2004）：

焦耳效应（Joule effect），即磁致伸缩效应（magnetostrictive effect）：磁性体被外加磁场磁化时，其长度发生变化，可用来制作磁致伸缩执行器。

维拉里效应（Villari effect），即磁致弹变效应（magnetoelastic effect）：在一定的磁场中，给磁性体施加外力作用，其磁场强度发生变化，即逆磁致伸缩现象，可用作磁致伸缩传感器。

巴涅特效应（Barnett effect），也称巴内特效应，巴尔尼效应，指一个绕自转轴旋转的铁磁物体趋于自发地被磁化。这个效应是爱因斯坦-德哈斯效应的反效应。

维德曼效应（Viedemann effect）：在磁体上形成适当的磁路，当有电流通过时，磁性体发生扭曲变形，可用于扭转马达。

反维德曼效应（anti-Viedemann effect）：使磁性体发生机械扭曲，且在二次线圈中产生电流，可用于扭转传感器。

爱因斯坦-德哈斯效应（Einstein-de-Haas effect）：一个依靠细线悬挂在导体线圈中的圆柱形铁磁体初始为静止状态，在线圈上加上一个电流脉冲后会产生铁磁体的力学转动。这个效应又称作里查森效应（Richardson effect）。

金博尔效应（Jump effect）：超磁致伸缩材料外加预压时，磁致伸缩随外场而有跃变式增加，磁化率也改变。

利用上述磁-力效应，可以制成各种器件，用于对海洋和大气的探测。

（2）**磁-声效应**

磁性材料内部由于自旋波（磁振子）和声波（声子）发生相互作用，在两者之间产生能量交换或互相激发的现象称为磁-声效应（magnetoacoustic effect）。磁-声效应来源于磁弹耦合，即磁化强度与弹性应变间的耦合，受到交变磁场作用的强磁性物体会发生磁致伸缩，产生机械振动，发出声波。

在恒稳磁场中，强磁体的磁化强度随声振动而变化。当强磁体中自旋波与声波的频率和波长均相等时，两者发生强烈耦合，并且可以相互转换。这时产生的是两种波耦合的磁弹波，引起此效应的声波则出现强烈衰减。在稳恒磁场和高频声场同时作用并满足一定条件时，一些弱磁性（抗磁性或顺磁性）物质会发生传导电子在空间运动的能级间的共振跃迁或发生电子自旋能级间的共振跃迁，称为磁声共振。

磁声效应已应用于超声换能器中，在海洋和大气的探测中有广泛的应用。

（3）磁热效应

磁热效应（magnetocaloric effect），即磁卡效应，是1881年发现的，是指顺磁体或铁磁体在外磁场的作用下等温地或绝热地磁化会放出热量，而在去磁时会吸收热量的现象。磁热效应是所有磁性材料的固有本质，是由此类物质的材料决定的。

磁热效应的典型特点是，绝热地减小磁场时，物质的温度将降低。这种现象也叫做磁致冷效应。将磁介质在温度保持一定的情况下放入强磁场中，磁场将使所有离子的角动量取能量较小的方向，因而减小了系统的熵，这时有热量$\Delta Q=\Delta S\times T$流出磁介质（$Q$是热量，$S$是磁介质的熵，$T$是热力学温度）。若再绝热地慢慢减小磁场，使整个过程为可逆过程，则系统的总熵保持不变，但过程中各离子角动量取向引起的熵增加到原来的值，所以与点阵振动相联系的那部分熵必然减小，结果物质被冷却。利用绝热去磁法获得低温，就是依据这一效应。绝热去磁法是现代得到低温的有效方法，可以得到约0.001 K的低温。基于磁热效应的磁制冷是传统的蒸汽循环制冷技术的一种有希望的替代方法。

（4）磁电效应

磁电效应（magnetoelectric effect）是指物体由电场作用产生的磁化效应或由磁场作用产生的电极化效应，如电致磁电效应或磁致磁电效应。外加磁场后，由磁场作用引起物质电阻率的变化。对于非铁磁性物质，外加磁场通常使电阻率增加，即产生正的磁阻效应。在低温和强磁场条件下，此效应显著。对于单晶，电流和磁场相对于晶轴的取向不同时，电阻率随磁场强度的改变率也不同，即磁阻效应是各向异性的。

（5）电流磁效应

电流磁效应（current magnetic effect）是指磁场对通有电流的物体引起的电效应。奥斯特发现：在通有电流的长直导线周围都可以产生磁场，其磁力线的形状为以导线为圆心一封闭的同心圆，且磁场的方向与电流的方向互相垂直。广义地讲，电流磁效应也属于磁电效应。非磁性金属通以电流，却可产生磁场，其效果与磁铁建立的磁场相同，确实是一个奇妙的现象，现代的电动机就是电流磁效应的应用，其应用范围之广无法枚举。

（6）霍尔效应

当固体导体中有电流通过，且放置在一个磁场内，导体内的电荷载子受到洛伦兹力的作用偏向一边，在电子聚集的方向上产生电压。电压所引致的电场力会平衡洛伦兹力，使得后来的电子能顺利通过不会偏移，此称为霍尔效应（Hall effect），是霍尔于1879年在研究金属的导电机制时发现的。而产生的内建电压称为霍尔电压。霍尔效应也是磁电效应的一种。除导体外，半导体也能产生霍尔效应，而且半导体的霍尔效应要强于导体。

霍尔效应定义了磁场和感应电压之间的关系，可广泛用于载流子浓度测量、磁流体发电、电磁无损探伤等领域。在海洋和大气中的主要用途是磁场的测量，用于同位素分离、地球资源探测、地震预报等需要经常进行磁场测量的领域。测量磁场的方法主要有核磁共振法、霍尔效应法和感应法。霍尔效应法具有结构简单、探头体积小、测量快和直接连续读数等优点，特别适合于测量只有几个毫米的磁极间的磁场。

（7）磁阻效应

磁阻效应（magnetoresistance effect）是指某些金属或半导体的电阻值随外加磁场变化而变化的现象。1857年英国物理学家威廉·汤姆孙发现，材料的电阻会因为外加磁场而增加或减少，则将电阻的变化称为磁阻。同霍尔效应一样，磁阻效应也是由于载流子在磁场中受到洛伦兹力而产生的。在达到稳态时，某—速度的载流子所受到的电场力与洛伦兹力相等，载流子在两端聚集产生霍尔电场，比该速度慢的载流子向电场力方向偏转，比该速度快的载流子则向洛伦兹力方向偏转。这种偏转导致沿外加电场方向运动的载流子数减少，从而使电阻增加。磁阻效应在金属里可以忽略，在半导体中则通常不可忽略。在海洋和大气中，磁阻效应广泛应用于磁传感、磁力计、电子罗盘、位置和角度传感器等领域。

（8）热磁效应

热磁效应（thermomagnetic effect）亦称磁场热效应，指由外加磁场或物质内部磁状态改变引起的该物质热性质（如热导率、温度梯度）或电性质（如温差电势）的变化，或由于热或热流引起的物质磁性的变化。利用这类效应可以研究某些物质的能带结构、传导机制或获得超低温度，包括以下效应。

● 厄廷好森－能斯脱效应

厄廷好森－能斯脱效应（Ettingshausen Nernst effect）分为横效应和纵效应：当导体或半导体受到磁场H_z和与之垂直的产生热流I_z的温度梯度同时作用时，在垂直前两者的方向产生电场E的现象，称为厄廷好森－能斯脱横效应。当导体或半导体受到磁场H_z和与之垂直的产生热流I_z的温度梯度同时作用时，在热流方向产生电场E的现象，称为厄廷好森－能斯脱纵效应。

● 里纪－勒杜克效应

里纪－勒杜克效应（Righi-Leduc effect）也分为横效应和纵效应。当导体或半导体受到磁场H_z和与之垂直的产生热流I_z的温度梯度同时作用时，在垂直前两者的方向产生温度梯度的现象，称为里纪－勒杜克横效应。当导体或半导体受到磁场H_z和与之垂直的产生热流I_z的温度梯度同时作用时，在热流方向发生热阻改变的现象，称为里纪－勒杜克纵效应。

热磁效应与磁热效应是对于同一现象的不同视角。

21.7 磁光效应

磁光效应（magneto-optical effect）是指处于磁化状态的物质与光之间发生相互作用而引起的各种光学现象，也属于磁效应的内容。包括法拉第效应、克尔磁光效应、塞曼效应和科顿-穆顿效应等。这些效应均起源于物质的磁化，反映了光与物质磁性间的联系。这些效应在海洋和大气的测量中有广泛的应用。由于磁光效应内容丰富，这里单独介绍。

（1）法拉第效应

1845年由法拉第发现。当线偏振光在介质中传播时，若在平行于光的传播方向上加一强磁场，则光振动方向将发生偏转，偏转角度$\psi = VBL$，即与磁感应强度B和光穿越介质的长度L的乘积成正比，比例系数V称为费尔德常数，与介质性质及光波频率有关。偏转方向取决于介质性质和磁场方向。上述现象称为法拉第效应（Faraday effect），也称磁致旋光效应（magnetic rotation effect）或法拉第旋光效应（Faraday rotation effect）。

（2）**克尔效应**

入射的线偏振光在已磁化的物质表面反射时，振动面发生旋转的现象，1876年由克尔发现。克尔效应（Kerr effect）分极向、纵向和横向3种，分别对应物质的磁化强度与反射表面垂直、与表面和入射面平行、与表面平行而与入射面垂直3种情形。极向和纵向克尔效应的磁致旋光都正比于磁化强度，一般极向的效应最强，纵向次之，横向则无明显的磁致旋光。克尔效应的最重要应用是观察铁磁体的磁畴（原子磁矩排列整齐的区域，但异于相邻磁畴）。不同的磁畴有不同的自发磁化方向，引起反射光振动面的不同旋转，通过偏振片观察反射光时，将观察到与各磁畴对应的明暗不同的区域。

（3）**塞曼效应**（Zeeman effect）

塞曼效应是继1845年法拉第效应和1875年克尔效应之后发现的第三个磁场对光有影响的实例。荷兰物理学家塞曼在1896年发现，原子光谱线在外磁场发生了分裂。随后洛伦兹在理论上解释了谱线分裂成3条的原因，这种现象称为塞曼效应。进一步的研究发现，很多原子的光谱在磁场中的分裂情况非常复杂，称为反常塞曼效应。对其完整解释需要用到量子力学，电子的轨道磁矩和自旋磁矩耦合成总磁矩，并且空间取向是量子化的，磁场作用下的附加能量不同，引起能级分裂。在外磁场中，总自旋为零的原子表现出正常塞曼效应，总自旋不为零的原子表现出反常塞曼效应。塞曼效应证实了原子磁矩的空间量子化，为研究原子结构提供了重要途径，被认为是19世纪末20世纪初物理学最重要的发现之一。利用塞曼效应可以测量电子的荷质比。在天体物理中，塞曼效应可以用来测量天体的磁场。

（4）**科顿-穆顿效应**（Cotton-Mouton effect）

1907年科顿和穆顿首先在液体中发现，光在透明液体中传播时，若在垂直于光的传播方向上加一外磁场，则液体表现出单轴晶体的性质，产生双折射现象。光轴沿磁场方向，主折射率之差正比于磁感应强度的平方。此效应称为科顿-穆顿效应（Cotton-Mouton effect），或克顿-莫顿效应，也称磁致双折射效应。佛克脱在气体中也发现了同样效应，称佛克脱效应（Viogt effect），它比前者要弱得多。当介质对两种互相垂直的振动有不同吸收系数时，就表现出二向色性的性质，称为磁二向色性效应。

21.8 电光效应

电光效应（electro-optic effect）是在外加电场作用下，物体的光学性质发生的各种变化的统称。某些各向同性的透明物质在电场作用下，体现出光学各向异性的特点，物质的折射率因外加电场而发生变化。折射率n与电场E_0的关系可以表达为

$$n = n_0 + aE_0 + bE_0^2 + \cdots \quad (21.4)$$

式中，n_0为没有外加电场时的折射率，aE_0与n为线性关系，称为线性电光效应（linear electro-optic effect）或称普克尔斯效应（Pockels effect）；bE_0^2为二次电光效应，也称克尔电光效应（Kerr electro-optic effect）。由于二次电光效应要比线性电光效应弱得多，一般电光效应主要指线性电光效应。那些没有对称中心的晶体，如水晶、钛酸钡等，都会发生线性电光效应。受电场影响的晶体相当于非均质体，也会发生双折射现象（详见双折射效应）。以折射率n_0传播的光为o光，满足折射定律；以非寻常折射率aE_0传播的光为e光，不满足折射定律。

电光效应在海洋和大气中主要是在探测技术中发挥作用，广泛用于光通信、测距、显示以及传感器等方面。

21.9 趋肤效应

导线在直流电流通过时电流密度是均匀的，导线截面上各点的电流密度是一致的。而在交流电的情形，导线截面上各点的电流密度是不一致的，在导线边缘电流密度大，在导线中央电流密度小，这种现象被称为趋肤效应（skin effect）。趋肤效应不仅在电力通过时产生，而且在交变的电磁场中也发生，即传输的信号也有明显的趋肤效应。因此，在很多信号传输领域采用空心电缆，利用趋肤效应节省导线材料、减轻重量。

趋肤效应的原理是，高频电流在导线中产生的磁场在导线的中心区域感应出最大的电动势。由于感应的电动势在闭合电路中产生感应电流，在导线中心的感应电流最大。感应电流与原有电流反向，二者叠加使得导线的净电流在边缘最大，中央最小。因此，趋肤效应产生的原因是电磁场在导体内部产生了涡旋电场，与原来的电流相抵消。

趋肤效应在海洋和大气中主要用于通过导线的信号传输。趋肤效应的结果是使导线

的电阻增加，功率损耗加大。因此，在直流电的情形，即使采用非常细的导线也影响不大；但在交变电流或交变信号传输时不宜使用很细的导线。

21.10 曲面效应

地球的表面是一个曲面，即使人的视力可以看到无限远，也只能看到地表曲率允许的范围，这个范围在地表被称为地平线。更远的物体潜没在地平线之下而无法看到。到地平线的距离取决于观测点的高度，一个1.7 m身高的人站在海平面观察，地平线的距离只有4.5 km；而在30 m的高塔上观察，地平线在20 km处。地球表面弯曲对视距的影响称为曲面效应（curving surface effect），也有人将其称之为曲率效应。

在真空条件下，光沿直线传播，高频无线电波（微波）也近似沿直线传播。在大气层中，光和微波有一定的散射和折射，但是用直线传播也还是比较好的近似。曲面效应主要影响视距通信和光学测量。

（1）对视距通信的影响

地球曲率的最直接影响是对视距通信的影响，视距之外的微波天线不能接收到直线传播的微波信号。在地面中继通信条件下，中继站之间的距离受到曲面效应的显著影响，需要根据地貌参数和地面的曲率来确定中继通信的可靠距离。很多时候，为克服曲面效应的消极影响，需要大幅提高微波通信塔的高度，以延展通信距离（图21.2）。

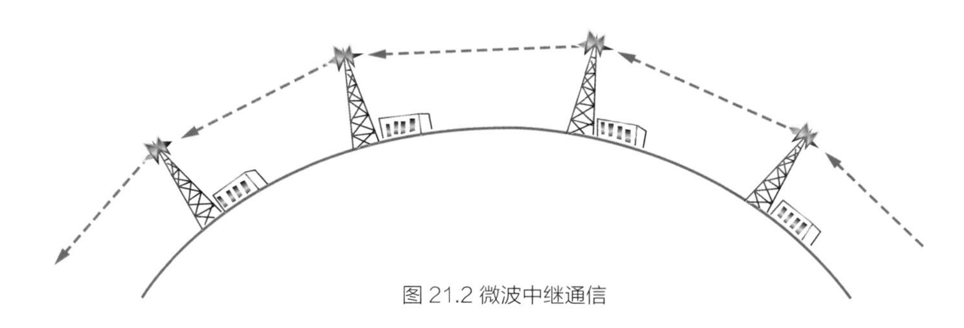

图 21.2 微波中继通信

（2）对三角高程测量的影响

在大地测量网中的高程测量主要采用水准测量。在大地测量中使用的水准面是数值固定的参考水准面，我国采用的是黄海水准面。采用光学手段的水准测量采用折线来近似曲面，这样做势必带来误差，需要在测量中给出一个地球曲率的改正数，对现场测量的高程进行修正，称为球差改正。

21.11 应变效应

应变效应（strain effect）是指金属导体的电阻值随着受力所产生机械变形而发生变化的现象。这样，就可以通过测量材料的电阻值变化来了解受力情况。应变效应的应用范围非常广泛，可测量应变、应力、力矩、位移、加速度、扭矩等物理参量，间接获得海面高度、水体密度、大气压力、真空度、重力。

采用应变效应的传感器主要有：应变式力传感器、应变式加速度传感器、应变式扭矩传感器、压阻式压力传感器等。

参考文献

蔡锋，苏贤泽，夏东兴，2004.热带气旋前进方向两侧海滩风暴效应差异研究—以海滩对0307号台风“伊布都”的响应为例[J].海洋科学进展（04）.

陈衡，1982.科学研究的方法论[M].北京：科学出版社.

陈明轩，王迎春，2012，低层垂直风切变和冷池相互作用影响华北地区一次飑线过程发展与维持的数值模拟[J].气象学报，70（3）：371-386.

陈然，郭永康，1996.Talbot效应研究新进展[J].激光光电子学进展，8-13.

陈沈良，周菊珍，谷国传，2001.长江河口主要重金属元素的分布和迁移[J].广州环境科学(01)：9-13.

陈玉军，廖宝文，黄勃，等，2011.红树林消波效应研究进展[J].热带生物学报，2（4）：378-382.

陈宗镛，1965. 长方形浅水海湾的一种潮波模式[J].海洋与湖沼，7(2)：85-93.

崔喜爱，曾琪明，焦健，等，2013.大气效应对合成孔径雷达干涉测量的影响[J].中国科技论文,8(4),302-302.

大气科学名词审定委员会，2009.大气科学名词（第三版）[M].北京:科学出版社.

丁则胜，邱光纯，张萍，1981.马格纳斯效应的研究与发展[J].华东工程学院学报，（04）：119-147.

窦国仁，1981.紊流力学[M].北京：人民教育出版社，309.

段婧，毛节泰，2008.气溶胶与云相互作用的研究进展[J].地球科学进展，23（3）：252-261.

冯金良，1997.论陆地水利工程的海岸效应[J].海河水利（06）.

葛芳，2018.海岸带典型盐沼植被消浪效应研究[J].上海：华东师范大学.

耿文广，2009.考虑交叉耦合扩散效应时多物理场自然对流传热传质研究[D].济南：山东大学.

龚士良，李采，杨世伦，2008.上海地面沉降与城市防汛安全[J].水文地质工程地质，（04）：96-101.

顾谦群，1995. 海洋毒素的研究进展[J].中国海洋药物，（3）：28-38.

郭增建，申秀荣，张惠芳，2000. 副高的地气耦合效应[J]. 高原地震，(03)：25-28.

华东师范大学政教系，1982.形式逻辑[M].上海：华东师范大学出版社.

黄建平，王式功，王天河，等，2014.沙尘对我国西北干旱气候影响机理的研究[J]. 中国科技成果，(4)：54-55.

黄小玉，姚蓉，刘从省，等，2010.台风“碧利斯”引发的湘东南特大暴雨的多普勒雷达回波分析[J].大气科学学报，33（1）：7-11.

胡方西，胡辉，古传国，等.2002.长江口锋面研究[M].上海：华东师范大学出版社.135.

江桂斌，阮挺，曲广波，2019.发现新型有机污染物的理论与方法[M].北京：科学出版社.321.

康凤琴，1991. 地膜覆盖的气候效应[J].甘肃气象，(01)：9-13.

赖国华，周仁贤，韩晓祥，等，2005.焓-熵补偿的热力学解释[J].化学通报，（12）：928-934.

李国琛，2005.全球气候变暖成因分析[J].自然灾害学报，14（5）：42-46.

李海涛，戴卫国，李志文，2011.多途效应对螺旋桨噪声调制特性的影响[J].长沙：青岛大学学报（工程技术版），26（3）：70-73.

李济然，2016.基于海水和海床流固耦合效应及卫星遥感图像的地形反演[D].长沙：湖南大学.

李薇，苏正华，徐弋琅，等，2018.考虑泥沙减阻效应的潮波理论模型及其在钱塘江河口的应用[J].应用基础与工程科学学报，(5).

李永祺，2012.中国区域海洋学.海洋环境生态学[M].北京：海洋出版社.595.

刘慧，詹金林，韩冰，等，2015.罗兰C信号海岸效应计算与分析[J].航电技术，35（5）：28-30.

刘式适，刘式达，1992.湍流的粘性和频散效应[J].大气科学，（2）：205-215.

路志英，尹静，程亮，等，2015.“列车效应”识别及其预报方法[J].计算机应用，35（S1）:130-134.

陆娟娟，韩梅，2009.深海脉冲声传播的多途效应[J].四川兵工学报.30（2）：44-46.
马文驹，1987.双扩散效应引起的异重流流动[J].力学学报，（S1）：31-37.
马永帅，赵俊生，王一丁，等，2016.风与余水位延迟效应关系的研究[J].海洋测绘，36(6)：55-58.
毛克彪，唐华俊，周清波，等，2007.被动微波遥感土壤水分反演研究综述[J].遥感技术与应用，22(003)，466-470.
毛宇飞，郭烈锦，2006.超临界水活塞效应传热现象的数值模拟[J].自然科学进展，16(4)：457-462.
蒙晋佳，张燕，2004.广西部分景点地面上空气负离子浓度的分布规律[J].环境科学研究，17(3):25-27.
乔钰，周顺武，马悦，等，2014.青藏高原的动力作用及其对中国天气气候的影响[J].气象科技，42(6)：1039-1046.
戚洪帅，蔡锋，任建业，等，2010.海滩风暴效应若干问题思考与我国研究前景[J].台湾海峡，29（4）：378-588.
秦大河，2014.气候变化科学与人类可持续发展[J].地理科学进展，33（7）：874-883.
秦岭，1987. 温度表的热滞后问题[J].计量技术，(01)：30-32.
屈科，莫龙影，黎章龙，2019.珠江口低盐透镜现象的声传播特性分析[J].海洋学研究，37（1）：15-20.
任春平，邹志利，2008. 沿岸流不稳定性的试验研究及理论分析[J].海洋学报，30（5）：113-123.
邵秋丽，赵进平，2014.北欧海深层水形成的研究进展[J].地球科学进展，29（1）：42-45.
斯捷潘诺夫，1986.“列宁论认识的本性”[C]//认识论译文集，许小英等编.北京：求实出版社.
孙素琴，郑婧，支树林，等，2015.一次由“列车效应”引发的梅雨锋暴雨研究[J].高原气象，34（1）：190-201.
陶诗言，1990.竺可桢先生—我国近代气象学的奠基人[J].气象学报，48(1)：1-3.
滕继东，贺佐跃，张升，等，2016.非饱和土水气迁移与相变：两类“锅盖效应”的发生机理及数值再现.岩土工程学报，38（10）：1813-1821.
田烟忠司，1970.物理海洋学(第四卷)[M].东京：东海大学出版会.
俞小鼎，2011.强对流天气的多普勒天气雷达探测与预警[J].气象科技进展，1（3）：30-41.
汪汉胜，Wu Partrick，许厚泽，2009a. 冰川均衡调整GIA的研究[J].地球科学进展，24（6）：1958-1967.
汪汉胜，Wu Partrick，van der Wal Wouter，等，2009b.大地测量观测和相对海平面联合约束的冰川均衡调整模型[J].地球物理学报，52（10）：2450-2460.
汪品先，翦知湣，1999.寻求高分辨率的古环境记录.第四纪研究，（1）：1-17.
汪品先，田军，黄恩清，等，2018.地球系统与演变[M].北京：科学出版社.
王威，徐金兰，王社良，等，2004.磁力效应及其在应力监测中的应用[C]//第二届全国土木工程研究生学术论坛论文集，497-501.
王振占，姜景山，刘怡，等，2008.全极化微波辐射计遥感海面风场的关键技术和科学问题[J].中国工程科学，6：76-86.
王智勇，陈凯，陈涛，等.1999.飞行光学导光系统中的空气热透镜效应[J].光学学报，19(5)：665-671.
王卓敏，薛立，2016.林窗效应研究综述[J].世界林业研究，29（6）：48-53.
吴国雄，李伟平，郭华，等，1997.青藏高原感热气泵和亚洲夏季风[C].//叶笃正. 赵九章纪念文集. 北京：科学出版社.
吴仁华，邓传远，等，2011.具备释放负离子功能室内植物的种质资源研究[J].中国农学通报，27（8）：91-97.
吴石增，2010.电磁波的生物效应与人体健康[J].中南民族大学学报(自然科学版)，29（1）：57-61.
向磊，陈纯毅，姚海峰，等.2019.双向大气湍流光信道瞬时衰落相关特性测量[J].中国光学，12(5):1100-1108.
萧谦，刘宁，2012.城市温室气体与大气污染控制协同效应研究[J].江苏科技信息，(09).

谢修银，吴采樱，1997. 色谱,15(6):461-464.
徐晨，2016. 光学真时延相控阵接收机关键技术研究[D]. 杭州：浙江大学.
徐文耀，2014. 地磁活动概论[M]. 北京：科学出版社，692.
徐晓晗，刘雁春，肖付民，等，2005. 海底地形测量波束角效应改进模型[J]. 海洋测绘,25（1）：10-13.
许梅，2005. 日食时的“阿莱单摆效应”[J]. 物理通报，（8）：10-12.
闫健，张宁生，刘晓娟，等，2009. 低渗气藏中考虑滑脱效应的界限探讨[J]. 武汉工业学院学报，28（3）：30-32.
杨国祥，1983. 中小尺度天气学[M]. 北京：气象出版社.
杨学祥，陈殿友，1998. 地球差异旋转动力学[M]. 长春：吉林大学出版社，104，155，196-198.
杨学祥，陈殿友，1999. 火山活动与天文周期[J]. 地质论评，45（增刊）：33-42.
杨学祥，韩延本，陈震，等，2004. 强潮汐激发地震火山活动的新证据[J]. 地球物理学报. 47（4）：616-621.
姚星期，温亚利，2007. 热带雨林破坏与全球气候变化的关系研究[J]. 林业经济，（5）：33-36.
叶笃正，罗四维，朱抱真，1957. 西藏高原及其附近的流场结构和对流层大气的热量平衡[J]. 气象学报，28(2)：108-121.
叶笃正，李麦村，1965. 大气运动中的适应问题[M]. 北京：科学出版社，126.
叶小凡，陶宇,周冲，2014. 浅谈多波束测量中的旁瓣效应[J]. 浙江水利科技，42(001)：50-51.
俞锫，李俊梅，2003. 拾音技术[M]. 北京：中国广播电视出版社.
张程，朱栋，陈励军，2011. 多途效应影响被动定位时延估计精度的分析研究[J]. 声学与电子工程(02)：4-6.
张淮，1981. 海气动量输送的飞沫效应[J]. 海洋与湖沼，12(2)：172-177.
张可苏，1987. 40~50天的纬向基流低频振荡及其失稳效应[J]. 大气科学，11(3)：227-236.
张睿，蔡旭晖，宋宇，2004. 北极地区大气污染物时空分布及累积效应分析[J]. 北京大学学报（自然科学版），(06）.
张雨秋，2018. 大气中自聚焦和海洋中热晕效应对激光传输特性和光束质量的影响[D]. 成都：四川师范大学.
张涛光，1983. 物理方法论[M]. 济南：山东科学技术出版社.
张学文，1994. 大气中水汽的热扩散效应[J]. 高原气象，013(001)，94-101.
张卓民，1983. “系统论的几个哲学问题”[C]//科学前沿的哲学探索. 沈阳：辽宁人民出版社.
赵进平，郑可圃，1991. “效应”的哲学意义及潜在的效应分析方法[J]. 青岛海洋大学学报社科版，（3）.
赵进平，任敬萍，2000. 从航空数字影象提取北极海冰形态参数的方法研究[J]. 遥感学报，4(4):271-278.
赵进平，王维波，矫玉田，2010. 海面海洋和大气条件变化引起的太阳辐照度高频变化分析[J]. 中国海洋大学学报，40（4）：1-8.
赵进平，关道明，2014. 通量监测、区域治理，一种海洋环境监测的新模式[M]. 北京：海洋出版社.
赵平，等，2018. 青藏高原地气耦合系统及其天气气候效应:第三次青藏高原大气科学试验[J]. 气象学报，76(06)：3-30.
赵倩，赵进平，2011. 加拿大海盆双扩散阶梯结构分布与能通量研究[J]. 地球科学进展. 26（2）：193-201.
章林伟，2015. 海绵城市建设概论[J]. 给水排水，41(6)：1-7.
中国科技大学，等，1984. 自然辨证法原理[M]. 长沙：湖南教育出版社.
周天华，陈宗镛，1987. 东海南部陆架对半日分潮波的增大效应[J]. 海洋学报（中文版）,09(6)：681-684.
周炳升，杨丽华，刘春生，等，2018. 持久性有机污染物的内分泌干扰效应[M]. 北京：科学出版社，419.
邹永刚，贾俊涛，翟京生，等，2011. 波束系统波束宽度对水深点不确定度影响分析[J]. 辽宁工程技术大学学报(自然科学版)，(01)：68-72.
Albrecht B A ,1989.Aerosols,Cloud Microphysics,and Fractional Cloudiness.Science[J].245(4923): 1227-230.
Anisimov S V,Anisimova E B, Rusakov N N,et al,1990.The effect of a solar eclipse on the electric field based on ground-based observations carried out on July 31， 1981[J].Magnitosfernye Issledovaniia,15.
Asakawa Y ,1976. Asakawa effect[J]. Nature, 261.
Astumian R D, Hanggi P,2002.Brownian motors[J].Phys.Today, 55（11）: 33-39.
Barash M S, Kruglikova S B,1995.Age of radiolaria from ferromanganese nodules of the Clarion Clipperton province (Pacific Ocean) and the problem of nodule unsinkability[J].Oceanology, 34(6): 815-828.
Bohn M S, Meunier J， Morozov A， [J].et al， 2004. Rod-climbing effect in newtonian fluids[J].Physical Review Letters, 93(21)：214503.
Britannica, 2018.The Editors of Encyclopaedia. “Updraft and downdraft”. Encyclopedia
Britannica, 2018, https:/www.britannica.com/science/updraft. Accessed 8 May 2021.
Chelton D B， DeSzoeke R A， Schlax M G,et al, 1998. Geographical variability of the first baroclinic Rossby radius of deformation[J]. J Phys Oceanogr, 28：433-460.
Chen Xianyao, Tung K K, 2014.Varying planetary heat sink led to global warming slowdown and acceleration[J]. Science， 345：897-903.
Constable F H， 1925.Proc R Soc，London， Ser. A, 108：355-378.
Damerell G M, Heywood K J, Stevens D P, 2013. Direct observatioans of the Antarctic Circumpolar Current transport on the northern flank of the Kerguelen Plateau[J]. Journal of Geophysical Research, 118(3):1333-1348.
Dickson B, Meincke J, Rhines P， 2008. Arctic–Subarctic Ocean Fluxes: Defining the Role of the Northern Seas in Climate[C]/Arctic–Subarctic Ocean Fluxes， 450.
Dobson K, Grace D，Lovett D，2002. Physics[M]. London: Collins Educational.
Draper F C, Roucoux K H, Lawson I T, et al. 2014. The distribution and amount of carbon in the largest peatland complex in amazonia[J]. Environmental Research Letters,9(12): 1-12.
Du Y, Xie S P, Yang Y L, et al， 2013. Indian Ocean variability in the CMIP5 multimodel ensemble: the basin mode[J]. J Clim, 26(18):7240-7266.
Dunkerton T J, Delisi D P, Baldwin M P, 1998. Middle atmosphere cooling trend in historical rocketsonde data[J]. Geophysical Research Letters, 25(17): 3371-3374.
Feng Xiaoxing, Wang Yingjian, Fan Chengyu, 2006. Comparison of thermal blooming and self-focusing about propagation of high energy laser in atmosphere[J].Journal of Atmospheric and Environmental Optics, 1(2): 89-91.
Feynman R P, Keighton R B, Sands M,1966. The Feynman Lectures on Physics[M].Vol. 1, Reading MA, addison-Wesley, chapter 46.
Fox P, McGuinness D, Raskin R, et al， 2007. A volcano erupts: semantically mediated integration of heterogeneous volcanic and atmospheric data[C]/In Proceedings of the ACM first workshop on Cyber ructure: information management in eScience：1-6.
Garabato ACN, Polzin K L, King B A, et al， 2004. Widespread intense turbulent mixing in the Southern Ocean[J]. Science， 303：210-213.
Garcia R R,1992. Middle atmosphere cooling[J]. Nature， 357, 18, doi:10.1038/357018a0.
Garzanti E, Andò S, France-Lanord C, et al， 2010.Mineralogical and chemical variability of fluvial sediments: 1. Bedload sand (Ganga-Brahmaputra, Bangladesh)[J]. Earth and Planetary Science Letters, 299(3):

368-381.

Gill A E，1973.Circulation and bottom water production in the Weddell Sea[J]. Deep Sea Research and Oceanographic Abstracts. Elsevier, 20(2): 111-140.

Gooch J W，2011. Weissenberg Effect[M]. Springer New York.Bonn, D, Kobylko, Gordon A L，1978.Deep antarctic convection west of Maud Rise[J]. Journal of Physical Oceanography, 8(4): 600-612.

Gille S T，1994. Mean sea surface height of the Antarctic circumpolar current from Geosat Data[J]. J Geophys Res,99,18：255-273.

Götz F W P, Dobson G M B，Meetham A R, 1933. Vertical distribution of ozone in the atmosphere[J]. ature，132：281-281.

Heywood K, Naveira Garabato A, Stevens D，2002 High mixing rates in the abyssal Southern Ocean[J]. Nature，415：1011–1014. https:/doi.org/10.1038/4151011a.

Hill N M，1962. The Sea, ideas and observations on progress in the study of the sea (Volume 1 Physical Oceanography)[M]. Interscience Publishers.

Huang R Wu Y,1989. The influence of ENSO on the summer climate change in China and its mechanism[J]. Advances in Atmospheric Sciences, 6: 21-32.

Huang R X，2010. Ocean Circulation[M]. Cambridge, UK, and New York: Cambridge University Press:791.

IPCC，2007.Climate Change 2007：The Physical Science Basis，Contribution of Working Group to the Fourth Assessment Report of the Intergovernmental Panel on Climate Change/Solomon S，Qin D，Manning M，et al.Cambridge University Press，Cambridge and New York：996.

Jiles D C，1995. Theiry of the magnetomechanical effect[J]. J Phys D Appl Phys，28:1537-1546.

Jing Z，Wang S，Wu L，et al，2020. Maintenance of mid-latitude oceanic fronts by mesoscale eddies[J]. Science Advances, 6, eaba7880.

Kathiresan K and Rajendran N，2005. Coastal mangrove forests mitigated tsunami, Estuarine[J]. Coastal and shelf Science, 65(3):601-606.

Keeling C D and Whorf T P, 2000. The 1800-year oceanic tidal cycle: A possible cause of rapid climate change[J]. Proceedings of the National Academy of Sciences，97(8): 3814-3819.

Kennett J P，Stott L D，1991. Abrupt deep-sea warming, palaeoceanographic changes and benthic extinctions at the end of the Palaeocene[J]. Nature，353：225-229.

Kiehls J T and Trenberth K E, 1997. Earth's' annual global mean energy budget[J]. Bulletin of American Meteorological Spciety, 78(2): 197-208.

Killworth P D,1979. On “chimney” formations in the ocean[J].Journal of Physical ceanography, 9(3):531-554.

Kondrashova M N, Grigorenko E V, Tikhonov A N, et al，2000. The primary physico-chemical mechanism for the beneficial biological/medical effects of negative air ion[J]. IEEE Transactions on Plasma Science, 28(1): 230-237.

Kosaka Y, Xie S-P, Lau N-C, et al，2013.Origin of seasonal predictability for summer climate over the Northwestern Pacific[C]/Proceedings of the National Academy of Science: 7574-7579.

Krauss W，1966. Methoden und Ergebnisse der Theoretischen Ozeanographie, Band II: Interne Wellen[M]. Gebrüder Borntraeger, Berlin: 248.

Krishnamurti R, Howard L N, 1981. Large-scale flow generation in turbulent convection[J]. Proc Natl Acad Sci USA, 78:1981.

Lau K M，Ramanathan V，Wu G X，et al.2008，The joint Aerosol-monsoon experiment:A new challenge for monsoon climate research.Bulletin of the American Meteorological Society，89(3):369-383.

Lemaître G，1937. Longitude effect and the asymmetry of cosmic radiation[J]. Nature，140：23-24. https:/doi.org/10.1038/140023b0.

Li D (eds)，2008. Soret effect, in Encyclopedia of Microfluidics and Nanofluidics[M]. Springer, Boston, MA. https:/doi.org/10.1007/978-0-387-48998-8_1437.

Lohmann U，2006. Aerosol effects on clouds and climate[J]. Space Sci Rev, 125 (1-4): 129-137.

Ma Lingqi, Xiao Wupeng, Laws E, et al, 2020. Responses of phytoplankton communities to the effect of internal wave–powered upwelling[J]. Limnology and Oceanography, doi: 10.1002/lno.11666.

Mason B J，1983.云物理学简编。云、雨和人工造雨,王鹏飞译，北京：科学出版社: 204.

McDougall T J，1984. The relative roles of diapycnal and isopycnal mixing on subsurface water mass conversion[J]. Journal of Physical Oceanography, 14: 1577-1589.

McDougall T J，1987.Neutral surface[J]. J Phys Oceanogr,17: 1950-1964.

Miller R I，Roberts T G, 1987. Applied Optics[J]. 26(21): 4570-4575.

Minobe S, Kuwano-Yoshida A, Komori N, et al，2008. Influence of the Gulf Stream on the troposphere[J]. Nature，452, 206-209. https:/doi.org/10.1038/nature06690.

Mortimer R G, Eyring H,1980. Elementary transition state theory of the Soret and Dufour effects[J]. Proc Natl Acad Sct USA, 77：1728-1731.

Nabat P, Somot S, Mallet M, et al，2014. Direct and semi-direct aerosol radiative effect on the mediterranean climate variability using a coupled regional climate system model[J]. Climate Dynamics, 44(3-4)：1-29.

Nasab R M，2017. Milankovitch cycles effect in the climate change[C]/International Conference on Ecology.

Neal V T, Neshyba S, Denner W, 1969.Thermal stratification in the Arctic Ocean[J]. Science,166:373-374.

Nolan P J, 2005. Fundamentals of College Physics (fifth edition)[M]. Pearson Custom Publishing, Boston.

Nordstrom K F, Psuty N, 1990.Coastal Dunes: Form and Process[M]. Chichester: Wiley.

Olbers D, Willebrand J, and Eden C, 2012. Ocean Dynamics[M]. Springer Heidelberg, Dordrecht, London, New York: 704.

Paluszkiewicz T, Garwood R W, Denbo D W, 1994.Deep convective plumes in the ocean[J]. Oceanography, 7(2): 37-44.

Pedlosky J, 1992.Geophysical Fluid Dynamics[M]. Springer-Verlag.

Peltier W R, 1999. Global sea level rise and glacial isostatic adjustment[J]. Global and Planetary Change, 20(2–3): 93-123.

Perovich D K, Richter-Menge J A, Jones K F,et al，2008. Sunlight, water, and ice: Extreme Arctic sea ice melt during the summer of 2007[J]. Geophysical Research Letters,35(11).

Petit J R, Jouzel J, Raynaud D, et al, 1999. Climate and atmospheric history of the past 420000 years from the vostok ice core[J].Antarctica. Science, 399：429-435.

Pidwirny M，2006. Atmospheric Effects on Incoming Solar Radiation. Fundamentals of Physical Geography[M].

Qian L, Marsh D, Merkel A, et al，2013. Effect of trends of middle atmosphere gases on the mesosphere and thermosphere[J]. J Geophys Res Space Physics, 118：3846-3855. doi:10.1002/jgra.50354.

Ramanathan V, Cess R D, Harrison E F, et al，1989. Cloud-radiative forcing and climate: Results from the earth radiation budget experiment[J]. Science, 243(4887): 57-63.

Regan M P, Regan D, 1988. A frequency domain technique for characterizing nonlinearities in biological systems[J]. J Theoret Biol, 133：293-317.

Reilly D M, Warde C,1979. Temporal characteristics of single-scatter radiation[J]. J Opt Soc Am，69：464-470.

Reynolds S E，1953.Thunderstorm-precipitation growth and electrical-charge generation[J]. Bull Amer Meteor Soc，34：17-123.

Rishbeth H and Garriott O K, 1969. Introduction to Ionosphere Physics[M]. Academic Press,New York.

Rosenfeld D，2006. Aerosol-cloud interactions control of earth radiation and latent heat release budgets[J]. Space Sci Rev，125(1-4): 149-157.

Rotunno R, Klemp J B, Weisman M L, 1988. A theory for strong, long-lived squall lines[J]. J Atmos Sci, 45(3): 463-485.

Saetre，Roald, 2007. The Norwegian Coastal Current—Oceanography and Climate[M]. Tapir Academic Press，Trondheim.

Schott F,Visbeck M, and Fischer J，1993. Observations of vertical currents and convection in the central Greenland Sea during the winter of 1988。1989[J]. Journalof Geophysical Research: Oceans, 98(C8)：14401-14421.

Schwartz S E，1996. The whitehouse effect—Shortwave radiative forcing of climate by anthropogenic aerosols: an overview[J].Journal of Aerosol Science,27(3): 359-382.

Segal M, Turner R W, Prusa J, Bitzer R J, et al，2010. Solar eclipse effect on shelter air temperature[J]. Bulletin of the American Meteorological Society, 77(1)：89-99.

Shao Q, Zhao J, Drinkwater K F, et al, 2019. Internal overflow in the Nordic Seas and the cold reservoir in the northern Norwegian Basin[J]. Deep-Sea Research Part I, 148: 67-79.

Shapiro A, Fedorovich E, Gebauer J G，2018. Mesoscale ascent in nocturnal low-level jets[J]. Journal of the Atmospheric Sciences, 75(5)：1403-1427. doi:10.1175/jas-d-17-0279.1.

Sheldon R W, Parsons T R，1967.A continuous size spectrum for particulate matter in the sea[J].J Fish Res Board Can, 24：909-915.

Sheldon R W, Prakash A, Surcliffe W H Jr，1972.The size distribution of particles in the oceans[J].Limnol Oceanogr, 17:327-340.

Sherman D J, Bauer B O，1993.Dynamics of beach-dune systems[J]. Progress in Physical Geography, 17(4): 413-447.

Silton S I，2005. Navier-Stokes computations for a spinning projectile from subsonic to supersonic speeds[J]. Journal of Spacecraft and Rockets, 42:2, 223-231.

Skyllingstad E D, Denbo D W, 2001.Turbulence beneath sea ice and leads: acoupled sea ice / large eddy simulation study[J]. J Geophys Res，106：2477-2497.

Sluijs A, Brinkhuis H，Schouten S, et al，2007. Environmental precursors to rapid light carbon injection at the Palaeocene/Eocene boundary[J]. Nature, 450：1218-1221.

Steele M, Morrison J H, Untersteiner N, 1989. The partition of air-ice-ocean momentum exchange as a function of ice concentration, floe size, and draft[J]. Journal of Geophysical Research，94 (C9)：12739-12750.

Stroeve J, Hamilton L C, Bitz C M, et al，2014. Predicting September sea ice: Ensemble skill of the SEARCH Sea Ice Outlook 2008&ndash[J]. Geophysical Research Letters, 41(7): 2411-2418.

Tamisiea M E, and Mitrovica J X，2011. The moving boundaries of sea level change: Understanding the origins of geographic variability[J]. Oceanography，24(2):24-39, doi:10.5670/oceanog.2011.25.193-201.

Tao Weichen, Huang Gang，Hu Kaiming，et al, 2015. A study of biases in simulation of the Indian Ocean basin mode and its capacitor effect in CMIP3/ CMIP5 models[J]. Climate Dynamics, DOI: 10.1007/ s00382-015-2579-0.

Thurman H V，1993. Essentials of Oceanography[M].

Tian R C，Chen J Y, Zhou J Z, 1991. Dual filtration effect of geochemical and biogeochemistry process in the Changjiang Estuary[J]. Chinese Journal of Oceanology and Limnology, 9(1): 33-43.

Visintin A,1985. Supercooling and superheating effects in phase transitions[J]. Ima Journal of Applied Mathematics,(2), 2.

Ward P L, 2015. What Really Causes Global Warming? Greenhouse Gases or Ozone Depletion? https:/ wattsupwiththat.com/2015/12/22/volcanoes-and-ozone-their-interactive-effect-on-climate-change/ Volcanoes and Ozone: Their Interactive Effect on Climate Change（2015-12-22）.

Weisman M L, Klemp J B, Rotunno R, 1988. Structure and evolution of numerically simulated squall lines[J]. J Atmos Sci, 45(14): 1990-2013.

Williams J, Kroemer G, Gilchrist A, 2010. The impact of waste heat release on climate: experiments with a general circulation model[J]. Journal of Applied Meteorology, 18(12): 1501-1511.

Wilson E O,Francis M P, 1988.Biodiversity,Washington DC:National Academy Press:1-76.

Wolter K, Timlin M S,2011. El Niño/Southern Oscillation behaviour since 1871 as diagnosed in an extended multivariate ENSO index (MEI.ext)[J]. International Journal of Climatology, 31(7): 1074-1087.

Wood F J, 1986. Tidal Dynamics: Coastal Flooding and Cycles of Gravitational Force[M]. D. Reidel: Dordrecht and Boston.

Workman E J, Reynolds S E,1950. Electrical phenomena occurring during the freezing of dilute aqueous solutions and their possible relationship to thunderstorm electricity[J]. Phys Rev, 78：254-259.

Wo niak B, Dera J, 2007. Light Absorption in Sea Water[J]. Springer, New York: 452.

Wu Jin，1982. Wind-stress coefficients over sea surface from breeze to hurricane[J].Journal of Geophysical Research: Oceans，87(C12): 9704-9706.

Wu G X, Liu Y M, Zhang Q, et al，2007. The influence of mechanical and thermal forcing by the Tibetan Plateau on Asian climate[J]. Journal of Hydrometeorology, 8(4): 770-789. DOI:10.1175/JHM609.1.

Wu G X, Liu Y M, Dong B W, et al，2012. Revisiting Asian monsoon formation and change associated with Tibetan Plateau forcing.I:Formation [J]. Climate Dyn, 39(5): 1169-1181. DOI:10.1007/ s00382-012-1334-z.

Wu G, Liu Y，2016. Impacts of the Tibetan Plateau on Asian climate[J]. Meteorological Monographs, 56：7.1-7.29, doi:10.1175/amsmonographs-d-15-0018.1.

Xi H D, Lam F, Xia K Q, 2004. From laminar plumes to organized flows: the onset of large-scale circulation in turbulent thermal convection[J].J Fluid Mech, 503:47-56.

Xie S P, Hafner J, Tokinaga H, et al, 2009. Indian ocean capacitor effect on Indo-Western Pacific climate during the summer following El Niño[J]. Journal of Climate, 22(3): 730-747.

Xie S P, Yu K, Du Y, et al, 2016.Indo-western Pacific ocean capacitor and coherent climate anomalies in post-ENSO summer: A review[J]. Advances in Atmospheric Sciences, 33(4): 411-432.

Yan D, Xie S P, Gang H, et al, 2009.Role of air-sea interaction in the long persistence of El Niñ o-induced

north Indian Ocean warming[J]. Journal of Climate, 22(8): 2023-2038.
Yanai M, Wu G X, 2006. Effects of the Tibetan Plateau[M]//Wang B. The Asian Monsoon[M]. Berlin, Heidelberg: Springer, 513-549.
Yang Zhaoqing, Wang Taiping, 2013. Tidal residual eddies and their effect on water exchange in Puget Sound[J]. Ocean Dynamics 63:995-1009, doi: 10.1007/s10236-013-0635-z.
Yuan Shanfeng, Jiang Rubin, Qie Xiushu,et al, 2019. Development of side bidirectional leader and its effect on channel branching of the progressing positive leader of lightning[J]. Geophysical Research Letters, 46(3)：1746-1753.
Zhao Jinping, Qu Weizheng, 1995.Study of the dynamical mechanism of seasonal variation of Earth's rotational velocity[J]. J Geophys Res，100(B7): 12719-12730.
Блауберла，И.В.，等，1983.新编简明哲学辞典[M].高光三等译，长春：吉林人民出版社.
Каменкович и Монин，1983. 海洋水文物理学[M].沈积均等译，北京：海洋出版社.

中文索引

英文索引

●F

●G